全国高等职业院校食品类专业第二轮规划教材

（供食品营养与健康、食品检验检测技术、食品生物技术、食品质量与安全等专业用）

# 功能性食品开发与应用

## 第2版

主　编　贾　强　车云波

副主编　朱宏阳　华晶忠　万红霞　周丽珍

编　者　（以姓氏笔画为序）

万红霞（广州城市职业学院）

车云波（黑龙江农业工程职业学院）

冯晓明（黑龙江农业工程职业学院）

朱宏阳（福建卫生职业技术学院）

华晶忠（吉林省经济管理干部学院）

李　新（长春医学高等专科学校）

李香莉（广州市雅禾生物科技有限公司）

周丽珍（深圳职业技术大学）

周碧兰（长沙卫生职业学院）

郑文欣［合生元（广州）健康产品有限公司］

贾　强（广州城市职业学院）

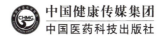

中国健康传媒集团

中国医药科技出版社

## 内 容 提 要

本教材为"全国高等职业院校食品类专业第二轮规划教材"之一，系根据本套教材的编写指导原则，结合专业培养目标和本课程的教学目标、内容与任务要求编写而成，围绕国家现行的功能性食品政策法规，密切联系研发和生产实际，系统介绍了如何开发和应用功能性食品。本书具有科学性、实用性、简明性、启发性、可读性等特点，主要介绍了食品源的生物活性成分，功能性食品的研发思路、评价及法规政策，以及不同功能性食品的开发及应用等内容，对今后一段时间内功能性食品工业的发展具有重要的指导意义。本教材为书网融合教材，即纸质教材有机融合电子教材、教学配套资源（PPT、微课等）、题库系统、数字化教学服务（在线教学、在线作业、在线考试），便教易学。

本教材主要供全国职业高等院校食品营养与健康、食品检验检测技术、食品生物技术、食品质量与安全等专业师生教学使用，也可作为从事功能性食品研究、开发和应用的人员的参考用书。

## 图书在版编目（CIP）数据

功能性食品开发与应用/贾强，车云波主编．— 2 版．—北京：中国医药科技出版社，2023.12（2024.9重印）

全国高等职业院校食品类专业第二轮规划教材

ISBN 978 - 7 - 5214 - 4308 - 0

Ⅰ.①功⋯　Ⅱ.①贾⋯ ②车⋯　Ⅲ.①功能性食品 - 高等职业教育 - 教材　Ⅳ.①TS218

中国国家版本馆 CIP 数据核字（2023）第 236703 号

美术编辑　陈君杞
版式设计　友全图文

出版　**中国健康传媒集团** | 中国医药科技出版社
地址　北京市海淀区文慧园北路甲 22 号
邮编　100082
电话　发行：010 - 62227427　邮购：010 - 62236938
网址　www. cmstp. com
规格　889mm × 1194mm $\frac{1}{16}$
印张　16 $\frac{3}{4}$
字数　481 千字
初版　2019 年 1 月第 1 版
版次　2024 年 1 月第 2 版
印次　2024 年 9 月第 2 次印刷
印刷　北京印刷集团有限责任公司
经销　全国各地新华书店
书号　ISBN 978 - 7 - 5214 - 4308 - 0
定价　**55.00 元**

获取新书信息、投稿、为图书纠错，请扫码联系我们。

# 出版说明

为了贯彻党的二十大精神，落实《国家职业教育改革实施方案》《关于推动现代职业教育高质量发展的意见》等文件精神，对标国家健康战略、服务健康产业转型升级，服务职业教育教学改革，对接职业岗位需求，强化职业能力培养，中国健康传媒集团中国医药科技出版社在教育部、国家药品监督管理局的领导下，通过走访主要院校，对2019年出版的"全国高职高专院校食品类专业'十三五'规划教材"进行广泛征求意见，有针对性地制定了第二轮规划教材的修订出版方案，并组织相关院校和企业专家修订编写"全国高等职业院校食品类专业第二轮规划教材"。本轮教材吸取了行业发展最新成果，体现了食品类专业的新进展、新方法、新标准，旨在赋予教材以下特点。

## 1. 强化课程思政，体现立德树人

坚决把立德树人贯穿、落实到教材建设全过程的各方面、各环节。教材编写将价值塑造、知识传授和能力培养三者融为一体。深度挖掘提炼专业知识体系中所蕴含的思想价值和精神内涵，科学合理拓展课程的广度、深度和温度，多角度增加课程的知识性、人文性，提升引领性、时代性和开放性。深化职业理想和职业道德教育，教育引导学生深刻理解并自觉实践行业的职业精神和职业规范，增强职业责任感。深挖食品类专业中的思政元素，引导学生树立坚持食品安全信仰与准则，严格执行食品卫生与安全规范，始终坚守食品安全防线的职业操守。

## 2. 体现职教精神，突出必需够用

教材编写坚持"以就业为导向、以全面素质为基础、以能力为本位"的现代职业教育教学改革方向，根据《高等职业学校专业教学标准》《职业教育专业目录(2021)》要求，进一步优化精简内容，落实必需够用原则，以培养满足岗位需求、教学需求和社会需求的高素质技能型人才，体现高职教育特点。同时做到有序衔接中职、高职、高职本科，对接产业体系，服务产业基础高级化、产业链现代化。

## 3. 坚持工学结合，注重德技并修

教材融入行业人员参与编写，强化以岗位需求为导向的理实教学，注重理论知识与岗位需求 相结合，对接职业标准和岗位要求。在不影响教材主体内容的基础上保留第一版教材中的"学习目标""知识链接""练习题"模块，去掉"知识拓展"模块。进一步优化各模块内容，培养学生理论联系实践的综合分析能力；增强教材的可读性和实用性，培养学生学习的自觉性和主动性。在教材正文适当位置插入"情境导入"，起到边读边想、边读边悟、边读边练的作用，做到理论与相关岗位相结合，强化培养学生创新思维能力和操作能力。

### 4.建设立体教材，丰富教学资源

提倡校企"双元"合作开发教材，引入岗位微课或视频，实现岗位情景再现，激发学生学习兴趣。依托"医药大学堂"在线学习平台搭建与教材配套的数字化资源(数字教材、教学课件、图片、视频、动画及练习题等)，丰富多样化、立体化教学资源，并提升教学手段，促进师生互动，满足教学管理需要，为提高教育教学水平和质量提供支撑。

本套教材的修订出版得到了全国知名专家的精心指导和各有关院校领导与编者的大力支持，在此一并表示衷心感谢。希望广大师生在教学中积极使用本套教材并提出宝贵意见，以便修订完善，共同打造精品教材。

# 数字化教材编委会

主　编　贾　强　车云波

副主编　朱宏阳　华晶忠　万红霞　周丽珍

编　者　（以姓氏笔画为序）

万红霞（广州城市职业学院）

车云波（黑龙江农业工程职业学院）

冯晓明（黑龙江农业工程职业学院）

朱宏阳（福建卫生职业技术学院）

华晶忠（吉林省经济管理干部学院）

李　新（长春医学高等专科学校）

李香莉（广州市雅禾生物科技有限公司）

周丽珍（深圳职业技术大学）

周碧兰（长沙卫生职业学院）

郑文欣［合生元（广州）健康产品有限公司］

贾　强（广州城市职业学院）

# 前 言

功能性食品的研究、开发及应用是近年来食品学科的前沿，代表着食品的发展潮流。随着经济的发展和人们生活水平的提高，人们对食品的需求已经转向对营养保健功能的追求，因此，功能性食品在"治未病"方面发挥着越来越重要的作用。

功能性食品开发与应用是高等职业院校食品营养与健康、食品生物技术、食品质量与安全等专业的必修课程，是食品智能加工技术、食品检验检测技术等专业的素质拓展课程，是职业技能教育的重要课程。学习本课程教材主要为学习后续食品理化检验技术、食品质量安全管理、食品掺伪检验技术等课程及以后从事食品检验等岗位工作奠定基础。本教材由全国7所院校和2家企业的10余位教学科研经验丰富的教授和专家编写而成，全书以食品学为核心，突出食品的功能性等相关知识背景的介绍，并借鉴药学的研究方法学，综合各学科知识对功能性食品开发与应用作了较系统全面的分析介绍，在编写中坚持"三基、五性、三特定"的原则，始终贯彻基础知识、基本理论、基本技能的要求，力求更具先进性、实践性、职业性、实用性、针对性和前瞻性。本教材主要介绍了功能性食品的生物活性成分、功能性食品的评价、保健食品法规与管理，以及不同功能性食品的应用等内容；同时配备电子教材、教学配套资源（PPT、微课等）、题库系统、数字化教学服务（在线教学、在线作业、在线考试），实现课堂教学和现场教学的延伸，有利于提高学生学习兴趣，培养出既具有一定的理论知识又有较强的操作技能的全面综合职业素质好的食品技术技能人才。

本教材实行主编负责制，参加编写的人员有万红霞（第一章、第六章第五节和第七章第七至八节）、车云波（第二章和第六章第一至四节）、李香莉（第三章）、郑文欣（第四章）、贾强（第五章）、朱宏阳（第六章第六至九节）、华晶忠（第六章第十节、第九章第一至二节）、冯晓明（第七章第一至六节）、周丽珍（第八章）、周碧兰（第九章第三至四节）、李新（第十章）。主要供全国职业高等院校食品检验检测技术、食品营养与健康、食品生物技术、食品质量与安全等专业师生教学使用，也可作为从事功能性食品研究、开发和应用的人员的参考用书，对相关领域的科研、生产单位从业人员和管理决策人员也有重要的参考价值。

在本教材的编写过程中各位编者及所在院校、企业领导给予了大力支持和帮助，在此一并致谢！受编者水平所限，书中难免有疏漏和不妥之处，敬请使用本教材的师生和各位读者批评指正。

编 者

2023 年 9 月

# 目录

# 第七章　促进机体健康功能性食品的应用　147

# 绪 论

PPT

　　随着中国社会经济快速发展，国家富强，人民生活富足，也带来了诸多新的困扰和忧虑。面对餐桌上琳琅满目的食品，人们不知不觉地走入诸如肥胖症、糖尿病、高血压、高血脂等所谓的"文明病"的陷阱，因此人们更加关注自身的健康，降低疾病的风险。所以现代人对食品的要求，除营养（第一功能）和感觉（第二功能）之外，还希望它具有调节人体生理活动的作用（第三功能），这类强调第三种功能的食品，称为功能性食品。开发功能性食品的根本目的，就是要最大限度地满足人类自身的健康要求。

## 第一节　功能性食品及其基本特征

### 一、功能性食品的概念及特征

#### （一）功能性食品的概念

**1. 功能性食品概念的提出**　功能食品或者功能性食品这一名词，最先出现于日本《食品功能的系统性解释与展开》的报告中。随后又提出了"特殊保健用途食品"（food for specified health use）的叫法。

　　关于"功能性食品"的提法，虽尚未得到全世界的公认，但这强调食品具有调节生理活动功能（第三功能）的观点却已为全世界所共识。在欧洲国家将之称为"健康食品（healthy food）"；在美国称之为"营养增补剂"（nutritional supplement）；在德国称其为"改善食品（reform foods）"；在我国，这样的食品也有"保健食品""疗效食品""滋补食品""特医食品"等多种称谓。值得注意的是，各个国家对于功能性食品的定义和范围不尽相同，有交集但是称谓之间并不等同。

**2. 我国对功能性食品的规定**　我们常说的保健食品（health food），其实就是上文提到的功能性食品（functional food），在我国由于保健食品这个称谓由来已久，因此生产和销售单位一直沿用该称谓。1996年3月15日，原卫生部发布了《保健食品管理办法》，于当年的6月1日施行。它被定义为：具有特定保健功能的食品，适宜于特定人群食用，具有调节机体功能，不以治疗为目的的食品。功能性食品具有食品的属性，要求无毒、无害，达到应有的营养要求，经得起科学验证，有明确和具体的保健功能。从1996年6月起，凡是在我国境内生产和销售的功能性食品一律由卫生部进行终审，审查通过后颁发批准证书，准许使用国家相关部门制定的统一标志。"功能性食品"和"保健食品"在多数情况下可以通用，但在国家卫生健康主管部门发布的相关文件中仍使用"保健食品"的称谓，目前国家也推出了"特医食品"，其不属于保健品，但具有一定的功能性，所以在学术与科研中叫"功能性食品"更为科学，且"功能性食品"需要提交产品的功能学评价报告。

**3. 功能性食品中的功效成分**　功能性食品中真正起生理作用的成分称为生理活性物质或功效成分，或者叫功能因子、活性成分。显然这些成分是功能性食品的基料，是生产功能性食品的关键。功效成分主要可分为八大类：①活性多糖类；②活性多肽和活性蛋白质类；③功能性脂类；④功能性矿物质及微量元素类；⑤功能性维生素类；⑥自由基清除剂类；⑦功能性甜味料类；⑧活性菌。不同的功效成分，调节人体机能的作用各不相同，本书将在后面的章节中详细介绍一些重要功效成分及其生产加工技术。

**（二）功能性食品的特征**

**1. 功能性食品必须是食品，具备食品的法定特征**　功能性食品属于日常摄取的食品，所选用的原辅料、食品添加剂必须符合相应的国家标准或行业标准规定，具有以下食品的法定特征：①供人食用或者饮用的成品或者原料；②无毒、无害；③符合应有的营养要求；④具有相应的色、香、味等感官性状。

功能性食品也能以如下食品成分的形式呈现出来：一些是有一定营养功能但却不是人体所必需的成分的食品（如某些低聚糖）；另一些是无营养价值的食品（如活微生物和植物化学物质）。另外，功能性食品必须经过国家相关部门指定机构进行毒理学检验，对人体不能产生急性、亚急性或慢性危害。

**2. 功能性食品必须要有特有的营养保健功效**　功能性食品是工业化产品，它除了具备普通食品的营养、感觉功能外，特别强调其应具备调节生理活动的第三大功能。它至少应具有调节人体功能作用的某一功能，如"调节血糖""调节血脂"等。而且其功能必须经国家相关部门指定机构进行动物功能试验、人体功能试验和稳定性试验，证明其功能明确、可靠。功能不明确，不稳定者不能作为保健食品即功能性食品。

**3. 功能性食品必须有明确的适用人群对象**　一般食品提供人们维持生命活动所需各种营养，但是功能性食品则因人而异，选择不慎使用后不仅起不到保健作用，反而有损于身体健康。例如，减肥食品适合肥胖人群，瘦小的人则不适宜。

**4. 功能性食品必须与药品相区别**　药品的作用是治病，功能性食品不以治疗为目的，而是重在调节机体内环境平衡与生理节奏，增强机体的防御功能，以达到保健康复作用；功能性食品要达到现代毒理学上的基本无毒或无毒水平，而药品允许一定程度的不良反应；功能性食品无需医生的处方，按机体正常需要摄取。

**5. 功能性食品配方组成和用量必须具有科学依据**　只有明确了功效成分，才能根据不同人身体情况选择合适于自己的功能性食品。因此，在规范了功能性食品制度后，对于第三代功能性食品应当功效成分明确，需要确知具有该项功能的功效成分的化学结构及其含量，功效成分含量应可以测定，其作用机制明确，研究资料充实，临床效果肯定。

**6. 功能性食品必须具有法规依据**　这类食品不仅需由国家相关部门指定的单位进行功能评价和其他检验，而且必须经地方卫生行政部门初审同意后，报国家相关部门进行审批。审查合格后才发给保健食品批准证书及批号，才能使用保健食品标志，才能称其为保健食品。

## 二、功能性食品与一般食品、药品和特医食品的区别

**1. 功能性食品与一般食品的区别**　一般食品只针对普通的日常生活，包括解决饥饿和身体一般的营养需求，强调提供营养成分，不允许具有任何的"健康声称"；没有用法用量的要求，没有规定的不适宜人群。而功能性食品是食品的一个特殊种类，必须通过科学实验证明具有特定成分和调节人体功能作用，有规定的用法用量，用量过小达不到保健作用，用量过大可能会对身体造成危害；具有特定适宜人群和不适宜人群；其配方、生产工艺应符合有关管理规定。

**2. 功能性食品与药品区别**　功能性食品具有特定功能，但不以治疗疾病为目的，其调节机体功能不能等同于治疗作用。所以不得用"治疗""疗效""医治"等描述和介绍产品的作用；使用范围广，适合于多种群体，包括亚健康人群以及需要保健辅助的患者，按要求正常服用，均无毒副作用；原料一般是无毒副作用的维生素、矿物质以及其他动植物提取物。而药品对疾病有明确的治疗作用，可使用"治疗""治愈""疗效"等表述；药品作用于机体，按规定的用量用法可能会产生不良反应，不可过量或长期服用；药品除了保健食品的原料外，具有毒性的原料也可使用。

**3. 功能性食品与特殊医学用途配方食品区别**　二者均属于特殊食品管理的范畴，供特定人群食用，并且对人体不产生任何急性、亚急性或慢性危害。功能性食品采用注册与备案相结合的方式，特殊医学用途配方食品实行注册制。二者也具有明显差别：功能性食品是具有调节机体功能的食品；特殊医学用途配方食品是为满足营养需求的食品，必须在医生或临床营养师指导下，单独食用或与其他食品配合食用，包括适用于 0 月龄至 12 月龄的特殊医学用途婴儿配方食品和适用于 1 岁以上人群的特殊医学用途配方食品。

## 三、功能性食品的分类

**1. 以食用人群和服务对象来分类**

（1）用于普通人群的功能性食品　旨在促进生长发育、维持活力和精力，强调其成分能够充分显示身体防御功能和调节生理节律的工业化食品。如促进康复、排铅等。

（2）用于特殊生理需要人群的功能性食品　它着眼于某些特殊消费群的身体状况，是根据各种不同健康消费群的生理特点和营养需求而设计的。如：①婴儿/幼儿功能性食品（营养素、微量活性物质）；②学生/青少年功能性食品（智力发育）；③老年人功能性食品（足够蛋白质、低糖、低胆固醇等）；④孕妇功能性食品、乳母功能性食品。

（3）用于特殊工种人群的功能性食品　如井下作业、高温作业、低温作业、运动员等需要特殊调节机体功能的物质制作的功能性食品。

（4）用于特殊疾患者群的功能性食品　如心血管疾病患者、糖尿病患者、肿瘤患者需要的辅助治疗疾病的功能性食品。

（5）用于特殊生活方式的人群的功能性食品　如在休闲、旅游、登山等生活场景中适宜的功能性食品。

**2. 以调节机体功能的作用特点来分类**　减肥功能性食品、提高免疫调节的功能性食品和美容功能

性食品、健脑益智功能性食品、增强免疫功能性食品、降血压功能性食品、降血糖功能性食品等。

**3. 以产品的形式来分类**　饮料、酒、茶、焙烤食品、片剂、胶囊、粉剂等。

**4. 根据科技水平**

（1）第一代功能性食品　即强化食品。为提高食品营养价值，向食品中添加一种或多中营养素或某些天然食品，进行食品强化。第一代功能性食品仅靠依据营养素或有效成分推断其功能。

（2）第二代功能性食品　又叫初级功能性产品，这种功能性食品经过动物毒理学实验和人体试验检验，能够证明该产品具有某种生理调节作用。其生产工艺要求更科学、更合理，以避免其功效成分在加工过程中被破坏或转化。

（3）第三代功能性食品　又叫高级功能性产品，这种功能性食品应当功效成分明确，需要确知具有该项功能的功效成分的化学结构及其含量，含量应可以测定。该产品的作用机制明确，研究资料充实，临床效果肯定。

## 四、功能性食品的原料

### （一）既是食品又是药品的物品名单

我国原国家卫生和计划生育委员会（即原卫计委）2002年公布的87种既是食品又是药品的物品名单如下。

丁香、八角、茴香、刀豆、小茴香、小蓟、山药、山楂、马齿苋、乌梢蛇、乌梅、木瓜、火麻仁、代代花、玉竹、甘草、白芷、白果、白扁豆、白扁豆花、龙眼肉（桂圆）、决明子、百合、肉豆蔻、肉桂、余甘子、佛手、杏仁、沙棘、芡实、花椒、红小豆、阿胶、鸡内金、麦芽、昆布、枣（大枣、黑枣、酸枣）、罗汉果、郁李仁、金银花、青果、鱼腥草、姜（生姜、干姜）、枳椇子、枸杞子、栀子、砂仁、胖大海、茯苓、香橼、香薷、桃仁、桑叶、桑葚、橘红、桔梗、益智仁、荷叶、莱菔子、莲子、高良姜、淡竹叶、淡豆豉、菊花、菊苣、黄芥子、黄精、紫苏、紫苏籽、葛根、黑芝麻、黑胡椒、槐米、槐花、蒲公英、蜂蜜、榧子、酸枣仁、鲜白茅根、鲜芦根、蝮蛇、橘皮、薄荷、薏苡仁、薤白、覆盆子、藿香。

### （二）2014年新增15种中药材物质名单

人参、山银花、芫荽、玫瑰花、松花粉、油松、粉葛、布渣叶、夏枯草、当归、山奈、西红花、草果、姜黄、荜茇，在限定使用范围和剂量内作为药食两用。

### （三）2023年新增9种中药材物质作为按照传统既是食品又是中药材物名单

党参、肉苁蓉（荒漠）、铁皮石斛、西洋参、黄芪、灵芝、天麻、山茱萸、杜仲叶，在限定使用范围和剂量内作为药食两用。

### （四）可用于保健食品的中药材名单

我国原卫计委2002年公布的114种可用于保健食品的中药材名单如下。

人参、人参叶、人参果、三七、土茯苓、大蓟、女贞子、山茱萸、川牛膝、川贝母、川芎、马鹿胎、马鹿茸、马鹿骨、丹参、五加皮、五味子、升麻、天门冬、天麻、太子参、巴戟天、木香、木贼、牛蒡子、牛蒡根、车前子、车前草、北沙参、平贝母、玄参、生地黄、生何首乌、白及、白术、白芍、白豆蔻、石决明、石斛、地骨皮、当归、竹茹、红花、红景天、西洋参、吴茱萸、怀牛膝、杜仲、杜仲叶、沙苑子、牡丹皮、芦荟、苍术、补骨脂、诃子、赤芍、远志、麦门冬、龟甲、佩兰、侧柏叶、制大黄、制何首乌、刺五加、刺玫果、泽兰、泽泻、玫瑰花、玫瑰茄、知母、罗布麻、苦丁茶、金荞麦、金樱子、青皮、厚朴、厚朴花、姜黄、枳壳、枳实、柏子仁、珍珠、绞股蓝、葫芦巴、茜草、荜茇、韭菜子、首乌藤、香附、骨碎补、党参、桑白皮、桑枝、浙贝母、益母草、积雪草、淫羊藿、菟丝子、野菊花、银杏叶、黄芪、湖北贝母、番泻叶、蛤蚧、越橘、槐实、蒲黄、蒺藜、蜂胶、酸角、墨旱莲、熟大黄、熟地黄、鳖甲。

### （五）保健食品禁用物品名单

我国原卫计委 2002 年公布的 59 种保健食品禁用物品名单如下（注：毒性或者副作用大的中药）。

八角莲、八里麻、千金子、土青木香、山莨菪、川乌、广防己、马桑叶、马钱子、六角莲、天仙子、巴豆、水银、长春花、甘遂、生天南星、生半夏、生白附子、生狼毒、白降丹、石蒜、关木通、农吉痢、夹竹桃、朱砂、米壳（罂粟壳）、红升丹、红豆杉、红茴香、红粉、羊角拗、羊踯躅、丽江山慈姑、京大戟、昆明山海棠、河豚、闹羊花、青娘虫、鱼藤、洋地黄、洋金花、牵牛子、砒石（白砒、红砒、砒霜）、草乌、香加皮（杠柳皮）、骆驼蓬、鬼臼、莽草、铁棒槌、铃兰、雪上一枝蒿、黄花夹竹桃、斑蝥、硫黄、雄黄、雷公藤、颠茄、藜芦、蟾酥。

# 第二节　功能性食品与人类健康

开发功能性食品的最终目的，就是要最大限度地满足人类自身的健康需要。有关健康、亚健康，功能性食品促进健康方面的作用等，是功能性食品从业人员必须了解的问题。

## 一、健康的定义和标志

### （一）健康的定义

世界卫生组织提出，"健康"是指一个人在身体、心理和社会适应等各方面都处于完满的状态，而不仅仅是指无疾病或不虚弱而已。这一新定义问世以来，使人们的健康观发生了很大变化，从此结束了"无病就是健康"的旧健康观，而只有在躯体健康、心理健康、社会适应良好和道德健康四方面都具备，才是完全的健康。

### （二）健康的标志

英文"health"一词来自古代英语单词"heath"，意指值得庆贺的状况，即安全或完好的状态。开发功能性食品的根本目的，就是要达到身心的全面健康。后来，世界卫生组织又提出了衡量人体健康的一些具体标志，例如：①精力充沛，能从容不迫地应付日常生活和工作；②处世乐观，态度积极，乐于承担任务，不挑剔；③善于休息，睡眠良好；④应变能力强，能适应各种环境的各种变化；⑤对一般感冒和传染病有一定抵抗力；⑥体重适当：体型匀称，头、臂、臀比例协调；⑦眼睛明亮，反应敏锐、眼睑不发炎；⑧牙齿清洁，无缺损，无疼痛，牙龈颜色正常，无出血；⑨头发光泽，无头屑；⑩肌肉、皮肤富弹性，走路轻松。

世界卫生组织提出的健康新定义和具体衡量标志，反映了医学模式从生物医学模式向生物 – 心理 – 社会医学模式的转变，是人类健康观的重大发展，对以促进健康为目的功能性食品学的研究和发展，无疑具有重要的指导意义。

具体来说，目前全世界比较一致公认的健康标志有如下 13 个方面，如果背离了这些健康标志，可能就意味着某种疾病的征兆。

**1. 生气勃勃、富有进取心**　健康人总是生气勃勃，并富有进取心。

**2. 性格开朗、充满活力**　健康人总是愉快、知足且精力充沛。

**3. 正常的身高和体重**　机体不应太矮小，不能太瘦或太胖。

**4. 正常的体温、脉搏和呼吸率** 对普通人来说，口腔温度为37℃，肛温要高1℃；脉搏为72次/分；呼吸频率随年龄而变化，婴儿45次/分，6岁儿童下降到25次/分，15～25岁青年继续下降到约18次/分，之后随年龄增大呼吸频率又有增长的趋势。

**5. 食欲旺盛** 健康人应有旺盛的食欲，吃起饭来津津有味，该吃饭的时候总有饥饿感。

**6. 明亮的眼睛和粉红的眼膜** 健康人的眼睛明亮清澈，翻开下眼睑可看到粉红色而湿润的眼膜。

**7. 不易得病，对流行病有足够的耐受力** 健康人不易被每次流行的致病因素所侵袭，应具有足够的耐受力和活力。

**8. 正常的大、小便** 粪便成形，不能太硬或太软，尿液清澈，大、小便不应感到困难或带血、黏液与脓液。

**9. 淡红色舌头** 舌头呈微红色，而且无厚的舌苔。

**10. 健康的牙龈和口腔黏膜** 牙龈坚固，口腔黏膜呈微红色。

**11. 健康的皮肤** 健康人的皮肤光滑、柔韧而富有弹性，肤色健康。

**12. 光滑并带光泽的头发** 头发富有光泽且紧紧依附于头皮，不应蓬蓬松松。

**13. 坚固带微红色的指甲** 指甲坚固而呈微红色，既不易碎也不太硬。

健康是一个动态的概念，只有使健康经常处于动态的平衡之中，才能保持和促进健康。健康和疾病往往可共存于机体，仅从机体自身主观感觉判断健康，可能失误，应用标志机体功能的客观指标（如生理、生化、免疫及分子特征等指标），往往可以在机体主观感觉仍是"健康"状态下即可明确揭示疾病的存在。影响健康的因素有环境因素、生活方式、卫生服务和生物遗传因素，其中环境因素对健康起重要作用，生活方式的重要性在日益增长，生物遗传因素亦不容忽视。

## 二、亚健康的定义和表现

在我国，亚健康是一个不容忽视的严重问题。功能性食品在帮助人们摆脱亚健康状态上，发挥重要的作用。据分析全国约有45%的人群处于亚健康状态。亚健康是指健康的透支状态，即身体确有种种不适，表现为易疲劳，体力、适应力和应变力衰退，但又没有发现器质性病变的状态。

### （一）亚健康的生理状态

躯体亚健康状态最常见的表现是持续的或难以恢复的疲劳，常感体力不支，懒于运动，容易困倦疲乏；另一常见症状是睡眠障碍，可表现为各种形式的失眠，如入睡困难、多梦、易惊醒、醒后难以入睡等。其他表现还有：①头痛，多为全头部或额部、颞部、枕部的慢性持续性的钝痛、胀痛、压迫感、紧箍感，属于肌紧张性头痛；另一种更为强烈的慢性头痛是血管性头痛；②头晕或眩晕；③肌肉、关节疼痛、腰酸背痛、肩颈部疼痛；④抵抗力下降，容易反复感冒、咽痛、低热；⑤代谢紊乱，如轻度的高血脂、高尿酸、糖耐量异常；⑥消化功能紊乱，常见食欲不好、腹胀、嗳气、腹泻、便秘等；⑦不明原因的胸闷气短、喜出长气、心悸、心律失常、血压不稳，经各种检查能排除器质性心肺疾病；⑧腰痛、尿频、尿痛，但相关检查正常；⑨性功能减退、月经紊乱、痛经等。

### （二）亚健康的心理状态

最为常见的"亚健康"心理是焦虑。焦虑是一种缺乏具体指向心理紧张和不愉快的情绪，表现为烦躁、不安、易怒、恐慌，可伴有失眠、多梦、血压增高、心率增快、多汗等症状。心理的"亚健康"另一常见表现是抑郁，处事态度消极、悲观，待人接物情绪冷漠，对事物缺乏兴趣，自我感觉不良，可有失眠、食欲和性欲减低、体重下降、记忆力减退、反应迟钝、缺乏活力等。

### （三）亚健康的社会适应状态

现代社会是日新月异的社会，信息量大，新事物、新知识层出不穷，观念不断更新，社会的快速发展、变化和竞争性使一些人难以适应。青年人面对工作环境的变换、复杂的人际关系；成年人面对家庭、子女、老人等多种负担以及工作的压力；老年人则要面对退休后地位的变化、角色的改变以及退休后生活的安排等，会使部分人不能适应，他们可能会在这种状况中产生多种问题，从而导致情绪压抑、苦闷烦恼。

### （四）亚健康的起因

造成亚健康的原因，概括起来主要有以下几点。

**1. 过度疲劳造成的脑力、体力透支**　由于生活工作节奏的加快、竞争日趋激烈，使人体主要器官长期处于入不敷出的超负荷状态，造成身心疲劳。表现为疲劳困乏，精力不足，注意力分散，记忆力减退，睡眠障碍，颈、背、腰、膝酸痛，性功能减退等。

**2. 人体的自然衰老**　机体组织、器官不同程度的老化，表现为体力不支、精力不足、社会适应能力降低、更年期综合征、性机能减退、内分泌失调等。

**3. 各种急慢性疾病**　心脑血管及其他慢性病的前期、恢复期和手术后康复期所出现的种种不适，如胸闷、气短，头晕、目眩，失眠、健忘，抑郁、惊恐，心悸，无名疼痛，水肿，脱发等。

**4. 人体生物周期中的低潮时期**　表现为精力不足、情绪低落、困倦乏力、注意力不集中、反应迟钝、适应能力差等。

## 三、功能性食品在促进健康方面的作用

功能性食品除了具有普通食品的营养、感官享受两大功能外，还具有调节生理活动的第三大功能，也就是其体现在促进机体健康、突破亚健康、祛除疾病等方面的重要作用。我国相关主管部门制定了针对下述 24 个方面功效审批成为保健食品《允许保健食品声称的保健功能目录 非营养素补充剂（2023 版）》：①有助于增强免疫力；②有助于抗氧化；③辅助改善记忆；④缓解视觉疲劳；⑤清咽润喉；⑥有助于改善睡眠；⑦缓解体力疲劳；⑧耐缺氧；⑨有助于控制体内脂肪；⑩有助于改善骨密度；⑪改善缺铁性贫血；⑫有助于改善痤疮；⑬有助于改善黄褐斑；⑭有助于改善皮肤水分状况；⑮有助于调节肠道菌群；⑯有助于消化；⑰有助于润肠通便；⑱辅助保护胃黏膜；⑲有助于维持血脂（胆固醇/甘油三酯）健康水平；⑳有助于维持血糖健康水平；㉑有助于维持血压健康水平；㉒对化学性肝损伤有辅助保护作用；㉓对电离辐射危害有辅助保护作用；㉔有助于排铅。

## 四、功能性食品开发的意义

2008 年，国家中医药管理局组织开展"治未病"健康工程，把预防和控制疾病放在了首位，卫生部颁发的《健康中国 2020 战略研究报告》把发展健康产业作为战略重点，强调预防为主，从注重疾病诊疗向预防为主、防治结合转变。2011 年，国家发改委、工信部联合印发《食品工业"十二五"发展规划》，首次把"营养与保健食品制造业"列为重点发展行业，提出利用我国特有的动植物资源和技术开发有民族特色的新功能食品。2013 年颁发的《国务院关于促进健康服务业发展的若干意见》，将营养保健食品列为重点支持产业。2015 年的《食品安全法》将保健食品从单纯的注册制改变为注册制和备案制并行。这些密集出台的政策措施表明，保健食品产业已经成为我国健康事业的重要组成部分。

人口老龄化、慢性病、富贵病等，除影响患者的生命质量外，还会明显耗费大量的社会医疗资源和医疗费用，成为个人、家庭的巨大开支和国家公共财政的沉重负担。国家"九五"攻关完成的研究项目表明，在疾病预防工作上投资 1 元钱，就可以节省 8.5 元的医疗费和 100 元的抢救费用。国家已经认识到保健食品在疾病预防中的重要性，保健食品产业作为大健康产业的重要组成部分，将在国家经济建

设中发挥越来越重要的作用。可见，健康重心已由治疗转向预防，随着我国经济高速增长，居民的购买力增强，落实国家发展保健食品产业的方针政策，大力发展保健食品产业，是我国人民健康和经济发展的必然选择。

研究发现，一般人群通过日常饮食难以获得均衡、充足的营养，原因有多方面，如土地经过连续耕作，大量的农药、化肥、植物生长素等应用使食物本身的营养含量不断下降，生活节奏加快，使越来越多的人以各种快餐来替代主食，因此通过日常饮食难以维持我们人体所需的营养物质。调查显示，我国2.7亿在校生的蛋白质摄入量仅为标准的65%，维生素A、钙、铁、锌摄入严重不足。由于我们缺乏足够、均衡的物质人体就会从健康状态进入亚健康状态，就会表现出体虚乏力、精神不振、睡眠失常、肌肉酸痛或免疫力下降等各种不适症状，甚至导致各种慢性病发生。

在日常饮食难以获得充足营养的同时，工业的高度发展对环境造成的负面影响，如空气和水质污染、生态恶化、食品中农药和抗生素的残留，加上社会生产水平不断提高，食物越来越精细，动物肉类食品越来越丰富，导致部分现代人摄入的能量过剩，而人体必需的部分营养素却又不足，造成机体功能紊乱，慢性病、富贵病发病率不断上升。各种不良因素都可能影响人体正常功能，影响人体对不同健康元素的需求，人们应该通过健康食品来增强机体功能，以预防疾病的产生，或辅助治疗以减轻疾病的病情或减慢疾病的进程。

我国正在进入老龄化时期，老年人的新陈代谢功能下降和各个器官功能下降，经常会受到疾病的困扰，研究表明，60岁以上人群患病率达56%，心脑血管疾病、糖尿病、高血压等发病率明显高于其他年龄群体，其他疾病如骨质疏松症、老年性痴呆、动脉硬化、习惯性便秘或腹泻、失眠等，给老年人的生活和生命质量造成严重影响。体质特点决定了老年人应该在日常生活中，通过饮食获得更加均衡的营养，以减缓身体功能的下降，减少疾病的发生或减缓疾病的进展，因此发展保健食品是老龄化社会到来的必然需要。

随着生活节奏的加快，生活方式的改变，社会竞争的加剧，人们心理和生理功能受到巨大冲击，亚健康群体比例正在上升。尤其是不良生活方式下的中青年人越来越多地进入了亚健康状态，如果不及时进行恰当干预，将会发展成为疾病。这种健康与疾病的中间状态，并未达到西医所诊断的疾病标准，因此西药并不是理想的干预选择，而保健食品正好介于食品与药品之间，对人体具有调节功能，可以恢复机体平衡，防止由机体亚健康状态进入疾病状态。

由此可见，各年龄层的人群都存在着不同程度的健康问题，需要在日常饮食中进行调节和疾病的预防。但是，我国保健食品仍处于起步阶段，人群普及率和人均消费水平低，与健康问题越来越严重形成一定的关联，所以，我国必须大力发展保健食品产业，以适应当代疾病发展变化的防治需要。

# 第三节　功能性食品的现状与发展趋势

## 一、功能性食品发展的现状

### （一）功能性食品发展的历史

中国功能食品的发展历史悠久，早在几千年前中国的医药文献中，就记载了与现代功能食品相类似的论述——"医食同源""食疗""食补"。

国外较早研究的功能性食品是强化食品。20世纪10～20年代，芬克提出了人体必需的"生物胺"（vitamine），随后被命名为"维生素"（vitamine）。对于维生素生理功能的研究，以及对其"缺乏症"

的研究，使人类进一步认识到它对于人体生理功能的重要性，并通过补充维生素而很快使维生素缺乏引起的疾病得到缓解甚至治愈。1935 年美国提出了强化食品，随后强化食品得到迅速发展。1938 年路斯提出了必需氨基酸的概念，指出 20 种氨基酸中有 8 种必须通过食物补充。必需氨基酸的缺乏会造成负氮平衡而导致蛋白质营养不良。所有这些研究，提示人们在食品中添加某种或某些营养素，能够通过食物使人们更健康，避免营养素不足引起的疾病，于是研制出强化食品。

为了规范强化食品的发展，加强对其进行监督管理，美国于 1942 年公布了强化食品法规，对强化食品的定义、范围和强化标准都做了明确规定。随后，加拿大、菲律宾、欧洲各国以及日本也都先后对强化食品做出了立法管理，并建立了相应的监督管理体制。

美国食品与药品管理局（U. S. Food and Drug Administration，FDA）还曾规定了一些必须强化的食品，包括面粉、面包、通心粉、玉米粉、面条和大米等。另外，营养专家对微量元素的深入研究，不断拓宽了强化剂的范围，使得人类对食品强化的作用和意义有了更深刻的认识。几十年来，通过在牛奶、奶油中强化维生素 A 和维生素 D，防止了婴幼儿由于维生素 D 缺乏而引起的佝偻病；以食用强化的碘盐来消除地方性缺碘引起的甲状腺肿疾病；强化硒盐能防止克山病；在米面中强化维生素 $B_1$，使缺乏维生素 $B_1$ 引起的脚气病几乎绝迹；通过必需氨基酸的强化，提高蛋白质的营养价值，可节约大量蛋白质。可以说，强化食品的出现和发展，是人类营养研究的基础理论与人类膳食营养的实践活动密切结合的典范。由于强化食品价格便宜，效果明显，食用方便，强化工艺简单，使得强化食品有很大的市场优势，深受消费者欢迎。

随着强化食品的发展，强化的概念也得以不断地拓宽，不仅是以向食物中添加某种营养素来达到营养平衡，防止某些营养缺乏症为目的，某些以含有一些调节人体生物节律、提高免疫能力和防止衰老等有效的功效成分为基本特点的食品也属强化食品，这就超出了原有的强化食品的范畴。

1962 年日本率先提出了"功能性食品"，并围绕着"调节功能"做文章。随着衰老机制、肿瘤成因、营养过剩疾病、免疫学机制等基础理论研究的进展，功能性食品研究开发的重点转移到这些热点上来。从日本功能性食品的发展历程可以看出，它的出现标志着在国民温饱问题解决后，人们对食品功能的一种新需求，它的出现是历史的必然。中国在进入 20 世纪 80 年代以后，人民的生活水平有了较大提高，人们在解决了温饱问题之后，对生活的质量和健康就成为新的追求。同时，生活水平的提高，大量高质量营养素的摄入，营养过剩而引起的富贵病（如糖尿病、冠心病与癌症等）、成人病及老年病已逐渐成为人们主要的疾病。于是，对功能性食品的渴望促进了中国功能食品行业的迅猛发展。1980 年全国保健品厂还不到 100 家，至 1994 年已超过 3000 家，生产功能性食品 3000 余种，年产值 300 亿元人民币，大约占食品生产总值（不包括卷烟）10% 左右。数据显示，2022 年中国功能性食品市场规模已突破 6000 亿元。

在国际市场上功能性食品的发展一直呈上升趋势，在欧美等发达国家，由于人民生活水平较高，自我医疗保健意识较强，在医药保健方面消费也较高。以美国为例，每年的医疗保健费用约为 3000 亿美元，平均每人约 1000 美元。其中，功能性食品的产值近 800 亿美元，约占 27%。20 世纪 90 年代以来，随着国际"回归大自然"之风的盛行，目前全球功能性食品年销售额已达到 2000 亿美元以上，具有不可替代的重要作用，不但得到世人的认可和重视，而且深入人心，增加的势头还在发展。

2003—2008 年为产业结构调整期，国家对保健食品产业加强监管和调整。国外功能性食品巨头进入中国市场，保健食品行业迎来新一轮发展机遇。2003 年由于非典型肺炎的发生和流行，消费者重新重视保健食品的作用，当年市场销售额增加 50%，同时随着我国经济的快速发展和疾病谱的改变新的健康观念和保健食品不断出现，市场逐步恢复。2003 年 6 月卫生部停止受理保健食品审批，从 10 月起国家食品药品监督管理局（现国家质量监督管理总局）正式受理审批事项。2005 年 4 月，国家食品药品监督管理局公布新的《保健食品注册管理办法（试行）》，保健食品产业开始进入有序发展新时期。

从 2005 年至今，中国经济持续高速增长和人民对于健康意识的增强进一步带动了保健食品行业的快速发展。新医改方案把预防和控制疾病放在了首位，政府对卫生保健加大公共财政和人力资源的投入。2011 年 12 月发布的《食品工业"十二五"发展规划》中，营养与保健品制造业首次被列为重点发展产业并提出到 2015 年，营养与保健食品产值达到 1 万亿元，年均增长 20%，目标是形成 10 家以上产品销售收入在 100 亿元以上的企业。但是和发达国家对比，不管是整体规模还是人均保健食品消费，中国仍有一定的差距，未来可以期待行业将会继续保持高速发展。

### （二）功能性食品的现状

我国的保健食品经历了 30 多年的发展，已经形成了完整的产业链和具有行业特色的运营模式，虽然经历了反复起伏和波折，但是依旧保持着快速发展。目前，我国国家市场监督管理总局审批的大多数保健食品属于第二代产品，落后于欧美和日本等发达国家的第三代产品。

**1. 中国保健食品整体市场规模稳步提升**　近年来居民自身健康的关注度提高，中国保健食品行业产量和需求量均整体呈现快速增长的趋势。2021 年我国保健品行业市场规模约 2700 亿元，同比增长 8% 左右，2022 年市场规模增长到 2900 亿元，行业整体保持稳定增长态势。

**2. 中国保健食品企业数量规模扩大**　近年来我国保健食品行业快速发展，历年新注册企业数量快速增长，截至 2021 年 3 月底，全国获得保健食品生产许可的生产企业达到 1691 家，经营企业达到 120 多万家。山东、广东两省保健企业超过 20 万家。企业超过 10 万家的有河南、江苏、湖南、四川、安徽 5 个省份。截至 2023 年 7 月 19 日，国家市场监督管理总局网站显示国产备案保健食品总数 14669 个，分属 1113 家企业共计 3544 个品牌。

**3. 我国保健食品进出口持续增长**　目前，我国保健食品进口规模要大于出口规模。2021 年我国保健食品进口金额约 52 亿美元，进口国家主要包括美国、澳大利亚和德国。出口金额为 26 亿美元，主要出口国家为美国、日本、泰国、缅甸、菲律宾等。出口品类主要是维生素类、硫酸软骨素、氨基酸类、植物提取物、酶及辅酶类、鱼油、卵磷脂、蜂蜡、蜂王浆、蜂花粉、芦丁、越橘提取物等保健食品原料，是全球最大原料供应者。我国保健食品的成品出口几乎为零（我国中成药在美国多以膳食补充剂的形式使用）。

## 二、我国功能性食品存在的问题

### （一）资源地和生产地发展不均衡

目前，功能性食品在北京、上海、广州、天津等城市占 50% 左右，西北、西南地区仅占 5%，而后者都是功能性食品丰富的原料产地，但利用程度却很低，生产规模也很小。

### （二）低水平重复现象严重，产品进入生产步履艰难

经原卫生部批准的保健食品中，90% 以上属于第一、二代产品，功能因子构效关系、量效关系、作用机制不明，产品质量不高，低水平重复现象严重。其中 2/3 的产品功能集中在免疫调解、抗疲劳和调节血脂上，产品功能如此集中，使消费者难辨上下，市场销售艰难。

### （三）产品质量不过关

科技资金投入不够，设备简单，质量参差不齐，掺假违规现象严重。

### （四）监管不严，监管难度较大

《保健食品管理办法》已经实施多年，但存在产品上市前审批程序严格，产品上市后行业监管力度

不够的现象。这与我国功能食品管理中评审、审批管理和日常监督管理结合不够有关。大多功能食品属于二代产品，功效成分不明确，作用机制不明，一旦造假，难以甄别。此外，地方保护主义也是造成功能食品产品鱼目混珠现象严重、管理失控的原因之一。

### （五）夸大产品功效，失信于民

假冒伪劣产品的虚假广告，使国内保健品再次面临整体信誉危机。部分企业由于宣传虚假、夸大事实，保健品脱离功效来宣传，而使它失去卖点。

### （六）主要采用非传统食品形态，价格过高

部分功能性食品采用片剂、胶囊等非传统食品形态，脱离人们日常生活。一部分功能食品价位较高，远离普通人群对保健品的需求和渴望，使消费者望而却步。

### （七）基础研究不足，科技力度不够

功能性食品是一个综合性产业，需要各部门密切配合。主管部门重视不够，科技投入少，专业单薄，缺少综合学科的沟通和联合，导致产品的竞争力不强。

## 三、功能性食品的发展趋势

### （一）功能性食品市场将逐步扩大

随着经济的发展，人们生活水平提高，功能性食品已成为人们生活中的一种追求，成为一种不可阻挡的食品新潮流。从市场调查资料看，目前保健品市场主要有 3 大消费群体：一是白领市场；二是银发市场；三是儿童市场。他们的购买力都非常强，因此市场发展空间很大，很多有商业眼光的企业家不断涉足这一行业。现在随着市场的不断规范和科技手段不断提高，功能食品管理也将逐步趋于完善和规范化。

### （二）第三代功能性食品是未来发展重点

**1. 确保功能性食品安全**　功能性食品长期食用应是无毒、无害，需要确保其安全性。因此，一个功能性食品进入市场前应先完成毒理学检测。《食品安全性毒理学评价程序和方法》主要评价食品生产、加工、保藏、运输和销售过程中使用的化学和生物物质以及在这些过程中产生和污染的有害物质、食物新资源及其成分和新资源食品。对于功能性食品及功效成分，必须进行《食品安全性毒理学评价程序和方法》中规定的第一、二阶段的毒理学试验，并依据评判结果决定是否进行三、四阶段的毒理学试验。若功能性食品的原料选自普通食品原料或已批准的药食两用原料则不再进行试验。

**2. 重视功能性食品的有效性**　功能性食品的有效性，是评价功能食品质量的关键前提。国家做出明确规定，87 种药食两用的动植物可做保健品的原材料。原卫生部已专门制定有功能食品评价程序和方法。

### （三）高新技术在功能性食品中的应用

**1. 寻找和提取各种特殊功能因子**　采用高新技术，从各种天然动植物资源中寻找和提取各种特殊功能因子。特别是对于那些具有中国特色的基础原料，如银杏、红景天、人参、林蛙、鹿茸等，我们更应重视其功能性食品的开发和研究。如基因工程与发酵工程的结合可生产全新的目标菌种，不仅使产量和风味得到改进和提高，而且可以使原来从动植物中提取的各种食品添加剂如天然香料、色素等变成由微生物直接转化而来。

**2. 检测各类功能因子，去除有害、有毒物质**　基因工程、细胞工程、酶工程等生物技术将是 21 世纪功能性食品的主要科技手段，它将使功能性食品研究水平得到极大的提高和加强，使功能因子的阵营

迅速扩大，功能更加专一、有效，更好去除原料中一些有害、有毒的物质，推动功能性食品出现新的热潮。功能性食品科学已发展成为有别于传统的食品科学和营养的新学科，涉及植物学、食品工程学、营养学、生理学、生化学、细胞生物学、遗传学、流行病学、分析化学等诸多领域。因此，跨学科和跨国度的协作研究非常重要。

答案解析

1. 简述功能性食品的概念及特征。

2. 什么是亚健康状态？你是否曾经出现亚健康状态？

3. 什么是功能食品中的功效成分？功效成分包括哪些类型？

4. 简述功能食品与普通食品、药品、特医食品的区别。

5. 功能性食品在促进健康方面的作用有哪些？

书网融合……

本章小结     题库

# 第二章

# 功能性食品的生物活性成分

 学习目标

**知识目标**

1. **掌握** 膳食纤维、功能性脂类及矿物质的生理功能；功能性食品的各种活性成分的作用。
2. **熟悉** 功能性食品的生物活性成分种类；功能性碳水化合物、活性蛋白质、磷脂在功能食品中的应用。
3. **了解** 活性多糖、活性蛋白质、矿物质、维生素的种类；多不饱和脂肪酸、活性蛋白质、维生素及矿物质的食物来源和供给量。

**能力目标**

1. 学会查阅食物含量表推测人体对各种元素及能量的需要量。
2. 学会运用逻辑推导方法和功能性食品相关知识解决人体保健时出现的实际问题。

**素质目标**

通过本章学习，树立生物活性成分在功能性食品开发过程中的重要性，培养在生物活性成分的制备过程中所必备的自主学习能力和团队合作意识。

## 第一节　功能性碳水化合物

PPT

　　碳水化合物也称糖类，是由 C、H、O 三种元素组成的多羟基醛或多羟基酮化合物，常用通式 $C_n(H_2O)_m$ 表示。碳水化合物在体内可迅速氧化提供能量，是供给人体能量的最主要和最经济的来源，1g 碳水化合物可产生 16.7kJ（4kcal）能量。脑组织、心肌和骨骼肌的活动需要靠碳水化合物提供能量。某些碳水化合物在具有增强机体免疫力、降低血脂、调节肠道菌群等方面的功效，被称为"功能性碳水化合物"。

### 一、膳食纤维

#### （一）膳食纤维的定义

　　膳食纤维（dietary fiber）又食用纤维（edible fibre），Trowell 于1872年首次给膳食纤维定义是"食物中不被人体消化吸收的多糖类碳水化合物和木质素"。1999年11月2日在84届美国谷物化学师协会年会上对膳食纤维的定义为：凡是不被人体内源酶消化吸收的可食用植物细胞、多糖、木质素以及相关物质的总和，主要包括纤维素、半纤维素、木质素、果胶等。

　　膳食纤维分为水溶性和水不溶性两类。水溶性膳食纤维是指不被人体消化道酶消化，但溶于热水且其水溶性又能被4倍体积乙醇沉淀的那部分膳食纤维。主要包括果胶、海藻酸、卡拉胶、琼脂、黄原胶

13

以及羧甲基纤维素钠盐等。水不溶性膳食纤维是指不被人体消化道酶消化且不溶于热水的那部分膳食纤维，是构成细胞壁的主要成分，主要包括纤维素、半纤维素、木质素、原果胶以及动物性甲壳素和壳聚糖等。膳食纤维被称为人体必需的"第七营养素"，对人体健康必不可少，是人体肠道的"绿色清道夫"，在保持人体肠道通畅、排毒通便、清脂养颜、维护肌肤健康等方面有重要作用。

### （二）膳食纤维的种类与化学组成

膳食纤维按来源可分为植物性、动物性、海藻多糖类、微生物多糖类和合成类膳食纤维。植物来源的膳食纤维有纤维素、半纤维素、木质素、果胶、阿拉伯胶、半乳甘露聚糖等；动物来源的膳食纤维有壳聚糖和胶原等；海藻多糖类有海藻酸盐、卡拉胶和琼脂等；合成类膳食纤维如羧甲基纤维素等。其中，植物性膳食纤维是研究和应用最多的一类，如大豆纤维、玉米麸、小麦麸、大麦麸、果皮等。

**1. 纤维素**　纤维素（cellulose）是一种重要的膳食纤维，由葡萄糖组成的大分子多糖。不溶于水及一般有机溶剂。是植物细胞壁的主要成分，通常与半纤维素、果胶和木质素结合在一起，其结合方式和程度对植物源食品的质地影响很大。纤维素是自然界中分布最广、含量最多的一种多糖，占植物界碳含量的50%以上。棉花的纤维素含量接近100%，为天然的最纯纤维素来源。一般木材中，纤维素占40%～50%，还有10%～30%的半纤维素和20%～30%的木质素。

**2. 半纤维素**　半纤维素（hemicellulose）是由多种不同糖残基组成的一类多糖，主链由本糖、半乳糖或甘露糖聚合而成，支链上带有阿拉伯糖或半乳糖。半纤维素的种类很多，有的可溶于水，但绝大部分都不溶于水，很多半纤维素是不溶性多糖与可溶性多糖的混合物。组成谷物和豆类膳食纤维中的半纤维素，主要有阿拉伯木聚糖、木糖葡聚糖、半乳甘露聚糖和$\beta-1,3$、$\beta-1,4$葡聚糖等。

**3. 果胶**　果胶（pectin）主链是由半乳糖醛酸（Gal A）以$\alpha-1,4$糖苷键连接而成的聚合物。甲氧基含量超过7%的为高甲氧基果胶，低于7%的为低甲氧基果胶，低甲氧基果胶形成凝胶时需要$Ca^{2+}$。从植物体提取的天然果胶常常含有阿拉伯聚糖、半乳聚糖、阿拉伯半乳聚糖、鼠李聚糖等多糖。果胶能溶于水形成凝胶，对维持膳食纤维的结构有重要作用。

**4. 木质素**　木质素（lignin）并非多糖，而是由苯基丙烷衍生物的单体所构成的聚合物，构成木质素的单体主要是松柏醇、丁香醇和对羟基肉桂醇3种苯基丙烷衍生物。木质素是植物细胞壁的结构成分之一，具有复杂的三维结构，人和动物均不能消化木质素。

**5. 植物胶**　植物胶（gum）的化学结构因来源不同而有差别。主要包括葡萄糖醛酸、半乳糖、阿拉伯糖及甘露糖所组成的多糖。它可溶于水形成具有黏稠性的溶胶，起增稠剂的作用。

**6. 抗性淀粉**　抗性淀粉（resistant starch）又称抗酶解淀粉、难消化淀粉。1993年欧洲抗性淀粉协会将抗性淀粉定义为：健康人体小肠内剩余的不被消化吸收的淀粉及其降解物的总称。抗性淀粉的抗酶解特性与淀粉的一系列自然属性和食品加工过程有关，因此它是一类性质并非完全相同的淀粉。抗性淀粉与可溶性膳食纤维有相似的生理功能，但其理化特性不像可溶性膳食纤维那样较易保持高水分，因而将抗性淀粉添加于低水分食品如饼干、甜饼中是极为有利的，且加入的抗性淀粉不会产生类似沙砾的不适感，也不会影响食品的风味与质构。

**7. 壳聚糖**　壳聚糖（chitosan）是甲壳素（chitin）脱除乙酰基后的产物，即由$N-$氨基葡萄糖单体通过$\beta-1,4$糖苷键连接而成的直链高分子多糖，也是一种常见的黏多糖。壳聚糖不溶于水、碱溶液和有机溶剂，但可溶于稀酸溶液。壳聚糖分散在柠檬酸、酒石酸等多价有机酸的水溶液中时，高温时溶解，温度下降时呈凝胶状，这一性质已被广泛用于食品风味物的微胶囊化、细胞或酶的固定化处理。

### （三）膳食纤维的物化特性

**1. 高持水力**　膳食纤维化学结构中含有很多亲水基团，具有很强的持水力。膳食纤维的高持水力对调节肠道功能有重要影响，它有利于增加粪便的含水量及体积，促进粪便的排泄。

**2. 吸附作用**　膳食纤维分子表面带有很多活性基团，可以吸附或螯合胆固醇、胆汁酸、肠道内的有毒物质（内源性毒素）、有毒化学药品（外源性毒素）等。其中，研究最多的是膳食纤维对胆汁酸的吸附作用，这种作用被认为是膳食纤维降血脂功效的机制之一。

**3. 阳离子交换作用**　膳食纤维分子结构中的羧基、羟基和氨基等侧链基团，可产生类似弱酸性阳离子交换树脂的作用，可与阳离子，尤其是有机阳离子进行可逆的交换，从而影响消化道的 pH、渗透压等，形成一个更缓冲的环境，而有利于消化吸收。这种作用也会影响到机体对某些矿物元素的吸收。

**4. 无能量填充剂**　膳食纤维体积较大，遇水膨胀后体积更大，在胃肠道中会起填充剂的容积作用，易引起饱腹感，它还会影响碳水化合物等在肠道中的消化吸收，使机体不易产生饥饿感。因此，膳食纤维对预防肥胖症十分有利。

**5. 发酵作用**　膳食纤维虽不能被人体消化道内的酶所降解，但却能被大肠内的微生物发酵降解，产生乙酸、丙酸和丁酸等短链脂肪酸，使大肠内 pH 降低，调节肠道菌群，诱导产生大量的好气有益菌，抑制厌气腐败菌。由于好气菌群产生的致癌物质较厌气菌群少，即使产生也能很快随膳食纤维排出体外，这是膳食纤维能预防结肠癌的一个重要原因。

### （四）膳食纤维的生理功效

对于不同品种的膳食纤维，由于其内部化学组成、结构以及物化特性的不同，在对机体健康的作用及影响方面也有差异，并不是所有的膳食纤维都具备下列所有的生理功效。

**1. 增加饱腹感，预防肥胖症**　膳食纤维在胃肠道中吸水能力很强，遇水膨胀，可增加胃内食物容积而产生饱腹感，从而减少对食物的摄入量。膳食纤维本身并不产生能量，又可使能源性营养素的吸收不完全，有利于控制体重，预防肥胖症。

**2. 调节血糖水平**　膳食纤维的黏度延缓了胃的排空速率及淀粉在小肠内的消化，减慢了葡萄糖在小肠内的吸收，可降低血糖因为摄食而升高的幅度，对维持人体血糖的稳定具有重要的作用，同时减少糖尿病患者对胰岛素和降糖药的依赖。

**3. 降血脂**　膳食纤维可与饮食中的胆固醇结合，降低胆固醇的吸收。膳食纤维中含有植物固醇（麦角固醇），可抑制饮食中胆固醇的吸收。膳食纤维可与体内胆盐、胆酸结合，增加胆固醇的排泄。所以膳食纤维可以降低人血浆胆固醇水平，特别是降低低密度脂蛋白胆固醇，而高密度脂蛋白胆固醇降低得很少，甚至不降低。这是食物纤维可防治高胆固醇血症、动脉粥样硬化等心血管疾病的原因。

**4. 抑制有毒发酵产物、润肠通便、预防结肠癌**　食物经消化吸收后所剩残渣到达结肠后，在被微生物发酵过程中，可能产生许多有毒的代谢产物，包括氨（肝毒素）、胺（肝毒素）、亚硝胺（致癌物）、苯酚与甲苯酚（促癌物）、吲哚与 3 - 甲基吲哚（致癌物）、次级胆汁酸（致癌物或结肠癌促进物）等。膳食纤维对这些有毒发酵产物具有吸附螯合作用，并促进其排出体外，预防大肠癌变。

膳食纤维可促进肠道蠕动，缩短粪便在肠道内的停留时间，加快粪便的排出，使肠道内的致癌物质得到稀释。因此，致癌物质对肠壁细胞的刺激减少，也有利于预防结肠癌。

**5. 调节肠道菌群**　膳食纤维被结肠内某些细菌酵解，产生短链脂肪酸，使结肠内 pH 下降，促进肠道有益菌的生长和增殖，而抑制了肠道内有害腐败菌的生长。由于水溶性纤维易被肠道菌群作用，调节肠道菌群效果更明显。同时多糖在大肠被细菌酵解，可合成泛酸、烟酸、谷维素、核黄素、生物素等维生素，供人体需要。

### （五）膳食纤维的日推荐量

中国营养学会推荐每人摄入膳食纤维 25～30g/d。美国 FDA 推荐的成人总膳食纤维摄入量为 20～35g/d。英国国家顾问委员会建议膳食纤维的摄入量为 25～30g/d。

## 二、功能性低聚糖

低聚糖又叫寡糖，是指由 3~9 个单糖分子聚合而成的糖类，可分为普通低聚糖和功能性低聚糖。普通低聚糖包括蔗糖、麦芽糖、乳糖等，可被机体消化吸收并利用。功能性低聚糖包括低聚果糖、低聚异麦芽糖、低聚半乳糖、大豆低聚糖、低聚甘露糖等，难以被人体内的消化酶消化分解。

### （一）低聚糖的生理功能

功能性低聚糖的突出作用在于它能促进人体肠道内的有益菌群双歧杆菌的繁殖，并使之在肠道内多类菌群中一直保持优势，从而抑制肠道内腐败菌的生长，减少有毒发酵产物的形成，从而增进人体健康。

**1. 促使双歧杆菌的增殖**  摄入低聚糖可促使双歧杆菌增殖，从而抑制有害细菌，如产气荚膜杆菌（clostridium perfringens）的生长。双歧杆菌发酵低聚糖，产生短链脂肪酸和一些抗菌物质，可以抑制外源致病菌和肠内固有腐败细菌的生长繁殖。

**2. 防止便秘**  双歧杆菌发酵低聚糖产生大量的短链脂肪酸，能刺激肠道蠕动，增加粪便湿润度并保持一定的渗透压，从而防止便秘的发生。

**3. 增强免疫力**  低聚糖促进小肠中双歧杆菌的大量繁殖，使双歧杆菌的数量剧增，刺激 B 淋巴细胞产生出大量的免疫球蛋白。这些免疫球蛋白阻止有害细菌附着在肠黏膜上，便于抗体清除这些细菌。同时，双歧杆菌还可激活巨噬细胞，使其吞噬双歧杆菌并激活 T 淋巴细胞产生出大量的淋巴因子，因而大大提高了人类的免疫能力。

**4. 降低血清胆固醇**  功能性低聚糖由于不能被消化，有类似水溶性植物纤维的作用，可促进肠道蠕动，防止便秘，改善血脂代谢，降低血液中胆固醇和甘油三酯的含量。

**5. 保护肝功能**  摄入低聚糖可减少有毒代谢产物的形成，减轻肝脏分解毒素的负担，保护肝功能。

**6. 合成维生素、促进钙的消化吸收**  双歧杆菌在肠道内能自然合成维生素 $B_1$、维生素 $B_2$、维生素 $B_6$、维生素 $B_{12}$、烟酸和叶酸等。促进肠道黏膜对钙、铁等矿物质的吸收，分解亚硝酸盐等致癌物。

### （二）常见的功能性低聚糖

**1. 低聚异麦芽糖**  低聚异麦芽糖（isomalto – oligosaccharide）又称分支低聚糖，其单糖数为 3~5 个不等，各葡萄糖分子之间至少有一个是以 $\alpha-1,6$ 糖苷键结合而成。低聚异麦芽糖能有效地促进人体内有益细菌双歧杆菌的生长繁殖，故又称为"双歧杆菌生长促进因子"，简称"双歧因子"。自然界中低聚异麦芽糖极少以游离状态存在，但作为支链淀粉或多糖的组成部分，在某些发酵食品如酱油、黄酒或酶法葡萄糖浆中有少量存在。低聚异麦芽糖可代替部分蔗糖添加到各种饮料、食品中。

**2. 乳酮糖**  乳酮糖（lactulose）又称乳果糖或异构化乳糖，甜味纯正，甜度为蔗糖的 48%~62%。乳酮糖则是由半乳糖与果糖以 $\beta-1,4$ 糖苷键合组成的。早在 1957 年就已发现乳酮糖是乳酸菌的增殖因子，并且可使人工哺喂的婴儿肠道菌群与母乳哺喂的婴儿肠道菌群相接近，因此在婴儿配方奶粉中乳酮糖是一种必需添加剂。乳酮糖在小肠内不被消化吸收，到达大肠被双歧杆菌利用，具有较高的增殖活性，因此，乳酮糖被列为低热值甜味剂和功能性食品添加剂。乳酮糖除用作食品添加剂外，还在医药上用于治疗便秘和静脉系统的脑病。

**3. 大豆低聚糖**  典型的大豆低聚糖（soybean oligosaccharide）是从大豆籽粒中提取的可溶性低聚糖的合称，主要分为水苏糖、棉子糖和蔗糖。大豆低聚糖的甜味特性接近于蔗糖，甜度为蔗糖的 70%，能量仅为 5.36kJ/g。而由水苏糖和棉子糖组成的改良大豆低聚糖，其甜度仅为蔗糖甜度的 22%，能量值更低。大豆低聚糖具有良好的热稳定性，即使在 140℃ 高温下也不会分解，对酸的稳定性也略优于蔗糖。

大豆低聚糖中对双歧杆菌有增殖作用的因子是水苏糖和棉子糖。大豆低聚糖是一种安全无毒的天然产品，可部分替代蔗糖应用于清凉饮料、酸奶、乳酸菌饮料、冰激凌、面包、糕点、糖果、巧克力等食品中。在面包中使用大豆低聚糖，还可起到延缓淀粉老化、延长产品货架寿命的作用。

**4. 低聚乳果糖**  低聚乳果糖（lactosucrose）由 3 个单糖组成，从一侧看为乳糖接上一个果糖基，从另一侧看则为蔗糖接上一个半乳糖基。纯净的低聚乳果糖是一种非还原性低聚糖，甜度为蔗糖的 30%，甜味特性类似于蔗糖，中性条件下的热稳定性与蔗糖相近。低聚乳果糖商品常由于含有不同数量的还原糖，褐变程度较蔗糖大。低聚乳果糖几乎不被人体消化吸收，摄入后不会引起体内血糖水平和血液胰岛素水平的波动，可供糖尿病患者食用，而且其双歧杆菌增殖活性比低聚半乳糖、低聚异麦芽糖等更高。

**5. 低聚半乳糖**  低聚半乳糖（galactooligosaccharide）是在乳糖分子中的半乳糖一侧连接 1 ~ 4 个半乳糖，属于葡萄糖和半乳糖组成的低聚糖。它口感清爽，甜度约为蔗糖的 25%，酸、热稳定性很好，即使在 pH 3.0 条件下加热也不会分解。低聚半乳糖不被人体消化酶所消化，具有很好的双歧杆菌增殖活性。

**6. 低聚果糖**  低聚果糖（fructooligosaccharide）是由 1 ~ 3 个果糖基与蔗糖中的果糖基结合生成的蔗果三糖、蔗果四糖和蔗果五糖等的混合物。低聚果糖是一种天然活性物质，甜度为蔗糖的 0.3 ~ 0.6 倍，既保持了蔗糖的纯正甜味性质，又比蔗糖甜味清爽，具有调节肠道菌群、增殖双歧杆菌、促进钙的吸收、调节血脂、免疫调节、抗龋齿等保健功能，已在乳制品、乳酸菌饮料、固体饮料、糖果、饼干、面包、果冻、冷饮等多种食品中应用。

**7. 低聚木糖**  低聚木糖（xylooligosaccharide）是由 2 ~ 7 个木糖以 $\beta - 1,4$ 糖苷键结合而成的低聚糖，它的甜度比蔗糖和葡萄糖低，与麦芽糖差不多，约为蔗糖的 40%。低聚木糖的热稳定性较好，即使在酸性条件（pH 2.5 ~ 7.0）下加热也基本不分解，所以可用在酸奶、乳酸菌饮料、碳酸饮料等酸性饮料中。低聚木糖具有极好的双歧杆菌增殖活性，食用后不会使血糖水平大幅度上升，所以也可作为糖尿病或肥胖症患者的甜味剂。低聚木糖一般是以富含木聚糖的植物（如玉米芯、蔗渣、棉子壳和麸皮等）为原料，通过木聚糖酶水解，然后分离精制而获得。

## 三、活性多糖

来自植物、真菌及微生物的不少多糖，具有免疫调节功效，有的还具有明显的抗肿瘤活性。有些植物多糖还具有调节血糖的功效。

### （一）真菌多糖

具有增强免疫、抗肿瘤活性的真菌多糖的共同结构特征，是以 $\beta - 1,3$ 糖苷键连接的葡聚糖主链，具有三股螺旋构象，沿主链随机分布着 $\beta - 1,6$ 连接的葡萄糖基。通过 $\alpha - 1,3$ 糖苷键连接的葡聚糖具有一种带状的单链构象，沿着纤维轴伸展而不是呈螺旋状，所以没有抗肿瘤活性。多糖骨架上多羟基基团，对抗肿瘤活性有重要作用。许多结构相似的葡聚糖其抗肿瘤活性存在较大差异，说明真菌多糖结构与抗肿瘤活性之间的关系，不仅涉及多糖初级结构，还与其分子大小、水溶性及构象形态等有关。

$\beta - 1,3$ 葡聚糖对异源的、同源的甚至是遗传性的肿瘤都有效，此外还具有抗细菌、抗病毒和抗凝集作用，有的还具有促进伤口愈合的活性。在具有免疫调节活性的多糖中，只有那些具有 $\beta - 1,6$ 分支的 $\beta - 1,3$ 葡聚糖，才对肿瘤生长有抑制作用。来自真菌的 $\beta - 1,3$ 葡聚糖的肿瘤抑制率通常为 99% ~ 100%，而其他来源的多糖仅为 10% ~ 40%。

来自香菇、灵芝、猪苓、冬虫夏草等的大部分真菌多糖具有抗肿瘤活性，只是其活性强弱不同。由于真菌多糖的化学组成和结构存在差异，有些多糖组分还具有其他功效，如抗衰老、调节血糖水平、降血脂、抗血栓、保护肝脏等。

### （二）植物多糖

植物多糖又称植物多聚糖，是植物细胞代谢产生的聚合度超过 10 个的聚糖，普遍存在于自然界植物体中，包括淀粉、纤维素、多聚糖、果胶等。许多植物多糖具有生物活性，具有免疫调节、抗肿瘤、降血糖、降血脂、抗辐射、抗菌抗病毒、保护肝脏等作用。

**1. 免疫调节作用**　植物多糖最重要的药理作用为免疫促进作用。植物多糖对免疫系统的调节作用主要包括：激活巨噬细胞和自然杀伤细胞使其产生相关的细胞因子，活化 B 淋巴细胞和 T 淋巴细胞，激活补体系统，影响肌体免疫信息，提高免疫系统对抗原的识别能力等。

**2. 抗肿瘤活性**　植物多糖的抗肿瘤作用与单糖间糖苷键的结合方式有关。目前认为以 $\beta-D-$ 葡聚糖为主的多糖具有明显的抗肿瘤活性。大多数多糖的抗肿瘤活性是通过激活机体的免疫系统而起作用，少数多糖不通过免疫系统介导，而是通过引起细胞凋亡，影响信号转导、膜蛋白及肿瘤细胞附着等，直接杀死肿瘤细胞。

**3. 抗衰老作用**　植物多糖的抗衰老作用主要表现：加强 DNA 的复制与合成，提供必需的微量元素与营养来延长动物的生长期，提高动物对非特异性刺激的抵抗能力以达到强壮作用。调节蛋白质和核酸、糖和脂质代谢，抗脂质过氧化与抑制脂褐质作用，提高机体超氧化物歧化酶活力，清除机体内脂质过氧化物，以达到抗衰老作用。

**4. 降血糖作用**　植物多糖降血糖作用可能与影响糖代谢酶的活性，加速糖的分解，抑制糖异生或肌糖原的输出，促进外周组织对葡萄糖的利用及对激素的调节有关。马齿苋粗多糖可显著降低糖尿病小鼠的空腹血糖浓度、血清总胆固醇和甘油三酯的浓度，并可显著提高高密度脂蛋白和血浆胰岛素水平。

**5. 抗炎作用**　炎症反应是具有血管系统的活体组织对损伤因子做出的防御反应，表现为红、肿、热、痛和功能障碍，是机体对于刺激的一种防御反应。如金耳多糖对大鼠过敏性气通炎症具有抑制作用。

**6. 其他作用**　抗凝血活性、镇痛活性、抗病毒作用、抗辐射作用、促进创伤愈合、减轻肝损伤以及治疗骨质疏松等。

## 四、单糖衍生物

### （一）山梨糖醇

山梨糖醇又称山梨醇，广泛存在于植物中，为白色吸湿性粉末或晶状粉末、片状或颗粒，无臭，易溶于水，微溶于乙醇和乙酸。有清凉的甜味，甜度约为蔗糖的一半，热值与蔗糖相近，工业上可由葡萄糖氢化制得。代谢时可转化成果糖，而不受胰岛素控制，因而适合用作糖尿病患者的甜味剂。

### （二）木糖醇

木糖醇存在于多种水果、蔬菜中，工业上是将玉米芯、甘蔗渣等农业作物进行深加工而制得，其甜度与蔗糖相等。木糖醇代谢不受胰岛素调节，因而可被糖尿病患者接受。它还不被口腔细菌发酵，具有防龋作用。

### （三）麦芽糖醇

麦芽糖醇是由麦芽糖氢化制得，在食品工业作甜味剂使用，甜度为蔗糖的 75%～95%。麦芽糖醇在小肠内的分解量是同量麦芽糖的 1/40，为非能源物质，不升高血糖，也不增加胆固醇和中性脂肪的含量，因此它是心血管病、糖尿病等患者食用的理想甜味剂。同时有防龋作用。

# 第二节　氨基酸、肽和蛋白质

氨基酸通过肽键连接起来成为肽与蛋白质，氨基酸、肽与蛋白质均是有机生命体组织细胞的基本组成成分，对生命活动发挥着重要的作用。蛋白质是人体的主要构成物质，是人体生命活动中的物质基础。人类赖以生存的酶类、作用于人体代谢活动的激素类、抵御疾病侵袭的免疫物质以及各种微量营养素的载体等，绝大多数是由蛋白质构成的。

## 一、氨基酸

氨基酸是羧酸碳原子上的氢原子被氨基取代后的化合物，氨基酸分子中含有氨基和羧基两种官能团，是构成蛋白质的基本单位，共有20余种氨基酸。其中对于成人属于必需氨基酸的有8种，分别是赖氨酸、蛋氨酸、色氨酸、苯丙氨酸、缬氨酸、亮氨酸、异亮氨酸和苏氨酸。对婴儿来说，组氨酸与精氨酸也是必需氨基酸。对于成年人或儿童来说，有时虽然这8种或10种必需氨基酸已供应充足，但人体还是会发生氨基酸缺乏现象。这是因为有些氨基酸虽然人体能够合成，但在严重的应激或疾病状态下容易发生缺乏现象，从而给人体健康带来不利影响。

### （一）牛磺酸

牛磺酸（taurine）的化学名称为2-氨基乙磺酸，白色棒状结晶或结晶性粉末，味微酸，溶于水，熔点300℃以上，水溶液 pH 4.1～5.6，不溶于乙醇、乙醚、丙酮等有机溶剂，微溶于95%乙醇。

**1. 牛磺酸的生理功能**

（1）促进婴儿的生长和智力发育　牛磺酸是一种对婴幼儿生长发育至关重要的营养素。如果婴幼儿如果缺乏牛磺酸，会影响到体力、视力、心脏与脑的正常生长，会出现视网膜功能紊乱，体力与智力发育迟缓。

（2）保护心血管系统　牛磺酸是心脏中含量最丰富的游离氨基酸，约占总量的60%。牛磺酸与心肌钙及心肌收缩有密切联系。牛磺酸可以降低血液中胆固醇和低密度脂蛋白胆固醇的水平，同时提高高密度脂蛋白胆固醇的水平，这有益于预防动脉粥样硬化、冠心病等疾病。

（3）促进脂肪的吸收和代谢　牛磺酸一般与胆汁酸结合形成胆汁酸盐，进而促进脂肪的消化和吸收，尤其是在婴幼儿期。牛磺酸是胆汁中胆固醇的重要促溶剂，牛磺酸不足会造成结合胆酸合成量减少而导致高胆固醇血症。

（4）保护视网膜　长期全静脉营养输液和细菌感染会造成牛磺酸缺乏，从而导致视网膜电流图发生变化，只有补充大剂量的牛磺酸才能纠正这一变化。

（5）提高机体免疫力　牛磺酸能促进T淋巴细胞的增殖作用，提高机体免疫力。

（6）消除疲劳　对用脑过度、运动及工作过劳者有快速消除疲劳的作用。

（7）其他功能　牛磺酸还具有利胆、护肝、解毒、调节机体渗透压作用。

**2. 牛磺酸的食物来源**　牛磺酸普遍存在于动物乳汁、脑和心脏中，肌肉中含量最高，以游离形式存在，不参与蛋白质代谢。母乳中的牛磺酸含量为33～62μg/ml，牛乳中仅为7μg/ml，因而非母乳喂养的婴儿需补充牛磺酸。自然界中以海产品中的牛磺酸含量最高，如白鱼为1720μg/g，扇贝8270μg/g，生牡蛎为3960μg/g，蛤蜊为5200μg/g，乌鸡内脏也高达1990μg/g。日常食用的谷物、水果和蔬菜中基本不含牛磺酸。

**3. 牛磺酸的制备**

（1）从天然产物中分离牛磺酸　将牛胆汁水解，或将乌贼、章鱼、牡蛎粉水提后再浓缩精制而成。

（2）合成法　将二溴乙烷或二氯乙烷与亚硫酸钠反应后再与氨作用而成，或2-氨基乙醇与硫酸酯化后加亚硫酸钠还原而成。

**4. 牛磺酸的应用**　牛磺酸具有多种功效，常用于婴儿配方食品中，亦可用作医药原料和保健食品、食品、饮料、饲料添加剂，也可用来防治感冒、发热、神经痛、胆囊炎、扁桃体炎、风湿性关节炎、心衰、高血压、药物中毒，以及因缺乏牛磺酸所引起的视网膜炎、高血脂等症。

### （二）精氨酸

精氨酸（arginine）熔点244℃，有苦味，为白色结晶或结晶性粉末，微有特异臭味。易溶于水，不溶于乙醚，微溶于乙醇。精氨酸不是人体必需氨基酸，但它对人体却有重要的生理功能。

**1. 精氨酸的生理功能**

（1）增强机体功能　有助于将血液中的氨转变为尿素排出体外，对高血氨症、肝脏机能障碍有疗效。

（2）免疫调节作用　在免疫系统中，精氨酸能提高淋巴细胞、吞噬细胞的活力，并能间接活化巨噬细胞、中性粒细胞，激活细胞免疫系统，对应激反应对胸腺的破坏有良好的预防作用。临床上对因手术、严重外伤、烧伤等原因造成的免疫功能低下而出现的合并感染、败血症给予补充适量的精氨酸，可有效地改善机体免疫功能。

（3）抑制肿瘤作用　精氨酸的抗肿瘤作用可能是通过促进机体对肿瘤的识别和抗肿瘤的反应来起作用的，也可能与精氨酸对胸腺的刺激作用有关。大蒜有很强的抗肿瘤作用，这和大蒜中精氨酸含量很高有一定关系。

（4）促进伤口愈合　精氨酸可促进胶原组织的合成，因而能修复伤口。

**2. 精氨酸的食物来源**　精氨酸含量较高的食物有蚕豆、黄豆、核桃、花生、牛肉、鸡肉、鸡蛋、虾等。

**3. 精氨酸的制备**

（1）水解法　人毛发，猪、牛、羊的毛，猪血粉等废弃蛋白中含有大量的精氨酸，是提取精氨酸的良好原料。

（2）发酵法　精氨酸发酵生产技术包括筛选高产菌种、发酵和提取。

**4. 精氨酸的应用**　精氨酸可用于肝性脑病及其他原因引起的血氨增高所致的精神症状的治疗药物中；也可用于开发免疫调节和抑制肿瘤的功能性食品；在创伤（手术、意外伤、烧伤）等应激情况下，精氨酸可作为特殊的营养药物。

### （三）谷氨酰胺

谷氨酰胺（glutamine）是人体中含量最多的一种氨基酸，在肌肉蛋白中约占细胞内氨基酸总含量的61%。在剧烈运动、感染等应激条件下，谷氨酰胺的需要量大大超过机体的合成能力，使体内谷氨酰胺含量降低，导致身体肌蛋白的合成减少和抗感染能力减弱，出现小肠黏膜萎缩与免疫功能低下等现象。

**1. 谷氨酰胺的生理功能**

（1）改善氮平衡　酰胺基上的氮是合成核酸的必需物质；是器官组织之间氮与碳转移的载体；是氨基酸从外围组织转运至内脏的携带者；是蛋白质合成和分解的必要前体物质；是肾脏排泄氨的重要基质；是提供小肠黏膜内皮细胞、肾小管细胞、淋巴细胞、肿瘤细胞及合成纤维细胞热能的主要物质；是维持体内酸碱平衡的重要物质；是合成其他氨基酸的前体物质。

（2）增强免疫力　谷氨酰胺是淋巴细胞分泌、增殖及其功能维持所必需的。作为核酸生物合成的前体和主要能源，谷氨酰胺可促使淋巴细胞、巨噬细胞的有丝分裂和分化增殖，增加细胞因子的产生和磷脂的 mRNA 合成。

（3）避免疲劳及预防过度训练综合征　运动期间，机体酸性代谢产物的增加使体液酸化。谷氨酰胺有产生碱基的潜力，因而可在一定程度上减少酸性物质造成的运动能力的降低或疲劳。

（4）增强肠黏膜抵抗感染能力　谷氨酰胺可维持肠道通透性，降低肠道细菌易位的发生，抑制炎性介质释放，减轻机体应激反应程度。

（5）提高机体的抗氧化能力　补充谷氨酰胺，可通过保持和增加组织细胞内的谷胱甘肽的储备，而提高机体抗氧化能力，稳定细胞膜和蛋白质结构，保护肝、肺、肠道等重要器官及免疫细胞的功能，维持肾脏、胰腺、胆囊和肝脏的正常功能。

**2. 谷氨酰胺的食物来源**　谷氨酰胺主要存在于肉制品、水产品、豆制品、面制品、米制品和乳制品等食品中。

**3. 谷氨酰胺的制备**

（1）发酵法　L－谷氨酰胺主要是通过微生物发酵法来生产。

（2）化学合成法　化学合成法生产 L－谷氨酰胺的优点是成本低，但生产过程中要使用大量有机溶剂，易造成污染。

**4. 谷氨酰胺的应用**　在发达国家，谷氨酰胺是提高运动员成绩的营养配方的基本成分。L－谷氨酰胺可用于治疗运动员的运动综合征或运动后的过度疲劳，也可作为营养添加剂加入保健食品中。

### （四）半胱氨酸

半胱氨酸（cysteine）为无色结晶体，略有气味和酸味，熔点 240℃，易溶于水、乙醇和氨水，不溶于丙酮、乙醚和二硫化碳。在中性和微碱性溶液中能被空气中的氧气氧化成胱氨酸。

**1. 半胱氨酸的生理功能**

（1）对肝中毒、锑中毒、放射性药物中毒等有一定解毒作用　半胱氨酸除主要分布在肝、脾、肾中外，还大量积聚在人体表面包括皮肤、黏膜、消化器表面等，随异物经口、经鼻或与皮肤接触时进入人体，可强化生物体自身的防卫能力，调整生物体的防御机构。

（2）维持皮肤的正常代谢　在皮肤蛋白的角蛋白生成过程中，半胱氨酸可维持重要的巯基酶活性，并且补充巯基，以维持皮肤的正常代谢，调节表皮最下层的色素细胞生成的底层黑色素，是一种非常理想的自然美白化妆品。它可以除去皮肤的黑色素，改变皮肤的性质，使肤色变白。

**2. 半胱氨酸的食物来源**　动物性食物来源包括大多数肉类（如鸭和鸡）、牛奶、奶酪和酸奶等。植物性食物来源主要包括洋葱、大蒜和西兰花等蔬菜。

**3. 半胱氨酸的制备**

（1）动物毛发水解　将动物毛、羽、发等用盐酸加热进行水解，再经脱色、过滤、中和、结晶和精制而成。

（2）合成法　以环氧氯丙烷为原料合成 L－半胱氨酸。

**4. 半胱氨酸及其衍生物的应用**　可用于肝脏药和解毒药、解热镇痛药、溃疡治疗药、疲劳恢复剂、输液及综合氨基酸制剂中，特别是祛痰药中。

## 二、活性肽

活性肽（active peptides）又称生物活性肽或生物活性多肽。按来源，活性肽可分为乳肽、大豆肽、小麦肽、玉米肽、水产肽、豌豆肽、卵白肽、畜产肽、胶原肽、复合肽等；按生理功能，活性肽可分为易消化吸收肽、抑制胆固醇肽、免疫调节肽、降血压肽、促进矿物质元素吸收肽、促进生长发育肽、抗菌肽、改善肠胃功能肽等。

### （一）酪蛋白磷酸肽

酪蛋白磷酸肽（casein phosphopeptide，CPP）是指从酪蛋白水解物中分离出的富含磷酸丝氨酸的短肽，有 $\alpha$ 和 $\beta$ 两种结构。$\alpha$ – CPP 含有 37 个氨基酸残基，相对分子质量为 4600；$\beta$ – CPP 含有 25 个氨基酸残基，相对分子质量为 3100。

**1. CPP 的生理功能**

（1）促进小肠对 $Ca^{2+}$ 和 $Fe^{2+}$ 的吸收　CPP 可促进儿童骨骼和牙齿的生长发育，在预防和改善骨质疏松、加快骨折患者的康复等方面具有重要作用，对贫血患者的预防治疗也有明显的效果。

（2）预防龋齿　CPP 通过络合作用稳定非结晶磷酸钙，使之聚集在牙斑部位，从而减轻口腔内产生的酸对牙釉质的脱矿物质作用。儿童食用含有 CPP 的糖果可明显降低龋齿的发病率。

**2. CPP 的食物来源**　牛乳、羊乳等乳品中的酪蛋白经酶解得到。

**3. CPP 的制备**　工业上用牛乳酪蛋白为原料，通过胰蛋白酶水解而得。由于水解液具有苦味，需进行脱苦处理，然后在上清液中 $Ca^{2+}$ 等金属离子和乙醇将 CPP 沉淀下来，最后利用离子交换、凝胶色谱或膜分离等方法加以精制。

**4. CPP 的应用**　由于 CPP 对 $Ca^{2+}$ 和 $Fe^{2+}$ 等矿物质元素的吸收有促进作用，因而用于补钙、补铁的功能性食品中。但 CPP 单独使用的意义不大，它只有与 $Ca^{2+}$ 和 $Fe^{2+}$ 等矿物质离子配合使用才可真正达到补钙、补铁的功效。

### （二）谷胱甘肽

谷胱甘肽（glutathione，GSH）是由谷氨酸、半胱氨酸、甘氨酸组成的活性三肽，属于含有巯基的小分子肽类物质，GSH 广泛存在于动植物细胞内，在肝脏、血液、酵母和小麦胚芽中含量较多。

**1. GSH 的生理功能**

（1）解毒作用　GSH 对丙烯腈、氟化物、芥子气、一氧化碳、重金属、有机溶剂、砷剂（如中药砒霜、雄黄等）、铅、汞、硫、磷等引起的中毒，均有一定解毒作用。能与某些药物（如对乙酰氨基酚）、毒素（如自由基、重金属）等结合，参与生物转化作用，从而把机体内的有害物质转化为无害物质排出体外。

（2）抗衰老作用　GSH 作为体内一种重要的抗氧化剂，能够清除人体内的自由基，清洁和净化人体内环境，从而增进人体健康。由于还原型 GSH 本身易受某些物质氧化，所以它在体内能够保护许多蛋白质（包括酶）等分子中的巯基不被自由基等有害物质氧化，从而使蛋白质（包括酶）等分子发挥其生理功能。

（3）抗辐射作用　GSH 对于放射线治疗（放射性药物或使用抗肿瘤药物）所引起的白细胞减少症以及放射线引起的骨髓组织炎症有疗效，因而具有抗辐射、防晒等功效。GSH 也可用于治疗因放疗引起的硬皮病、皮肌炎、红斑狼疮等，对有可能受到电离辐射的人员，也可注射本品作为保护措施。

（4）抗过敏作用　GSH 能够纠正乙酰胆碱、胆碱酯酶的不平衡，从而消除由此引起的过敏症状。

（5）美容护肤　由于 GSH 能够螯合体内的自由基、重金属等毒素，防止皮肤色素沉着，防止新的黑色素形成并减少其氧化，使皮肤产生光泽，所以它无论内用还是外用都具有良好的美容功效。

（6）改善视力及治疗眼科疾病　GSH 可促进眼组织的新陈代谢，降低晶体蛋白中巯基的不稳定性，因而可用于角膜炎、角膜外伤的治疗，并可防止白内障及视网膜疾病的发展。

**2. GSH 的食物来源**　GSH 在面包酵母、小麦胚芽和动物肝脏中含量较高，动物血液中含量也较为丰富。

**3. GSH 的制备**　可从小麦胚芽中分离提取，也可化学合成，但最有前途的方法是采用发酵法培养富含 GSH 的酵母，然后提取精制而成。

**4. GSH 的应用**　谷胱甘肽具有广谱解毒作用，不仅可用于药物，更可作为功能性食品的基料，在延缓衰老、增强免疫力、抗肿瘤等功能性食品中广泛应用。

### （三）大豆低聚肽

大豆低聚肽（soybean oligopeptide）是大豆蛋白经酶水解而成的由 3 ~ 6 个氨基酸残基组成的低肽混合物，相对分子质量以低于 1000 的为主，大多数相对分子质量在 300 ~ 700 范围内。

**1. 大豆低聚肽的生理功能**

（1）易消化吸收　大部分在多肽形态时就能被直接吸收，且二肽和三肽的吸收速率比相同组成的氨基酸快。与大豆蛋白、相同组成的氨基酸混合液相比，大豆低聚肽在肠道的吸收率最高。

（2）促进脂肪代谢　日本学者研究发现，在儿童肥胖症患者的治疗中，采取低热量饮食的同时，以大豆低聚肽作补充食品，比仅仅用低热量食品更能加速皮下脂肪的减少。这是因为大豆低聚肽的摄入，能促进基础代谢，食用后发热量增加，促进了能量代谢。

（3）加速肌红细胞恢复，增强肌肉运动力　当肌红细胞破坏时，血液中的肌红蛋白就会增加；反之，当肌细胞复原时，肌红蛋白就会减少。

（4）低过敏性　酶免疫测定法研究发现，大豆低聚肽的抗原性比大豆蛋白质低，这一性质在临床上有实用价值，为易发生食品过敏的人群提供一种比较安全的蛋白原料。

（5）降胆固醇作用　大豆蛋白具有降低血清胆固醇的作用，其作用机制在于它分解成的大豆低聚肽能抑制肠道内胆固醇类物质的再吸收，并能促使其排出体外。

（6）降血压作用　大豆低聚肽能抑制血管紧张素转换酶的活性，防止血管末梢收缩，达到降低血压的作用，但对正常血压无降低作用，因此它对心血管疾病有显著疗效，且对正常人安全可靠。

**2. 大豆低聚肽的食物来源**　大豆是大豆低聚肽的良好来源。

**3. 大豆低聚肽的制备**　大豆低聚肽是大豆蛋白经酶水解而成。其制备工艺流程：脱脂大豆粕→浸泡→磨浆分离→胶体磨→精滤→预处理→酶水解→分离→脱苦、脱色→脱盐→杀菌→浓缩→干燥。

**4. 大豆低聚肽的应用**　大豆低聚肽不仅具有良好的生理功能，与大豆蛋白相比，还具有无豆腥味、无蛋白质变性、酸性不沉淀、加热不凝固、易溶于水、流动性好等良好的加工性能，是优良的保健食品素材，可广泛应用于功能性食品、特殊营养食品中。大豆多肽在功能性食品中的应用主要有以下几个方面：①作为过敏体质者的蛋白质来源。②可以用作既能减肥又具有增强肌力、消除疲劳功能的保健食品配料。③作为运动员的蛋白质来源。④作为高胆固醇、高血压患者的蛋白质来源。⑤经调整氨基酸组成后可用作特殊患者的营养食品。

### （四）脂肪代谢调节肽

脂肪代谢调节肽（lipid – lowering oligo peplide，LLOP）是由乳蛋白、鱼肉蛋白、大豆蛋白、明胶蛋白等蛋白质混合物经酶解而得到的一种复合肽。

**1. LLOP 的生理功能**

（1）抑制脂肪的吸收　LLOP 与食用油脂共同食用时，可抑制脂肪的吸收和血清中甘油三酯浓度的上升。其作用机制是阻碍体内脂肪分解酶的作用，对其他营养成分和脂溶性维生素的吸收没有影响。

（2）阻碍脂肪的合成　当同时摄入 LLOP 与高糖食物时，由于脂肪合成受阻，脂肪组织和体重的增加也得到抑制。

（3）促进脂肪代谢　当同时摄入 LLOP 与高脂肪食物时，能抑制血液、脂肪组织和肝组织中脂肪含量的增加，有效抑制体重的增加。

**2. LLOP 的食物来源**　由乳蛋白、鱼肉蛋白、大豆蛋白、明胶蛋白等蛋白质的混合物经酶解得到。

**3. LLOP 的制备** 将各种食用蛋白、乳蛋白、鱼肉蛋白、大豆蛋白、卵蛋白、明胶蛋白，用蛋白酶水解后经灭酶、杀菌、过滤后精制而得。

**4. LLOP 的应用** 用于各种减肥功能性食品的开发。

### （五）抗菌肽

抗菌肽（anti - bacterial peptide）又称抗微生物肽，是指具有抗菌作用的多肽。抗菌肽广泛分布于自然界中，在原核生物和真核生物中都存在，由植物、微生物、昆虫和脊椎动物在微生物感染时迅速合成而得，也可采用基因克隆技术生产，如乳链菌肽就具有很强的杀菌作用。抗菌肽主要用于食品防腐保鲜，有利于在食品加工中去除污染的杂菌，也可开发成功能性食品。

**1. 乳酸链球菌素** 乳酸链球菌素（nisin）是由乳酸链球菌产生的一种多肽物质。它被人体食用后会迅速消化成氨基酸，是一种高效、无毒、安全的天然食品防腐剂。乳酸链球菌素是一种非特异性生物反应调节剂；具有抗肿瘤作用，能抑制产生致癌物质的粪便酶的产生及活性；对人体免疫系统有促进作用，能激活机体的免疫系统；具有抗突变活性；可抑制口腔微生物的生长，预防龋齿和牙龈炎的发生。

**2. 溶菌酶** 溶菌酶（lysin）是一种专门作用于微生物细胞壁的水解酶，在酸性条件下稳定性好。蛋清溶菌酶是由 129 个氨基酸残基组成的单一肽链，分子质量比鱼精蛋白大，最初它是在人的唾液、眼泪中发现的，之后在蛋清、哺乳动物乳汁、植物和微生物中都发现有溶菌酶的存在。

由于溶菌酶是存在于人体正常体液及组织中的非特异免疫因子，因此它对人体完全无毒副作用，而且还具有多种药理作用。除了一般的抗菌、杀菌作用外，溶菌酶还具有抗病毒、抗肿瘤、促进婴儿的消化吸收和肠道内双歧杆菌的增殖、防龋齿、提高人体抗感染能力等保健功效，已被开发成保健食品。目前工业化生产溶菌酶主要从鸡蛋清中提取或采用基因克隆技术利用大肠埃希菌发酵法生产。

**3. 防御素** 防御素（recover element）是近年来发现的广泛存在于动物和植物体内的一类阳离子抗菌活性肽。它们通常由 28 ~ 54 个氨基酸残基组成，分子内富含精氨酸和由半胱氨酸形成的分子内二硫键。防御素具有广谱、高效的杀菌活性，能有效杀灭革兰阳性菌、革兰阴性菌、某些真菌、螺旋体、被膜病毒等微生物，因而对防御素的研究已成为当前国际食品添加剂行业中的一个热点。

除了抗菌防腐外，对于人体而言，防御素可起到调理素的作用，可抑制人体内分泌系统中甾醇类激素的分泌；在体外，具有抑制蛋白激酶的作用。此外，防御素还可增强脂蛋白与内皮细胞、脂蛋白与内层平滑肌细胞的结合能力。

## 三、活性蛋白质

活性蛋白质（active protein）是指除具有一般蛋白质的营养作用外，还具有某些特殊生理功能的一类蛋白质。乳铁蛋白和金属硫蛋白虽称作蛋白，但从分子结构和分子质量上看，仍属活性肽。免疫球蛋白是一类具有抗体活性或化学结构与抗体相似的球蛋白。大豆蛋白作为一种优质蛋白质，在功能性食品和特殊营养食品方面将发挥重要作用。超氧化物歧化酶是一类具有重要生理活性的酶蛋白。

### （一）乳铁蛋白

乳铁蛋白（lactoferrin，LF）又名乳铁传递蛋白或红蛋白，是一种由天然蛋白质降解产生的铁结合性糖蛋白，存在于牛乳和母乳中。LF 分子中有乳糖、甘露糖等糖苷基和多肽，结合两分子的铁，一般蛋白质含量为 93%，铁含量为 150 ~ 250mg/kg。

**1. 乳铁蛋白的生理功能**

（1）促进肠道对铁的吸收 LF 具有结合并转运铁的能力，到达人体肠道的特殊接受细胞后再释放出铁，这样 LF 就能增强铁的实际吸收率和生物利用率，可以降低铁的使用量，从而减少铁的负面效应。

无机铁的生物利用率低，所以添加量较高。摄入太多无机铁会引起细菌感染、肠胃不适、铁中毒等，并降低其他矿物质元素的生物利用率。另外，添加过多铁还会引起食品变色、异味和脂肪氧化。

（2）抑菌、抗病毒作用　铁是微生物生长和繁殖所必需的物质。LF 可截取细菌中的铁原子，阻止细菌繁殖，并把铁原子供给红细胞，从而帮助调节消化系统中有益菌和有害菌之间的平衡。

（3）提高机体免疫力　LF 能增强嗜中性粒细胞的吞噬作用和杀灭作用，提高自然杀伤细胞（NK细胞）的活性，促进淋巴细胞的增殖。

（4）防癌作用　LF 含有抗酸化剂，可抑制癌症的发生。日本国家癌症研究中心的试验证明，LF 可预防大肠癌的发生和扩散。

（5）有保护健康细胞免受丙肝病毒感染的作用　日本国立癌症研究所病毒部的加藤宣之在研究人的肝脏细胞时发现，在有 LF 存在的环境中，细胞不容易感染丙型肝炎病毒。这是由于 LF 能够抑制病毒的表面活性，从而抑制了它的繁殖。

（6）对婴儿健康成长有重要作用　给婴儿喂食含有 LF 的奶粉，发现婴儿大便中双歧杆菌的数量明显增加，粪便的 pH 下降，溶菌酶的活性和有机酸的含量均上升。

**2. 乳铁蛋白的制备**　由脱脂乳或干酪乳清用阳离子交换树脂吸附 LF 后，用水淋洗脱盐，再用亲和色谱法或超滤膜分离法精制、冷冻干燥而成。

**3. 乳铁蛋白的应用**　LF 是一种新型、很有前途的铁强化配料，它具有较高的铁生物利用率，减少了高无机铁用量时的负面影响，是开发功能性食品、运动员食品的首选补铁原料。LF 具有多种生理活性，能促进铁的吸收（提高铁的吸收率 5~7 倍），可制成高效补铁剂，改善目前婴儿普遍缺铁的现状；LF 还具有提高免疫力的作用，是婴儿配方奶粉中的重要活性物质，国外市场上已出现多种添加 LF 的强化铁产品。

### （二）金属硫蛋白

金属硫蛋白（metallothionein）是 Margoshes 和 Vallee 于 19 世纪首先从马的肾皮质中发现的一种含有大量镉和锌的低分子量的蛋白质，因它是金属与硫蛋白结合的产物，故称金属硫蛋白。动物（包括人）、植物以及微生物体内均含有金属硫蛋白，而且其理化特性基本一致。金属硫蛋白在 Cd、Zn、Cu、Hg、Ag 的诱导下，在动物肝脏中大量合成。金属硫蛋白的特征是低相对分子质量（6000~7000）、高金属含量（每分子含金属原子 7~12 个）、独特的氨基酸组成（半胱氨酸含量 23%~33%，不含芳香族氨基酸和组氨酸）和具有金属硫醇簇结构。其清除羟自由基的能力约为超氧化物歧化酶的 10000 倍，而清除氧自由基的能力约是 GSH 的 25 倍，因而金属硫蛋白可抑制脂质过氧化作用。金属硫蛋白能增强吞噬细胞的功能，提高机体免疫力。具有对重金属的解毒作用、抗溃疡作用、防癌抗肿瘤等重要功效。

### （三）免疫球蛋白

免疫球蛋白（immunoglobulin，Ig）是一类具有抗体活性、能与相应抗原发生特异性结合的球蛋白，是构成体液免疫作用的主要物质。免疫球蛋白呈 Y 字形结构，由两条重链和两条轻链构成，单体相对分子质量为 150000~170000。免疫球蛋白共有 5 种，分别是 IgG、IgA、IgD、IgE 和 IgM，在体内起主要作用的是 IgG。免疫球蛋白能促进免疫细胞对肿瘤细胞或受感染细胞的杀伤和破坏，与补体结合后可杀死有害细菌和病毒，增强机体的防御能力。免疫球蛋白的来源有动物血、乳清、初乳、鸡蛋等。免疫球蛋白主要应用于婴儿配方奶粉和提高免疫力的保健食品中。

### （四）大豆蛋白

大豆蛋白是存在于大豆子粒中的储藏性蛋白质的总称，由于其必需氨基酸组成接近标准蛋白，是一种优质蛋白。大豆蛋白因具有特殊生理功能而备受重视。

**1. 大豆蛋白的生理功能**

（1）调节血脂 大豆蛋白能与肠内胆固醇结合，阻碍固醇类物质的吸收，并促进肠内胆固醇排出体外，其中大豆球蛋白对血浆胆固醇的影响较明显。

（2）预防骨质疏松 与优质动物蛋白相比，大豆蛋白造成的尿钙流失较少。对预防骨质疏松来说，减少尿钙流失比补钙更重要。

（3）降血压 在大豆蛋白中含有 3 个可抑制血管紧张肽原酶活性的短肽片段，因此大豆蛋白具有一定的降血压作用。

（4）平衡氨基酸 大豆蛋白属于优质蛋白，可满足 2 岁以上人体对各种必需氨基酸的需要。

**2. 大豆蛋白的制备** 以大豆脱脂后残余的低变性豆粕为原料，用碱液提取后得豆乳，然后加酸至大豆蛋白的等电点，再离心、中和、杀菌、喷雾干燥而成。

**3. 大豆蛋白的应用** 大豆蛋白不仅具有特殊的保健作用，而且还有许多优良的工艺特性，因此它被广泛应用于多种食品体系，如肉类食品、焙烤食品、乳制品和蛋白饮料中。同时大豆蛋白也是众多低热量、高营养保健食品的基本配料之一。

### （五）超氧化物歧化酶

超氧化物歧化酶（superoxide dismutase，SOD）又称过氧化物歧化酶，是一类含金属的酶，按金属辅基的不同可分为 3 种，即含铜与锌超氧化物歧化酶（Cu·Zn－SOD）、含锰超氧化物歧化酶（Mn－SOD）和含铁超氧化物歧化酶（Fe－SOD）。三种 SOD 都催化超氧化物阴离子自由基歧化为过氧化氢与氧气。

**1. 超氧化物歧化酶的生理功能** SOD 作为一种临床药物在治疗由自由基引起的疾病方面的效果显著，应用范围也在逐步扩大。

（1）治疗自身免疫性疾病 SOD 对各类自身免疫性疾病有一定的疗效，如红斑狼疮、硬皮病、皮肌炎、出血性直肠炎等。对于类风湿关节炎，在急性病变期前使用，疗效较好。

（2）与放疗结合治疗癌症 放射治疗既能杀死癌细胞，又会杀死正常组织细胞。如果在放疗时提高正常组织中 SOD 的含量以清除放射诱发产生的大量自由基，而使癌组织中 SOD 的增加量相对减少，就可有效地抑制放射线对正常组织的损伤，而对癌细胞的杀死作用则影响不大。对于有可能受到电离辐射的人员，也可注射 SOD 作为预防措施。

（3）延缓衰老 当机体衰老时，体内各式各样的自由基生成增多，自由基作为人体垃圾，是人体重要的内毒素之一。由于 SOD 能够清除自由基，因而具有延缓衰老的作用。

（4）治疗炎症和水肿 SOD 主要用来治疗风湿病，如风湿性及类风湿关节炎、肩周炎等，具有疗效好、毒副作用小、不易发生过敏反应、可较长时间应用等优点。

（5）消除肌肉疲劳 在军事、体育和救灾等超负荷大运动量过程中，机体中部分组织细胞（特别是肌肉部位）会交替出现暂时性缺血及重灌流现象，引起缺血后重灌流损伤，加上乳酸量的增加，导致肌肉的疲劳与损伤。这时，给肌肉注射 SOD 可有效解除疲劳、修复损伤。如果在运动前供给 SOD，则可保护肌肉避免出现疲劳和损伤。

（6）预防老年性白内障 对这类疾病患者应在进入老年期前即开始经常服用抗氧化剂，或者说经常注射 SOD。如果一旦形成白内障，使用 SOD 无治疗作用。

（7）美容护肤 SOD 作为超氧阴离子自由基的清除剂，目前不仅被制成药物在临床上应用，而且还研发出 SOD 系列化妆品，如 SOD 面膜、SOD 蜜等。

**2. SOD 的制备** 从动物血液（如牛血、猪血等）或大蒜、沙棘果中提取而得，也可从细菌或绿色木霉培养后的培养液中提取而得。

**3. SOD 的应用** SOD 是专一清除体内致病因子超氧阴离子自由基的金属酶，它具有多种生理作用，可作为食品、药品及化妆品的有效成分，在国外已广泛作为添加剂应用于医药、化妆品、牙膏和食品中。可开发的产品有啤酒、果汁、冰激凌、奶粉、酸奶、奶糖、保健用口服液，以及抗衰老保健品、胶丸、含片等。

PPT

# 第三节　功能性脂类

脂类是存在于生物体内的一类不溶于水而溶于有机溶剂的有机化合物。脂类包括脂肪、磷脂、糖脂和类固醇，它们不仅是人体不可缺少的组成部分，而且是食物中的重要营养素。高脂肪膳食与冠心病、肥胖症、某些癌症有密切关系。功能性脂类（functional lipids）对人体健康有促进作用，并具有特殊生理功能的一大类脂溶性物质。作为功能性食品的活性成分，目前应用最多的是多不饱和脂肪酸、磷脂和脂肪替代物。

## 一、脂类的生理功能

### （一）供给能量

脂肪是机体能量贮存的一种形式。如果膳食中能量摄入超过机体需要，多余的能量就会转变为脂肪在体内贮存起来，人就会变胖；如果膳食中能量长期摄入不足，就会消耗体内贮存的脂肪，人就会变瘦。

### （二）构成和保护机体组织

脂类是人体细胞的重要组成部分。脂类中的磷脂、胆固醇与蛋白质结合，构成细胞的各种膜。脂类为神经和大脑的重要组成部分（脂类占脑组织总量的1/2）。胆固醇是合成固醇类激素的原料。

脂类在维持细胞生理功能和神经传导方面起重要作用。正常人体按体重计算，含脂类14%～19%，胖人约为32%，过胖的人可高达60%左右。脂肪导热性能差，皮下脂肪组织可以起到隔热保温的作用，使体温达到正常和恒定。分布在皮下、内脏和关节等组织的脂肪，在机体受到外界撞击时起缓冲作用，对组织具有保护作用。脂肪对一些脏器起固定作用。

### （三）提供脂溶性维生素并促进其消化吸收

脂肪中往往携带有脂溶性维生素，因脂溶性维生素如维生素A、维生素D、维生素E、维生素K、胡萝卜素等必须溶解于脂肪中，才能被输送和吸收，发挥作用，完全不食用脂肪会引起脂溶性维生素缺乏病。

### （四）提供必需脂肪酸，调节生理功能

必需脂肪酸是指人体不可缺少而自身又不能合成，必须通过食物供给的脂肪酸。必需脂肪酸多存在于植物油中，动物脂肪含必需脂肪酸较少。目前所知必需脂肪酸主要包括两种：$\omega-6$系列的亚油酸和$\omega-3$系列的亚麻酸。

**1. 必需脂肪酸是磷脂的组成成分**　磷脂是线粒体和细胞膜的主要结构成分，必需脂肪酸缺乏可以导致线粒体肿胀，细胞膜结构和功能改变，膜透性和脆性增加，出现磷屑样皮炎、湿疹、水肿等。

**2. 必需脂肪酸能促进胆固醇代谢，并合成胆固醇酯**　体内胆固醇只有与必需脂肪酸结合才能在体内转运，进行正常代谢。如果必需脂肪酸缺乏，胆固醇转运受阻，就不能进行正常代谢，而在动脉血管壁沉积，引发动脉粥样硬化、冠心病、高血压、高脂血症等疾病。

**3. 必需脂肪酸是合成前列腺素、血栓噁烷、白三烯等体内活性物质的原料**　这些活性物质参与机体

炎症发生、平滑肌收缩、血小板凝聚、过敏、免疫反应等多种反应过程。

**4. 保护皮肤免受射线损伤、维持正常视觉功能** 必需脂肪酸缺乏，可引起生长迟缓、生殖障碍、皮肤损伤以及肾脏、肝脏、神经和视觉方面的多种疾病。但必需脂肪酸摄食不宜过量。过多的多不饱和脂肪酸的摄入，也可使体内有害的氧化物、过氧化物等增加，促进衰老和癌症发生。

### （五）增加饱腹感和改善食品感官性状

脂肪可以减慢胃和肠道的蠕动速度，使食物在胃中停留时间较长，增加饱腹感。油脂是烹饪的重要原料，可以改善食物的色、香、味、形等感官性状，以增加食欲。

## 二、多不饱和脂肪酸

脂肪是由一分子甘油和三分子脂肪酸组成的甘油三酯。在营养上最重要的是脂肪酸。自然界中，脂肪酸大多数为偶数碳原子的直链脂肪酸，能被人体吸收、利用。脂肪酸可分为饱和脂肪酸和不饱和脂肪酸。

不饱和脂肪酸是构成体内脂肪的一种脂肪酸，是人体必需的脂肪酸。不饱和脂肪酸根据双键个数的不同，分为单不饱和脂肪酸和多不饱和脂肪酸两种。食物脂肪中，单不饱和脂肪酸有油酸，多不饱和脂肪酸指含有两个或两个以上双键且碳链长度为 18~22 个碳原子的直链脂肪酸。

### （一）多不饱和脂肪酸的分类

多不饱和脂肪酸主要有亚油酸、$\alpha$-亚麻酸、$\gamma$-亚麻酸、花生四烯酸（arachidonic acid，AA）、二十碳五烯酸（eicosapentaenoic acid，EPA）、二十二碳五烯酸（docosapentenoic acid，DPA）、二十二碳六烯酸（docosahexaenoic acid，DHA）。人体不能合成亚油酸和亚麻酸，必须从膳食中补充。根据双键的位置及功能又将多不饱和脂肪酸分为 $\omega$-6 系列和 $\omega$-3 系列。亚油酸和 AA 属 $\omega$-6 系列，亚麻酸、DHA、EPA 属 $\omega$-3 系列。

**1. 二十二碳六烯酸** 存在于人脑脂质中，DHA 约占 10%，可活化大脑细胞，改善大脑细胞和脑神经传导功能，提高人脑注意、感觉、判断、记忆能力。在视网膜脂质中，DHA 含量达 50% 以上，对保护视力、维护视觉正常起重要作用。DHA 具有软化血管、健脑益智、改善视力的功效，俗称"脑黄金"。

**2. 二十碳五烯酸** EPA 与 DHA 的主要来源是深海鱼油，二者同时摄入，可降低血液黏稠度，提高高密度脂蛋白胆固醇（优质胆固醇）的浓度，降低低密度脂蛋白胆固醇（劣质胆固醇）与血浆甘油三酯的水平，预防动脉粥样硬化及冠心病。EPA 还能使血小板凝聚能力降低，出血后血液凝固时间变长，预防心肌梗死和脑梗死。EPA 具有清理血液中胆固醇和甘油三酯的功能，俗称"血管清道夫"。

**3. 花生四烯酸** 在大脑和神经组织中含量丰富，一般占总多不饱和脂肪酸的 40%~50%，在神经末梢高达 70%，对大脑功能和视网膜起着重要作用。在视网膜中，AA 和 DHA 能促进神经元树状突的大量增多和延长，促进髓鞘的形成。AA 和 DHA 作为婴幼儿必不可少的营养因子存在于所有哺乳妇女的乳汁中，并贯穿整个哺乳期的始终。对婴幼儿的脑发育和视功能具有特别重要的意义。且 AA 与 DHA 保持 2：1 的比例，对婴幼儿也特别重要。

### （二）多不饱和脂肪酸的生理功能

**1. 增进神经系统功能，预防心脑血管疾病** DHA 被誉为"脑黄金"，在大脑的脂肪酸组成中占 30%，视网膜磷脂中占 40%；具有促进胎儿脑部发育完善，提高脑神经功能，增强记忆、思考和学习能力，增强视网膜反射能力，预防视力退化。

**2. 增智、健脑作用** 多不饱和脂肪酸对人体组织特别是脑组织的生长发育至关重要。被称为"脑黄金"的 DHA 是人脑的主要组成物质之一。孕妇应摄入足量的 DHA 来促进胎儿大脑的发育和脑细胞的增殖。

AA 在血液、肝脏、肌肉和其他器官系统中作为磷脂结合的结构脂类起重要作用。AA 是人体大脑和视神经发育的重要物质，对预防心血管疾病、糖尿病和肿瘤等具有重要功效，对胃酸的分泌有抑制活性。

**3. 抑制肿瘤、预防癌变作用**　富含 EPA、DHA 的鱼油可抑制癌细胞的发生、转移，并抑制肿瘤生长速度。DHA 还可降低治疗胃癌、膀胱癌、子宫癌等抗肿瘤药物的耐药性。鱼油中的 EPA、DHA 均具有抑制直肠癌的作用。

**4. 抗炎、抑制溃疡及胃出血作用**　EPA 的抗炎作用，γ-亚麻酸抑制胃液分泌，降低胃酸酸度。

**5. 其他功能**　γ-亚麻酸治疗月经期综合征、精神分裂症及抗哮喘等作用。DHA 和 EPA 还具有保护视力、抗过敏等作用。花生四烯酸能明显减少因内分泌失调引起的黄褐斑、蝴蝶斑等，并具有减肥功效。

### （三）多不饱和脂肪酸的来源

**1. 动植物来源**　DHA 和 EPA 主要存在于深海冷水鱼体内。油科类植物种子是亚油酸、亚麻酸和 AA 多不饱和脂肪酸的最主要来源。

**2. 微生物来源**　产多不饱和脂肪酸的微生物多种多样，主要包括细菌、酵母菌、霉菌和藻类。

## 三、磷脂

### （一）磷脂的定义及分类

生物体内除油脂以外，还含有类似油脂的物质，在细胞的生命功能上起重要作用，统称为类脂。类脂中主要的是磷脂（phospholipid）、糖脂、固醇和蜡。其中，磷脂为含磷的单脂衍生物，分为甘油醇磷脂及神经氧基醇磷脂两类，前者为甘油醇酯衍生物，后者为神经氨基醇酯的衍生物。

甘油醇磷脂是由甘油、脂肪酸、磷脂和其他基团（如胆碱、氨基乙醇、丝氨酸、脂性醛基、脂酰基或肌醇等的一种或两种）所组成，是磷脂酸的衍生物。甘油醇磷脂包括卵磷脂、脑磷脂（丝氨酸磷脂和氨基乙醇磷脂）、肌醇磷脂、缩醛磷脂和心肌磷脂。

### （二）磷脂的理化性质

#### 1. 甘油醇磷脂

（1）卵磷脂　卵磷脂（lecithin）分子含甘油、脂酸、磷酸、胆碱等基团，自然界存在的卵磷脂为 L-α-卵磷脂。卵磷脂分子中的脂肪酸随不同磷脂而异。天然卵磷脂常常是含有不同脂肪酸的几种卵磷脂的混合物。在卵磷脂分子的脂肪酸中，常见的有软脂酸、硬脂酸、油酸、亚油酸、亚麻酸和 AA 等。

纯净的卵磷脂为白色蜡状固体，在低温下可以结晶，易吸水变成黑色胶状物。不溶于丙酮，但溶于乙醚及乙醇，在水中成胶状液。经酸或碱水解可得脂肪酸、磷酸甘油和胆碱。磷酸甘油在体外很难水解，但在生物体内可经酶促水解生成磷酸和甘油，由于磷脂酰胆碱有极性，易与水相吸，形成极性端，而脂肪酸碳氢链为疏水端，因此卵磷脂等其他几种磷脂是很好的天然乳化剂，在食品工业中具有重要作用。

（2）脑磷脂　脑磷脂（cephalin）是脑组织和神经组织中提取的磷脂，心、肝及其他组织中也含有脑磷脂，常与卵磷脂共同存在于组织中。脑磷脂至少有两种以上，已知的有氨基乙醇磷脂和丝氨酸磷脂。脑磷脂的脂肪酸通常有四种，即软脂酸、硬脂酸、油酸及少量二十碳四烯酸，性质与卵磷脂相似，不溶于丙酮，也不溶于乙醇，溶于乙醚，因此可以与卵磷脂分开。

（3）肌醇磷脂 肌醇磷脂（phosphatidylinositol）是一类由磷脂酸与肌醇结合的脂质，结构与卵磷脂、脑磷脂相似，是由肌醇代替胆碱位置构成。肌醇磷脂除一磷酸肌醇磷脂外，还发现有二磷酸肌醇磷脂和三磷酸肌醇磷脂。肌醇磷脂存在于多种动植物组织中，心肌及肝脏含一磷酸肌醇磷脂，脑组织中含三磷酸肌醇磷脂较多。

（4）缩醛磷脂 缩醛磷脂（plasmalogen）是一种含醚的磷脂。这类磷脂的特点是经酸处理后产生一个长链脂性醛，它代替了典型磷脂结构中的一个脂酰基。缩醛磷脂可水解，随不同程度的水解而产生不同的产物。不溶于水，微溶于丙酮或石油醚。存在于脑组织及动脉血管，有保护血管的作用。

（5）心磷脂 心磷脂（cardiolipin）是由两分子磷脂酸与一分子甘油结合而成的磷脂，故又称为双磷脂酰甘油或多甘油磷脂。心磷脂大量存在于心肌，也存在于许多动物组织。心肌磷脂可能有助于线粒体膜的结构和蛋白质与细胞色素 C 的连接，是脂质中唯一具有抗原性的物质。

**2. 神经氨基醇磷脂** 神经氨基醇磷脂（neuraminolipid）是神经醇、脂酸、磷酸与胆碱组成的脂质。神经磷脂为白色晶体，对光及空气都稳定，可经久不变，不溶于丙酮、乙醚，溶于热乙醇，在水中呈乳状液，有两性电解性质。

### （三）磷脂的生理功能

磷脂是构成人和许多动植物组织的重要成分，在生命活动中发挥着重要的功能作用，随着生命科学研究的进一步发展，磷脂的功能作用将得到进一步的阐明，利用对这些功能作用的认识，可以使食品科学工作者更好地获取和科学利用磷脂制品。

**1. 构成生物膜的重要成分** 细胞内所有的膜统称为生物膜，厚度一般只有 8nm，主要由类脂和蛋白质组成。生物膜起着保护层的作用，是细胞表面的屏障，也是细胞内外环境进行物质交换的通道。

**2. 促进神经传导，提高大脑活力** 人脑约有 200 亿个神经细胞，备种神经细胞之间依靠乙酰胆碱来传递信息，乙酰胆碱是由胆碱相醋酸反应生成的。食物中的磷脂被机体消化吸收后释放出胆碱随血液循环系统送至大脑，与醋酸结合生成乙酰胆碱。当大脑中乙酰胆碱含量增加时，大脑神经细胞之间的信息传递速度加快，记忆力功能得以增强，大脑的活力也明显提高。因此，磷脂和胆碱可促进大脑组织和神经系统的健康完善，提高记忆力，增强智力。

**3. 促进脂肪代谢，防止脂肪肝形成** 磷脂中的胆碱对脂肪有亲和力，可促进脂肪以磷脂形式由肝脏通过血液输送出去或改善脂肪酸本身在肝中的利用，并防止脂肪在肝脏里的异常积聚。如果没有胆碱，脂肪聚积在肝中出现脂肪肝，阻碍肝正常功能的发挥，同时可发生急性出血性肾炎，使整个机体处于病态。适量补充磷脂既可防止脂肪肝，又能促进肝细胞再生。因此，磷脂是防治肝硬化、恢复肝功能的保健佳品。

**4. 降低血清胆固醇，改善血液循环，预防心血管疾病** 胆固醇在心脑血管内的沉积是造成心脑血管疾病的主要原因。磷脂具有良好的乳化性能，因而能够降低血液黏度，促进血液循环，改善血液供氧循环，延长红细胞生存时间并增强造血功能。当人体补充磷脂后，可使血色素含量增加，贫血症状有所减轻。

### （四）磷脂的来源

磷脂广泛存在于动植物细胞的原生质和生物膜中。在植物中则主要分布在种子、坚果和谷物内。植物来源虽然丰富，但应用最多的是大豆等极少数几种。磷脂的动物来源主要是蛋黄、奶及动物脑、肝、肾等器官。

### （五）磷脂在功能食品中的应用

磷脂作为天然乳化剂、谷物品质改良剂及功能食品的营养剂可广泛用于医药、食品、日用化学、植物保护、石油化工等工业领域。

**1. 在人造奶油和糖果中的应用**　糖果中加入磷脂有助于糖浆和油脂快速乳化，降低原料的黏度，提高润湿效果，增加产品均匀度及稳定性。

**2. 在焙烤制品中的应用**　面包、饼干、糕点面团中添加磷脂，改进面团吸水性，使面粉、水、油易于混合均匀，增加产品起酥性，抗氧化，防止老化。

**3. 在乳制品和饮料中的应用**　固体饮料中添加适量磷脂，可起乳化剂和润湿剂作用；豆浆或豆奶中起消泡作用。

**4. 在肉制品中的应用**　在香肠等肉制品中添加磷脂，可以提高制品中淀粉的持水性，增加弹性，减少淀粉充填物的糊状感。磷脂对神经系统、心血管系统、免疫系统及人体贮存与运输脂类的器官起治疗和保护作用。用于磷脂营养乳、磷脂口服液、卵磷脂片、磷脂软胶囊等。

### （六）磷脂的制取

**1. 蛋黄磷脂的提取**　蛋黄中的磷脂含量约为 10%，常用的提取溶剂有己烷、石油醚、甲醇、乙醇和三氯甲烷等。磷脂不溶于丙酮等低极性溶剂，因此提取时将溶解和沉淀两个过程结合使用。

**2. 大豆磷脂的提取**　大豆油在精炼时，采用水化脱胶法脱出的沉淀物主要成分就是磷脂。

## 四、脂肪替代品

摄入过量脂肪不利于健康，但食品中脂肪含量的减少会给食品风味、质构和口感特性带来不良变化，人们很难接受，由此脂肪替代品应运而生。脂肪替代品（fat substitute）一般以天然碳水化合物、脂肪或蛋白质为原料，经加工改性而成。

### （一）脂肪替代品的定义与分类

**1. 脂肪替代品的定义**　脂肪替代品是指加入低脂或无脂食品中，使它们与全脂同类食品具有相同或相近感官品质的物质。

**2. 脂肪替代品的分类**

（1）按脂肪替代品的主要成分分类　可分为以蛋白质为基料的油脂替代品、以碳水化合物为基料的油脂替代品、化学合成的脂肪替代品和复合脂肪替代品等。

（2）根据油脂替代品的功能性质分类　可分为油脂替代品和油脂模拟品两大类。

### （二）国内外已开发的脂肪替代品

**1. 脂肪酸酯型脂肪替代品**　用脂肪酸酯替代食品配料中的油脂以减少食品能量，关键在于降低这些替代品的消化吸收率。设计脂肪酸酯脂肪替代品的一种策略是使该产品不被脂肪酶所作用，例如将传统甘油三酯中的甘油部分换成多元醇物质（如蔗糖），这样产生的大分子聚酯其立体构型不适于脂肪酶接近。另一种方法是将甘油三酯原来所含的脂肪酸换成其他合适的酸，这样生成的新化合物也会阻碍消化酶的作用，如引入带 α-分支链的羧酸芥酸。用一种多元酸或醚键代替甘油醇的框架结构，这样生成的改性甘油酯也不是脂肪酶的合适底物。这些产物均具类似于油脂的口感特性，但仅含有油脂的部分能量或完全没有能量。

（1）蔗糖聚酯　蔗糖聚酯（sucrose polyester）是蔗糖与 6～8 个脂肪酸分子通过酯基转移或酯交换形成的蔗糖酯混合物。蔗糖聚酯以蔗糖分子为中心，分子中的 6～8 个羟基被 6～8 个脂肪酸酯化，由于蔗糖聚酯中的酯键被 6～8 个脂肪酸侧链覆盖，作为大分子的消化酶不能进入其中，使其不能分解而提供能量。

蔗糖聚酯的功能特性：①被消化吸收。蔗糖聚酯进入人体的消化道后，由于多个脂肪酸链的位阻效应使得脂肪酶无法接近酯键，因而不被消化吸收。②降胆固醇。胆固醇在蔗糖聚酯和甘油三酯中形成的微胞相及油相中的分配系数相同，两者溶解胆固醇的能力相仿。既然蔗糖聚酯不被消化吸收，而只在肠道中提供一个持续的油相，那么就有相当一部分胆固醇溶解于其中而不被吸收。③低能量。蔗糖聚酯消化吸收率很低，基本上不提供能量。用蔗糖聚酯代替传统油脂，受试者的体重下降，总能量摄入降低，而受试者并没有异常的饥饿感。④致腹泻。高剂量的蔗糖聚酯会引起腹泻。这一问题可通过引入棕榈酸或其他长链饱和脂肪酸以调整聚酯的结构来解决。用完全氢化的棕榈油制备蔗糖聚酯，即使每天摄入量为 50g 也不会导致腹泻。⑤对脂溶性维生素吸收的影响。脂溶性维生素能溶于蔗糖聚酯，由于蔗糖聚酯不被消化吸收，直接排出体外，因而会降低脂溶性维生素的利用率。⑥对其他亲脂物的影响。蔗糖聚酯能溶解胆固醇和脂溶性维生素，阻止人体对其吸收，但它并不影响机体对甘油三酯及其分解产物脂肪酸和甘油单酯的吸收。另外，蔗糖聚酯还能降低人体对那些不必要或有毒的亲脂物（如除草剂）、慢性的痕量污染物和剧毒的亲脂性毒品的吸收。

静置后的蔗糖聚酯为淡黄色油状液体，黏度与普通植物油相似，可用于风味小吃、调味料、色拉油、甜点心、蛋黄酱、冰激凌、花生酱等诸多食品中代替脂肪。由于蔗糖聚酯经胃肠不被消化，又是脂类物质，容易引起腹泻，并可能影响脂溶性维生素和其他营养素的吸收，因而含有蔗糖聚酯的食品，需要强化脂溶性维生素。

（2）中链甘油三酯　中链甘油主酯（mid – chain triglyceride）是植物油通过水解得到辛酸（$C_8$）和癸酸（$C_{10}$）再与甘油酯化而成的一种天然油脂改性产品。中链甘油三酯在室温下为无色、无味液体，黏度低，具有稳定的抗氧化性，即使在高温或低温下也很稳定，是目前氧化稳定性最好的食用油。

（3）短长链甘油三酯　短长链甘油三酯中至少含有一个短链脂肪酸和一个长链脂肪酸，它是由特定比例的短链脂肪酸（$C_8$或$C_{10}$）部分取代氢化植物油中的长链脂肪酸而制得的。短长链甘油三酯消化后提供的能量仅是普通脂肪的 50%，因此它可用于低能量食品的生产并可任意比例代替普通脂肪。

（4）中长、超长链甘油三酯　中长、超长链甘油三酯是经酯交换而得到的甘油三酯，分子中含有一个中链脂肪酸（$C_8$或$C_{10}$），一个长链脂肪酸（$C_{16}$或$C_{18}$）和一个超长链脂肪酸（$C_{22}$），其能量只有普通脂肪的 50%。这种脂肪具有与可可脂相似的质地、口感和熔融性，特别适合代替可可脂用于制作巧克力、奶油蛋糕、糖果，并可应用于高温煎、炸和焙烤加工的食品。

### 2. 蛋白质型脂肪替代品

（1）蛋白质型脂肪替代品的定义　蛋白质型脂肪替代品是以蛋白质原料（牛乳蛋白、鸡蛋蛋白、大豆蛋白、玉米醇溶蛋白、动物胶、面筋等）为主料，配以黄原胶、果胶、麦芽糊精等增稠剂，以卵磷脂、柠檬酸等作为辅料加工制成的脂肪替代品。

（2）蛋白质型脂肪替代品的制备原理　首先对蛋白质原料进行湿热处理，一方面使隐藏在分子内部的疏水性基团暴露在分子表面，以增大其疏水性；另一方面在湿热处理过程中，各种蛋白质原料发生复杂的缔合反应，形成大分子缔合物，增强其稳定性。然后经特殊的微粒化装置对混合物料进行拌匀、乳化、均质与微粒化等作用，使蛋白质微粒的粒径降到 0.1 ~ 2.0 μm。人体口腔黏膜对一定大小和形状的颗粒的感知程度有一定的阈值，当小于这一阈值时，这些颗粒就不会被感觉出，因此蛋白质型脂肪替代品呈现奶油状、滑腻的口感特性。

蛋白质型脂肪替代品虽然在某些食品（如汤汁、巴氏杀菌食品、焙烤食品等）中效果很好，但不适用于油炸食品。蛋白型脂肪替代品还不能解决膳食中所有与脂肪有关的问题，但将它制成的食物作为每日平衡膳食的部分，可以在不牺牲口感和美食的前提下降低对脂肪的摄取量，从长远来看，这是一个很有前景的膳食调整策略。

### 3. 碳水化合物型脂肪替代品　碳水化合物型脂肪替代品用于食品部分代替脂肪已很多年了，而且

是目前销售最普遍的一类脂肪替代品。植物胶（果胶、树胶）、改性淀粉、改性纤维素等与水结合后在食品中可提供类似脂肪的功能特性，并产生类似脂肪的口感。

（1）动植物胶类脂肪替代品　动植物胶类为高分子质量的一类碳水化合物，多用作增稠剂和稳定剂。常用的有卡拉胶、黄原胶、瓜尔胶、阿拉伯树胶和果胶。动植物胶类多用于色拉调味料、冰激凌、焙烤制品、乳制品、汤类中。卡拉胶是目前低脂肉制品中应用最普遍的一种脂肪替代品。几种胶类复配，脂肪模拟性能更好。

（2）变性淀粉及糊精脂肪替代品　淀粉（玉米淀粉、小麦淀粉、马铃薯淀粉、木薯淀粉等）经水解、氧化、酯化、醚化、交联等处理得到的产品可模拟脂肪的感官特性。木薯淀粉经酸水解得到的糊精产品，葡萄糖值小于5，1份该产品加上3份水可代替4份油脂。玉米淀粉经水解后得到玉米糊精，葡萄糖值为4~7，配成25%的水溶液，室温下为白色凝胶状，类似起酥油。羟丙基淀粉、磷酸化淀粉、预糊化淀粉、高直链玉米淀粉在食品中部分替代脂肪已得到广泛应用。

（3）纤维类脂肪替代品　微晶纤维素在水相条件下可模拟脂肪功能，有良好的口感，对乳化和发泡具有稳定作用。此外，还有纤维素衍生物可作为脂肪替代品，如羧甲基纤维素、甲基纤维素、羟丙基纤维素、羟乙基纤维素等。

对以上3种类型的脂肪替代品来说，蛋白质型脂肪替代品和碳水化合物型脂肪替代品都不能应用于煎炸食品，也不能完全代替脂肪，而脂肪酸酯型脂肪替代品可完全取代脂肪，应用领域较宽。

# 第四节　维生素

维生素是维持机体正常生理代谢所必需，并且功能各异的一类微量的低分子有机化合物。维生素是"维持生命的营养素"，是人体不可缺少的一类营养素。每种维生素都履行着特殊的生理功能，缺乏时将会引起相关的营养素缺乏症。维生素大部分不能在人体内合成或合成量不足，不能满足人体的需要，必须从食物中摄取。维生素虽然参与体能能量的代谢，但本身并不产生能量，所以补充维生素不会导致营养过剩，也不会引起肥胖，但维生素过多，仍然有害健康，可能引起中毒反应，特别是维生素A、维生素D、维生素E等脂溶性维生素，能够在体内蓄积，容易引起中毒。

维生素共同特点：存在于天然食物中。它们在体内不提供热能，一般也不是机体的组成成分。它们参与维持机体正常生理功能，需要量极少，通常以mg、μg计，但是必不可少。不能满足机体需要，必须由食物不断供给。它们一般不能在体内合成，或合成的量少，缺乏时导致维生素缺乏症或维生素不足等症状。

## 一、脂溶性维生素

脂溶性维生素有维生素A、维生素D、维生素E、维生素K四种，不溶于水而溶于脂肪及有机溶剂，贮存于体内的脂肪组织内，它们在肠道中的吸收，与脂肪的存在有密切关系。

### （一）维生素A

仅存动物性食品中，植物存在的为胡萝卜素，能分解形成维生素A。存在于动物性食品中的维生素A相对稳定。对热、酸和碱稳定，一般烹调加工不会引起破坏。维生素A是指含有$\beta$-白芷酮环结构的多烯基结构，并具有视黄醇生物活性的一大类物质，有视黄醇（维生素$A_1$）和脱氢视黄醇（维生素$A_2$）两种存在形式。

动物性食品（肝、蛋、肉）中含有丰富的维生素A，存在于植物性食品如胡萝卜、红辣椒、菠菜等有色蔬菜和动物性食品中的各种类胡萝卜素（carotenoid）也具有维生素 A 的功效，将它们称作"维生素 A 原"（provitamin A），在体内可部分地转化为维生素 A。

**1. 生理功能**

（1）维持正常视觉　维生素 A 参与视网膜视紫质的合成与再生，维持正常暗适应（dark adaptation）能力，维持正常视觉。正常情况下，体内维生素 A 充足，人体暗适应时间短。维生素 A 缺乏时会引起暗适应的能力下降，严重时可产生夜盲症。

（2）维持上皮组织细胞的正常功能　维生素 A 可参与糖蛋白的合成，这对于上皮的正常形成、发育与维持十分重要。维生素 A 有利于长期保持表皮结构、调节皮肤的厚度和弹性，维生素 A 缺乏时上皮干燥、增生及角化。它还参与水合作用，改善干燥皮肤的状况。

（3）促进生长发育，维持正常生理功能　维生素 A 促进蛋白质的生物合成和骨细胞的分化。当其缺乏时，成骨细胞与破骨细胞间平衡被破坏，或由于成骨活动增强而使骨质过度增殖，或使已形成的骨质不吸收。孕妇如果缺乏维生素 A 时会直接影响胎儿发育，甚至发生死胎。

（4）促进免疫球蛋白的合成　免疫球蛋白是一种糖蛋白，所以维生素 A 能促进该蛋白的合成，对于机体免疫功能有重要影响，缺乏时，细胞免疫呈现下降趋势。

（5）抑制肿瘤生长　维生素 A 可促进上皮细胞的正常分化并控制其恶变，从而有防癌作用。$\beta$-胡萝卜素具有抗氧化作用，大量报道显示，它是机体一种有效的捕获活性氧的抗氧化剂，对于防止脂质过氧化，预防心血管疾病、肿瘤，以及延缓衰老均有重要意义。

**2. 缺乏与过量**

（1）缺乏　可导致暗适应能力下降、夜盲症、眼干燥症、视物模糊、角膜软化等眼部疾病；可引起皮肤干燥、毛囊角质化，生殖系统发育障碍以及生长停滞。

（2）过量与毒性　长期摄入过量的维生素 A 可在体内蓄积，引起过多症，主要症状为厌食、过度兴奋、肢端动作受限、头发稀疏及皮肤瘙痒等。成人每日摄入 15000μg 视黄醇当量的维生素 A 3～6 个月后可出现上述中毒现象。但大多数是由于摄入维生素 A 制剂或吃了野生动物的肝或鱼肝而引起的，摄入普通食物一般不会发生维生素 A 过多症。

**3. 参考摄入量**　婴儿（1 周岁）参考摄入量（recommended nutrient intake，RNI）为 330～340μg/d，儿童（4～12 周岁）为 380～780μg/d，成年男性 770μg/d，成年女性 660μg/d，孕妇 730μg/d。

**4. 食物来源**　天然维生素 A 只存在于动物体内。动物的肝脏、鱼肝油、奶类、蛋类及鱼卵是维生素 A 的最好来源。维生素 A 原类胡萝卜素广泛分布于植物性食品中，其中最重要的是 $\beta$-胡萝卜素。红色、橙色、深绿色植物性食物中含有丰富的 $\beta$-胡萝卜素，如胡萝卜、红心甜薯、菠菜、苋菜、杏、芒果等。

**（二）维生素 D**

维生素 D 亦称抗佝偻病维生素或抗软骨病维生素，主要形式有维生素 $D_2$（麦角钙化醇）和维生素 $D_3$（胆钙化醇）。维生素 $D_2$ 或麦角钙化醇由麦角固醇经阳光照射后转变而成，维生素 $D_3$ 或胆钙化醇由 7-脱氢胆固醇经紫外线照射而成。人体所需的维生素 D 大部分均可由阳光照射而得到满足，只有少量的从食物中摄取。

**1. 生理功能**

（1）促进钙和磷在小肠内的吸收　在小肠黏膜上皮细胞内，诱发一种特异的钙运输的载体——钙结合蛋白合成，即将钙主动转运，又增加黏膜细胞对钙的通透性。

（2）促进牙齿和骨骼的正常生长　利用钙磷的沉着促进骨组织钙化，使钙磷成为骨质的基本结构。活性维生素 D 具有类固醇激素的作用。

（3）维持胎儿及婴儿的正常生长　维生素 D 供应充足者在断乳后母体可重新获得钙，维生素 D 缺乏者这种能力较差。

（4）促进皮肤的新陈代谢，增强对湿疹、疥疮的抵抗力　服用维生素 D 可抑制皮肤红斑形成，治疗牛皮癣、斑秃、皮肤结核等。

### 2. 缺乏与过量

（1）缺乏　由于缺乏日光照射、膳食原因或消化吸收障碍而造成体内维生素 D 缺乏，导致钙、磷代谢障碍，使骨失去正常的钙化能力，明显的症状有以下三种。

1）佝偻病　佝偻病（rickets）是婴幼儿由于严重缺乏维生素 D 或钙、磷而患的一种营养缺乏症。患儿在初期常因血钙降低而引起神经兴奋性增高，并出现烦躁、夜惊、多汗、食欲不振及易腹泻等，如继续加重，其典型的症状为前额突出似方匣、鸡胸等。若佝偻病继续延至 2~3 岁，则可出现脊柱弯曲、弓形腿等骨骼变形，使婴幼儿的健康受到严重损害。

2）成人骨质软化症　成人缺乏维生素 D，使成熟的骨脱钙而发生骨质软化症（osteomalacia），此症多见于妊娠、多产的妇女及体弱多病的老年人。最常见的症状是四肢酸痛，尤以夜间为甚，严重时脊柱、盆骨畸形，而且身材变矮。

3）骨质疏松症　骨质疏松症（osteoporosis）易发生于 50 岁以上老人，尤其是绝经后的女性，骨矿物质密度逐渐降低，易发生骨折。骨质疏松的病因主要是老年人肾脏功能降低，使 $1,25-(OH)_2-D_3$ 合成减少，钙吸收率降低，加之活动量减少而造成。

（2）过量与毒性　过量服用鱼肝油也会引起维生素 D 过多症，血钙浓度上升，钙质在骨骼内过度沉积，并使肾脏等器官发生钙化，甚至可导致人体中毒。婴幼儿过多摄取维生素 D 还会引起出生体重低，并伴有智力发育不良和骨硬化。摄取一般食物不会引起维生素 D 过多症。

### 3. 参考摄入量　成人每日摄入 $20\mu g$，儿童每日摄入 $10\mu g$，老人每日摄入 $15\mu g$。

### 4. 食物来源　主要是人体皮肤中的维生素前体在紫外线照射下转化而成的。经常晒太阳（或作预防性紫外光照射）可获维生素 $D_3$。海水鱼、肝、蛋黄等动物性食品及鱼肝油制剂。

### （三）维生素 E

维生素 E 又称生育酚（tocopherol），多存在于植物组织中。有 $\alpha$、$\beta$、$\gamma$、$\delta$ - 生育酚等，其中以 $\alpha$ - 生育酚的生理效用最强。维生素 E 为微黄色和黄色透明的黏稠液体，几无臭，遇光色泽变深，对氧敏感，易被氧化，故在体内可保护其他可被氧化的物质（如不饱和脂肪酸、维生素 A 等），是一种天然有效的抗氧化剂。在无氧状况下能耐高热，并对酸和碱有一定抗力。接触空气或紫外线照射会氧化变质，维生素 E 被氧化后就会失去生理活性。

### 1. 生理功能

（1）抗氧化作用　维生素 E 是很强的抗氧化剂，是氧自由基的清道夫，在体内保护细胞免受自由基损害。

（2）促进蛋白质的更新合成　促进人体正常新陈代谢，增强机体耐力，维持肌肉、外周血管、中枢神经及视网膜系统的正常结构和功能。

（3）预防衰老　脂褐质俗称老年斑，是细胞内某些成分被氧化分解后的沉积物。补充维生素 E 可减少脂褐质形成，改善皮肤弹性，使性腺萎缩减轻，提高免疫功能。

（4）与动物的生殖功能和精子的生成有关　维生素 E 缺乏可出现睾丸萎缩及其上皮变性、孕育异常。维生素 E 可治疗先兆流产和习惯性流产。

（5）调节血小板的黏附力和聚集作用　增加心肌梗死及中风的危险性。

### 2. 缺乏症　人体在正常情况下很少发生维生素 E 缺乏，有的小肠吸收不良患者或膳食因素造成长

期维生素 E 摄入不足可引起溶血性贫血，即红细胞脆性增加及寿命缩短，给予维生素 E 可延长红细胞寿命。早产婴儿或用配方食品喂养的婴儿由于体内缺乏维生素 E 易患前述的溶血性贫血，可用维生素 E 治疗，使血红蛋白恢复到正常水平。

**3. 参考摄入量** 我国居民维生素 E 的适宜摄入量（adequate intake，AI）：成人每日应摄入 14mg $\alpha$ - 生育酚当量。可耐受最大摄入量（tolerate upper intake levels，UL）：成人每日摄入量为 700mg $\alpha$ - 生育酚当量。

**4. 食物来源** 主要食物来源是植物油，谷物的胚芽（麦胚油、向日葵油、棉籽油）、豆类、花生、蔬菜、牛奶、鸡蛋等含量都很丰富。人体也能合成一少部分，一般不会缺乏。因为不少食物中含维生素 E，故几乎没有发现维生素 E 缺乏引起的疾病。维生素 E 含量丰富的食品有植物油、麦胚、硬果、种子类、豆类及其他谷类；肉、鱼类动物性食品、水果及其他蔬菜中含量很少。

### （四）维生素 K

维生素 K 具有凝血功能，又称为凝血维生素，包括维生素 $K_1$、维生素 $K_2$、维生素 $K_3$ 和维生素 $K_4$。它溶于有机溶剂，对热和空气较稳定，但在光照碱性条件下易被破坏。维生素 K 在凝血酶原和凝血因子 VII、IX、X 的合成中是必需的复合因子。维生素 K 还有助于无活性蛋白质的谷氨酸残基的 $\gamma$ - 羧化作用，这些羧化谷氨酸残基对钙和磷酸酯与凝血酶原的结合是必要的。

**1. 生理功能**

（1）促进血液凝固的作用 维生素 K 是凝血因子 $\gamma$ - 羧化酶的辅酶。还可防止内出血及痔疮。经常流鼻血的人，可以考虑多从食物中摄取维生素 K。

（2）参与骨骼代谢 维生素 K 参与合成维生素 K 依赖蛋白质，维生素 K 依赖蛋白质能调节骨骼中磷酸钙的合成。特别对老年人来说，他们的骨密度和维生素 K 呈正相关。经常摄入大量含维生素 K 的绿色蔬菜的妇女能有效降低骨折的危险性。

**2. 缺乏症** 维生素 K 缺乏时，凝血时间延长，常发生皮下、肌肉及胃肠道出血。人类一般不易发生维生素 K 缺乏症。

**3. 参考摄入量** 维生素 K 的 AI：成人 $80\mu g/d$。

**4. 食物来源** 在深绿色蔬菜中含有丰富的维生素 K，如紫苜蓿、菠菜、卷心菜等以及动物的肉、蛋、奶，或者多吃富含乳酸菌的食品。肠道细菌也能合成一部分，一般不会缺乏。

## 二、水溶性维生素

水溶性维生素都溶于水，它们包括维生素 C 和 B 族维生素。B 族维生素包括维生素 $B_1$（硫胺素）、维生素 $B_2$（核黄素）、烟酸和烟酰胺、维生素 $B_6$、泛酸、叶酸、生物素、维生素 $B_{12}$ 等，其共同特点是：①在自然界常共存，最丰富的来源是酵母和肝脏。②人体所必需的营养物质。③同其他维生素相比较，B 族维生素作为酶的辅基。④从化学结构上看，除个别例子外，大多含氮。⑤从性质上看，此类维生素大多易溶于水，对酸稳定，易被碱破坏。

### （一）维生素 C

坏血病是几百年前就有的疾病，当时被称作不治之症，死亡率很高。直到 1911 年，人类才确定它是因为缺乏维生素 C 而产生的。因此，维生素 C 又称抗坏血酸，对人体及动物体是十分重要的，如果严重缺乏，会引起全身性出血的坏血病。自然界存在有 L - 抗坏血酸（具有生理活性）和 D - 抗坏血酸两种形态。

**1. 生理功能**

（1）抗氧化　维生素 C 是强力抗氧化剂，能清除自由基，保护 DNA、蛋白质和生物膜，也能保护其他抗氧化剂，如维生素 A、维生素 E。

（2）提高免疫力　维生素 C 对白细胞的吞噬活性具有激活作用。提高机体对外来和恶变细胞的识别和杀灭。参与免疫球蛋白的合成。促进干扰素的产生，抑制病毒的增生。

（3）预防动脉硬化　维生素 C 使血管更具弹性。维生素 C 加固血管壁，防止血脂堆积。因此像高血压、冠心病患者要大量补充，维生素 C 缺乏导致胆结石。

（4）促进胶原蛋白合成，保护骨骼、牙齿及牙龈健康，促进伤口愈合，预防坏血病　胶原蛋白合成需要维生素 C 参加。胶原蛋白生成结缔组织，构成身体骨架。如骨骼、血管、韧带等，决定了皮肤的弹性，保护大脑，有助于人体创伤愈合。

（5）促进铁质吸收，治疗贫血　维生素 C 使难以吸收利用的三价铁还原成二价铁，促进肠道对铁的吸收，提高肝脏对铁的利用率，有助于治疗缺铁性贫血。

（6）防癌抗癌、抗炎和解毒　维生素 C 的抗氧化作用可以抵御自由基对细胞的伤害防止细胞的变异；阻断强致癌物亚硝胺的形成。

（7）提高机体的应激能力　人体受到异常的刺激，如剧痛、寒冷、缺氧、精神强刺激，会引发抵御异常刺激的紧张状态，在这个过程需要维生素 C 的参与。

**2. 缺乏与过量**

（1）缺乏　维生素 C 是最容易缺乏的维生素之一。缺乏维生素 C 的直接后果是坏血病，表现为疲劳、倦怠、容易感冒，典型症状是牙龈肿胀出血、牙床溃烂、牙齿松动，毛细血管脆性增加，严重时可出现内脏出血而危及生命。

（2）过量　毒性很低，但长期服用过量维生素 C 可出现草酸尿以至形成泌尿道结石。

**3. 参考摄入量**　我国居民膳食维生素 C 的 RNI：成人 100mg/d，UL：成人为 2000mg/d。

**4. 食物来源**　维生素 C 主要存在于新鲜水果及蔬菜中。水果中以猕猴桃含量最多，在柠檬、橘子和橙子中含量也非常丰富；蔬菜以辣椒中的含量最丰富，在番茄、甘蓝、萝卜、青菜中含量也十分丰富；野生植物以刺梨中的含量最丰富，每 100g 中含 2800mg，有"维生素 C 王"之称。

**（二）维生素 $B_1$**

维生素 $B_1$（thiamine）又称硫胺素、硫胺素、抗神经炎因子（其与预防和治疗脚气病有关）。溶于水，耐酸、耐热，不易被氧化，在碱性环境下加热时可迅速分解破坏，因此在煮粥、煮豆或蒸馒头时，加碱量过量也造成维生素 $B_1$ 的大量破坏。

**1. 生理功能**

（1）保持循环、消化、神经和肌肉的正常功能　维生素 $B_1$ 参与糖代谢，如缺乏时，会造成丙酮酸堆积，神经组织能量不足，出现神经-肌肉症状，如肌肉萎缩及水肿、多发性神经炎，甚至影响心肌和脑组织的功能。

（2）调整肠胃道的功能　维生素 $B_1$ 抑制胆碱酯酶（水解乙酰胆碱的特殊酶）的活性，维持正常食欲，有利于胃肠蠕动和消化腺分泌。

（3）体内重要的辅酶　维生素 $B_1$ 是构成脱羧酶的辅酶，参加糖代谢，是机体物质代谢和能量代谢中的关键物质，当维生素 $B_1$ 缺乏时，机体糖代谢障碍，影响机体的能量代谢以及氨基酸和脂肪代谢。

**2. 缺乏症**

（1）缺乏原因　摄入量不足，需要量增加，吸收功能障碍，肝损害，酗酒，长期透析的肾病者，完全胃肠外营养的患者以及长期慢性发热患者。

（2）缺乏表现 ①干脚气病（组织萎缩）：以周围神经炎症状为主。腓肠肌压痛痉挛，腿沉重麻木并有蚁行感，后期感觉消失，肌肉萎缩，共济失调。②湿脚气病（组织水肿）：以水肿为主。循环系统，出现心悸、气促、心动过速等症状，心电图可见低电压、右心室肥大。③急性爆发性脚气病：以心力衰竭为主，伴有膈神经和喉返神经症状。④婴儿脚气病：主要症状为哭声微弱、心动过速、烦躁不安，有时伴有呕吐。易被误诊为肺炎合并心力衰竭。常发生于乳母膳食缺乏维生素 $B_1$ 所喂养的 2 ~ 5 月龄的婴儿。常在症状出现 1 ~ 2 天突然死亡。

**3. 参考摄入量** 硫胺素的 RNI：男性 1.4mg/d，女性 1.2mg/d。

**4. 食物来源** 主要存在于谷类、豆类、酵母、干果及硬果中，动物的心、肝、肾、胸、瘦猪肉及蛋类含量也很丰富。

### （三）维生素 $B_2$

维生素 $B_2$ 又称核黄素（riboflavin）。在酸性溶液中对热稳定，在碱性环境中易于分解破坏。游离型核黄素对紫外光高度敏感，在酸性条件下可光解为光黄素，在碱性条件下光解为光色素而丧失生物活性。

**1. 生理功能**

（1）参与体内生物氧化与能量代谢 维生素 $B_2$ 与碳水化合物、蛋白质、核酸和脂肪的代谢有关，可提高机体对蛋白质的利用率，维护皮肤和细胞膜的完整性。

（2）参与细胞正常生长发育 维生素 $B_2$ 是机体组织代谢和修复的必须营养素，促进人体细胞正常生长发育。

**2. 缺乏与过量**

（1）缺乏 主要表现为眼、口腔、皮肤的炎症反应。维生素 $B_2$ 缺乏干扰铁在体内的吸收、贮存及动员，致含铁量下降，严重可造成缺铁性贫血。妊娠期缺乏可导致胎儿骨骼畸形。

（2）过量与毒性 由于维生素 $B_2$ 微溶于水，肠道吸收也较有限。几乎无毒性，大量服用时尿呈黄色。

**3. 参考摄入量** 维生素 $B_2$ 的 RNI：男性 1.4mg/d，女性 1.2mg/d。

**4. 食物来源** 动物性食物，以肝、肾、心脏、蛋黄、乳类为丰富。植物性食物中绿叶蔬菜类及豆类含量较多。

### （四）烟酸

烟酸（niacin）又称尼克酸、维生素 PP、抗癞皮病因子。烟酸在体内以烟酰胺的形式存在。人体所需要的烟酸可由色氨酸在人体内转变一部分。烟酸是所有维生素中最稳定的一种，不易被空气中的氧、热、光、高压所破坏，酸、碱也很稳定。

**1. 生理功能** 烟酸在小肠中迅速被吸收，在机体内转变为烟酰胺，成为辅酶Ⅰ（nicotinamide adenine dinucleotide，NAD）、辅酶Ⅱ（nicotinamide adenine dinucleotide phosphate，NADP）的组分，烟酰胺广泛分布于人体内，但它不能贮存在体内，代谢后绝大部分以 $N$ – 甲基烟酰胺的形式由尿中排出。

（1）辅酶的组成成分 辅酶Ⅰ、辅酶Ⅱ是体内一系列脱氢酶的辅酶，为生物氧化过程中氢和电子的传递体，参与碳水化合物、脂肪及蛋白质在体内代谢过程中的脱氢作用。

（2）维护皮肤、消化系统及神经系统的正常功能 缺乏时发生皮炎、肠炎及神经炎为典型症状的癞皮病。

（3）降低血清胆固醇 烟酸具有降低血清胆固醇和扩张末梢血管的作用，临床上常用烟酸治疗高脂血症、缺血性心脏病等，但大剂量使用必须有医生的指导。

**2. 缺乏症** 烟酸缺乏则能量代谢受阻，神经细胞得不到足够的能量，致使神经功能受影响。典型的烟酸缺乏症称为癞皮病，其症状为皮炎、腹泻及痴呆，癞皮病的皮炎有特异性，几乎仅发生在肢体暴露的部位，而且有对称性，患者皮肤发红发痒，发病区与健康区域界限分明。当胃肠道黏膜受影响时，患者出现腹泻等症状，进而头痛、失眠，重症产生幻觉、神志不清，甚至痴呆等。

**3. 参考摄入量** 烟酸的 RNI：男性 15mg/d，女性 12mg/d。

**4. 食物来源** 烟酸广泛存在于动植物食物中，含量较高的有酵母、动物的肝脏、全谷、种子及豆类。以玉米为主食的地区癞皮病的发生率往往较高。如在玉米中加入 0.6% ~ 1% 的碳酸氢钠，可使其游离出来，提高生物价值。

### （五）维生素 $B_6$

维生素 $B_6$ 又称吡哆素，其包括吡哆醇、吡哆醛及吡哆胺，在体内以磷酸酯的形式存在，是一种水溶性维生素，维生素 $B_6$ 对热及空气较稳定，对酸稳定，容易被碱及紫外线破坏。

**1. 生理功能**

（1）参与氨基酸的代谢 维生素 $B_6$ 作为辅酶在体内的氨基酸代谢中发挥着重要作用。5 - 磷酸吡哆醛是催化许多氨基酸反应酶的辅助因子，体内多种酶依赖磷酸吡哆醛，包括作用机体蛋白质代谢的酶，如转氨酶、脱羧酶、消旋酶和脱水酶等。

（2）参与糖原与脂肪酸的代谢 5 - 磷酸吡哆醛也是糖原磷酸化酶反应中的辅助因子，直接参与催化肌肉与肝脏中的糖原转化反应；还参与亚油酸合成花生四烯酸和胆固醇的合成与转运。

（3）参与一碳单位代谢 一碳单位是指体内代谢过程中某些化合物分解代谢时生成的含一个碳原子的基团，如甲基（—$CH_3$）、亚甲基（—$CH_2$）等。维生素 $B_6$ 是参与一碳单位代谢的丝氨酸羟甲基转氨酶的辅酶，因而影响核酸和 DNA 的合成，亦可影响同型半胱氨酸转化为蛋氨酸。一碳单位代谢障碍可造成巨幼红细胞性贫血。

（4）参与烟酸形成 在色氨酸转化成烟酸的过程中，其中有一步反应需要 5 - 磷酸吡哆醛的酶促反应。因此，当肝脏中 5 - 磷酸吡哆醛水平降低时会影响烟酸的形成。

（5）维持免疫功能 5 - 磷酸吡哆醛可通过参与一碳单位的代谢而对免疫功能产生影响。机体缺乏维生素 $B_6$ 将会影响 DNA 的合成，这个过程对维持免疫功能是重要的。

（6）维持神经系统机能 神经系统中涉及 5 - 磷酸吡哆醛参与的使许多神经递质（包括 5 - 羟色胺、多巴胺、去甲肾上腺素、组胺和 $\gamma$ - 氨基丁酸）水平升高的酶促反应。

（7）维持心血管系统功能 体内高半胱氨酸是引起高血压、心脏病的原因之一。而维生素 $B_6$ 可以促进半胱氨酸的分解，从而减少心血管疾病的发生。

**2. 缺乏症** 一般不缺乏，特殊情况如怀孕、高温工作、服用雌性激素类避孕药等会引起缺乏症。失眠、步行困难、皮肤炎症等。眼、鼻与口腔周围皮肤脂溢性皮炎，并扩展至面部、前额、耳后、阴囊及会阴等处。色素沉着。唇裂、舌炎口腔炎症。引起低色素性小细胞性贫血。幼儿出现烦躁、肌肉抽搐和惊厥、呕吐、腹痛以及体重下降等。

**3. 参考摄入量** 维生素 $B_6$ 的 RNI：成人 1.6mg/d，UL：成人 55mg/d。

**4. 食物来源** 广泛存在于动植物食物中。如动物肝脏、土豆、蛋黄、西红柿、香蕉、大豆、花生、麦麸、小麦胚芽、蜂蜜等。人体肠道细菌也可合成一部分。

### （六）叶酸

叶酸（folic acid）因最初菠菜叶中分离出来而得名。广泛存在于植物的绿叶中。在酸性环境下不稳定，当 pH < 4.0 时容易被破坏，但在中性或碱性溶液中对热稳定（无氧时），加热至 100℃ 1 小时也不被破坏。食物中的叶酸经烹调加工后损失率可高达 50% ~ 90%（有氧和光线作用）。

**1. 生理功能**

（1）对蛋白质和核酸合成有重要作用　作为辅酶参与嘌呤和胸腺嘧啶的合成，进一步合成 DNA 和 RNA。

（2）为胎儿形成并正常发育的必要维生素　足够叶酸可以防止胎儿神经管畸形如脊柱裂、无脑儿等。

（3）一碳单位转移酶系的辅酶　作为体内生化反应中一碳单位转移酶系的辅酶，起着一碳单位传递体的作用。

（4）参与氨基酸代谢　在甘氨酸与丝氨酸、组氨酸和谷氨酸、同型半胱氨酸与蛋氨酸之间的相互转化过程中充当一碳单位的载体。

（5）参与血红蛋白合成　叶酸是含铁血红蛋白的组分。

**2. 缺乏症**

（1）影响核酸代谢　尤其是胸腺嘧啶核苷的合成，以致红细胞成熟受阻。同时还可影响粒细胞、巨核细胞及其他细胞如胃肠道黏膜细胞等。

（2）影响神经系统的发育　导致婴儿先天性神经管缺陷、脑损伤，从而影响患儿的智力。

**3. 参考摄入量**　叶酸的 RNI：成人 $400\mu g/d$，UL：妊娠期 $600\mu g/d$。

**4. 食物来源**　叶酸广泛存在于动植物食物中，其良好来源为动物肝脏、豆类、绿叶蔬菜、水果、坚果及酵母等。

### （七）维生素 $B_{12}$

维生素 $B_{12}$ 分子中含金属元素钴，故又称钴胺素，是化学结构最复杂的一种维生素，是唯一含有金属的维生素。维生素 $B_{12}$ 为淡红色结晶、在强酸、强碱、紫外线照射下环境中易被破坏，对热比较稳定。

**1. 生理功能**

（1）提高叶酸利用率　与叶酸一起合成甲硫氨酸（由高半胱氨酸合成）和胆碱，产生嘌呤和嘧啶的过程中合成氰钴胺申基先驱物质如甲基钴胺和维生素 $B_{12}$，参与许多重要化合物的甲基化过程。维生素 $B_{12}$ 缺乏时，从甲基四氢叶酸上转移甲基基团的活动减少，使叶酸变成不能利用的形式，导致叶酸缺乏症。

（2）维护神经髓鞘的代谢与功能　缺乏维生素 $B_{12}$ 时，可引起神经障碍、脊髓变性，并可引起严重的精神症状。还可导致周围神经炎。儿童缺乏维生素 $B_{12}$ 的早期表现是情绪异常、表情呆滞、反应迟钝，最后导致贫血。

（3）促进红细胞的发育和成熟　将甲基丙二酰辅酶 A 转化成琥珀酰辅酶 A，参与三羧酸循环，其中琥珀酰辅酶 A 与血红素的合成有关。

（4）参与 DNA 的合成　参与脂肪、碳水化合物及蛋白质的代谢，增加核酸与蛋白质的合成。

**2. 缺乏症**

（1）恶性巨幼红细胞贫血，即 DNA 的合成受阻所引起。

（2）引起神经及脊柱的病变所引起的神经组织的损害。

（3）年幼患者还会出现精神抑郁、智力减退等症状。

**3. 参考摄入量**　维生素 $B_{12}$ 的 RNI：成人 $2.4\mu g/d$。

**4. 食物来源**　只有动物性食物中才含有，特别是草食性动物肝、心、肾等，植物性食物中几乎不存在。人体肠道能合成部分维生素 $B_{12}$。

### （八）生物素

生物素（biotin）广泛存在于动植物食物中，人体肠道也能合成一部分，一般不会缺乏。但由于长期摄入生鸡蛋或严重营养不良或胃肠道吸收障碍等可引起生物素缺乏。

**1. 生理功能** 预防白发及脱发，减轻湿疹、皮肤发炎，维护皮肤健康等。

**2. 缺乏症** 主要症状表现为干燥的鳞状皮炎、舌炎，头屑过多、脱发、少年白发，肤色暗沉、面色发青，忧郁、失眠、易打瞌睡等。

**3. 参考摄入量** 生物素的 AI：成人 $40\mu g/d$。

**4. 食物来源** 动物肝、肾及大豆粉等生物素含量丰富，菜花、蘑菇、蛋类、坚果和花生是生物素的良好来源。

### （九）泛酸

泛酸（pantothenic acid）又名维生素 $B_5$、遍多酸，因广泛存在于自然界动植物组织中而名。溶于水，在中性条件下稳定，在酸、碱和干热不稳定，通常都以辅酶 A（coenzyme A，CoA）形式存在。

**1. 生理功能**

（1）合成 CoA，在生化反应中接受或释出乙酰 CoA，参与糖类、脂质和蛋白质之代谢及能量释放。

（2）和抗体、乙酰胆碱合成有关。

（3）促进胆固醇、类固醇激素的合成。

（4）具有去脂作用，防止脂肪肝的形成。

**2. 缺乏症** 泛酸轻度缺乏可致疲乏、食欲差、消化不良、易感染等症状，重度缺乏则引起肌肉协调性差、肌肉痉挛、胃肠痉挛、脚部灼痛感。

**3. 参考摄入量** 泛酸的 AI：成人 $5.0mg/d$。

**4. 食物来源** 肉类、未精制的谷类制品、麦芽与麸子、动物肾脏与心脏、绿叶蔬菜、啤酒酵母、坚果类、鸡肉、未精制的糖蜜等。

### （十）胆碱

胆碱（choline）是无色、味苦、易溶于水的浆状化合物。易与盐酸生成稳定的氯化胆碱结晶或水溶液，耐热且耐贮藏。

**1. 生理功能**

（1）控制胆固醇的积蓄。

（2）帮助传送刺激神经的信号，特别是为了记忆的形成而对大脑所发出的信号。

（3）促进脑发育和提高记忆力。

（4）有促进肝脏机能的作用，可帮助人体的组织排除毒素和药物。

（5）有防止老年人记忆力衰退的功效，有助于治疗老年痴呆症。

**2. 缺乏症** 胆碱缺乏可能引起肝硬化、肝脏脂肪的变性、动脉硬化，也可能是引起老年痴呆症的原因。

**3. 参考摄入量** 胆碱的 RNI：成年男性 $450mg/d$，成年女性 $380mg/d$。

**4. 食物来源** 乳制品、鸡蛋、花生、肉类、鱼、鸡、豆和某些蔬菜中含有丰富的胆碱。

PPT

# 第五节　矿物质

矿物质又称无机盐或灰分，是指除去 C、H、O、N 四种构成水分和有机物质的元素以外，其他元素的统称。矿物质分为常量和微量元素，人体已发现有 20 余种必需的矿物质，占人体重量的 4% ~5%。

矿物质在人体内不能合成，必须从食物和饮水中摄取，体内分布极不均匀，相互之间存在协同或拮抗作用，摄入过多易产生毒性作用。

## 一、常量元素

矿物质中含量较多的（＞5g）有钙、磷、钾、钠、氯、镁、硫七种，每天的膳食需要量都在100mg以上，称为常量元素，又称宏量元素或大量元素。常量元素一般占人体体重0.01%以上。

常量元素在体内的主要生理功能：①人体组织的重要成分，大部分是由钙、磷和镁组成，软组织含钾较多。②在细胞外液中与蛋白质一起调节细胞膜的通透性，控制水分，维持正常的渗透压和酸碱平衡，维持神经－肌肉兴奋性。③构成酶的成分或激活酶的活性，参与物质代谢。常量元素在人体新陈代谢过程中，会有一部分被排出体外，必须通过膳食补充。

### （一）钙

钙（calcium）是构成人体重要的组成，是人体含量最多的无机元素。正常情况下，成人体内含钙总量为1000～1200g，占体重的1.5%～2%。其中99%的钙存在于骨骼和牙齿中，主要存在形式为羟磷灰石[$Ca_{10}(PO_4)_6(OH)_2$]；约1%的钙常以游离或结合的离子状态存在于软组织、细胞外液及血液中，统称为混溶钙池。正常情况下，体内游离钙与结合钙两部分保持动态平衡，以维持体内细胞正常生理状态。

**1. 钙的生理功能**

（1）主要起支持和保护作用　混合钙池的钙维持细胞处于正常的生理状态，它与镁、钾、钠等离子保持一定的比例，使组织表现适当的应激。

（2）维持肌肉与神经的正常活动　神经递质的释放、神经－肌肉的兴奋、神经冲动的传导、激素的分泌、血液的凝固、细胞黏附、肌肉收缩等活动都需要钙。如血清钙离子浓度降低时，肌肉、神经的兴奋性增高，可引起手足抽搐；而钙离子浓度过高时，则损害肌肉的收缩功能，引起心脏和呼吸衰竭。

（3）促进体内某些酶的活性　许多参与细胞代谢与大分子合成和转变的酶，如腺苷酸环化酶、鸟苷酸环化酶、磷酸二酯酶、酪氨酸羧化酶和色氨酸羧化酶等，都受钙离子的调节。

（4）维持机体其他机能　参与血凝过程、激素分泌、维持体液酸碱平衡以及细胞内胶质稳定性。

**2. 参考摄入量**　中国营养学会推荐的钙供给量标准：1～7岁500～800mg/d；9～15岁1000mg/d；成年男女800mg/d。

**3. 缺乏与过量**

（1）缺乏　钙摄入量过低可导致钙缺乏症。主要表现为骨骼的病变，即儿童时期的佝偻病和成年人的骨质疏松症。

（2）过量　增加肾结石的危险性及骨硬化的危险性。还可引起奶碱综合征如高钙血症、碱中毒及肾功能障碍等。

**4. 食物来源**　奶和奶制品是食物中钙的最好来源，不但含量丰富，而且吸收率高，是婴幼儿最佳钙源。蔬菜、豆类和油料作物种子也含有较多的钙，如黄豆及制品、黑豆、赤小豆、各种瓜子、芝麻酱等。小虾米皮、海带和发菜含钙特别丰富，膳食中补充骨粉或蛋壳粉可以改善钙的营养状况。一些含钙较高的食物见表2－1。

表 2 – 1　含钙较高的食物　　　　　　　　　　　单位：mg/100g

| 食物 | 含量 | 食物 | 含量 | 食物 | 含量 |
| --- | --- | --- | --- | --- | --- |
| 芝麻酱 | 870 | 淡水虾 | 325 | 芝麻 | 946 |
| 黄花菜 | 3018 | 蕨菜 | 851 | 黑木耳 | 295 |
| 奶酪 | 799 | 南瓜子 | 235 | 虾皮 | 2000 |
| 海蟹 | 208 | 海带 | 1177 | 黄豆 | 367 |
| 紫菜 | 422 | 豌豆 | 61 | 发菜 | 767 |
| 小白菜 | 93 | 牛乳 | 120 | 人乳 | 34 |
| 大白菜 | 61 | 鸡蛋 | 55 | 鸡蛋黄 | 134 |

### （二）磷

磷（phosphorus）在生理上和生化上是人体最必需无机盐之一，但在营养上对它很少注意，因为细胞中普遍存在磷，动植物都含磷。成人体内磷含量为 650g 左右，占体重 1% 左右，占体内无机盐总量的 1/4。总磷量的 85%～90% 以羟磷灰石形式存在于骨骼和牙齿中。其余 10%～15% 与蛋白质、脂肪、糖及其他有机物结合，分布于几乎所有组织细胞中，其中一半左右在肌肉中。

**1. 磷的生理功能**

（1）骨、牙齿以及软组织的重要成分　磷存在于人体每个细胞中，对骨骼生长、牙齿发育、肾功能和神经传导都是不可缺少的。钙和磷形成难溶性盐而使骨与牙结构坚固。磷酸盐与胶原纤维共价联结，起动骨的成核过程，在骨的回吸和矿化中起决定作用。

（2）调节能量释放　磷是核酸、磷脂和某些酶的组成成分，促进生长维持和组织修复，有助于对碳水化合物、脂肪和蛋白质的利用，调节糖原分解，参与能量代谢。

（3）生命物质成分　磷脂是细胞膜的主要脂类组成成分，与膜的通透性有关。它促进脂肪和脂肪酸的分解，预防血中聚集太多的酸或碱，促进物质经细胞壁吸收，刺激激素的分泌，有益于神经和精神活动。

（4）磷酸盐能调节维生素 D 的代谢，维持钙的内环境稳定　在体液的酸碱平衡中起缓冲作用，钙和磷的平衡有助于无机盐的利用，磷对细胞的生理功能极为重要。

**2. 吸收与排泄**

（1）吸收　从膳食摄入的磷酸盐有 70% 在小肠内吸收。磷的吸收需要维生素 D。维生素 D 缺乏时，血清中无机磷酸盐下降。佝偻病患者往往血钙正常而血磷含量较低。钙、镁、铁、铝等金属离子常与磷酸形成难溶性盐而影响磷的吸收。高脂肪食物或脂肪消化与吸收不良时，肠中磷的吸收增加。但这种不正常情况会减少钙的吸收，扰乱钙磷平衡。

（2）排泄　从膳食摄入的磷，有部分未吸收的，和分泌到胃肠道的内源磷一起随粪便排出。每天摄入 1.0～1.5g 磷的男子，内源粪磷为 3mg/（kg·d）。磷主要经肾排泄，肾小球滤出的磷在肾小管重吸收。

**3. 参考摄入量**　我国膳食以谷类为主，磷偏高。磷的需要量随年龄而下降，同时还取决于蛋白质摄入量，据研究，维持平衡时需要磷量为 520～1200mg/d。成人磷的 RNI 为 710mg/d，钙磷比例维持在 1∶1～1∶1.5 比较好，UL 为 3500mg/d，维持平衡时的需要量随年龄增高而下降。

**4. 缺乏与过量**

（1）缺乏　膳食磷较为充裕，很少见磷缺乏病。磷缺乏时引起精神错乱、厌食、关节僵硬等现象。

（2）过量　近年来，聚磷酸盐、偏磷酸等广泛用于食品添加剂，可引起磷摄入过多，表现为神经兴奋、手足抽搐和惊厥。

**5. 食物来源** 磷的来源广泛，一般都能满足需要。人乳含磷为 150～175mg/L，钙磷比为 2：1，牛乳含磷 100mg/L，人乳含量可满足正常婴儿生长的需要。食物中肉、鱼、牛乳、乳酪、豆类和硬壳果等含磷较多。

## （三）镁

镁（magnesium）是人体细胞内的主要阳离子之一，浓集于线粒体中，仅次于钾和磷，在细胞外液，镁仅次于钠和钙而居于第三位。成人体内镁总量为 20～28g 或约 43mg/kg。其中 55% 在骨骼中，27% 在软组织，1% 左右在细胞外液。

### 1. 生理功能

（1）激活多种酶的活性 镁作为多种酶如己糖激酶、钠－钾－ATP 酶、羧化酶、丙酮酸脱氢酶、肽酶、胆碱酯酶等的激活剂，参与体内许多重要代谢过程，包括蛋白质、脂肪和碳水化合物的代谢，氧化磷酸作用、离子转运、神经冲动的产生和传递、肌肉收缩等，参与 300 多余种酶促反应。B 族维生素、维生素 C 和维生素 E 的利用，核酸与核体的完整性，转录和转译的逼真性等，均依赖镁的作用，镁几乎与生命活动的各个环节有关。

（2）维护骨骼生长和神经－肌肉的兴奋性 镁是骨细胞结构和功能所必需的元素，可促进骨骼生长和维持，镁可影响骨的吸收。在血镁极度低时，甲状旁腺功能低下而引起低钙血症。

（3）镁对心血管的影响 镁是肌细胞膜上钠－钾－ATP 酶必需的辅助因子，$Mg^{2+}$ 与磷酸盐合成 $Mg^{2+}$－ATP 为激活剂，激活心肌中腺苷酸环化酶，在心肌细胞线粒体内，刺激氧化磷酸化。它能促进肌原纤维水解 ATP，使肌凝蛋白胶体超沉淀和凝固，同时参与肌浆网对钙的释放和结合，从而影响心肌的收缩过程。

（4）镁对胃肠道作用 当硫酸镁溶液经十二指肠时，可短期增加胆汁流出，促进胆囊排空，具有利胆作用。碱性镁盐可中和胃酸。镁离子在肠腔中吸收缓慢，促进水分滞留，引起导泻作用。低浓度镁可减少肠壁张力和蠕动，有解痉作用，并能对抗毒扁豆碱的作用。

### 2. 吸收和排泄

（1）吸收 镁摄入后主要由小肠吸收，吸收率一般约为摄入的 30%。镁的吸收与膳食摄入量的多少密切相关，摄入少时吸收率增加，摄入多时吸收率降低。镁主动运输通过其途径与钙相同。摄入量高时，二者在肠道竞争吸收，相互干扰。膳食磷酸盐和乳糖的含量、肠腔内镁的浓度及食物在肠内的过渡时间对镁的吸收都有影响。氨基酸增加难溶性镁盐的溶解度，所以蛋白质可促进镁吸收。

（2）排泄 健康成人食物供应镁约 200mg/d，大量从胆汁、胰液分泌到肠道，其中 60%～70% 随粪便排出，少量保留在新生组织，有些在汗液或脱落的皮肤中丢失，其余从尿液排出。

### 3. 缺乏与过量
食物中镁一般较充裕，且肾脏有良好的保镁功能，因食入不足而缺镁者较罕见。镁缺乏多数由疾病引起镁代谢紊乱所致。

（1）缺乏 常见肌肉震颤、手足抽搐，有时出现听觉过敏、幻觉，严重时出现谵妄、精神错乱，甚至惊厥、昏迷等。

（2）过量 镁摄入过多可发生恶心、呕吐、发热和口渴，严重时则出现嗜睡、血压下降、呼吸减慢、心动过缓、体温降低，四肢软瘫，甚至死亡。

### 4. 参考摄入量
我国居民膳食磷的 RNI：成人 320mg/d。

### 5. 食物来源
镁主要存在于绿叶蔬菜、谷类、干果、蛋、鱼、肉、乳中。谷物中小米、燕麦、大麦、豆类和小麦含镁丰富，动物内脏含镁亦多。

## （四）钾

钾（potassium）占人体无机盐的 5%，是人体必需的营养素。人体的钾主要来自食物。摄入的钾大部分由小肠迅速吸收。在正常情况下，摄入量的85%经肾排出，10%左右从粪便排出，其余少量由汗液排出。

### 1. 生理功能

（1）维持碳水化合物、蛋白质代谢　当葡萄糖和氨基酸通过细胞膜进入细胞内合成糖原和蛋白质时，没有钾离子参与就不可能完成。

（2）维持细胞内的正常渗透压　钾是细胞内液中的主要阳离子，对于维持细胞内外液的渗透压平衡有重要作用。钾离子与钠离子一起激活钠，维持细胞内外液中钠、钾离子的正常生理浓度。

（3）维持神经-肌肉的应激性和正常功能　钾离子与钠离子共同作用激活钠泵，产生能量，维持细胞内外钾、钠离子的浓度梯度，维持细胞膜电位，使细胞膜有电信号能力，和钠离子一起，共同作用，使神经脉冲得以传递。

（4）维持心肌功能　心肌细胞内外的钾离子浓度对于维持心肌的兴奋性、自律性、传导性有极其重要的作用。

（5）维持细胞内外酸碱平衡和离子平衡　当细胞内液失钾时，细胞外液的氢离子向细胞内转移，导致细胞内酸中毒和细胞外碱中毒。反之，当细胞外液钾离子进入细胞内液过多时，使细胞内氢离子向细胞外转移，导致细胞内碱中毒和细胞外酸中毒。

（6）降低血压　在摄入高钠而导致高血压时，钾具有降血压作用。

### 2. 参考摄入量

中国营养学会提出的每日膳食中钾的"安全和适宜的摄入量"，初生婴儿至6个月每人为400mg，1岁以内为600mg，1岁以上儿童（儿童食品）每人每天900mg，4岁以上为1100mg，7岁以上为1300mg，9岁以上为1600mg，12岁以上青少年（少年食品）为1800～2000mg，成年男女为2000mg。

### 3. 缺乏与过量

（1）缺乏　人体内钾总量减少可引起钾缺乏症，可在神经-肌肉、消化、心血管、泌尿、中枢神经等系统发生功能性或病理性改变，主要表现为肌肉无力或瘫痪、心律失常、横纹肌肉裂解症及肾功能障碍等。

（2）过量　如果血液中钾含量过高，也会患高钾血症，表现为四肢乏力、手足感觉异常、弛缓性瘫痪等症状。心脏也受其害，表现为心音减弱、心率减慢和心律失常，严重时甚至可出现心搏骤停，危及生命。

### 4. 食物来源

钾广泛存在于食物中，丰富来源有脱水水果、糖蜜、土豆粉、米糠、海藻、大豆粉、调味品、向日葵籽和麦麸。良好来源有牛肉、海枣、油桃、坚果、猪肉、禽类、沙丁鱼等。

## （五）钠

钠（sodium）是食盐的主要成分。氯化钠是人体最基本的电解质。钠对肾脏功能也有影响，缺乏或过多会引起多种疾病。人体钠的含量差别颇大，为2700～3000mg，占体重的0.15%。正常情况下，肾脏根据机体情况，排钠量可多至1000mg或少至1mmol/d。小部分钠可随汗液排出，也有少量随粪便排出。

膳食中的钠主要存在于食盐中，它是烹饪中重要的调味品，也是保证肌体水分平衡的最重要物质，没有食盐，人的生存将受到障碍。食盐在防止食品腐败上有重要作用，钠是构成食盐的不可缺少的成分。

### 1. 生理功能

（1）调节体内水分　钠主要存在于细胞外液，是细胞外液中的主要阳离子，构成细胞外液渗透压，调节与维持体内水量的恒定。当钠含量增高时，水分含量也增加；反之，钠含量低时，水分含量减少。

（2）维持酸碱平衡 钠在肾小管重吸收时，与 $H^+$ 交换，清除体内酸性代谢产物（如 $CO_2$），保持体液的酸碱平衡。

（3）钠泵的构成成分 钠钾离子的主动运转，使钠离子主动从细胞内排出，以维持细胞内外液渗透压平衡。钠对 ATP 的生成和利用、肌肉运动、心血管功能、能量代谢都有作用，钠不足影响其作用。此外，糖代谢、氧的利用也需要钠的参与。

（4）维护正常血压 膳食钠摄入与血压有关。血压随年龄增加而增高，有人认为，这种增高中有20%可能归因于膳食中食盐的摄入，每摄入 2300mg 钠，可致血压升高 0.267kPa（2mmHg），中等程度减少膳食钠的摄入量，可使血压高于正常者（舒张压 10.7~11.91kPa）血压下降。

（5）增强神经－肌肉兴奋性 钠、钾、钙镁等离子的浓度平衡对于维护神经－肌肉的应激性都是必需的，体内充足的钠可增强神经－肌肉的兴奋性。

**2. 参考摄入量** 人体所需要的钠主要从食盐中取得。食盐是人们膳食中所不可缺乏的调味品，故有"百味之王"的美称。盐的摄入量常由味觉、风俗和习惯决定，正常膳食含钠充足，盐过多有害无益。《中国居民膳食指南（2022）》建议每人每日食盐用量以不超过 5g 为宜。

我国营养学会制定的每日"安全和适宜的摄入量"为：6个月以内婴儿 80mg，6个月至1岁为180mg，1岁以上 500~700mg，4岁以上 800mg，7岁以上 900mg，9岁以上 1100mg，12岁以上 1400~1600mg，成人每天需 1500mg。

**3. 缺乏与过量** 因为几乎所有食物都含有钠，所以很少发生钠缺乏问题。但食用不加盐的严格素食或长期出汗过多、腹泻、呕吐及肾上腺皮质不足等情况下，会发生钠缺乏症。钠缺乏症可造成生长缓慢、食欲减退、由于失水造成体重减轻、哺乳期的母亲乳汁减少、肌肉痉挛、恶心、腹泻和头痛。膳食中长期摄入过多的钠将导致高血压。

## 二、微量元素

矿物质中有一些含量极少的元素，如铁、铜、碘、锌、锰、钼、钴、铬、锡、钒、硅、镍、氟、硒等，也是人体必需的，每天的膳食需要量甚微，称为微量元素或痕量元素，人体每日需要量为 100mg 以下。微量元素与人的生长、发育、营养、健康、疾病、衰老等生理过程关系密切，是重要的营养素。

### （一）铁

铁（iron）是血液的重要成分，参与体内氧和二氧化碳的转运、交换，与红细胞的形成和成熟有关。

**1. 生理功能**

（1）参与体内呼吸过程 铁是血红蛋白、肌红蛋白、细胞色素 A 以及某些呼吸酶的构成成分，参与体内 $O_2$ 与 $CO_2$ 的转运、交换和组织呼吸过程。

（2）参与体内多种生理过程 如维生素 A 的转化、嘌呤与胶原合成、抗体产生、脂类转运以及药物在肝脏的代谢等。此外，铁能促进红细胞的形成和成熟，对机体免疫功能有调节作用。

**2. 参考摄入量** 铁在体内代谢中，可以被机体反复利用，排出较少。婴幼儿、妇女月经期铁损失较多，应增加供给量。我国建议铁的日供给量：18~50岁成年男性为 12mg，成年女性为 18mg，妊娠期妇女和哺乳期妇女为 18~29mg。

**3. 缺乏与中毒**

（1）缺乏 多见于婴幼儿、妊娠期妇女及哺乳期妇女，婴儿辅食中应强化铁的摄入。缺铁表现为工作效率降低、学习能力下降、冷漠呆板，儿童易烦躁、抗感染能力下降；心慌、气短、头晕、眼花、精力不集中等症状；除贫血貌外，还表现为皮肤干燥皱缩、毛发干枯易脱落；指甲薄平，不光滑，易碎裂，甚至呈匙状甲（见于长期严重患者）。

（2）中毒　铁中毒可分为急性和慢性，急性中毒常见于过量误服铁剂，尤其常见于儿童。主要症状为消化道出血，死亡率很高。慢性铁中毒或称负荷过多，可发生于消化道吸收的铁过多和肠外输入过多的铁。

**4. 食物来源**　动物肝脏、动物全血、畜禽肉类、鱼类、豆类、干果是铁的良好食物来源。禽蛋中铁的含量很丰富，但由于鸡蛋中含有非血红素，使铁的吸收率非常低。黄豆中的铁不仅含量较高，且吸收率也较高，是铁的良好来源。用铁质烹调用具烹调食物可显著增加膳食中铁含量。

### （二）锌

锌（zinc）在人体生长发育、生殖遗传、免疫、内分泌等重要生理过程中起着极其重要的作用，成人体内含锌 2 ~ 3g，存在于所有组织中，3% ~ 5% 在白细胞中，其余在血浆中。肌肉（60%）、骨骼（30%），皮肤、视网膜、脉络膜、肝脏以及血液等。血液中的锌有 75% ~ 88% 的存在于红细胞中，锌在体内多以结合状态存在，游离锌含量很低。

#### 1. 生理功能

（1）多种酶的组成成分或激活剂　锌是人体中 200 多种酶的组成成分，在组织呼吸以及蛋白质、脂肪、糖和核酸等的代谢中有重要作用。

（2）促进生长发育与组织再生　锌是调节 DNA 复制、转译和转录的 DNA 聚合酶的必需组成部分。锌不仅对于蛋白质和核酸的合成，而且对细胞的生长、分裂和分化的各个过程都是必需的。缺锌儿童的生长发育受到严重影响会出现缺锌性侏儒症。缺锌能使创伤的组织愈合困难。

（3）促进食欲　锌可以通过参加构成一种含锌蛋白（唾液蛋白）对味觉与食欲起促进作用。缺锌可明显导致食欲不振。

（4）参与机体免疫功能　机体缺锌可削弱免疫机制，细胞免疫力下降，机体抵抗力降低，使机体易受细菌感染。

（5）促进性器官和第二性征的发育　缺锌使性成熟推迟、性器官发育不全、性功能降低、精子减少、第二性征发育不全、月经不正常或停止，如及时给锌治疗，这些症状都会好转或消失。

（6）保护皮肤健康　动物和人都会因缺锌而影响皮肤健康，出现皮肤粗糙、干燥等现象。

**2. 参考摄入量**　我国居民膳食锌 RNI（按每人每天计）如下：婴儿及儿童 0 ~ 12 个月 1.5 ~ 3.2mg，1 ~ 11 岁 4.0 ~ 7.0mg；12 ~ 17 岁男性 8.5 ~ 12.0mg，女性 7.5 ~ 8.5mg，18 岁以上男性 12.0mg，女性 8.5mg；妊娠期妇女 10.5mg；哺乳期妇女 13mg。

#### 3. 缺乏与过量

（1）缺乏　缺锌可能会引起生长迟缓、垂体调节功能障碍、食欲不振、味觉迟钝甚至丧失、皮肤创伤不易愈合、易感染等。儿童长期缺锌可导致"朱儒症"，性成熟延迟、第二性征发育障碍、性功能减退、精子产生过少等。锌缺乏可引起免疫功能下降，可发生复发性口腔溃疡、面部痤疮等。

（2）过量　过量的锌会干扰铜、铁和其他微量元素的吸收和利用，损害免疫器官和免疫功能，影响中性粒细胞及巨噬细胞活力，抑制趋化性和吞噬作用及细胞的杀伤能力。

**4. 食物来源**　锌的食物来源很广，普遍存在于动植物的各种组织中。动物食品锌含量高，海产品是锌的良好来源，奶和蛋次之。许多植物性食品如豆类、小麦含锌量可达 15 ~ 20mg/kg，但因植酸的缘故而不易吸收，蔬菜、水果含锌量低。一些含锌量较高的食物见表 2 - 2。

表2-2 含锌量较高的食物　　　　　　　　　　　　　　　　　单位：mg/100g

| 食物 | 含量 | 食物 | 含量 | 食物 | 含量 |
| --- | --- | --- | --- | --- | --- |
| 小麦胚粉 | 23.4 | 山羊肉 | 10.42 | 鲜赤贝 | 11.58 |
| 花生油 | 8.48 | 猪肝 | 5.78 | 红螺 | 10.27 |
| 黑芝麻 | 6.13 | 海蛎肉 | 47.05 | 牡蛎 | 9.39 |
| 口蘑白菇 | 9.04 | 蛏干 | 13.63 | 蚌肉 | 8.50 |
| 鸡蛋黄粉 | 6.66 | 鲜扇贝 | 11.69 | 章鱼 | 5.18 |

### （三）硒

硒（selenium）在人体内总量为14~20mg，广泛分布于所有组织和器官中，浓度高者有肝、胰、肾、心、脾、牙釉质及指甲，而脂肪组织最低。硒缺乏的典型疾病是克山病。

**1. 生理功能**

（1）免疫作用　硒能刺激免疫球蛋白及抗体的产生，增强机体对疾病的抵抗力。

（2）促进生长　硒对于人的生长有作用，组织培养也证明硒对二倍体人体纤维细胞的生长是必需的。硒对于大鼠和鸡等的生长和繁殖是必需的，缺硒时生长停滞或受到不同程度的影响。

（3）保护心血管和心肌的健康　硒能降低心血管病的发病率，与缺硒有密切关系的克山病有心肌坏死现象，主要表现为原纤维型的心肌细胞坏死与线粒体型的心肌细胞坏死。

（4）解除体内重金属的毒性作用　硒和金属有很强的亲和力，是一种天然的对抗重金属的解毒剂，在生物体内与金属相结合，形成金属–硒–蛋白质复合物而使金属得到解毒和排泄。它对汞、甲基汞、镉、铅等都有解毒作用。

（5）保护视器官的健全功能和视力　含有硒的GSH过氧化物酶和维生素E可使视网膜上的氧化损伤降低。亚硒酸钠可使一种神经性的视觉丧失（紫褐素沉着病）得到改善。糖尿病患者的失明可通过补充硒、维生素E和维生素C而得到改善。

（6）抗肿瘤作用　许多报道表明结肠癌、乳腺癌、前列腺癌、直肠癌及白血病等的死亡率与其居住地区土壤的硒含量、日摄取量以及血硒水平呈负相关关系。

**2. 参考摄入量**　我国1988年首次将硒列入供给量表中，1~11岁儿童为25~45μg，12岁以上人群包括少年、成人与老年人各年龄段皆为60μg。

**3. 缺乏与过量**

（1）缺乏　硒缺乏是发生克山病的重要原因，其易感人群为2~6岁的儿童和育龄妇女，主要症状为心脏扩大、心功能失常、心力衰竭或心源性休克、心律失常、心动过速或过缓，严重时可发生房室传导阻滞、期前收缩等。缺硒与大骨节病也有关。

（2）过量　硒摄入过多可致中毒。主要表现为头发变干、变脆、易断裂及脱落，肢端麻木、抽搐，甚至偏瘫，严重时可致死亡。

**4. 食物来源**　食物中硒含量受产地土壤中硒含量的影响而有很大的地区差异，一般地说，海味、肾、肝、肉和整粒的谷类是硒的良好来源。在食品加工时，硒可因精制或烧煮而有所损失，越是精制或长时间烧煮过的食品，硒含量就越低。

### （四）铬

铬（chromium）是人体不可缺少的微量元素。它有激活胰岛素、提高胰岛素的效应、降低血糖的作用，因此，足够的铬对糖尿病患者尤其重要，铬还有助于控制血液中的脂肪和胆固醇的水平。铬缺乏可引起葡萄糖耐量降低、生长停滞、动脉粥样硬化和冠心病发病率增高。

**1. 生理功能**

（1）促进胰岛素的作用　糖代谢中铬作为一个辅助因子对启动胰岛素有作用。其作用方式可能是含铬的葡萄糖耐量因子促进在细胞膜的巯基和胰岛素分子 A 链的两个二硫键之间形成一个稳定的桥，使胰岛素能充分地发挥作用。

（2）预防动脉硬化　铬可能对血清胆固醇内环境稳定有作用

（3）促进蛋白质代谢和生长发育　在 DNA 和 RNA 的结合部位发现有大量的铬，提示铬在核酸的代谢或结构中发挥作用。铬对生长也是需要的，缺铬会导致动物生长发育停滞。

**2. 参考摄入量**　《中国居民膳食营养素参考摄入量（2023 版）》规定我国居民膳食铬的 AI 如下（μg/d）：0~1 岁为 0.2~5，1~6 岁为 15，7~11 岁为 20~25，12~14 岁男性为 33，15 岁~49 男性为 35，50 岁以上男性为 30，12~49 岁女性为 30，50 岁以上女性为 25，孕妇为 33~35，乳母为 35。

**3. 食物来源**　铬的最好来源一般是整粒的谷类、豆类、肉和乳制品。谷类经加工精制后铬的含量减少较多。家畜肝脏不仅含铬高而且其所含的铬活性也大。红糖中铬的含量高于白糖。

### （五）其他微量元素

**1. 铜**　铜（copper）在成人体内含量为 50~100mg，在肝、肾、心、毛发及脑中含量较高。成人每日推荐量为 0.8mg。食物中铜主要在胃和小肠上部吸收，吸收后送至肝脏，在肝脏中参与铜蓝蛋白（ceruloplasmin）的组成。肝脏是调节体内铜代谢的主要器官。铜可经胆汁排出，极少部分由尿液排出。

体内铜除参与构成铜蓝蛋白外，还参与多种酶的构成，如细胞色素 C 氧化酶、酪氨酸酶、赖氨酸氧化酶、单胺氧化酶、超氧化物歧化酶等。铜的缺乏会导致结缔组织中胶原交联障碍，以及贫血、白细胞减少、动脉壁弹性减弱等。

**2. 碘**　碘（iodine）是维持人体正常生理功能不可缺少的微量元素，参与甲状腺素的合成。成人体内含碘总量为 20~50mg，其中 20% 存在于甲状腺中，其重要生理功能是通过甲状腺素的生理作用显示出来的。碘主要由食物中摄取，碘的吸收较快且完全。成人每日需要碘为 0.12mg。

（1）生理功能　①促进物质的分解，增加耗氧量，产生能量，维持基本生命活动，保持体温。②碘主要参与合成甲状腺素，碘维持正常生长发育所必需的，尤其骨骼和神经系统的生长发育。③在脑发育的临界期内（从妊娠开始到生后 2 岁），神经系统的发育（神经元的增殖、迁移、分化和髓鞘化）都需要甲状腺素的参与。成人缺碘可引起甲状腺肿大，称甲状腺肿。胎儿及新生儿缺碘则可引起呆小症、智力迟钝、体力不佳等严重发育不良症。常用的预防方法是食用含碘盐或碘化食油等。碘过量通常发生于摄入含碘量高的食物，以及在治疗甲状腺肿等疾病中使用过量的碘剂等情况，碘过量可导致甲状腺功能亢进、乔本甲状腺炎等。

（2）缺乏与过量　成人缺碘可引起甲状腺肿大，称甲状腺肿。胎儿及新生儿缺碘则可引起呆小症、智力迟钝、体力不佳等严重发育不良症。常用的预防方法是食用含碘盐或碘化食油等。碘过量通常发生于摄入含碘量高的食物，以及在治疗甲状腺肿等疾病中使用过量的碘剂等情况，碘过量可导致甲状腺功能亢进、乔本甲状腺炎等。

**3. 锰**　锰（manganese）在成人体内含量为 10~20mg，主要贮存于肝和肾中，在细胞内则主要集中于线粒体中。每日需要量为 3~5mg。锰在肠道中的吸收与铁的吸收机制类似，吸收率较低，约为 30%。吸收后与血浆 β 球蛋白、运锰蛋白结合而被运输，主要由胆汁和尿液排出。

锰参与一些酶的构成，如线粒体中丙酮酸羧化酶、精氨酸酶等。它不仅参加糖和脂类代谢，而且在蛋白质、DNA 和 RNA 合成中均起作用。锰在自然界分布广泛，在茶叶中含量最丰富。锰的缺乏症较为少见。若吸收过多可出现中毒症状，主要是由于生产及生活中防护不善，锰以粉尘形式进入人体所致。

# 第六节　植物活性成分

## 一、有机硫化合物

有机硫化合物是含碳硫键的有机化合物，存在于石油和动植物体内。从数量上说，有机硫化合物仅次于含氧或含氮的有机化合物。有机硫化合物可分为含二价硫的有机化合物和含高价（四价或六价）硫的有机化合物两大类。第一类化合物多数与其相应的含氧化合物在结构和化学性质方面相似，个别的第二类化合物也有同样现象。含二价硫的有机化合物包括硫醇和硫酚、硫醚、二硫化物、多硫化物、环状硫化物。此外，还有含硫杂环化合物和硫代醛、酮、羧酸及其衍生物。

有机硫化合物通常以不同的化学形式存在于蔬菜或水果中。一类是异硫氰酸盐，以葡萄糖异硫酸盐缀合物形式存在于十字花科蔬菜中，如西兰花、卷心菜、菜花、球茎甘蓝、荠菜和小萝卜；成熟的木瓜果肉中含有苯甲基异硫氰酸盐 4mg/kg，种子中含量比果肉中多 500 倍，高达 2910mg/kg。另一类是葱蒜中的有机硫化合物，例如，大蒜是二烯丙基硫化物的主要来源，大蒜精油含有一系列含硫化合物，如二烯丙基硫代磺酸酯（大蒜辣素）、二烯丙基三硫化合物、二烯丙基二硫化合物等。

有机硫化合物的生物学作用主要是抑癌和杀菌。例如异硫氰酸盐能阻止实验动物肺、乳腺、食管、肝、小肠、结肠和膀胱等组织癌症的发生。一般情况下，异硫氰酸盐的抑癌作用是在接触致癌物前或同时给予才能发挥其应有的效能。大蒜可以阻断体内亚硝胺合成，抑制肿瘤细胞生长。大蒜汁对革兰阳性菌和革兰阴性菌都有抑菌或灭菌作用，因此大蒜素具有广谱杀菌作用。在磺胺、抗生素出现之前，大蒜曾广泛用于防治急性胃肠道传染病以及白喉、肺结核、流感和脊髓灰质炎。此外，文献报道大蒜还具有增强机体免疫力、降血脂、减少脑血栓和冠心病发生等多种生物学作用。很多合成的有机硫化合物可用作医药、农药、染料、溶剂、洗涤剂和橡胶硫化剂等。

## 二、有机醇化物

### （一）植物甾醇

植物甾醇（phytosterin）广泛存在于植物的根、茎、叶、果实和种子中，是植物细胞膜的组成部分，在所有来源于植物种子的油脂中都含有甾醇。植物甾醇不溶于水、碱和酸，但可以溶于乙醚、苯、三氯甲烷、乙酸乙酯、石油醚等有机溶剂中。其生理功能如下。

**1. 预防心血管系统疾病**　动物性食品摄入过多或人体调节功能出现障碍，会导致血清中胆固醇浓度过高，容易引发高血压及冠心病。植物甾醇可促进胆固醇的异化，抑制胆固醇在肝脏内的生物合成，并抑制胆固醇在肠道内的吸收，从而具有预防心血管疾病的作用。

**2. 抑制肿瘤作用**　植物甾醇具有阻断致癌物诱发癌细胞形成的功能，$\beta$-谷甾醇等植物甾醇对大肠癌、皮肤癌、宫颈癌的发生具有一定程度的抑制作用。植物甾醇具有良好的抗氧性，可作食品添加剂（抗氧化剂、营养添加剂）；也可作为动物生长剂原料，促进动物生长，增进动物健康。

### （二）六磷酸肌醇

六磷酸肌醇（inositol hexaphosphate，IP-6）是一种由肌醇和 6 个磷酸离子构成的天然化合物。它存在于天然的全谷食物中，如米、燕麦、玉米、小麦以及青豆等。由于它的化学结构与葡萄糖相似，因此也有学者将其归于糖类。

它能抑制癌细胞生长，缩小肿瘤体积，抗氧化，抑制并杀死自由基，保护细胞免受自由基的伤害。防止产生肾脏结石，降低血脂浓度，保护心肌细胞，避免发生心脏病猝死，防止动脉硬化等。

## 三、有机酸化合物

常见的植物中的有机酸有脂肪族的一元、二元、多元羧酸，如酒石酸、草酸、苹果酸、枸橼酸、抗坏血酸等，亦有芳香族有机酸如苯甲酸、水杨酸、咖啡酸等。除少数以游离状态存在外，一般都与钾、钠、钙等结合成盐，有些与生物碱类结合成盐。脂肪酸多与甘油结合成酯或与高级醇结合成蜡。有的有机酸是挥发油与树脂的组成成分，如羟基柠檬酸、丙酮酸等。

羟基酸就是取代羧酸的一种，分子中既含有羟基又含有羧基的复合官能团化合物。柠檬酸别名称为拘橼酸，化学名称为3－羟基－3－羧基戊二酸，主要存在于柑橘果实中，尤以柠檬中含量最多。柠檬酸为透明结晶，不含结晶水的柠檬酸熔点153℃，易溶于水、乙醇和乙酯，有较强的酸味。在食品工业中用作糖果和饮料的调味剂。在医药上，枸橼酸铁铵是常用补血药；枸橼酸钠有防止血液凝固的作用，常用作抗凝血剂。

## 四、类胡萝卜素

类胡萝卜素（carotenoids）属于非皂化脂质。是广泛地分布于动植物中的黄、橙、红或紫色的一组色素。已知天然类胡萝卜素约有300种，其中不含氧的碳化氢类有胡萝卜素、菌脂素等；含氧的非常多，有醇、酮、醚、醛、环氧化物、羰酸和酯等。它们之中叶黄素、番茄红素、玉米黄质等常作为食物和脂肪的着色剂。

## 五、黄酮类化合物

异黄酮是黄酮类化合物中的一种，主要存在于豆科植物中，大豆异黄酮是大豆生长中形成的一类次级代谢产物。由于是从植物中提取，与雌激素有相似结构，因此称为植物雌激素。大豆异黄酮的雌激素作用影响到激素分泌、代谢生物学活性、蛋白质合成、生长因子活性，是天然的癌症化学预防剂。

槲皮素又名栎精、槲皮黄素，溶于冰醋酸，碱性水溶液呈黄色，几乎不溶于水，乙醇溶液味很苦。可作为药品，具有较好的祛痰、止咳作用，并有一定的平喘作用。此外还有降低血压、增强毛细血管抵抗力、减少毛细血管脆性、降血脂、扩张冠状动脉、增加冠脉血流量等作用。用于治疗慢性支气管炎。对冠心病及高血压患者也有辅助治疗作用。

## 六、原花青素和花色苷

原花青素（proanthocyanidins，PC）是一种有着特殊分子结构的生物类黄酮，是目前国际上公认的清除人体内自由基最有效的天然抗氧化剂。一般为红棕色粉末，气微、味涩，溶于水和大多有机溶剂。最新研究表明，蓝莓叶提取物原花青素可阻止丙肝病毒复制。在结构上，原花青素是由不同数量的儿茶素（catechin）或表儿茶素（epicatechin）结合而成。最简单的原花青素是儿茶素、表儿茶素或儿茶素与表儿茶素形成的二聚体。

花色苷（anthocyanins）是花色素与糖以糖苷键结合而成的一类化合物，广泛存在于植物的花、果实、茎、叶和根器官的细胞液中，使其呈现由红、紫红到兰等不同颜色。花色苷是类黄酮以黄酮核为基础的一类物质中能呈现红色的一族化合物。

## 七、其他

### （一）皂苷

皂苷（saponin）又称碱皂体、皂素、皂贰、皂角苷或皂草苷。"皂苷"一词由英文名 saponin 意译而来，英文名则源于拉丁语的 sapo，意为肥皂。皂苷是苷元为三萜或螺旋甾烷类化合物的一类糖苷，主要分布于陆地高等植物中，也少量存在于海星和海参等海洋生物中。许多中草药如人参、远志、桔梗、甘草、知母和柴胡等的主要有效成分都含有皂苷。有些皂苷还具有抗菌的活性或解热、镇静、抗癌等有价值的生物活性。一些皂苷对细胞膜具有破坏作用，表现出毒鱼、灭螺、溶血、杀精及细胞毒等活性。

皂苷的生物活性与其所连接的糖链数目和苷元的结构都有关，例如人参总皂苷没有溶血的现象，但分离后其中以人参萜三醇及齐墩果酸为苷元的人参皂苷有显著的溶血作用，而以人参二醇为苷元的人参皂苷则有抗溶血作用。

### （二）萜类化合物

三萜类化合物在自然界中分布很广，菌类、蕨类、单子叶和双子叶植物、动物及海洋生物中均有分布，尤以双子叶植物中分布最多。它们以游离形式或者以与糖结合成苷或成酯的形式存在。游离三萜主要来源于菊科、豆科、大戟科等植物；三萜苷类在豆科、五加科、桔梗科、远志科、葫芦科等植物分布较多。如 d - 芋萜、柠檬苦素类、柠檬烯等。

三萜类化合物具有广泛的生理活性。通过对三萜类化合物的生物活性及毒性研究结果显示，其具有溶血、抗癌、抗炎、抗菌、抗病毒、降低胆固醇、杀软体动物、抗生育等活性。如乌苏酸为夏枯草等植物的抗癌活性成分，雪胆甲素是山苦瓜的抗癌活性成分。

 练 习 题

答案解析

1. 简述膳食纤维的分类与生理功效。
2. 多不饱和脂肪酸的分类与生理功能。
3. 维生素 A、维生素 C、维生素 D 的生理功能。
4. 简述钙、铁、锌的生理功能。
5. 常见的植物活性成分主要有哪些？

----

**书网融合……**

本章小结

题库

第三章

# 功能性食品开发思路与流程

PPT

**学习目标**

**知识目标**

1. **掌握** 功能性食品的开发流程。
2. **熟悉** 功能性食品展开立项调研所涉及的内容；进行配方筛选需考虑的问题；制定质量标准应包含的项目。
3. **了解** 功能性食品申报和审批的流程；产品检验涉及的项目。

**能力目标**

1. 熟练掌握功能性食品的开发设计的方法。
2. 会运用功能性食品的开发思路、开展立项调研以及制定研究方案。

**素质目标**

通过本章学习，树立项目立项前期调研的重要性，培养在功能性食品的设计与开发过程中所必备的项目团队合作意识及及时沟通和管理能力。

　　随着经济的快速发展，人们的生活水平也在不断提高，其对于食物的追求已不再是单纯地为了维持生存，还期望它能够调节自身的生理活动，提供丰富的营养，并能促进健康，这种观念、意识的提升为功能性食品的开发提供了广阔的舞台。在立项开发一款新的功能性食品前，应首先形成宏观的、条理清晰且全面的开发思路，并对此进行反复推敲和论证，从而为后续开发过程的具体实施指明方向。

## 第一节　功能性食品开发思路

　　完整的开发思路应综合功能性食品的研究现状，对国内外人群的营养健康状况开展充分调研，参考并借鉴有关的流行病学资料，采用相关的统计学方法进行分析，阐明目标人群的亚健康情况（如亚健康形成的原因，亚健康人群的性别、年龄和职业的分布特点等），以及国内外同类产品或相似产品的发展、应用以及市场需求等情况。然后根据功能性食品的功效成分（或标志性成分）和功能作用，依托我国现代医学理论、现代营养学理论和传统中医药养生理论作为科学依据，来进行产品的开发立项，避免存在盲目选题、跟风申报等问题。

　　**1. 适宜人群在国内外的状况、市场需求情况的调查分析**　对适宜人群和目标市场的详尽分析和精准定位，在产品研究和开发的过程中起到了至关重要的作用。

　　（1）适宜人群　适宜人群就是产品的潜在消费对象，对其了解和分析得越透彻，越能掌握其消费心理和生活心态，打造出产品吸引人的亮点。适宜人群的筛选，即是要在茫茫人海中不断地寻觅，最终锁定范围。比如想要开发一款具有减肥效果的功能性食品，首先应找到饱受肥胖困扰的群体；在此基础上，要充分地了解、探究导致这些人肥胖的原因、肥胖分布特点、减肥的阻碍等情况；再加上对该人群的生理、病理特点客观、全面地剖析，即可较为系统地确定出该产品的适宜人群。

（2）目标市场 产品的问世和发展都要满足市场的需求，否则将会迅速地被淘汰，因此目标市场的定位也要清晰且精准，应优先选择同类竞争产品少、市场需求量大、价位适中的品种来进行研究和开发。以开发具有保健功效的酒为例，通过对目标市场的调查，发现华东以南省份有着长期饮用保健功效酒的习惯；而在华东以北省份，更倾向于消费度数较高的烈性酒（白酒），因此欲开发的这款保健功效酒应将目标市场定位在华东以南的省份。可见，充分的市场调查可为产品的开发和未来的市场定位提供参考和决策的指导。

**2. 同类产品或相似产品在国内的基本状况** 在确定了适宜人群和目标市场后，就要开始对市售的同类产品以及相似产品进行细致而深入的调查，通过全面地检索相关资料，整理出这类产品在原料、配方、剂型、工艺等方面的特点，以及在市场上销售、购买和使用等相关情况，通过对比、统计和分析，找寻所要开发产品的卖点，"知己知彼，百战不殆"。仍以开发保健功效酒为例，应进一步对目标省份（华东以南省份）中保健功效酒的消费情况、现有保健酒品牌的终端情况、潜在竞争品牌的发展情况等进行综合调研。这项调查工作是长期的、细致的、复杂的，同时也是十分必要的。

**3. 产品预期的保健功能和科学水平** 功能性食品除了应具有普通食品的营养价值和感官享受这两大基本功能外，还应该具备保健的第三大功能，即能够对人体充分显示出调节生理活动、突破亚健康、预防疾病以及促进康复等方面的重要作用。

随着世界健康谱的变化和医学模式的转变，通过采用中国传统养生理论，即"食疗"的方法，改善、优化人们日常的饮食结构，来预防和延缓慢性退行性疾病（如衰老、老年痴呆与记忆障碍、肌肉萎缩、骨质增生等）以及由不良生活习惯所引起的多种慢性疾病（如高血压、高脂血症、高血糖、肥胖症、贫血、自由基危害等）的发生，并满足亚健康人群的生理需求，势必会成为日后功能性食品开发的主要目标。

半个世纪以来，生命科学领域的相关学科，如分子生物学、生物化学、遗传学、生理学、病理学等的研究均取得了飞速发展并得以普及，从而使人们能够更加深入、全面地理解和认识如何通过营养与饮食来调节机体的功能，起到防病和抗病的作用。这说明人们对功能性食品的认识，已由感性阶段上升至理性阶段，从而进一步推动了功能性食品的发展。

所以，功能性食品的新产品开发应紧随潮流的发展，争取走在时代的前沿，做足市场调研和文献资料的查阅准备，然后科学组方并设计详细的研究方案。新产品的开发过程中，要在生物活性成分的寻找与开发，以及功能机制的研究和阐述等方面投入足够的精力，全面提升产品品质和科学水平，在确保产品安全的前提下，充分发挥其功能性的效果。

**4. 该产品具有的特点和优势** 通过宏观分析、纵向及横向的比较，阐述本产品新颖、突出、与众不同的特色，如原料、配方、工艺、剂型、功效、价格等方面的优势。以开发一款具有减肥效果的功能性食品为例，若减肥效果明显且只针对局部产生作用（如腹部、臀部或腿部等脂肪易囤积的部位），且不反复，就可作为该产品区别于其他同类产品或类似产品的闪光点，成为重点宣传的特点；再如开发保健功效酒，如果其保健功效明确、显著，且口感好，无明显的中药味道，亦是该产品的特点和优势。

**5. 配方的筛选** 在符合相关法律法规要求的基础上，依据已找准的产品特点和优势，并围绕已确定好的预期功能，筛选功效成分较为明确、生理活性较为确切、质量品质较为可控且经过科学研究证实的产品材料，作为功能性食品配方中的主要原料。再辅以合适的配料或辅料，推定相应的用量，即组成了产品的配方。在进行配方筛选的过程中，主要应该关注以下三方面内容。

（1）配方中各原辅料的选择 在选择配方中的原辅料时，务必要以产品的功效作为依据。当原、辅料中具有的某些特殊生理活性物质，与产品预期达到的功效作用相符合时，则可进行进一步的筛选。

因此，原、辅料选择的根本，即是要对其中的活性成分追根溯源，展开充分的研究并进行查证，保证选择的方法和依据具有科学性，选择的结果具有可靠性。

中华民族素来崇尚养生之道，传统中医的"药补不如食补""三分治，七分养"等理论源远流长，深受人们信赖；与此同时，我国特色的传统中药材丰富多样，利用中药的"食养""食疗"保健理论，以及天然食品和"药食同源"类天然物品来达到促进健康、养生、增寿的目的，距今已有 5000 多年的悠久历史。春秋战国时期的《山海经》中记载到"櫰木之实，食之使人多力；栉木之实，食之不忘；㺿之善走，服之不夭"，其中的"多力""不忘""善走"和"不夭"，用现代汉语来解释，就是抵抗疲劳、增强记忆力、提高耐受力和延年益寿的意思。唐代孙思邈在《备急千金要方》的"食治"专篇中提出"夫为医者，当须先洞晓病源，知其所犯，以食治之；食疗不愈，然后命药"，即是肯定了食疗的作用和地位。故依托传统中医中药，为我国功能性食品的开发提供了重要的思路和宝贵的资源。

采纳传统中药作为配料的功能性食品开发，可以从以下几条途径进行筛选：①古今方剂医籍；②历代名医的医案及医话；③名老中医和医院制剂；④国内外期刊中的文献和杂志上的报道；⑤民间单方以及验方；⑥科研处方。无论配方中的原、辅料选自哪种途径，都应具有充分的文献资料论述以及相关的实践性依据，来确保其功效成分的科学性与合理性。

（2）配方的组方　由于我国地域广博，传统中药和"药食同源"类天然食材的品种繁多，因此满足相应功效作用的物品也是多种多样的；同时，不同地区的饮食习惯和用药习惯亦各不相同，故实证有效的方剂百花齐放且各有所长。所以，在配方的组方时，应精心筛选，辩证地考量原料配伍的合理性和必要性，并试验原料单独使用和配伍使用的功效对比。切记，功能性食品的组方绝不可机械地混合原料，只追求"以量取胜"；也不可单纯地堆叠具有功效作用的原料，最终开发出"华而不实"的产品。以下三个组方原则可作为参考借鉴。

1）依据传统中医药养生、保健理论开发的功能性食品　配方中原料的配伍比例应符合中医药理论，以整体观念和辩证养生保健的理论为指导，通过原料的性味（"四气"和"五味"）"归经""升降浮沉"等性能，依据"理法方药"程序，结合"君臣佐使"关系组成配方，以期达到符合适宜人群病理、生理特点的功效，科学、客观地评价该产品是否能达到预期的功效水平。

2）依据现代医学理论开发的功能性食品　应用现代医学和营养学等理论及研究成果为指导，注意保证营养的全面和均衡，通过研究原料间的物理性质、化学性质及协同和拮抗情况组成配方。比如某些营养素的摄入量是有一定限度的，过多或过少都不好，摄入过量甚至会导致中毒；还有一些营养素的过量摄入可能会影响其他成分的吸收和利用，对人体的正常生理功能造成不良影响，因此在组方时一定要特别留意。为保证组方的科学性，应阐明国内外相关的研究现状和文献资料，以及开发过程中的试验数据。

3）依据传统中医药养生、保健理论与现代医学理论相结合开发的功能性食品　应参照各自理论的范畴，对组方方案进行科学地佐证。同时，还要认清一个事实，即人体是一个有机结合的整体，所以在功能性食品的组方时，应考虑通过整体的调节来发挥功效，切不可"头疼医头，脚疼医脚"。若组方合理，将会达到 $1+1>2$ 的效果；反之，则可能会导致 $1+1<2$ 的情况出现。

（3）配方原料的安全食用剂量和有效用量　在配方中使用各原料以达到功效作用的安全食用剂量和有效剂量的确定，应依据产品预期的保健功能以及食用安全性来全面考虑，切不可主观臆断，随意添加。此外，针对具有功能性的食品原料（如保健食品原料、新资源食品原料、营养强化剂等），国家出台的各种标准和相关规定、与各部委颁布的行业标准或生产企业自行拟定的企业标准，以及国内外对该原料使用情况的科学文献资料和报道，都可成为原料安全食用剂量和有效剂量的使用依据。

**6. 工艺筛选**　功能性食品的开发应以预期达到的保健功能为指导，借鉴成熟的工艺参数和技术条件，并结合新方法和新技术，大胆试用新设备，从而设计出一套完整的，具有科学性、合理性、先进性和可行性的制备工艺，这既是功能性食品成功开发的基础，也是确保产品质量和该产品能否顺利投产的根本条件。因此，在进行工艺筛选时，应从以下两方面着手。

（1）产品形态与剂型的选择　在进行产品形态与剂型选择时，应从产品配方中原料的特点、生物活性成分的理化性质、预期达到的保健功能要求、实际生产的条件、产品的保质期、适宜人群的偏好等多方面进行综合考虑。

1）所选择的剂型应当作为该产品功效成分或功能性成分的良好载体，避免在食用中造成损失或破坏。

2）产品的形态应遵从方便食用、易于吸收且利于保存的原则来进行筛选。

3）适宜人群的消费行为也应被纳入产品形态与剂型选择的参考因素，比如以普通食品形态为载体的功能性食品，如酒剂、茶剂等，由于贴近食品的本身属性，在味道与亲和度上，就要比口服液、胶囊等药品剂型更胜一筹，更易被接受。

（2）工艺路线与参数的选择　合理的工艺路线能够最大限度地发挥出产品的功效，且不会对人体产生危害，同时生产的成本亦最为经济节约。然而不合理的工艺路线，有可能会导致实际的生产过程无法实施；即便可以实施，也可能出现加工过程中原料的功效成分被破坏或提取不充分等问题，从而造成功效成分的损失和资源的浪费；或者会在加工过程中出现对人体有毒有害的中间产物。

因此，对于原辅料的前处理、提取、分离、纯化、浓缩、干燥、成型、灭菌、包装等每一个工艺步骤，都应符合食品工艺学与传统制剂学的理论要求，切不可凭空想象或主观臆断；并且要开展实验室的小试、中试以及放大试制生产过程，以摸索并确定各环节所需的生产设备，以及各项工艺条件和参数，使生产具有合理性、稳定性、安全性和可行性。

**7. 质量标准的制定**　建立一套系统、完善的产品质量标准化体系，从而确保产品的质量稳定且可控、功能的有效性和食用的安全性，是功能性食品研究的技术关键，也是其成功开发的保障。

功能性食品完备的质量标准制定，应包含如下几方面的内容：原、辅料要求，感官要求，卫生要求（包括理化指标和微生物指标），功能要求以及净含量要求。如果在产品的生产过程中应用了辐照灭菌的工艺，还需增加辐照项，同时注明辐照源以及吸收剂量。

（1）原、辅料要求　原、辅料的选择均应符合相应的国家标准、地方标准或行业标准等有关规定要求，如在生产过程中使用了食品添加剂，应《食品安全国家标准　食品添加剂使用标准》（GB 2760—2014）中的相关规定来实施。

（2）感官要求　感官要求应包含产品的形态、质地、色泽、气味和滋味、杂质等指标，以真实地反映产品的生产质量。

（3）卫生要求　在制定质量标准体系中相应的卫生要求时，应围绕理化指标和微生物指标这两部分内容展开。

1）理化指标　理化指标中应包括：功能性食品中的一般成分指标，如水分、灰分、酸度、营养素含量等；污染物指标，包括农药残留和重金属（铅、砷、汞）项目的限量等相关内容。在制定理化指标中相应的项目规定时，应严格参照国家有关标准、规范与同类食品的卫生标准来确定。

2）微生物指标　微生物指标中应包括菌落总数、大肠菌群、酵母、霉菌及致病菌，其中致病菌项目应分别列出沙门菌、金黄色葡萄球菌的规定内容。微生物限量应按照国家有关标准、规范与同类食品的卫生标准来确定。

需要注意的是，卫生要求中所确定的项目不仅应涵盖原辅料以及成品的相关要求，还应考虑和分析有关中间体的指标和控制方法，如生产加工过程可能带入的污染物或杂质，特殊工艺条件下溶剂的残留含量，工艺控制不当或加工时间过长时引入的有毒有害物质超标等。建立并制定完整、全面的卫生要求，是生产企业对产品质量进行严格把关的必备条件，也是对企业发展和消费者负责任的充分体现。

（4）功能要求　功能性食品的功效主要依托于原、辅料中的功效成分及其食用量来体现。因此在制定产品功能要求时，应根据原、辅料的投入量来衡量其中的功效成分及其含量，并分析加工过程中的功效成分损耗情况，对于添加了需要严格控制每日摄入量的人工合成化合物或界定了使用范围的营养素补充剂，还应折算出其允许添加的指标范围。

（5）净含量要求　产品净含量的标示，可以有效地避免"缺斤少两"情况的出现。因此，在确定产品净含量及允许负偏差时，应严格按照国家计量技术规范 JJF 1070 – 2005《定量包装商品净含量计量检验规则》的要求来执行和检验，标示时以产品最小的销售包装来体现。

综上所述，根据建立的质量标准要求，对新产品上述五个方面进行全面的检验，并经过至少三个月的产品稳定性考察，方可保证产品的质量是稳定而可控的。

严格、全面的质量标准体系的建立，可以最大限度地监督并保障产品质量，使产品的生产加工过程可控且规范，为开发出的功能性食品新产品在市场上得以立足并占有一席之地，乃至走向世界，打下坚实的基础。

**8. 安全性和功能学评价**　功能性食品区别于普通食品的地方在于，其重点强调的是食用该产品后，所能产生的对人体健康有益的功能效果。因此，对于其功能性以及食用安全性方面进行规范、正确的评价，是功能性食品开发中必不可少的环节，亦是该类产品得以成功开发的科学依据。

在着手功能性食品开发工作前，按照上述思路全面地考察市场，从顺应人群的特殊需要与满足人群的迫切需求出发，大胆尝试，推陈出新，力创品种新颖、特色鲜明且功效独特的知名产品，从而推进大健康产业的发展，为人民群众的健康做出贡献。

# 第二节　功能性食品开发流程

在我国，大部分功能性食品是中医药食品，含药食同源或中草药成分的食材是这类功能性食品的特色和特点。由于将东方历史悠久的饮食文化习惯融入其中，使这类具有中国特色的功能性食品与其他国家的健康食品存在着本质上的差别。传统的中医药理论有着自身独特的体系和应用方法，其优势与特点在于辨证、整体相统一的观念，因此在开发以"药食同源"类传统中药材为原料的功能性食品时，务必要遵从中医药理论的指导，调研并论证配方中的配伍与使用量是否合理。

在原料的选择上，应挑选符合国家规定、相关标准、公告要求的上等食材，按照传统、规范的中药炮制方法来进行原料的加工炮制。结合现代科技，选用先进的技术和设备来设计最为经济、优化的生产工艺，应用精准的分析检测技术（如 GC、HPLC、LC – MS、GC – MS、HPCE、红外光谱、指纹图谱等分析技术），对原辅料中的功效成分进行定性和定量的分析。应注意并重点加强新产品开发的宏观性、整体性设计理念，重视生产工艺流程、企业标准制定、产品功能学与毒理学等的科学性、关联性、稳定性与合理性的研究，踏实、稳步地进行产品市场经济效益与社会效益的评估预测，使此类功能性食品的生产过程标准化、规范化、规模化，从而实现其生产现代化。

因此，在已明确了功能性食品的开发思路后，应紧密围绕思路中应考虑到的各方面内容为导向，全面着手产品开发。一般来说，功能性食品开发的流程（图 3 – 1）主要包括以下五个步骤，即产品开发立项调研、立项、开发方案确立、组织实施以及申报与审批。

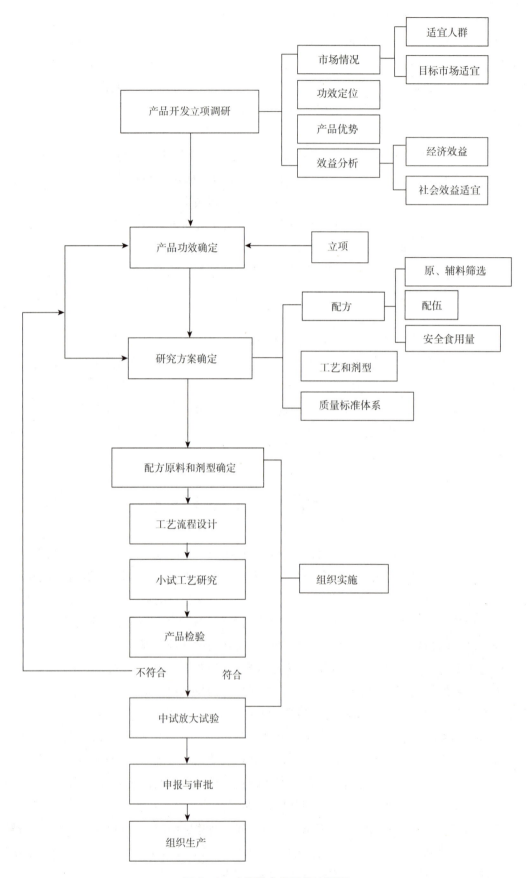

图 3-1 功能性食品开发流程图

随着经济的飞速发展，人们的生活水平和物质追求都在不断地提高，人们对体质强健、营养全面、美容保健以及自身功能调整等方面的向往和期望越来越显著，这就导致了功能性食品市场的竞争日趋激烈。但机遇永远是与挑战并存的，这也就意味着，市场对于功能性食品的需求越来越大。使用"药食同源"类中药材作为配方原料的功能性食品开发，应当从顺应人们的特殊需要并满足人们的迫切需求出发，开发出新颖、别致，且功效独特、显著的新产品，以完成并满足市场的期待。

在进行产品开发立项前，应首先对相关情况进行调研和分析，通过文献查阅、问卷调查、统计分析、市场探查、用户访谈等形式多样的方式，搜集大量客观的数据，积累丰富且全面的经验，开展深入而充分的调研。与此同时，也要充分考虑技术层面的问题（如生产工艺流程的确定、质量控制体系的建立等），并结合有关法律、法规的要求，设计并制定综合的方案，为新产品的开发做好充分的准备，为使其尽快投放市场打下坚实的基础。上述过程即是功能性食品新产品开发立项调研所要做的工作，也可称之为可行性论证。其主要围绕着立项的必要性、技术的可行性以及经济的合理性三方面来展开综合分析，多具有预见性、客观性、准确性和科学性的特点。在具体实施中，应主要从以下四个方面进行综合的考虑。

### 1. 产品开发立项调研

（1）市场情况　在开展产品开发立项调研时，应首先对市场情况进行全面、细致的探访，涉及的主要内容应包含适宜人群和目标市场两方面。

在确定适宜人群前，应大量查阅文献，并参考、借鉴有关的流行病学资料，整理分析该人群的营养状况、亚健康状况的原因和分布特点，对比国内外的状况，锁定产品的适宜人群，从而明确开发目标。

与此同时，也要针对国内外的市场需求情况展开全面而深入的调研，例如市场容量、市场需求、市场竞争情况、市场价格等各方面信息，以此来掌握市场动态，明确地聚焦目标市场，从而确立产品开发的必要性。

只有通过对目标市场中适宜人群真实的消费心理、消费需求、消费行为和消费习惯进行认真探索，了解并掌握适宜人群的行为动机和具体消费模式，并将其与欲开发的新产品以及所提供的相关服务有机地结合在一起，才能够有力地抓住市场机遇，顺应市场的发展变化规律，从而提高新产品的竞争能力，打造其无可替代的卖点，使其在激烈的市场竞争中占有一席之地并屹立不倒。

（2）功效定位　既然是功能性食品的开发，那么新产品的功能效果就是产品特点的最直观体现，因此，符合国家政策导向、精准而确切的功效定位，便成为功能性食品能否成功地脱颖而出，并长久占据消费市场的关键。如果产品的功效不明确或不够显著，就算能够短暂地占有一部分市场，也会很快地被淘汰出局。反之，如果开发的新产品功效确切，并且能够满足目标市场的迫切需求，达到适宜人群的健康期望，配方工艺合理，适销对路，那么该产品便具有了强大的市场竞争力。

以开发一款增加骨密度的功能性食品为例。随着社会老龄化趋势的日益加重，骨质疏松症已愈发普遍，受其病痛折磨的患者数量逐年增加，严重影响了老年人的生活质量。因此，研究一款能够预防并改善骨质疏松的功能性食品具有良好的发展前景。

欲达到增加骨密度的效果，主要应围绕增强骨形成并促进骨骼重建与抑制骨吸收这两方面来入手，随着针对骨质疏松的基础研究不断深入，现已能够从分子生物学和基因学的角度来提供理论支持。纵览现如今市面上大多数此类功能性食品，多是沿用了西医治疗的方法——使用雌激素，结合现代营养学的理念，即采用补充钙源的方式来达到此效果。而在我国传统的中医保健理论中，对增加骨密度有着整体的认识和方法指导，中医素有"肾主骨，生髓"的说法，即将预防骨质疏松与增加骨密度纳入补肾的范畴中。中医理论认为，若"肾精亏虚，脾胃运化不佳，血阻滞"，则会导致"骨骼失养，脆性增加"，即骨质疏松，进而出现骨折。因此在防治骨质疏松时，中医认为应主要从补肾强筋、健脾益气，兼顾活血化瘀的角度来出发；同时，现代临床试验的结果佐证了中医"以补肾为主"的理论与西医的"促骨形成，抗骨吸收"观点是相通的，为此类功能性食品的进一步开发和研究提供了合理性的依据。

在对比了大量增强骨密度的有效方剂，发现单一原料中的生物活性成分对于预防骨质疏松的效果有效，而通过配伍使多种活性成分协同发挥作用，会达到更为显著的功能效果。故筛选具有"补肾""益髓""健骨"的中药作为配方原料，如淫羊藿、龟板（龟甲）、熟地黄、丹参、骨碎补、杜仲、黄芪、党参、山药、山茱萸、牡蛎、菟丝子、枸杞子等，并补充适量的钙，完成该功能性食品的组方。同时，现代研究的结果也已证实，上述的中药材中多数具有"激素样"作用，能够促进肠道对钙的吸收，促进骨愈合并抑制骨吸收，从而实现增加骨密度的预期效果。这充分表明现代研究成果能够为此类功能性食品的开发立项提供科学而有力的理论支持。

综上所述，符合政策导向且功效定位明确的功能性食品，其市场潜力巨大，发展前景广阔。

（3）产品优势　除了明确的功效定位外，还可以从产品原辅料的来源、提取制备的工艺、剂型的创新、不同功效间的互补作用等方面来定位产品自身的特点与优势。

举例来说，开发一款针对糖尿病患者的无糖功能性食品。市售多数产品会采用糖醇类物质（如木糖醇、麦芽糖醇等）作为甜味剂来替代白砂糖的使用，虽然糖醇类物质不会引发血糖的升高，但事实证明，在食用该类产品后，消费者易产生肠鸣、腹泻等症状，这种不良反应给产品的销售带来了负面影响。那么在该类新产品的开发时，如果能使用更为安全的甜味剂（如罗汉果甜苷、甜菊糖等），则可避免上述胃肠道不适的情况发生，即成为无糖功能性食品的优势卖点。再比如采用传统的中医养生保健理论来组方的功能性食品，其针对特定人群所具有的保健功效及通过配伍使功效更为显著等特点，即为该类产品的优势。

因此，在找寻产品自身特点和优势时，应查找大量相关的文献和资料，走访并充分地进行市场调查，对市售的同类或相似产品数量或比例进行统计、分析，取长补短，另辟蹊径，打造出别具一格的产品优势。

（4）效益分析　对新产品进行的效益分析务必要到位。可以从原辅料、制备工艺、产品功效等方面着手，综合考量并阐述产品自身的优势和发展前景。特别要注意的是，新产品的效益分析不仅要考虑到其可能带来的经济效益，还应当关注其所产生的社会效益。

企业开发新产品的根本目的即是盈利，所以在进行新产品的开发立项调研时，对于经济效益的分析一定要透彻且全面。具体来说，企业所获得的经济效益来自产品销售额与其所需消耗的全部成本费用（包括生产成本、开发周期、销售成本等一切物力与人力成本）之差。因此，若想收获可观的经济效益，应努力提高产品的销售额，同时最大限度地降低成本和新产品的开发周期。成本费用和开发周期决定了产品的价格，若成本费用高、开发周期长，则产品的售价和定位就会变高，企业的保本点也会随之提高，从而导致收益率的降低，以及投资回报期的延长。同时，较高的售价和定位也会在一定程度上对新产品的销售产生影响，进而影响企业的收益和发展。

综上所述，新产品的开发立项一定要综合考虑，缩减成本消耗，同时缩短开发周期。企业开发的新产品对于社会所做出的贡献即为该产品的社会效益。功能性食品的开发着眼于改善适宜人群的亚健康状况，从而提高人们的生活质量，具有明显的社会效益。如果欲立项新产品的功效是当今消费市场中的稀少种类，则该产品的开发可谓是"应需而生"，具有广阔的发展空间；若其能够成功地生产并问世，则可以给企业带来巨大的社会效益，同时填补功能性食品市场的空白。

**2. 立项**　欲立项的新产品通过全面且详细的开发立项调研工作后，应马上开始立项。所谓立项，实际上就是建立在可行性论证结果（包括预实验结果）之上的一系列过程，包括保健功效的定位、开发计划的确立、实施方案的制订、开发人员的组织、开发经费的落实等。功能性食品在立项时，应具备科学性、创造性、先进性和可操作性。

**3. 研究方案的确定**　首先应查阅文献开展调研，根据明确的功效定位、相关的科学理论依据和专业的学科知识，结合该类产品的申报与审批要求，设计并确定一套科学严谨的研究方案。需要确定的研究方案内容包括：配方中原辅料的筛选，配方原料的配伍，以及安全食用量确定的科学性、合理性依据；产品形态或剂型的确定，工艺流程的设计，以及设备参数的优选；产品生产的稳定性试验、卫生学检验，以及质量标准体系的构建；安全性毒理学评价试验、功能学评价试验和人体试食试验等。只有明确了研究的内容，并制定出详细的实施方案，引入先进的研究理念，采纳科学的研究方法，方可使新产品的开发工作有序地开展，顺利地完成。

功能性食品在确定研究方案时，应遵从如下三点基本原则：①欲研究开发的产品在同类产品或相似产品中具有更为先进的优势和竞争力，且在功效成分的取材、配方和工艺上，兼备价廉质优的特点，使产品在投入市场营销时具有创新性和先进性，以便被市场接受和认可。②在选择和确定某一种特定功效或某一项研究方法时，既要富有超前的意识，勇于创新，又要有理论依据和实验数据的支持，符合科学性。③功能性食品在选取原辅料、确定配方时，应当遵循人与自然和谐统一的规律，力求"消灭"亚健康，延缓衰老的发生，从而提高人类的生存品质。

**4. 组织实施**　研究方案确立后，应按照开发工作的具体安排和实际需要，合理地组织各层次、各专业的研究人员，依照计划安排、有序地推进各项开发工作。组织实施的具体工作应包括如下几方面内容。

（1）配方筛选　在进行配方的筛选工作时，应包含配方中各种原辅料详细的筛选方法、过程和结果，以及筛选的依据。配方的筛选可以围绕功能性食品的法规要求、地方资源的优势、产品的功效、组方的合理性、市场的需求情况、企业的生产条件和发展方向等多方面进行阐述和论证。

1）严格遵照功能性食品法规要求筛选配方　在我国开展功能性食品开发时，原料须符合并满足保健食品的相关政策、法规要求，即原料要合法。因此在组方设计时，原辅料应选用国家公布或批准的可用于保健食品的、可以食用的，以及生产普通食品所使用的原料和辅料，且应符合保健食品原辅料质量要求的有关规定。使用规定范围以外品种的，需按照相关规定提供安全性评价资料及食用安全的证明材料等相关资料。添加动植物原料的，还需遵照各组方中原料使用的个数要求来进一步筛选。

2）结合地方特色的资源优势筛选配方　我国地大物博，各地域具有养生保健功能的资源品种各不相同，因此在进行功能性食品（保健食品）开发时，应结合地域特色，选择当地具有原产地优势的原料（如吉林的人参、广西的罗汉果、云南的茯苓、陕西的山茱萸等）来进行组方，使配方新颖且别具一格。

3）按照产品的功效筛选配方　应紧密围绕产品的功效进行配方的筛选，依托营养学、现代医学、药理学等理论作为指导，并充分体现我国传统中医药养生保健理论的整体观念以及"不治已病治未病"的中医药精髓理念。同时，还应该参考相关的文献资料及试验的数据结果，选择有效成分明确的原料，并进一步对可供选择的各原料功效成分和在配方中其所提供的配伍作用进行论述，阐明筛选的配方原料能够充分体现出申报的产品功效并满足适宜人群的需要的相关依据，以及确定该配方产品日推荐安全食用量的相关文献依据。

4）按照组方的合理性筛选配方　不同来源和类型的原辅料在组方时，应按照其各自不同的要求和加工工艺的需要，提供单独使用或配伍的必要性、合理性依据，以及用量的科学性依据。如需要生产的片剂产品中选择了某种容易吸潮的原料，鉴于工艺的需要和口感的考虑，应选择添加合适的填充剂、崩解剂、防腐剂、矫味剂、黏合剂等，以组成合理且可行的配方。

再比如为达到增加骨密度的功效，采用淫羊藿、熟地黄、龟甲和丹参进行配伍组方时，应提供上述中药材能够增加骨密度的科学理论依据和药理试验结果；此外，还应依据《中国药典》中各相关原料的推荐用量来确定该配方的日用量。

5）根据市场的需求情况筛选配方　应密切结合人群对于营养和健康的特殊需求，顺应并满足现代社会中亚健康人群对于功能性食品的期待，筛选出市场需求量大、同类竞争产品少、定价适中且合理、能够迎合功能性食品市场需要以及发展趋势的配方。

6）考虑企业的生产条件和发展方向筛选配方　企业的人力、物力和财力决定了生产条件，因此在筛选配方时，还要综合考虑企业现有的生产设备条件、开发团队的技术实力及可生产的剂型特点等指标能否达到产品的生产要求，敦本务实地做好新产品开发工作，避免好高骛远而做不出好产品；同时配方的筛选要符合企业发展方向的定位，开发结构合理的系列产品，有利于打造产品的品牌效应。

综上所述，在配方筛选时应符合调研充分，立项目标明确；原辅料的来源合法，功效成分明确，食用量安全；配方新颖，工艺合理；筛选的依据科学、充足、全面等原则。

（2）过程确定　配方的原料经过筛选确定后，就可以开始开发的过程。开发的具体过程在确定时，应充分考虑生产工艺、产品剂型和添加剂的选择，并提供科学性、合理性及可行性的依据。

1）生产工艺　在确定生产工艺时，务必要从工业化生产的角度出发，设计出简捷可行、成熟连续、合理稳定、经济高效的工艺流程，避免加工过程中对原料功效成分提取不充分或造成破坏、减少手工操作的机会而引入污染、降低损耗以缩减运行成本，从而保证后续生产能够顺利进行。

2）产品剂型　剂型的确定应根据原辅料的理化特点、特殊的功效需求、服用方法、精制要求（如易于吸收、便于保存等）、成型工艺、成本价格等方面来进行综合筛选，以达到安全、方便且有效的目的。

3）添加剂的选择　在功能性食品开发生产中，可以使用食品添加剂来提升产品的品质。例如，由于使用了中草药原料而使产品具有不佳的色泽、味道，影响感官和风味，在加工过程中可采用添加着色剂和矫味剂（如甜味剂、芳香剂、泡腾剂等）等添加剂来改善，带给消费者更为愉悦的感官享受，使产品更易被接受。保健食品中使用食品添加剂应当符合相关标准规定。

（3）产品检验　按照研究方案内容，生产已立项的功能性食品试制产品，报送至国家认定的检验机构进行产品检验，检验项目包括稳定性、卫生学、毒理学、功效成分检测，以及人体试食试验。

在实施和推进上述三方面具体的研究工作时，应坚持规范操作，严格遵守工作流程，及时、准确、客观地记录实施过程，科学、严谨地分析并处理结果，从而保障各项试验结果的真实性、客观性和可靠性。

**5. 申报与审批**　功能性食品的新产品开发工作完成后，应及时准备并整理申报材料。在我国，功能性食品的申报按照保健食品申报的标准来执行。根据《保健食品注册申请申报资料项目要求（试行）》《关于印发保健食品注册申报资料项目要求补充规定的通知》和《保健食品注册与备案管理办法》等法规要求，使用保健食品原料目录以外原料的保健食品应当按保健食品注册要求进行申报，申报所需资料应按照《保健食品注册申请表》中"所附资料"来填写、整理并排序。在准备申报资料时，一定要按照保健食品审评的技术要求规范地撰写，资料中的数据要与开发过程中的原始记录保持一致，以确保资料的真实、可靠，切不可伪造实验数据、故意弄虚作假，否则将被视为违规上报处理。

申报材料准备好后，需按规定要求向省级市场监督管理局提交材料等待审批。省级市场监督管理局经过对资料的形式审查、现场考察以及产品的注册检验（或复核检验）后，将相关申报材料上报给国家市场监督管理总局，由保健食品审评中心组织相关的专家对申请材料进行审查，并根据实际需要组织现场核查及复核检验，然后形成综合技术审评结论和建议，报送给国家市场监督管理总局。若申请材料各方面均符合要求，没有发现问题，则其技术评审结论为"建议批准"，即审批通过。除此之外，保健食品的技术评审结论还包括"补充资料后，建议批准""补充资料后，大会再审""建议不批准""咨询"和"违规"。

答案解析

1. 研发功能性食品时，需要考虑哪些问题？
2. 简述保健食品的开发流程。

3. 为使功能性食品的开发立项调研全面，应从哪些方面着手？

4. 在开发过程初期进行配方筛选时，应符合哪些原则？

**书网融合……**

本章小结

题库

PPT

# 功能性食品的评价

 学习目标

**知识目标**

1. **掌握** 食品安全毒理学评价的程序；保健食品技术审评要点。
2. **熟悉** 毒力学评价的内容及评价结果的判定；影响毒理学评价的因素。
3. **了解** 功能性食品功能性评价的基本要求及人体试食试验的规程。

**能力目标**

学会运用功能性评价规程对相应的功能性食品进行评价，并能解决评价过程中的常见问题。

**素质目标**

通过本章学习，能认识到功能性食品的安全毒理学评价和功能评价在功能性食品开发过程中的重要性。培养在功能性食品的评价过程中认真负责、严于律己、不骄不躁、吃苦耐劳、勇于开拓的工匠精神，以及钻研业务、努力提高思想、爱岗敬业的职业素质。

功能性食品的评价包括毒理学评价、功能性评价和卫生学评价，对功能食品的生产、销售、食用具有重要意义。卫生学评价报告同普通食品的相同。因此，对功能性食品的毒理学评价和功能性评价成为对功能食品评价的关键内容。

## 第一节　功能性食品的毒理学评价

毒理学评价是对功能性食品进行功能学评价的前提。功能性食品或其功效成分，首先必须保证食用安全性。原则上必须完成《食品安全国家标准 食品安全性毒理学评价程序》（GB 15193.1—2014）中规定的毒理学试验。

### 一、对不同受试物选择毒性试验的原则

1. 凡属我国首创的物质，特别是化学结构提示有潜在慢性毒性、遗传毒性或致癌性或该受试物产量大、使用范围广、人体摄入量大的，应进行系统的毒性试验，包括急性经口毒性试验、遗传毒性试验、90天经口毒性试验、致畸试验、生殖发育毒性试验、毒物动力学试验、慢性毒性试验和致癌试验（或慢性毒性和致癌合并试验）。

2. 凡属与已知物质（指经过安全性评价并允许使用者）的化学结构基本相同的衍生物或类似物，或在部分国家和地区有安全食用历史的物质，则可先进行急性经口毒性试验、遗传毒性试验、90天经口毒性试验和致畸试验。根据试验结果判定是否需进行毒物动力学试验、生殖毒性试验、慢性毒性试验和致癌试验等。

3. 凡属已知的或在多个国家有食用历史的物质，同时申请单位又有资料证明申报受试物的质量规

格与国外产品一致，则可先进行急性经口毒性试验、遗传毒性试验和 28 天经口毒性试验，根据试验结果判断是否进行进一步的毒性试验。

4. 对于由动、植物或微生物制取的单一组分、高纯度的食品添加剂，凡属新品种的，需要先进行急性经口毒性试验、遗传毒性试验、90 天经口毒性试验和致畸试验，经初步评价后，决定是否需要进行进一步试验。凡属国外有一个国际组织或国家已批准使用的，则进行急性经口毒性试验、遗传毒性试验和 28 天经口毒性试验，经初步评价后，决定是否需进行进一步试验。

## 二、食品安全毒理学评价试验的内容

### （一）急性经口毒性试验

急性经口毒性试验即一次或在 24 小时内多次经口给予实验动物受试物后，动物在短期内出现的毒性反应及死亡情况，并以半数致死量（$LD_{50}$）来表示，用于评价受试物的急性经口毒性作用。急性经口毒性试验的基本方法和技术要求按照《食品安全国家标准 急性经口毒性试验》（GB 15193.3—2014）执行。

### （二）遗传毒性试验

**1. 遗传毒性试验内容** 细菌回复突变试验、哺乳动物红细胞微核试验、哺乳动物骨髓细胞染色体畸变试验、小鼠精原细胞或精母细胞染色体畸变试验、体外哺乳类细胞 HGPRT 基因突变试验、体外哺乳类细胞 TK 基因突变试验、体外哺乳类细胞染色体畸变试验、啮齿类动物显性致死试验、体外哺乳类细胞 DNA 损伤修复（非程序性 DNA 合成）试验、果蝇伴性隐性致死试验。

**2. 遗传毒性试验组合** 一般应遵循原核细胞与真核细胞、体内试验与体外试验相结合的原则。根据受试物的特点和试验目的，推荐下列遗传毒性试验组合。

（1）组合一 细菌回复突变试验；哺乳动物红细胞微核试验或哺乳动物骨髓细胞染色体畸变试验；小鼠精原细胞或精母细胞染色体畸变试验或啮齿类动物显性致死试验。

（2）组合二 细菌回复突变试验；哺乳动物红细胞微核试验或哺乳动物骨髓细胞染色体畸变试验；体外哺乳类细胞染色体畸变试验或体外哺乳类细胞 TK 基因突变试验。

（3）其他备选遗传毒性试验 果蝇伴性隐性致死试验、体外哺乳类细胞 DNA 损伤修复（非程序性 DNA 合成）试验、体外哺乳类细胞 HGPRT 基因突变试验。

### （三）28 天经口毒性试验

28 天经口毒性试验即实验动物连续 28 天接触受试物后引起的健康损害效应，用于评价受试物的短期毒性作用。28 天经口毒性试验的基本方法和技术要求按照《食品安全国家标准 28 天经口毒性试验》（GB 15193.22—2014）执行。

### （四）90 天经口毒性试验

90 天经口毒性试验即实验动物连续 90 天重复经口接触受试物后引起的健康损害效应，用于评价受试物的亚慢性毒性作用。90 天经口毒性试验的基本方法和技术要求按照《食品安全国家标准 90 天经口毒性试验》（GB 15193.13—2015）执行。

### （五）致畸试验

致畸试验即通过在致畸敏感期（器官形成期）对妊娠动物染毒，在妊娠末期观察胎仔有无发育障碍与畸形来评价受试物，用于评价受试物的致畸作用。致畸试验的试验方法和技术要求按照《食品安全国家标准 致畸试验》（GB 15193.14—2015）执行。

### （六）生殖毒性试验和生殖发育毒性试验

**1. 生殖毒性试验**　即观察药物对哺乳动物（首选是啮齿类动物）生殖功能和发育过程的影响，预测其可能产生的对生殖细胞、受孕、妊娠、分娩、哺乳等亲代生殖机能的影响，以及对子代胚胎—胎儿发育、出生后发育的影响。生殖毒性试验一般采用三段设计进行即一般生殖毒性试验、致畸敏感期试验和围产期试验，用于评价受试物的生殖毒性作用。生殖毒性试验的试验方法和技术要求按照《食品安全国家标准　生殖毒性试验》（GB 15193.15—2015）执行。

**2. 生殖发育毒性试验**　即通过对动物以受试物暴露考察其对雄性和雌性动物生育力及生殖系统的影响。若该暴露（直接或间接）持续至子代，则还可以继续考察受试物对子代发育，甚至子代生育力的影响，用于评价受试物的生殖发育毒性作用。生殖发育毒性试验的基本试验方法和技术要求按照《食品安全国家标准　生殖发育毒性试验》（GB 15193.25—2014）执行。

### （七）毒物动力学试验

毒物动力学试验即运用药代动力学的原理和方法，定量地研究在毒性剂量下药物在动物体内的吸收、分布、代谢、排泄过程和特点，进而探讨药物毒性的发生和发展的规律，了解药物在动物体内的分布及其靶器官，用于评价受试物的毒物动力学过程。毒物动力学试验的基本试验方法和技术要求按照《食品安全国家标准　毒物动力学试验》（GB 15193.16—2014）执行。

### （八）慢性毒性试验

慢性毒性试验即以低剂量的受试物长期与实验动物接触，观察其对实验动物是否产生毒性的实验，又称长期毒性试验，用于评价受试物的慢性毒性作用。慢性毒性试验的基本试验方法和技术要求按照《食品安全国家标准　慢性毒性试验》（GB 15193.26—2015）执行。

### （九）致癌试验

致癌试验即检验受试物及其代谢产物是否具有致癌作用或诱发肿瘤作用的慢性毒性试验方法，用于评价受试物的致癌性作用。致癌试验的基本试验方法和技术要求按照《食品安全国家标准　慢性毒性试验》（GB 15193.27—2015）执行。

### （十）慢性毒性和致癌合并试验

慢性毒性和致癌合并试验即将致癌试验与慢性毒性试验结合进行，用于评价受试物的慢性毒性和致癌性作用。慢性毒性和致癌合并试验试验的基本试验方法和技术要求按照《食品安全国家标准　慢性毒性和致癌合并试验》（GB 15193.17—2015）执行。

## 三、毒理学评价试验的目的

### （一）急性毒性试验

了解受试物的急性毒性程度、性质和可能的靶器官，测定 $LD_{50}$，为进一步进行毒性试验的剂量和毒性观察指标的选择提供依据，并根据 $LD_{50}$ 进行急性毒性剂量分级。

### （二）遗传毒性试验

了解受试物的遗传毒性以及筛选受试物的潜在致癌作用和细胞致突变性。

### （三）28 天经口毒性试验

在急性毒性试验的基础上，进一步了解受试物毒作用性质、剂量–反应关系和可能的靶器官，得到28 天经口未观察到有害作用剂量，初步评价受试物的安全性，并为下一步较长期毒性和慢性毒性试验剂量、观察指标、毒性终点的选择提供依据。

### （四）90 天经口毒性试验

观察受试物以不同剂量水平经较长期喂养后对实验动物的毒作用性质、剂量－反应关系和靶器官，得到 90 天经口未观察到有害作用剂量，为慢性毒性试验剂量选择和初步制定人群安全接触限量标准提供科学依据。

### （五）致畸试验

了解受试物是否具有致畸作用和发育毒性，并可得到致畸作用和发育毒性的未观察到有害作用剂量。

### （六）生殖毒性试验和生殖发育毒性试验

了解受试物对实验动物繁殖及对子代的发育毒性，如性腺功能、发情周期、交配行为、妊娠、分娩、哺乳和断乳以及子代的生长发育等。得到受试物的未观察到有害作用剂量水平，为初步制定人群安全接触限量标准提供科学依据。

### （七）毒物动力学试验

了解受试物在体内的吸收、分布和排泄速度等相关信息；为选择慢性毒性试验的合适实验动物种（species）、系（strain）提供依据；了解代谢产物的形成情况。

### （八）慢性毒性试验和致癌试验

了解经长期接触受试物后出现的毒性作用及致癌作用；确定未观察到有害作用剂量，为受试物能否应用于食品的最终评价和制定健康指导值提供依据。

## 四、毒理学试验结果的判定

### （一）急性毒性试验

如 $LD_{50}$ 小于人的推荐（可能）摄入量的 100 倍，则一般应放弃该受试物用于食品，不再继续进行其他毒理学试验。

### （二）遗传毒性试验

1. 如遗传毒性试验组合中两项或以上试验阳性，则表示该受试物很可能具有遗传毒性和致癌作用，一般应放弃该受试物应用于食品。

2. 如遗传毒性试验组合中一项试验为阳性，则再选两项备选试验（至少一项为体内试验）。如再选的试验均为阴性，则可继续进行下一步的毒性试验；如其中有一项试验阳性，则应放弃该受试物应用于食品。

3. 如三项试验均为阴性，则可继续进行下一步的毒性试验。

### （三）28 天经口毒性试验

对只需要进行急性毒性、遗传毒性和 28 天经口毒性试验的受试物，若试验未发现有明显毒性作用，综合其他各项试验结果可做出初步评价；若试验中发现有明显毒性作用，尤其是有剂量－反应关系时，则考虑进行进一步的毒性试验。

### （四）90 天经口毒性试验

根据试验所得的未观察到有害作用剂量进行评价，原则有如下几点。

1. 未观察到有害作用剂量小于或等于人的推荐（可能）摄入量的 100 倍表示毒性较强，应放弃该受试物用于食品。

2. 未观察到有害作用剂量大于 100 倍而小于 300 倍者，应进行慢性毒性试验。

3. 未观察到有害作用剂量大于或等于 300 倍者则不必进行慢性毒性试验，可进行安全性评价。

### （五）致畸试验

根据试验结果评价受试物是不是实验动物的致畸物。若致畸试验结果阳性则不再继续进行生殖毒性试验和生殖发育毒性试验。在致畸试验中观察到的其他发育毒性，应结合 28 天和（或）90 天经口毒性试验结果进行评价。

### （六）生殖毒性试验和生殖发育毒性试验

根据试验所得的未观察到有害作用剂量进行评价，原则有如下几点。

1. 未观察到有害作用剂量小于或等于人的推荐（可能）摄入量的 100 倍表示毒性较强，应放弃该受试物用于食品。

2. 未观察到有害作用剂量大于 100 倍而小于 300 倍者，应进行慢性毒性试验。

3. 未观察到有害作用剂量大于或等于 300 倍者则不必进行慢性毒性试验，可进行安全性评价。

### （七）慢性毒性和致癌试验

1. 根据慢性毒性试验所得的未观察到有害作用剂量进行评价的原则是：①未观察到有害作用剂量小于或等于人的推荐（可能）摄入量的 50 倍者，表示毒性较强，应放弃该受试物用于食品。②未观察到有害作用剂量大于 50 倍而小于 100 倍者，经安全性评价后，决定该受试物可否用于食品。③未观察到有害作用剂量大于或等于 100 倍者，则可考虑允许使用于食品。

2. 根据致癌试验所得的肿瘤发生率、潜伏期和多发性等进行致癌试验结果判定的原则是（凡符合下列情况之一，可认为致癌试验结果阳性。若存在剂量－反应关系，则判断阳性更可靠）：①肿瘤只发生在试验组动物，对照组中无肿瘤发生。②试验组与对照组动物均发生肿瘤，但试验组发生率高。③试验组动物中多发性肿瘤明显，对照组中无多发性肿瘤，或只是少数动物有多发性肿瘤。④试验组与对照组动物肿瘤发生率随无明显差异，但试验组中发生时间较早。

### （八）其他

若受试物掺入饲料的最大加入量（原则上最高不超过饲料的 10%）或液体受试物经浓缩后仍达不到未观察到有害作用剂量为人的推荐（可能）摄入量的规定倍数时，综合其他的毒性试验结果和实际食用或饮用量进行安全性评价。

## 五、毒理学评价的影响因素

### （一）试验指标的统计学意义、生物学意义和毒理学意义

对实验中某些指标的异常改变，应根据试验组与对照组指标是否有统计学差异、有无剂量反应关系、同类指标横向比较、两种性别的一致性及与本实验室的历史性对照值范围等，综合考虑指标差异有无生物学意义，并进一步判断是否具有毒理学意义。此外，如在受试物组发现某种在对照组没有发生的肿瘤，即使与对照组比较无统计学意义，仍要给予关注。

### （二）人的推荐（可能）摄入量较大的受试物

应考虑给予受试物量过大时，可能影响营养素摄入量及其生物利用率，从而导致某些毒理学表现，而非受试物度毒性作用所致。

### （三）时间 - 毒性效应关系

对由受试物引起实验动物的毒性效应进行分析评价时，要考虑在同一剂量水平下毒性效应随时间的变化情况。

### （四）特殊人群和易感人群

对孕妇、乳母或儿童食用的食品，应特别注意其胚胎毒性或生殖发育毒性、神经毒性和免疫毒性等。

### （五）人群资料

由于存在着动物与人之间的物种差异，在评价食品的安全性时，应尽可能收集人群接触受试物后的反应资料，如职业性接触和意外事故接触等。在确保安全的条件下，可以考虑遵照有关规定进行人体试食试验，并且志愿受试者的毒物动力学或代谢资料对于将动物试验结果推论到人具有很重要的意义。

### （六）动物毒性试验和体外试验资料

各项动物毒性试验和体外试验系统是目前管理（法规）毒理学评价水平下所得到的最重要的资料，也是进行安全性评价的主要依据。在试验所得到阳性结果，而且结果的判定涉及受试物能否应用于食品时，需要考虑结果的重复性和剂量 - 反应关系。

### （七）安全系数（不确定系数）

将动物毒性试验结果外推到人时，鉴于动物与人的物种和个体之间的生物学差异，安全系数通常为100，但可根据受试物的原料来源、理化性质、毒性大小、代谢特点、蓄积性、接触的人群范围、食品中的使用量和人的可能摄入量、使用范围及功能等因素来综合考虑其安全系数的大小。

### （八）毒物动力学试验的资料

毒物动力学试验是对化学物质进行毒理学评价的一个重要方面，因为不同化学物质、剂量大小，在毒物动力学或代谢方面的差异往往对毒性作用影响很大。在毒性试验中，原则上应尽量使用与人具有相同毒物动力学或代谢模式的动物种系来进行试验。研究受试物在实验动物和人体内吸收、分布、排泄和生物转化方面的差别，对于将动物试验结果外推到人和降低不确定性具有重要意义。

### （九）综合评价

在进行综合评价时，应全面考虑受试物的理化性质、结构、毒性大小、代谢特点、蓄积性、接触的人群范围、食品中的使用量与使用范围、人的推荐（可能）摄入量等因素，对于已在食品中应用了相当长时间的物质，对接触人群进行流行病学调查具有重要意义，但往往难以获得剂量 - 反应关系方面的可靠资料；对于新的受试物，则只能依靠动物试验和其他试验研究资料。然而，即使有了完整和详尽的动物试验资料和一部分人类接触的流行病学研究资料，由于人类的种族和个体差异，也很难做出能保证每个人都安全的评价。所谓绝对的食品安全实际上是不存在的。在受试物可能对人体健康造成的危害及其可能的有益作用之间进行权衡，以食用安全为前提，安全性评价的依据不仅仅是安全性毒理学试验的结果，而且与当时的科学水平、技术条件以及社会经济、文化因素有关。因此，随着时间的推移，社会经济的发展、科学技术的进步，有必要对已通过评价的受试物进行重新评价。

## 第二节　功能性食品的功能评价

功能评价是对功能性食品的保健功能进行动物或（和）人体试验，加以评价确认。功能性食品所宣称的生理功效，必须是明确而肯定的，且经得起科学方法的验证，同时具有重现性。2023 年 8 月 31

日，国家市场监管总局会同国家卫生健康委、国家中医药局公布了《保健食品功能检验与评价技术指导原则（2023 年版）》《保健食品功能检验与评价方法（2023 年版）》及《保健食品人群试食试验伦理审查工作指导原则（2023 年版）》等文件。功能性食品功能检验与评价必须按上述文件要求严格执行。

## 一、功能评价的基本要求

### （一）对受试样品的要求

1. 应提供受试物的名称、性状、规格、批号、生产日期、保质期、保存条件、申请单位名称、生产企业名称、配方、生产工艺、质量标准、保健功能以及推荐摄入量等信息。

2. 受试样品应是规格化的定型产品，即符合既定的配方、生产工艺及质量标准。

3. 提供受试样品的安全性毒理学评价的资料以及卫生学检验报告，受试样品必须是已经过食品安全性毒理学评价确认为安全的食品。功能学评价的样品与安全性毒理学评价、卫生学检验、违禁成分检验的样品应为同一批次。对于因试验周期无法使用同一批次样品的，应确保违禁成分检验样品同人体试食试验样品为同一批次样品，并提供不同批次的相关说明及确保不同批次之间产品质量一致性的相关证明。

4. 应提供受试物的主要成分、功效成分/标志性成分及可能的有害成分的分析报告。

5. 如需提供受试样品违禁成分检验报告时，应提交与功能学评价同一批次样品的违禁成分检验报告。

### （二）对受试样品处理的要求

1. 受试样品推荐量较大，超过实验动物的灌胃量、掺入饲料的承受量等情况时，可适当减少受试样品中的非功效成分的含量，对某些推荐用量极大（如饮料等）的受试样品，还可去除部分无安全问题的功效成分（如糖等），以满足保健食品功能评价的需要。以非定型产品进行试验时，应当说明理由，并提供受试样品处理过程的详细说明和相应的证明文件，处理过程应与原保健食品产品的主要生产工艺步骤保持一致。

2. 对于含乙醇的受试样品，原则上应使用其定型的产品进行功能实验，其三个剂量组的乙醇含量与定型产品相同。如受试样品的推荐量较大，超过动物最大灌胃量时，允许将其进行浓缩，但最终的浓缩液体应恢复原乙醇含量。如乙醇含量超过 15%，允许将其含量降至 15%。调整受试样品乙醇含量原则上应使用原产品的酒基。

3. 液体受试样品需要浓缩时，应尽可能选择不破坏其功效成分的方法。一般可选择 60～70℃减压或常压蒸发浓缩、冷冻干燥等进行浓缩。浓缩的倍数依具体实验要求而定。

4. 对于以冲泡形式饮用的受试样品（如袋泡剂），可使用其水提取物进行功能实验，提取的方式应与产品推荐饮用的方式相同。如产品无特殊推荐饮用方式，则采用下述提取条件：常压，温度 80～90℃，时间 30～60 分钟，水量为受试样品体积的 10 倍以上，提取 2 次，将其合并后浓缩至所需浓度，并标明该浓缩液与原料的比例关系。

### （三）对合理设置对照组的要求

保健食品功能评价的各种动物实验至少应设 3 个剂量组，另设阴性对照组，必要时可设阳性对照组或空白对照组。以载体和功效成分（或原料）组成的受试样品，当载体本身可能具有相同功能时，在动物实验中应将该载体作为对照。以酒为载体生产加工的保健食品，应当以酒基作为对照。保健食品人体试食对照物品可以用安慰剂，也可以用具有验证保健功能作用的阳性物。

### (四) 对给予受试样品时间的要求

动物实验给予受试样品以及人体试食的时间应根据具体实验而定,原则上为 1~3 个月,具体实验时间参照各功能的实验方法。如给予受试样品时间与推荐的时间不一致,需详细说明理由。

## 二、动物试验的基本要求

### (一) 对实验动物、饲料、实验环境的要求

1. 根据各项实验的具体要求,合理选择实验动物。常用大鼠和小鼠,品系不限,应使用适用于相应功能评价的动物品系,推荐使用近交系动物。

2. 动物的性别、周龄依实验需要进行选择。实验动物的数量要求为小鼠每组 10~15 只(单一性别),大鼠每组 8~12 只(单一性别)。

3. 动物及其实验环境应符合国家对实验动物及其实验环境的有关规定。

4. 动物饲料应提供饲料生产商等相关资料。如为定制饲料,应提供基础饲料配方、配制方法,并提供动物饲料检验报告。

### (二) 对给予受试样品剂量的要求

各种动物实验至少应设 3 个剂量组,剂量选择应合理,尽可能找出最低有效剂量。在 3 个剂量组中,其中一个剂量应相当于人体推荐摄入量(折算为每公斤体重的剂量)的 5 倍(大鼠)或 10 倍(小鼠),且最高剂量不得超过人体推荐摄入量的 30 倍(特殊情况除外),受试样品的功能实验剂量必须在毒理学评价确定的安全剂量范围之内。

### (三) 对受试样品给予方式的要求

必须经口给予受试样品,首选灌胃。灌胃给予受试物时,应根据试验的特点和受试物的理化性质选择适合的溶媒(溶剂、助悬剂或乳化剂),将受试物溶解或悬浮于溶媒中,一般可选用蒸馏水、纯净水、食用植物油、食用淀粉、明胶、羧甲基纤维素、蔗糖脂肪酸酯等,如使用其他溶媒应说明理由。所选用的溶媒本身应不产生毒性作用,与受试物各成分之间不发生化学反应,且保持其稳定性,无特殊刺激性味道或气味。如无法灌胃则可加入饮水或掺入饲料中给予,并计算受试样品的给予量。应描述受试物配制方法、给予方式和时间。

## 三、人体试食试验的基本要求

### (一) 评价的基本原则

1. 原则上受试样品已经通过动物实验证实(没有适宜动物实验评价方法的除外),确定其具有需验证的某种特定的保健功能。

2. 原则上人体试食试验应在动物功能学实验有效的前提下进行。

3. 人体试食试验受试样品必须经过动物毒理学安全性评价,并确认为安全的食品。

### (二) 试验前的准备

1. 拟定计划方案及进度,组织有关专家进行论证,并经伦理委员会参照《保健食品人群食用试验伦理审查工作指导原则》的要求审核、批准后实施。

2. 根据试食试验设计要求、受试样品的性质、期限等,选择一定数量的受试者。试食试验报告中试食组和对照组的有效例数不少于 50 人,且试验的脱离率一般不得超过 20%。

3. 开始试食前要根据受试样品性质,估计试食后可能产生的反应,并提出相应的处理措施。

### （三）对受试者的要求

1. 选择受试者必须严格遵照自愿的原则，根据所需判定功能的要求进行选择。

2. 确定受试对象后要进行谈话，使受试者充分了解试食试验的目的、内容、安排及有关事项，解答受试者提出的与试验有关的问题，消除可能产生的疑虑。

3. 受试者应当符合纳入标准和排除标准要求，以排除可能干扰试验目的的各种因素。

4. 受试者应填写参加试验的知情同意书，并接受知情同意书上确定的陈述，受试者和主要研究者在知情同意书上签字。

### （四）对试验实施者的要求

1. 以人道主义态度对待志愿受试者，以保障受试者的健康为前提。

2. 进行人体试食试验的单位应是具备资质的保健食品功能学检验机构。如需进行与医院共同实施的人体试食试验，医院应配备经过药物临床试验质量管理规范（GCP）等培训的副高级及以上职称医学专业人员负责项目的实施，有满足人体试食试验的质量管理体系，并具备处置人体试食不良反应的部门和能力。检验机构应加强过程监督，与医院共同研究制定保健食品人体试食试验方案，并严格按照经过保健食品人体试食伦理审核的方案执行。

3. 与试验负责人保持密切联系，指导受试者的日常活动，监督检查受试者遵守试验有关规定。

4. 在受试者身上采集各种生物样本应详细记录采集样本的种类、数量、次数、采集方法和采集日期。

5. 负责人体试食试验的主要研究者应具有副高级及以上职称。

### （五）试验观察指标的确定

根据受试样品的性质和作用确定观察的指标，一般应包括以下几点。

1. 在被确定为受试者之前应进行系统的常规体检（进行心电图、胸片和腹部 B 超检查），试验结束后根据情况决定是否重复心电图、胸片和腹部 B 超检查。

2. 在受试期间应取得资料：①主观感觉（包括体力和精神方面）；②进食状况；③生理指标（血压、心率等），症状和体征；④常规的血液学指标（血红蛋白、红细胞和白细胞计数，必要时做白细胞分类），生化指标（转氨酶、血清总蛋白、血白蛋白、尿素、肌酐、血脂、血糖等）；⑤功效性指标，即与保健功能有关的指标，如有助于抗氧化功能等方面的指标；⑥受试者参加试食试验发生的交通、误工等费用应当纳入试验预算。

## 四、功能评价试验项目、试验原则及结果判定

### （一）有助于增强免疫力

**1. 试验项目** ①体重；②脏器/体重比值测定：胸腺/体重比值，脾脏/体重比值；③细胞免疫功能测定：小鼠脾淋巴细胞转化实验，迟发型变态反应实验；④体液免疫功能测定：抗体生成细胞检测，血清溶血素测定；⑤单核 - 巨噬细胞功能测定：小鼠碳廓清实验，小鼠腹腔巨噬细胞吞噬鸡红细胞实验；⑥NK 细胞活性测定。

**2. 试验原则** 所列指标均为必做项目。采用正常或免疫功能低下的模型动物进行实验。

**3. 结果判定** 有助于增强免疫力判定：在细胞免疫功能、体液免疫功能、单核 - 巨噬细胞功能、NK 细胞活性四个方面任两个方面结果阳性，可判定该受试样品具有有助于增强免疫力作用。

其中细胞免疫功能测定项目中的两个实验结果均为阳性，或任一个实验的两个剂量组结果阳性，可判定细胞免疫功能测定结果阳性。体液免疫功能测定项目中的两个实验结果均为阳性，或任一个实验的

两个剂量组结果阳性，可判定体液免疫功能测定结果阳性。单核–巨噬细胞功能测定项目中的两个实验结果均为阳性，或任一个实验的两个剂量组结果阳性，可判定单核–巨噬细胞功能结果阳性。NK细胞活性测定实验的一个以上剂量组结果阳性，可判定NK细胞活性结果阳性。

### （二）有助于抗氧化

#### 1. 试验项目

（1）动物实验　①体重；②脂质氧化产物：丙二醛或血清8–表氢氧–异前列腺素（8–Isoprostane）；③蛋白质氧化产物：蛋白质羰基；④抗氧化酶：超氧化物歧化酶或谷胱甘肽过氧化物酶；⑤抗氧化物质：还原型谷胱甘肽。

（2）人体试食试验　①脂质氧化产物：丙二醛或血清8–表氢氧–异前列腺素（8–Isoprostane）；②超氧化物歧化酶；③谷胱甘肽过氧化物酶。

#### 2. 试验原则

（1）动物实验和人体试食试验所列的指标均为必测项目。

（2）脂质氧化产物指标中丙二醛和血清8–表氢氧–异前列腺素任选其一进行指标测定，动物实验抗氧化酶指标中超氧化物歧化酶和谷胱甘肽过氧化物酶任选其一进行指标测定。

（3）氧化损伤模型动物和老龄动物任选其一进行生化指标测定。

（4）在进行人体试食试验时，应对受试样品的食用安全性作进一步的观察。

#### 3. 结果判定

（1）动物实验　脂质氧化产物、蛋白质氧化产物、抗氧化酶、抗氧化物质四项指标中三项阳性，可判定该受试样品有助于抗氧化动物实验结果阳性。

（2）人体试食试验　脂质氧化产物、超氧化物歧化酶、谷胱甘肽过氧化物酶三项指标中两项阳性，且对机体健康无影响，可判定该受试样品具有有助于抗氧化的作用。

### （三）辅助改善记忆

#### 1. 试验项目

（1）动物实验　①体重；②跳台实验；③避暗实验；④穿梭箱实验；⑤水迷宫实验。

（2）人体试食试验　①指向记忆；②联想学习；③图像自由回忆；④无意义图形再认；⑤人像特点联系回忆；⑥记忆商。

#### 2. 试验原则

（1）动物实验和人体试食试验为必做项目。

（2）跳台实验、避暗实验、穿梭箱实验、水迷宫实验四项动物实验中至少应选三项，以保证实验结果的可靠性。

（3）正常动物与记忆障碍模型动物任选其一。

（4）动物实验应重复一次（重新饲养动物，重复所做实验）。

（5）人体试食试验统一使用临床记忆量表。

（6）在进行人体试食试验时，应对受试样品的食用安全性作进一步的观察。

#### 3. 结果判定

（1）动物实验　跳台实验、避暗实验、穿梭箱实验、水迷宫实验四项实验中任二项实验结果阳性。且重复实验结果一致（所重复的同一项实验两次结果均为阳性），可以判定该受试样品辅助改善记忆动物实验结果阳性。

（2）人体试食试验　记忆商结果阳性，可判定该受试样品具有辅助改善记忆的作用。

### （四）缓解视觉疲劳

**1. 人体试食试验项目** ①分别于试食前后进行眼部症状及眼底检查，血、尿常规检查，肝、肾功能检查，症状询问、用眼情况调查；于试验前进行一次胸片、心电图、腹部 B 超检查。②明视持久度。③视力。

**2. 试验原则**

（1）受试样品试食时间为 30 天，必要时可延长至 60 天。

（2）所列指标均为必做项目。

（3）在进行人体试食试验时，应对受试样品的食用安全性作进一步的观察。

**3. 结果判定**

（1）试验组自身比较或试验组与对照组组间比较，症状改善有效率且症状总积分差异有显著性（P < 0.05）。

（2）试验组自身比较或试验组与对照组组间比较，明视持久度差异有显著性（P < 0.05），且平均明视持久度提高大于等于 10%。

具备（1）及（2）可判定该受试物具有缓解视觉疲劳功能。

### （五）清咽润喉

**1. 试验项目**

（1）动物实验　①体重；②大鼠棉球植入实验；③大鼠足趾肿胀实验；④小鼠耳肿胀实验。

（2）人体试食试验　咽部症状、体征。

**2. 试验原则**

（1）动物实验和人体试食试验所列指标均为必做项目。

（2）应对临床症状、体征进行观察。

（3）在进行人体试食试验时，应对受试样品的食用安全性作进一步的观察。

**3. 结果判定**

（1）动物实验　大鼠棉球植入实验结果阳性，同时大鼠足趾肿胀实验或小鼠耳肿胀实验结果任意一项阳性，可判定该受试样品清咽润喉动物实验结果为阳性。

（2）人体试食试验　试食组自身比较及试食组与对照组组间比较，咽部症状及体征有明显改善，症状及体征的改善率明显增加，可判定该受试样品具有清咽润喉。

### （六）有助于改善睡眠

**1. 试验项目** ①体重；②延长戊巴比妥钠睡眠时间实验；③戊巴比妥钠（或巴比妥钠）阈下剂量催眠实验；④巴比妥钠睡眠潜伏期实验。

**2. 试验原则**

（1）所列指标均为必做项目。

（2）需观察受试样品对动物直接睡眠的作用。

**3. 结果判定**　延长戊巴比妥钠睡眠时间实验、戊巴比妥钠（或巴比妥钠）阈下剂量催眠实验、巴比妥钠睡眠潜伏期实验三项实验中任二项阳性，且无明显直接睡眠作用，可判定该受试样品具有有助于改善睡眠的作用。

### （七）缓解体力疲劳

**1. 试验项目**　①动物体重；②负重游泳实验；③血乳酸；④血清尿素；⑤肝糖原或肌糖原。

**2. 试验原则**

（1）动物实验所列指标均为必做项目。

（2）实验前必须对同批受试样品进行违禁成分的检测。

（3）运动实验与生化指标检测相结合。

**3. 结果判定** 负重游泳实验结果阳性，血乳酸、血清尿素、肝糖原/肌糖原三项生化指标中任二项指标阳性，可判定该受试样品具有缓解体力疲劳的作用。

### （八）耐缺氧

**1. 试验项目** ①体重；②常压耐缺氧实验；③亚硝酸钠中毒存活实验；④急性脑缺血性缺氧实验。

**2. 试验原则** 所列指标均为必做项目。

**3. 结果判定** 常压耐缺氧实验、亚硝酸钠中毒存活实验、急性脑缺血性缺氧实验三项实验中任二项实验结果阳性，可判定该受试样品具有耐缺氧的作用。

### （九）有助于控制体内脂肪

**1. 试验项目**

（1）动物实验 ①体重、体重增重；②摄食量、摄入总热量；③体内脂肪含量（睾丸及肾周围脂肪垫）；④脂/体比。

（2）人体试食试验 ①体重；②腰围、臀围；③体内脂肪含量。

**2. 试验原则**

（1）动物实验和人体试食试验所列指标均为必做项目。

（2）动物实验中大鼠肥胖模型法和预防大鼠肥胖模型法任选其一。

（3）控制体内多余脂肪，不单纯以减轻体重为目标。

（4）引起腹泻或抑制食欲的受试样品不能作为有助于控制体内脂肪食品。

（5）每日营养素摄入量应基本保证机体正常生命活动的需要。

（6）对机体健康无明显损害。

（7）实验前应对同批受试样品进行违禁成分的检测。

（8）以各种营养素为主要成分替代主食的有助于控制体内脂肪食品可以不进行动物实验，仅进行人体试食试验。

（9）不替代主食的有助于控制体内脂肪试验，应对试食前后的受试者膳食和运动状况进行观察。

（10）替代主食的有助于控制体内脂肪试验，除开展不替代主食的设计指标外，还应设立身体活动、情绪、工作能力等测量表格，排除服用受试样品后无相应的负面影响产生。结合替代主食的受试样品配方，对每日膳食进行营养学评估。

（11）在进行人体试食试验时，应对受试样品的食用安全性作进一步的观察。

**3. 结果判定**

（1）动物实验 实验组的体重或体重增重低于模型对照组，体内脂肪含量或脂/体比低于模型对照组，差异有显著性，摄食量不显著低于模型对照组，可判定该受试样品有助于控制体内脂肪动物实验结果阳性。

（2）人体试食试验 ①不替代主食的有助于控制体内脂肪受试样品。试食组自身比较及试食组与对照组组间比较，体内脂肪含量减少，皮下脂肪四个点中任两个点减少，腰围与臀围之一减少，且差异有显著性，运动耐力不下降，对机体健康无明显损害，并排除膳食及运动对有助于控制体内脂肪作用的影响，可判定该受试样品具有有助于控制体内脂肪的作用。②替代主食的有助于控制体内脂肪受试样品。试食组试验前后自身比较，其体内脂肪含量减少，皮下脂肪四个点中至少有两个点减少，腰围与臀围之一减少，且差异有显著性（$P < 0.05$），微量元素、维生素营养学评价无异常，运动耐力不下降，情绪、工作能力不受影响，并排除运动对有助于控制体内脂肪作用的影响，可判定该受试样品具有有助于控制体内脂肪的作用。

### （十）有助于改善骨密度

**1. 试验项目** 动物实验分为方案一（补钙为主的受试物）和方案二（不含钙或不以补钙为主的受试物）两种。①体重；②骨钙含量；③骨密度。

**2. 试验原则**

（1）根据受试样品作用原理的不同，方案一和方案二任选其一进行动物实验。

（2）所列指标均为必做项目。

（3）使用未批准用于食品的钙的化合物，除必做项目外，还必须进行钙吸收率的测定；使用属营养强化剂范围内的钙源及来自普通食品的钙源（如可食动物的骨、奶等），可以不进行钙的吸收率实验。

**3. 结果判定**

（1）方案一 骨钙含量或骨密度显著高于低钙对照组且不低于相应剂量的碳酸钙对照组，钙的吸收率不低于碳酸钙对照组，可判定该受试样品具有有助于改善骨密度的作用。

（2）方案二 不含钙的产品，骨钙含量或骨密度较模型对照组明显增加，且差异有显著性，可判定该受试样品具有有助于改善骨密度的作用。

（3）不以补钙为主（可少量含钙）的产品，骨钙含量或骨密度较模型对照组明显增加，差异有显著性，且不低于相应剂量的碳酸钙对照组，钙的吸收率不低于碳酸钙对照组，可判定该受试样品具有有助于改善骨密度的作用。

### （十一）改善缺铁性贫血

**1. 试验项目**

（1）动物实验 ①体重；②血红蛋白；③红细胞压积/红细胞内游离原卟啉。

（2）人体试食试验 ①血红蛋白；②血清铁蛋白；③红细胞内游离原卟啉/血清运铁蛋白饱和度。

**2. 试验原则**

（1）动物实验和人体试食试验所列指标均为必做项目。

（2）针对儿童的人体试食试验，只测血红蛋白和红细胞内游离原卟啉。

（3）在进行人体试食试验时，应对受试样品的食用安全性作进一步的观察。

**3. 结果判定**

（1）动物实验 血红蛋白指标阳性，红细胞内游离原卟啉/红细胞压积二项指标一项指标阳性，可判定该受试样品改善缺铁性贫血动物实验结果为阳性。

（2）人体试食试验 ①针对改善儿童缺铁性贫血功能的，血红蛋白和红细胞内游离原卟啉二项指标阳性，可判定该受试样品具有改善缺铁性贫血作用。②针对改善成人缺铁性贫血功能的，血红蛋白指标阳性，血清铁蛋白、红细胞内游离原卟啉/血清运铁蛋白饱和度二项指标一项指标阳性，可判定该受试样品具有改善缺铁性贫血作用。

### （十二）有助于改善痤疮

**1. 人体试食试验项目** ①痤疮数量；皮损状况；③皮肤油分。

**2. 试验原则**

（1）所列的指标均为必做项目。

（2）试验前后应针对固定皮肤范围内的痤疮数量及皮损状况进行分析。

（3）在进行人体试食试验时，应对受试样品的食用安全性作进一步的观察。

**3. 结果判定** 试食组痤疮数量明显减少且大于等于 20%，皮损程度积分明显减少，差异均有显著性，皮肤油分不显著增加，可判定该受试样品具有有助于改善痤疮的作用。

### （十三）有助于改善黄褐斑

**1. 人体试食试验项目** ①黄褐斑面积；②黄褐斑颜色。

**2. 试验原则**

（1）所列的指标均为必做项目。

（2）试验前后应针对固定皮肤范围内的黄褐斑面积及颜色进行分析。

（3）在进行人体试食试验时，应对受试样品的食用安全性作进一步的观察。

**3. 结果判定** 试食组黄褐斑面积明显减少且大于等于 10%，颜色积分明显下降，差异均有显著性，且不产生新的黄褐斑，可判定该受试样品具有有助于改善黄褐斑的作用。

### （十四）有助于改善皮肤水分状况

**1. 人体试食试验项目** 皮肤水分。

**2. 试验原则**

（1）皮肤水分值的测定点试验前后应保持一致。

（2）在进行人体试食试验时，应对受试样品的食用安全性作进一步的观察。

**3. 结果判定** 试食组皮肤水分明显改善，差异有显著性，可判定该受试样品具有有助于改善皮肤水分状况的作用。

### （十五）有助于调节肠道菌群

**1. 试验项目**

（1）动物实验 ①体重；②双歧杆菌；③乳杆菌；④肠球菌；⑤肠杆菌；⑥产气荚膜梭菌。

（2）人体试食试验 ①双歧杆菌；②乳杆菌；③肠球菌；④肠杆菌；⑤拟杆菌；⑥产气荚膜梭菌。

**2. 试验原则**

（1）动物实验和人体试食试验所列指标均为必做项目。

（2）正常动物或肠道菌群紊乱模型动物任选其一。

（3）受试样品中含双歧杆菌、乳杆菌以外的其他益生菌时，应在动物和人体试验中加测该益生菌。

（4）在进行人体试食试验时，应对受试样品的食用安全性作进一步的观察。

**3. 结果判定**

（1）动物实验 符合以下任一项，可判定该受试样品有助于调节肠道菌群动物实验结果阳性。①双歧杆菌和（或）乳杆菌（或其他益生菌）明显增加，梭菌减少或无明显变化，肠球菌、肠杆菌无明显变化。②双歧杆菌和（或）乳杆菌（或其他益生菌）明显增加，梭菌减少或无明显变化，肠球菌和（或）肠杆菌明显增加，但增加的幅度低于双歧杆菌、乳杆菌（或其他益生菌）增加的幅度。

（2）人体试食试验 符合以下任一项，可判定该受试样品具有有助于调节肠道菌群的作用。①双歧杆菌和（或）乳杆菌（或其他益生菌）明显增加，梭菌减少或无明显变化，肠球菌、肠杆菌、拟杆菌无明显变化。②双歧杆菌和（或）乳杆菌（或其他益生菌）明显增加，梭菌减少或无明显变化，肠球菌和（或）肠杆菌、拟杆菌明显增加，但增加的幅度低于双歧杆菌、乳杆菌（或其他益生菌）增加的幅度。

### （十六）有助于消化

**1. 试验项目**

（1）动物实验 ①体重、体重增重、摄食量和食物利用率；②小肠运动实验；③消化酶测定。

（2）人体试食试验　儿童方案：①食欲；②食量；③偏食状况；④体重；⑤血红蛋白含量。成人方案：①临床症状观察；②胃/肠运动实验。

**2. 试验原则**

（1）动物实验和人体试食试验所列指标均为必做项目。

（2）根据受试样品的适用人群特点在人体试食试验方案中任选其一。

（3）在进行人体试食试验时，应对受试样品的食用安全性作进一步的观察。

**3. 结果判定**

（1）动物实验　动物体重、体重增重、摄食量、食物利用率，小肠运动实验和消化酶测定三方面中任两方面实验结果阳性，可判定该受试样品有助于消化动物实验结果阳性。

（2）人体试食试验　①针对改善儿童消化功能的，食欲、进食量、偏食改善结果阳性，体重和血红蛋白2项指标中任一项指标结果阳性，可判定该受试样品具有有助于消化的作用。②针对改善成人消化功能的，临床症状明显改善，胃/肠运动实验结果阳性，可判定该受试样品具有有助于消化的作用。

### （十七）有助于润肠通便

**1. 试验项目**

（1）动物实验　①体重；②小肠运动实验；③排便时间；④粪便重量；⑤粪便粒数；⑥粪便性状。

（2）人体试食试验　①症状体征；②粪便性状；③排便次数；④排便状况。

**2. 试验原则**

（1）动物实验和人体试食试验所列指标均为必做项目。

（2）除对便秘模型动物各项必测指标进行观察外，还应对正常动物进行观察，不得引起动物明显腹泻。

（3）排便次数的观察时间试验前后应保持一致。

（4）在进行人体试食试验时，应对受试样品的食用安全性作进一步的观察。

**3. 结果判定**

（1）动物实验　排粪便重量和粪便粒数一项结果阳性，同时小肠运动实验和排便时间一项结果阳性，可判定该受试样品有助于润肠通便动物实验结果阳性。

（2）人体试食试验　排便次数明显增加，同时粪便性状和排便状况一项结果明显改善，可判定该受试样品具有有助于润肠通便的作用。

### （十八）辅助保护胃黏膜

**1. 试验项目**

（1）动物实验　①体重；②胃黏膜损伤大体观察；③胃黏膜组织病理学检查。

（2）人体试食试验　①临床症状；②体征；③胃镜观察。

**2. 试验原则**

（1）动物实验的体重和胃黏膜损伤大体观察为必做项目，胃黏膜组织病理学检查为选做项目；人体试食试验所列指标均为必做项目。

（2）无水乙醇、吲哚美辛致急性胃黏膜损伤模型或冰醋酸致慢性胃溃疡模型任选其一进行动物实验。

93 在进行人体试食试验时，应对受试样品的安全性作进一步的观察。

**3. 结果判定**

（1）动物实验　实验组与模型对照组比较，胃黏膜损伤明显改善，可判定该受试样品动物实验结果为阳性。

（2）人体试食试验　试食组与对照组比较，临床症状、体征积分明显减少，胃镜复查结果有改善或不加重，可判定该受试样品具有辅助保护胃黏膜的作用。

### （十九）有助于维持血脂（胆固醇/甘油三酯）健康水平

根据血脂异常的类型，有助于维持血脂（胆固醇/甘油三酯）健康水平按照不同的血脂异常分型设立分类的动物实验和人体试食试验。

**1. 试验项目**

（1）根据受试样品的作用机制，分成三种情况　①有助于维持血脂健康水平功能：同时维持血总胆固醇和血甘油三酯健康水平；②有助于维持血胆固醇健康水平功能：单纯维持血胆固醇健康水平；③有助于维持血甘油三酯健康水平功能：单纯维持血甘油三酯健康水平。

（2）观察指标　①体重；②血清总胆固醇；③血清甘油三酯；④血清高密度脂蛋白胆固醇；⑤血清低密度脂蛋白胆固醇。

（3）人体试食试验　①血清总胆固醇；②血清甘油三酯；③血清高密度脂蛋白胆固醇；④血清低密度脂蛋白胆固醇。

**2. 试验原则**

（1）动物实验和人体试食试验所列指标均为必测项目。

（2）根据受试样品的作用机制，可在动物实验的两个动物模型中任选一项。

（3）根据受试样品的作用机制，可在人体试食试验的三个方案中任选一项。

（4）在进行人体试食试验时，应对受试样品的食用安全性作进一步的观察。

**3. 结果判定**

（1）动物实验　混合型高脂血症动物模型。有助于维持血脂健康水平（胆固醇/甘油三酯）功能结果判定：模型对照组和空白对照组比较，血清甘油三酯升高，血清总胆固醇或低密度脂蛋白胆固醇升高，差异均有显著性，判定模型成立。①各剂量组与模型对照组比较，任一剂量组血清总胆固醇或低密度脂蛋白胆固醇降低，且任一剂量组血清甘油三酯降低，差异均有显著性，同时各剂量组血清高密度脂蛋白胆固醇不显著低于模型对照组，可判定该受试样品有助于维持血脂健康水平功能动物实验结果阳性。②各剂量组与模型对照组比较，任一剂量组血清总胆固醇或低密度脂蛋白胆固醇降低，差异均有显著性，同时各剂量组血清甘油三酯不显著高于模型对照组，各剂量组血清高密度脂蛋白胆固醇不显著低于模型对照组，可判定该受试样品有助于维持血胆固醇健康水平功能动物实验结果阳性。③各剂量组与模型对照组比较，任一剂量组血清甘油三酯降低，差异均有显著性，同时各剂量组血清总胆固醇及低密度脂蛋白胆固醇不显著高于模型对照组，血清高密度脂蛋白胆固醇不显著低于模型对照组，可判定该受试样品有助于维持血甘油三酯健康水平功能动物实验结果阳性。

高胆固醇血症动物模型。模型对照组和空白对照组比较，血清总胆固醇（TC）或低密度脂蛋白胆固醇（LDL－C）升高，差异有显著性，血清甘油三酯（TG）差异无显著性，判定模型成立。各剂量组与模型对照组比较，任一剂量组血清总胆固醇或低密度脂蛋白胆固醇降低，差异有显著性，并且各剂量组血清高密度脂蛋白胆固醇（HDL－C）不显著低于模型对照组，血清甘油三酯不显著高于模型对照组，可判定该受试样品有助于维持血胆固醇健康水平功能动物实验结果阳性。

（2）人体试食试验　指标判定标准：①有效。TC 降低 >10% 或降至正常；TG 降低 >15% 或降至正常；HDL－C 上升 >0.104mmol/L。血脂总有效：TC、TG、HDL－C 三项指标均达到有效标准者。②无效。未达到有效标准者。

有助于维持血脂（胆固醇/甘油三酯）健康水平结果判定。试食组自身比较及试食组与对照组组间比较，受试者血清总胆固醇、甘油三酯、低密度脂蛋白胆固醇降低，差异均有显著性，同时血清高密度脂蛋白胆固醇不显著低于对照组，试验组血脂总有效率显著高于对照组，可判定该受试样品有助于维持血脂（胆固醇/甘油三酯）健康水平人体试食试验结果阳性。

有助于维持血胆固醇健康水平功能结果判定。试食组自身比较及试食组与对照组组间比较，受试者血清总胆固醇、低密度脂蛋白胆固醇降低，差异有显著性，同时血清甘油三酯不显著高于对照组，血清高密度脂蛋白胆固醇不显著低于对照组，试验组血清总胆固醇有效率显著高于对照组，可判定该受试样品有助于维持血胆固醇健康水平功能人体试食试验结果阳性。

有助于维持血甘油三酯健康水平功能结果判定。试食组自身比较及试食组与对照组组间比较，受试者血清甘油三酯降低，差异有显著性，同时血清总胆固醇和低密度脂蛋白胆固醇不显著高于对照组，血清高密度脂蛋白胆固醇不显著低于对照组，试验组血清甘油三酯有效率显著高于对照组，可判定该受试样品有助于维持血甘油三酯健康水平功能人体试食试验结果阳性。

### （二十）有助于维持血糖健康水平

**1. 试验项目**

（1）动物实验

1）方案一（胰岛损伤高血糖模型）：①体重；②空腹血糖；③糖耐量。

2）方案二（胰岛素抵抗糖/脂代谢紊乱模型）：①体重；②空腹血糖；③糖耐量；④胰岛素；⑤总胆固醇；⑥甘油三酯。

（2）人体试食试验　①空腹血糖；②餐后2小时血糖；③糖化血红蛋白（HbA1c）或糖化血清蛋白；④总胆固醇；⑤甘油三酯。

**2. 试验原则**

（1）动物实验和人体试食试验所列指标均为必做项目。

（2）根据受试样品作用原理不同，方案一和方案二动物模型任选其一进行动物实验。

（3）除对高血糖模型动物进行所列指标的检测外，应进行受试样品对正常动物空腹血糖影响的观察。

（4）人体试食试验可在临床治疗的基础上进行。

（5）应对临床症状和体征进行观察。

（6）在进行人体试食试验时，应对受试样品的食用安全性作进一步的观察。

**3. 结果判定**

（1）动物实验　①方案一：空腹血糖和糖耐量二项指标中一项指标阳性，且对正常动物空腹血糖无影响，即可判定该受试样品有助于维持血糖健康水平动物实验结果阳性。②方案二：空腹血糖和糖耐量二项指标中一项指标阳性，血脂（总胆固醇、甘油三酯）无明显升高，且对正常动物空腹血糖无影响，即可判定该受试样品有助于维持血糖健康水平动物实验结果阳性。

（2）人体试食试验　空腹血糖、餐后2小时血糖、糖化血红蛋白（或糖化血清蛋白）、血脂四项指标均无显著升高，且空腹血糖、餐后2小时血糖两项指标中一项指标阳性，对机体健康无不利影响，可判定该受试样品具有有助于维持血糖健康水平的作用。

### （二十一）有助于维持血压健康水平

**1. 试验项目**

（1）动物实验　①体重；②血压；③心率。

（2）人体试食试验　①临床症状与体征；②血压；③心率。

**2. 试验原则**

（1）动物实验和人体试食试验所列指标均为必做项目。

（2）动物实验应选择高血压模型动物和正常动物进行所列指标的观察。

（3）人体试食试验可在临床治疗的基础上进行。

（4）在进行人体试食试验时，应对受试样品的食用安全性作进一步的观察。

**3. 结果判定**

（1）动物实验　实验组动物血压明显低于对照组，且对实验组动物心率和正常动物血压及心率无影响，可判定该受试样品有助于维持血压健康水平动物实验结果阳性。

（2）人体试食试验　舒张压和收缩压两项指标中任一指标结果阳性，可判定该受试样品具有有助于维持血压健康水平的作用。

### （二十二）对化学性肝损伤有辅助保护作用

**1. 动物实验试验项目**　动物实验分为以下 2 种。

（1）方案一（四氯化碳肝损伤模型）　①体重；②谷丙转氨酶（ALT）；③谷草转氨酶（AST）；④肝组织病理学检查。

（2）方案二（酒精肝损伤模型）　①体重；②丙二醛（MDA）；③还原型谷胱甘肽（GSH）；④甘油三酯（TG）；⑤肝组织病理学检查。

**2. 试验原则**

（1）所列指标均为必做项目。

（2）根据受试样品作用原理的不同，方案一和方案二任选其一进行动物实验。

**3. 结果判定**

（1）方案一（四氯化碳肝损伤模型）　病理结果阳性，谷丙转氨酶和谷草转氨酶二指标中任一项指标阳性，可判定该受试样品具有对化学性肝损伤有辅助保护作用功能作用。

（2）方案二（酒精肝损伤模型）　①肝脏 MDA、GSH、TG 三项指标结果阳性，可判定该受试样品对乙醇引起的肝损伤有辅助保护功能，②肝脏 MDA、GSH、TG 三指标中任两项指标阳性，且肝脏病理结果阳性，可判定该受试样品具有对乙醇引起的肝损伤有辅助保护作用功能的作用。

### （二十三）对电离辐射危害有辅助保护作用

**1. 实验项目**　①体重；②外周血白细胞计数；③骨髓细胞 DNA 含量或骨髓有核细胞数；④小鼠骨髓细胞微核实验；⑤血/组织中超氧化物歧化酶活性实验；⑥血清溶血素含量实验。

**2. 实验原则**　外周血白细胞计数、骨髓细胞 DNA 含量或骨髓有核细胞数、小鼠骨髓细胞微核实验、血/组织中超氧化物歧化酶活性实验、血清溶血素含量实验中任选择三项进行实验。

**3. 结果判定**　在外周血白细胞计数、骨髓细胞 DNA 含量或骨髓有核细胞数、小鼠骨髓细胞微核、血/组织中超氧化物歧化酶活性、血清溶血素含量五项实验中任何两项实验结果阳性，可判定该受试样品具有对电离辐射危害有辅助保护作用功能的作用。

### （二十四）有助于排铅

**1. 试验项目**

（1）动物实验　①体重；②血铅；③骨铅；④肝组织铅。

（2）人体试食试验　①血铅；②尿铅；③尿钙；④尿锌。

**2. 试验原则**

（1）动物实验和人体试食试验所列指标均为必做项目。

（2）应对临床症状、体征进行观察。

（3）对尿铅进行多次测定，以了解体内铅的排出情况。

（4）在进行人体试食试验时，应对受试样品的食用安全性作进一步的观察。

**3. 结果判定**

（1）动物实验 实验组与模型对照组比较，骨铅含量显著降低，同时血铅或肝铅含量显著降低，可判定该受试样品动物实验结果为阳性。

（2）人体试食试验 试食组与对照组组间比较，至少两个观察时点尿铅排出量增加且显著高于试验前，或总尿铅排出量明显增加。同时，对总尿钙、总尿锌的排出无明显影响，或总尿钙、总尿锌排出增加的幅度小于总尿铅排出增加的幅度，可判定该受试样品具有有助于排铅的作用。

## 五、功能评价需要考虑的因素

**1. 人的可能摄入量** 除一般人群的摄入量外，还应考虑特殊的和敏感的人群（如儿童、孕妇及高摄入量人群）。

**2. 人体资料** 由于存在着动物与人之间的种属差异，在将动物实验结果外推到人时，应尽可能收集人群服用受试样品后的效应资料，若体外或体内动物实验未观察到或不易观察到食品的保健作用或观察到不同效应，而有大量资料提示对人有保健作用时，在保证安全的前提下，应进行必要的人体试食试验。

**3. 评价结果** 在将本程序所列实验的阳性结果用于评价食品的保健作用时，应考虑结果的重复性和剂量反应关系，并由此找出其最小有作用剂量。

**4. 检验机构** 食品保健功能的检验及评价应由具备资质的检验机构承担。

答案解析

1. 简述功能性食品的安全毒理学评价、功能评价的意义。

2. 功能性食品安全毒理学评价的内容包括哪些？

3. 毒理学评价安全的物质是否可以说食用是安全的？为什么？

4. 动物试验有哪些要求？

5. 毒理学评价的影响因素有哪些？

书网融合……

本章小结

题库

第五章

# 保健食品法规与管理

PPT

 **学习目标**

**知识目标**

1. **掌握** 保健食品的注册与备案管理；保健食品质量管理相关规定及其必要性。
2. **熟悉** 保健食品注册与备案材料及程序；保健食品生产许可申报的材料及程序。
3. **了解** 中国保健食品体系的法律、法规、规章。

**能力目标**

1. 熟练掌握保健食品的注册与备案管理制度，以及保健食品生产质量管理方法。
2. 学会保健食品注册与备案、生产许可程序操作，会运用保健食品良好生产规范解决保健食品生产过程中遇到的问题。

**素质目标**

通过本章学习，树立保健食品注册与备案在保健食品开发过程中的重要性，具备法律法规的自主学习能力和保健食品的注册于备案过程中的资料整理及团队协作能力。

## 第一节 保健食品法规简介

改革开放以来的 40 多年，是我国保健食品产业蓬勃发展的新时期，也是健康产品监管事业不断发展、监管体制改革日益深化、法律体系不断完善的新阶段。食品法律法规是指由国家制定和认可，以加强食品监督管理、确保食品卫生与安全、防止食品污染和有害因素对人体的危害、保障人民身体健康和维护消费者的利益为目的，以权利义务为调整机制，并通过国家强制力保证实施的法律法规的总和。

我国的食品法规体系可分为法律、法规和规章三个层次：食品法律是由全国人大及其常委会经过特定的立法程序制定的有关食品的规范性法律文件，如《中华人民共和国食品安全法》（以下简称《食品安全法》）；食品法规是由国务院根据宪法和食品法律，包括行政法规和法规性文件，在其职权范围内制定的有关国家食品行政管理活动的规范性法律文件，其地位和效力仅次于食品法律，如《食品安全法实施条例》；部门规章由国务院各部委制定，包括部门规章和部委规范性文件，如《食品生产许可管理办法》等。

我国保健食品的现有的法规以《食品安全法》为依据，以《保健食品注册与备案管理办法》为核心框架，建立和完善了注册、生产、流通等环节的主要监管法律法规体系，使保健食品在注册审批、生产经营及流通管理等方面能够基本上有法可依，但保健食品的监督管理法规还有待进一步完善，《保健食品监督管理条例》有望在近年颁布，该条例将会对保健食品定义、监管部门、产品管理、生产经营管理、监督管理、法律责任等做出具体规定，也将会使我国的保健食品相关法律法规体系更加完善和协调。我国保健食品相关的主要法律、法规和规章见表 5 - 1。

表 5 - 1　我国保健食品相关的主要法律、法规和规章

| 发布号 | 名称 | 主要内容 | 生效日期/发布日期 |
|---|---|---|---|
| 卫生部令第 46 号 | 保健食品管理办法 | 对保健食品的定义、审批、生产经营、标签、说明书及广告宣传、监督管理等做出了具体规定 | 1996 年 6 月 1 日 |
| 卫监发〔1996〕38 号 | 保健食品评审技术规程 | 对保健食品审批工作程序做出了具体规定，包括保健食品名称、申请表、配方、生产工艺、质量标准、安全性毒理学评价报告等的审查 | 1996 年 7 月 18 日 |
| 卫法监发〔2001〕71 号 | 卫生部关于规范保健食品技术转让问题的通知 | 针对目前保健食品一次性全权技术转让中出现的问题，做出了具体的规定 | 2001 年 3 月 8 日 |
| 卫法监发〔2001〕84 号 | 卫生部关于印发真菌类和益生菌类保健食品评审规定的通知 | 列出了真菌类保健食品评审规定、可用于保健食品的真菌菌种名单、真菌菌种检定单位名单、益生菌类保健食品评审规定、可用于保健食品的益生菌菌种名单、益生菌菌种检定单位名单六项内容。 | 2001 年 3 月 23 日 |
| 卫法监发〔2001〕160 号 | 卫生部关于限制以野生动植物及其产品原料生产保健食品的通知 | 规定了禁止野生动植物及其产品作为保健食品成分的名录 | 2001 年 6 月 7 日 |
| 卫法监发〔2001〕188 号 | 卫生部关于限制以甘草、麻黄草、苁蓉和雪莲及其产品原料生产保健食品的通知 | 规定了禁止以野生甘草、麻黄草、苁蓉和雪莲及其产品作为保健食品成分 | 2001 年 7 月 5 日 |
| 卫法监发〔2001〕267 号 | 关于不再审批以熊胆粉和肌酸为原料生产的保健食品的通告 | 禁止使用以熊胆粉和肌酸为原料生产保健食品 | 2001 年 9 月 14 日 |
| 卫法监发〔2002〕27 号 | 关于印发核酸类保健食品评审规定的通知 | 对申报核酸类保健食品提交的资料及要求做出了具体规定。 | 2002 年 1 月 23 日 |
| 卫法监发〔2002〕51 号 | 卫生部关于进一步规范保健食品原料管理的通知 | 制定了《既是食品又是药品的物品名单》《可用于保健食品的物品名单》和《保健食品禁用物品名单》，并对原料的使用作出了具体规定 | 2002 年 2 月 28 日 |
| 卫法监发〔2002〕100 号 | 关于印发以酶制剂等为原料的保健食品评审规定的通知 | 制定了以酶制剂、氨基酸螯合物、金属硫蛋白以及直接以微生物发酵为原料生产的保健食品的评审规定 | 2002 年 4 月 14 日 |
| 卫法监发〔2002〕319 号 | 卫生部关于在保健食品标签上标注卫生许可证文号有关问题的批复 | 对标签上卫生许可证文号的标注做出了具体规定 | 2002 年 12 月 18 日 |
| 卫法监发〔2003〕77 号 | 健食品良好生产规范审查方法与评价准则 | 对审查内容、审查程序和评价准则做出了具体规定 | 2003 年 4 月 2 日 |
| 国办发〔2003〕31 号 | 国务院办公厅关于印发国家食品药品监督管理局主要职责机构和人员编制规定的通知 | 原由卫生部承担的保健食品审批职能划转国家食品药品监督管理局，2004 年 6 月正式启动"国食健字"保健食品注册审评工作 | 2003 年 4 月 25 日 |
| 卫法监发〔2003〕42 号 | 卫生部关于印发《保健食品检验与评价技术规范》（2003 年版）的通知 | 对保健食品的功能评价、毒理评价和功效成分检测及卫生指标等程序和方法做出了具体规定 | 2003 年 5 月 1 日 |
| 国食药监注〔2005〕202 号 | 关于印发《营养素补充剂申报与审评规定（试行）》等 8 个相关规定的通告 | 营养素补充剂申报与审评规定对营养素补充剂、真菌类保健食品、益生菌类保健食品、核酸类保健食品、野生动植物类保健食品、氨基酸螯合物等保健食品、应用大孔吸附树脂分离纯化工艺生产的保健食品的申报要求与审评规定做出了具体规定 | 2005 年 7 月 1 日 |

续表

| 发布号 | 名称 | 主要内容 | 生效日期/发布日期 |
|---|---|---|---|
| 国食药监注〔2005〕203号 | 关于印发《保健食品注册申报资料项目要求（试行）》的通告 | 对申报资料的要求、申请表的填写要求、补充资料的要求做出了具体规定 | 2005年7月1日 |
| 国食药监注〔2005〕204号 | 关于印发《保健食品注册申请表式样》等三种式样的通告 | 对申请表、批准证书和审评意见通知书等做出了具体规定 | 2005年7月1日 |
| 国食药监市〔2005〕211号 | 关于印发《保健食品广告审查暂行规定》的通知 | 对保健食品广告的申请、受理、审查等方面做出了具体规定 | 2005年7月1日 |
| 国食药监市〔2005〕252号 | 关于做好保健食品广告审查工作的通知 | 对保健食品广告审查工作中严格执行审查标准、使用广告审查系统和定期发布违法广告公告等方面做出了具体规定 | 2005年6月1日 |
| 国食药监注〔2005〕261号 | 保健食品样品试制和试验现场核查规定（试行） | 对样品试制现场和试验现场核查内容、核查程序等做出了具体规定 | 2005年7月1日 |
| 国食药监注〔2007〕11号 | 关于进一步加强保健食品注册现场核查及试验检验工作有关问题的通知 | 对现场核查的内容进一步细化，确保核查工作质量，并对试验检验工作做出了具体规定 | 2007年1月11日 |
| 国食药监许〔2007〕625号 | 药品、医疗器械、保健食品广告发布企业信用管理办法 | 对保健食品广告发布企业信用信息的采集和发布、信用等级的认定等方面做出具体规定 | 2008年1月1日 |
| 食药监许函〔2009〕131号 | 关于进一步加强保健食品人体试食试验有关工作的通知 | 对人体试食试验的伦理学方面的证明文件做出了具体规定 | 2009年6月12日 |
| 国食药监许〔2009〕237号 | 关于进一步加强保健食品产品注册受理和现场核查工作的通知 | 对受理工作、终止申报工作、核查工作以及试验工作做出了具体规定 | 2009年5月15日 |
| 国务院令第557号 | 中华人民共和国食品安全法实施条例 | 第63条规定食品药品监督管理部门对声称具有特定保健功能的食品实行严格监管，具体办法由国务院另行制定 | 2009年7月20日 |
| 国食药监许〔2009〕566号 | 关于含辅酶$Q_{10}$保健食品产品注册申报与审评有关规定的通知 | 对辅酶$Q_{10}$的纯度、生产要求、配方等做出了具体规定 | 2009年9月2日 |
| 国食药监许〔2009〕567号 | 关于含大豆异黄酮保健食品产品注册申报与审评有关规定的通知 | 对大豆异黄酮的来源、检测、不适宜人群、注意事项等做出了具体规定 | 2009年9月2日 |
| 国食药监许〔2010〕2号 | 关于以红曲等为原料保健食品产品申报与审评有关事项的通知 | 对申请注册以红曲、硒、铬、芦荟、大黄、何首乌、决明子等含蒽醌类成分、阿胶为原料的保健食品所提交资料做出了具体规定 | 2010年1月5日 |
| 国食药监许〔2010〕282号 | 保健食品审评专家管理办法 | 对设立保健食品审评专家库、审评专家应当具备的基本条件、聘用期、主要职责和审评会议等做出具体规定 | 2010年7月19日 |
| 国食药监许〔2010〕300号 | 关于保健食品再注册工作有关问题的通知 | 针对目前各地工作中遇到的问题，进一步做好保健食品再注册工作，制定了关于保健食品再注册工作有关问题的通知 | 2010年7月23日 |
| 国食药监许〔2010〕390号 | 保健食品再注册技术审评要点 | 规定了再注册定义、技术审评原则、配方技术审评要点、标签、说明书技术审评要点、功能学技术审评要点、毒理学技术审评要点 | 2010年9月26日 |
| 国食药监许〔2010〕423号 | 保健食品产品技术要求规范 | 对保健食品产品技术要求文本格式、保健食品产品技术要求编制指南等做出具体规定 | 2011年2月1日 |
| 国食药监许〔2011〕24号 | 保健食品注册申报资料项目要求补充规定 | 对保健食品注册申报资料项目要求做出以下方面的补充：感官要求、鉴别、理化指标、功效成分或标志性成分指标值、贮藏等 | 2011年2月1日 |

续表

| 发布号 | 名称 | 主要内容 | 生效日期/发布日期 |
| --- | --- | --- | --- |
| 国食药监许〔2011〕129号 | 保健食品化妆品安全风险监测工作规范 | 制定了《保健食品化妆品安全风险监测工作规范》，包括总则、计划和方案、抽样、检验、分析评价和报告等内容 | 2011年3月21日 |
| 国食药监许〔2011〕173号 | 关于印发保健食品注册检验复核检验管理办法和规范两个文件的通知 | 本办法适用于保健食品注册检验、产品质量复核检验工作的监督管理 | 2011年4月11日 |
| 国食药监许〔2011〕174号 | 保健食品注册检验机构遴选办法、保健食品注册检验机构遴选管理规范 | 规定了注册检验的申请和注册检验、复核检验的受理、样品检验、检验项目、检验时限、检验报告编制等内容；对保健食品注册检验机构的推荐、审查与确定、监督检查等方面作出具体规定 | 2011年4月11日 |
| 国食药监许〔2011〕210号 | 保健食品技术审评要点 | 对保健食品技术审评要点、技术审评结论及判定依据、营养素补充剂技术审评要点作出了具体规定 | 2011年5月17日 |
| 食药监办保化〔2011〕187号 | 保健食品生产企业原辅料供应商审核指南 | 制定了《保健食品生产企业原辅料供应商审核指南》 | 2011年12月15日 |
| 食药监办保化〔2011〕194号 | 保健食品行政可受理审查要点 | 制定保健食品行政许可受理审查一般要求、国产及进口保健食品注册行政许可受理审查要点、国产及进口保健食品技术转让产品注册行政许可受理审查要点 | 2011年12月23日 |
| 国食药监稽〔2011〕498号 | 关于印发保健食品化妆品监督行政执法文书规范（试行）的通知 | 制定了《保健食品化妆品监督行政执法文书规范（试行）》 | 2012年1月1日 |
| 国食药监保化〔2012〕78号 | 保健食品命名规定和命名指南 | 规定了保健食品的命名的基本原则，制定了保健食品命名指南 | 2012年3月15日 |
| 食药监办保化〔2012〕33号 | 保健食品中可能非法添加的物质名单（第一批） | 制定了保健食品中可能非法添加的物质名单（第一批） | 2012年3月16日 |
| 国食药监保化〔2012〕107号 | 关于印发抗氧化功能评价办法等地9个保健功能评价方法的通知 | 对受理的申报注册保健食品的相关产品检验申请，保健食品注册检验机构应当按照新发布的9个功能评价办法开展产品功能评价试验等各项工作 | 2012年5月1日 |
| 国食药监保化〔2012〕149号 | 国家食品药品监督管理局保健食品化妆品指定实验室管理办法 | 制定了《国家食品药品监督管理局保健食品化妆品指定实验室管理办法》 | 2012年6月11日 |
| 国食药监保化〔2012〕164号 | 保健食品化妆品快速检测方法认定指南 | 制定了《保健食品化妆品快速检测方法认定指南》 | 2012年6月29日 |
| 食药监发公告〔2012〕67号 | 保健食品生产经营企业索证索票和台账管理规定 | 规定了保健食品生产经营企业索证索票和台账管理制度 | 2013年3月1日 |
| 食药监办食监三函〔2013〕500号 | 食品药品监管总局办公厅关于印发保健食品稳定性试验指导原则的通知 | 保健食品注册检验机构应按照国家相关规定和标准等要求，根据样品具体情况，合理地进行稳定性试验设计和研究 | 2014年1月1日 |
| 食药监食监三便函〔2014〕60号 | 关于印发保健食品注册原辅料技术要求指南汇编（第一批）的通知 | 制定了《保健食品注册原辅料技术要求指南汇编（第一批）》 | 2014年4月14日 |
| 国家食品药品监督管理总局令第3号 | 食品药品行政处罚程序规定 | 食品药品监督管理部门对违反食品、保健食品、药品、化妆品、医疗器械管理法律、法规、规章的单位或者个人实施行政处罚 | 2014年6月1日 |
| 食药监稽〔2014〕64号 | 食品药品监管总局关于印发食品药品行政处罚文书规范的通知 | 食品药品行政处罚文书适用于食品、保健食品、药品、化妆品、医疗器械监督检查和行政处罚等执法活动 | 2014年6月3日 |

续表

| 发布号 | 名称 | 主要内容 | 生效日期/发布日期 |
|---|---|---|---|
| 食药监食监三〔2014〕242号 | 关于养殖梅花鹿及其产品作为保健食品原料有关规定的通知 | 在符合国家主管部门野生动物保护相关政策和规定情况下，允许养殖梅花鹿及其产品作为保健食品原料使用。养殖梅花鹿鹿茸、鹿胎、鹿骨的申报与审评要求，按照可用于保健食品的名单执行；鹿角按照《保健食品注册管理办法（试行）》第六十四条的规定执行 | 2014年10月24日 |
| 国家食品药品监督管理总局2015年第168号 | 关于进一步规范保健食品命名有关事项的公告 | 不再批准以含有表述产品功能相关文字命名的保健食品，自2016年5月1日起，不得生产名称中含有表述产品功能相关文字的保健食品，此前已经生产的产品允许销售至保质期结束 | 2015年8月25日 |
| 主席令第21号 | 《中华人民共和国食品安全法》 | 国家对保健食品、特殊医学用途配方食品和婴幼儿配方食品等特殊食品实行严格监督管理 | 2015年10月1日 |
| 国务院令第557号 | 《中华人民共和国食品安全法实施条例》根据《国务院关于修改部分行政法规的决定》修订 | 食品药品监督管理部门对声称具有特定保健功能的食品实行严格监管，具体办法由国务院另行制定 | 2016年2月6日 |
| 国家食品药品监督管理总局2016年第43号 | 总局关于保健食品命名有关事项的公告 | 自2016年5月1日起，保健食品名称中不得含有表述产品功能的相关文字，包括不得含有已经批准的如增强免疫力、辅助降血脂等特定保健功能的文字，不得含有误导消费者内容的文字。 | 2016年2月26日 |
| 食药监食监三〔2016〕21号 | 《关于停止冬虫夏草用于保健食品试点工作的通知》 | 含冬虫夏草的保健食品相关申报审批工作按《保健食品注册与备案管理办法》相关规定执行，未经批准不得生产和销售 | 2016年2月26日 |
| 食药监总局令第22号 | 保健食品注册与备案管理办法 | 保健食品的注册与备案及其监督管理 | 2016年7月1日 |
| 食药监食监三〔2016〕139号 | 总局关于印发保健食品注册审评审批工作细则的通知 | 制定了《保健食品注册审评审批工作细则（2016年版）》 | 2016年11月14日 |
| 国家食品药品监督管理总局2016年第167号 | 总局关于发布保健食品注册申请服务指南的通告 | 制定了《保健食品注册申请服务指南（2016年版）》 | 2016年12月19日 |
| 国家食品药品监督管理总局2016年第205号 | 关于发布《保健食品原料目录（一）》和《允许保健食品声称的保健功能目录（一）》的公告 | 国家食品药品监督管理总局会同国家卫生计生委和国家中医药管理局制定了《保健食品原料目录（一）》和《允许保健食品声称的保健功能目录（一）》 | 2016年12月27日 |
| 食药监食监三〔2016〕151号 | 总局关于印发保健食品生产许可审查细则的通知 | 适用于中华人民共和国境内保健食品生产许可审查，包括书面审查、现场核查等技术审查和行政审批。 | 2017年1月1日 |
| 食药监特食管〔2017〕36号 | 总局关于印发《保健食品备案产品可用辅料及其使用规定（试行）》《保健食品备案产品主要生产工艺（试行）》的通知 | 制定了《保健食品备案产品可用辅料及其使用规定（试行）》《保健食品备案产品主要生产工艺（试行）》；食品备案产品可用辅料和主要生产工艺将根据保健食品注册批准情况适时调整和增补 | 2017年4月28日 |
| 食药监特食管〔2017〕37号 | 总局办公厅关于印发保健食品备案工作指南（试行）的通知 | 制定了《保健食品备案工作指南（试行）》 | 2017年5月2日 |
| 国家食品药品监督管理总局2017年第138号 | 总局关于发布《保健食品中75种非法添加化学药物的检测》等3项食品补充检验方法的公告 | 发布了《保健食品中75种非法添加化学药物的检测》《畜肉中阿托品、山莨菪碱、东莨菪碱、普鲁卡因和利多卡因的测定》《食用油脂中脂肪酸的综合检测法》3项食品补充检验方法 | 2017年11月17日 |

续表

| 发布号 | 名称 | 主要内容 | 生效日期/发布日期 |
|---|---|---|---|
| 国家食品药品监督管理总局 2017 年 第 160 号 | 总局关于发布《饮料、茶叶及相关制品中对乙酰氨基酚等 59 种化合物的测定》等 6 项食品补充检验方法的公告 | 发布了《饮料、茶叶及相关制品中对乙酰氨基酚等 59 种化合物的测定》《饮料、茶叶及相关制品中二氟尼柳等 18 种化合物的测定》《豆制品中碱性橙 2 的测定》《保健食品中 9 种水溶性维生素的测定》《保健食品中 9 种脂溶性维生素的测定》《保健食品中 9 种矿物质元素的测定》6 项食品补充检验方法 | 2017 年 12 月 18 日 |
| 国家食品药品监督管理总局 2018 年 第 23 号 | 总局关于规范保健食品功能声称标识的公告 | 未经人群食用评价的保健食品，其标签说明书载明的保健功能声称前增加"本品经动物实验评价"的字样，至 2020 年底前，所有保健食品标签说明书均需按此要求修改 | 2018 年 2 月 13 日 |
| 食药监办食监〔2018〕41 号 | 总局办公厅关于印发食品及保健食品专项抽检监测工作方案的通知 | 制定了《食品及保健食品专项抽检监测工作方案》 | 2018 年 3 月 31 日 |
| 国家市场监督管理总局令 第 13 号 | 保健食品原料目录与保健功能目录管理办法 | 《保健食品原料目录与保健功能目录管理办法》已于 2018 年 12 月 18 日经国家市场监督管理总局 2018 年第 9 次局务会议审议通过，经与卫生健康委协商一致，现予公布，自 2019 年 10 月 1 日起施行 | 2019 年 10 月 1 日 |
| 国家市场监督管理总局 2019 年第 41 号 | 市场监管总局关于发布《保健食品中西地那非和他达拉非的快速检测 胶体金免疫层析法》等 13 项食品快速检测方法的公告 | 1. 保健食品中西地那非和他达拉非的快速检测 胶体金免疫层析法（KJ201901）<br>2. 保健食品中罗格列酮和格列苯脲的快速检测 胶体金免疫层析法（KJ201902）<br>3. 保健食品中巴比妥类化学成分的快速检测 胶体金免疫层析法（KJ201903） | 2019 年 10 月 9 日 |
| 国家市场监督管理总局 2019 年 第 53 号 | 市场监管总局关于发布《保健食品命名指南（2019 年版）》的公告 | 制定了《保健食品命名指南（2019 年版）》包括：1. 保健食品名称组成；2. 保健食品名称命名基本原则；3. 保健食品名称不得含有的内容；4. 保健食品名称申报与审评要求 | 2019 年 11 月 12 日 |
| 国务院令 第 721 号 | 中华人民共和国食品安全法实施条例（2019 年修订） | 2009 年 7 月 20 日中华人民共和国国务院令第 557 号公布，根据 2016 年 2 月 6 日《国务院关于修改部分行政法规的决定》修订 2019 年 3 月 26 日国务院第 42 次常务会议修订通过 | 2019 年 12 月 1 日 |
| 国家市场监督管理总局 2019 年 第 29 号 | 市场监管总局关于发布《保健食品标注警示用语指南》的公告 | 为指导保健食品警示用语标注，使消费者更易于区分保健食品与普通食品、药品，引导消费者理性消费，市场监管总局组织编制了《保健食品标注警示用语指南》 | 2020 年 1 月 1 日 |
| 市监广〔2020〕19 号 | 市场监管总局办公厅关于印发《药品、医疗器械、保健食品、特殊医学用途配方食品广告审查文书格式范本》的通知 | 规范药品、医疗器械、保健食品、特殊医学用途配方食品广告审查工作，统一文书格式范本式样 | 2020 年 2 月 28 日 |
| 国家市场监督管理总局令 第 21 号 | 《药品、医疗器械、保健食品、特殊医学用途配方食品广告审查管理暂行办法》 | 《药品、医疗器械、保健食品、特殊医学用途配方食品广告审查管理暂行办法》已于 2019 年 12 月 13 日经国家市场监督管理总局 2019 年第 16 次局务会议审议通过 | 2020 年 3 月 1 日 |

续表

| 发布号 | 名称 | 主要内容 | 生效日期/发布日期 |
|---|---|---|---|
| 国家市场监督管理总局 2020 年 第 44 号 | 市场监管总局关于发布《保健食品及其原料安全性毒理学检验与评价技术指导原则（2020 年版）》《保健食品原料用菌种安全性检验与评价技术指导原则（2020 年版）》《保健食品理化及卫生指标检验与评价技术指导原则（2020 年版）》的公告 | 制定了《保健食品及其原料安全性毒理学检验与评价技术指导原则（2020 年版）》《保健食品原料用菌种安全性检验与评价技术指导原则（2020 年版）》《保健食品理化及卫生指标检验与评价技术指导原则（2020 年版）》 | 2020 年 10 月 31 日 |
| 国家市场监督管理总局令 第 31 号 | 保健食品注册与备案管理办法（2020 修订版） | 对《保健食品注册与备案管理办法》（2016 年 2 月 26 日国家食品药品监督管理总局令第 22 号公布）做出修改，将"食品药品监督管理部门"修改为"市场监督管理部门" | 2020 年 11 月 3 日 |
| 国家市场监督管理总局 2020 年 第 53 号 | 国家市场监督管理总局关于保健食品有关注册变更申请分类办理的公告 | 1. 变更前持有的保健食品注册证书是依据《保健食品注册与备案管理办法》批准的，换发新的保健食品注册证书。2. 变更前持有的保健食品注册证书是依据《保健食品注册与备案管理办法》生效前规章批准的，发放《保健食品变更申请审查结果通知书》（见附件），与原批准注册证书合并使用 | 2020 年 11 月 26 日 |
| 国家市场监督管理总局 2020 年 54 号 | 国家市场监督管理总局 国家卫生健康委员会 国家中医药管理局关于发布辅酶 $Q_{10}$ 等五种保健食品原料目录的公告 | 国家市场监督管理总局会同国家卫生健康委员会、国家中医药管理局制定了辅酶 $Q_{10}$ 等五种保健食品原料目录 | 2021 年 3 月 1 日 |
| 国家市场监督管理总局 2021 年 第 4 号 | 市场监管总局关于发布《辅酶 $Q_{10}$ 等五种保健食品原料备案产品剂型及技术要求》的公告 | 辅酶 $Q_{10}$、鱼油、破壁灵芝孢子粉、螺旋藻和褪黑素五种保健食品原料目录在产品备案时可用剂型：片剂、硬胶囊、软胶囊、颗粒剂、粉剂 | 2021 年 6 月 1 日 |
| 国家市场监督管理总局 2021 年 第 7 号 | 市场监管总局关于发布《保健食品备案产品可用辅料及其使用规定（2021 年版）》和《保健食品备案产品剂型及技术要求（2021 年版）》的公告 | 修订了配套的《保健食品备案可用辅料及其使用规定（2021 年版）》和《保健食品备案产品剂型及技术要求（2021 年版）》，将粉剂、凝胶糖果纳入保健食品备案剂型 | 2021 年 6 月 1 日 |
| 国家市场监督管理总局 2023 年 第 37 号 | 市场监管总局关于公布《保健食品新功能及产品技术评价实施细则（试行）》的公告 | 《保健食品新功能及产品技术评价实施细则（试行）》已经 2023 年 6 月 15 日市场监管总局第 11 次局务会议通过，现予公告 | 2023 年 8 月 28 日 |
| 国家市场监管总局 2023 年 第 38 号 | 市场监管总局 国家卫生健康委 国家中医药局关于发布《允许保健食品声称的保健功能目录 非营养素补充剂（2023 年版）》及配套文件的公告 | 制定了《允许保健食品声称的保健功能目录 非营养素补充剂（2023 年版）》及《保健食品功能检验与评价技术指导原则（2023 年版）》《保健食品功能检验与评价方法（2023 年版）》《保健食品人群试食试验伦理审查工作指导原则（2023 年版）》《〈允许保健食品声称的保健功能目录 非营养素补充剂（2023 年版）〉及配套文件解读》等文件 | 2023 年 8 月 31 日 |
| 国市监公告〔2023〕22 号 | 国家市场监督管理总局 国家卫生健康委员会 国家中医药管理局关于发布《保健食品原料目录 营养素补充剂（2023 年版）》《允许保健食品声称的保健功能目录 营养素补充剂（2023 年版）》和《保健食品原料目录 大豆分离蛋白》《保健食品原料目录 乳清蛋白》的公告 | 市场监管总局会同国家卫生健康委、国家中医药局调整了《保健食品原料目录 营养素补充剂（2023 年版）》《允许保健食品声称的保健功能目录 营养素补充剂（2023 年版）》，制定了《保健食品原料目录 大豆分离蛋白》《保健食品原料目录 乳清蛋白》 | 2023 年 10 月 1 日 |

# 第二节 保健食品注册与备案管理

为贯彻落实法律对保健食品市场准入监管工作提出的要求，规范统一保健食品注册备案管理工作，根据《中华人民共和国食品安全法》，国家市场监督管理总局在公开征求和广泛听取食品生产经营企业、地方食品药品监管部门、相关专家及行业组织等多方面意见的基础上，2016 年 2 月 26 日国家食品药品监督管理总局令第 22 号公布了《保健食品注册与备案管理办法》，自 2016 年 7 月 1 日起施行。2020 年 10 月 23 日，根据国家市场监督管理总局令第 31 号关于修改部分规章的决定，对《保健食品注册与备案管理办法》进行了修订，将"国家食品药品监督管理总局"修改为"国家市场监督管理总局"。在中华人民共和国境内保健食品的注册与备案及其监督管理适用保健食品注册与备案管理办法。

保健食品注册，是指市场监督管理部门根据注册申请人申请，依照法定程序、条件和要求，对申请注册的保健食品的安全性、保健功能和质量可控性等相关申请材料进行系统评价和审评，并决定是否准予其注册的审批过程。保健食品备案，是指保健食品生产企业依照法定程序、条件和要求，将表明产品安全性、保健功能和质量可控性的材料提交市场监督管理部门进行存档、公开、备查的过程。

国家市场监督管理总局负责保健食品注册管理，以及首次进口的属于补充维生素、矿物质等营养物质的保健食品备案管理，并指导监督省、自治区、直辖市市场监督管理部门承担的保健食品注册与备案相关工作。省、自治区、直辖市市场监督管理部门负责本行政区域内保健食品备案管理，并配合国家市场监督管理总局开展保健食品注册现场核查等工作。市、县级市场监督管理部门负责本行政区域内注册和备案保健食品的监督管理，承担上级市场监督管理部门委托的其他工作。

国家市场督管理总局行政受理机构（以下简称受理机构）负责受理保健食品注册和接收相关进口保健食品备案材料。省、自治区、直辖市市场监督管理部门负责接收相关保健食品备案材料。国家市场监督管理总局保健食品审评机构（以下简称审评机构）负责组织保健食品审评，管理审评专家，并依法承担相关保健食品备案工作。国家市场督管理总局审核查验机构（以下简称查验机构）负责保健食品注册现场核查工作。

## 一、保健食品注册

### （一）生产和进口下列产品应当申请保健食品注册

1. 使用保健食品原料目录以外原料（以下简称目录外原料）的保健食品。

2. 首次进口的保健食品（属于补充维生素、矿物质等营养物质的保健食品除外）。

注：首次进口的保健食品，是指非同一国家、同一企业、同一配方申请中国境内上市销售的保健食品。

### （二）注册申请人资质要求

1. 国产保健食品注册申请人应当是在中国境内登记的法人或者其他组织；进口保健食品注册申请人应当是上市保健食品的境外生产厂商。

2. 申请进口保健食品注册的，应当由其常驻中国代表机构或者由其委托中国境内的代理机构办理。

3. 境外生产厂商，是指产品符合所在国（地区）上市要求的法人或者其他组织。

### （三）申请注册材料要求

1. 保健食品注册申请表，以及申请人对申请材料真实性负责的法律责任承诺书。

2. 注册申请人主体登记证明文件复印件。

3. 产品研发报告，包括研发人、研发时间、研制过程、中试规模以上的验证数据，目录外原料及产品安全性、保健功能、质量可控性的论证报告和相关科学依据，以及根据研发结果综合确定的产品技术要求等。

4. 产品配方材料，包括原料和辅料的名称及用量、生产工艺、质量标准，必要时还应当按照规定提供原料使用依据、使用部位的说明、检验合格证明、品种鉴定报告等。

5. 产品生产工艺材料，包括生产工艺流程简图及说明、关键工艺控制点及说明。

6. 安全性和保健功能评价材料，包括目录外原料及产品的安全性、保健功能试验评价材料，人群食用评价材料；功效成分或者标志性成分、卫生学、稳定性、菌种鉴定、菌种毒力等试验报告，以及涉及兴奋剂、违禁药物成分等检测报告。

7. 直接接触保健食品的包装材料种类、名称、相关标准等。

8. 产品标签、说明书样稿；产品名称中的通用名与注册的药品名称不重名的检索材料。

9. 三个最小销售包装样品。

10. 其他与产品注册审评相关的材料。

11. 首次申报注册还应增加下列材料：

（1）产品生产国（地区）政府主管部门或者法律服务机构出具的注册申请人为上市保健食品境外生产厂商的资质证明文件。

（2）产品生产国（地区）政府主管部门或者法律服务机构出具的保健食品上市销售一年以上的证明文件，或者产品境外销售以及人群食用情况的安全性报告。

（3）产品生产国（地区）或者国际组织与保健食品相关的技术法规或者标准。

（4）产品在生产国（地区）上市的包装、标签、说明书实样。

注：由境外注册申请人常驻中国代表机构办理注册事务的，应当提交《外国企业常驻中国代表机构登记证》及其复印件；境外注册申请人委托境内的代理机构办理注册事项的，应当提交经过公证的委托书原件以及受委托的代理机构营业执照复印件。

### （四）受理、审评及复核

保健食品注册申请由国家市场监督管理总局受理机构承担。以受理为注册审批起点，将生产现场核查和复核检验调整至技术审评环节，并对审评内容、审评程序、总体时限和判定依据等提出具体严格的限定和要求。

技术审评按申请材料核查、现场核查、动态抽样、复核检验等程序开展，任一环节不符合要求，审评机构均可终止审评，提出不予注册建议。

主要针对以下内容审评，并根据科学依据的充足程度明确产品保健功能声称的限定用语。

1. 产品研发报告的完整性、合理性和科学性。

2. 产品配方的科学性，及产品安全性和保健功能。

3. 目录外原料及产品的生产工艺合理性、可行性和质量可控性。

4. 产品技术要求和检验方法的科学性和复现性。

5. 标签、说明书样稿主要内容，以及产品名称的规范性。

注：审评机构认为需要注册申请人补正材料的，应当一次告知需要补正的全部内容。注册申请人应当在3个月内按照补正通知的要求一次提供补充材料。注册申请人逾期未提交补充材料或者未完成补正的，不足以证明产品安全性、保健功能和质量可控性的，审评机构应当终止审评，提出不予注册的建议。

### （五）注册人技术转让

保健食品注册人转让技术的，受让方应当在转让方的指导下重新提出产品注册申请。产品技术要求等应当与原申请材料一致。审评机构按照相关规定简化审评程序。

### （六）注册变更申请

保健食品注册证书及其附件所载明内容变更的，应当由保健食品注册人申请变更并提交书面变更的理由和依据。注册人名称变更的，应当由变更后的注册申请人申请变更。

申请变更国产保健食品注册的，除提交保健食品注册变更申请表（包括申请人对申请材料真实性负责的法律责任承诺书）、注册申请人主体登记证明文件复印件、保健食品注册证书及其附件的复印件外，还应当按照下列情形分别提交材料。

1. 改变注册人名称、地址的变更申请，还应当提供该注册人名称、地址变更的证明材料。

2. 改变产品名称的变更申请，还应当提供拟变更后的产品通用名与已经注册的药品名称不重名的检索材料。

3. 增加保健食品功能项目的变更申请，还应当提供所增加功能项目的功能学试验报告。

4. 改变产品规格、保质期、生产工艺等涉及产品技术要求的变更申请，还应当提供证明变更后产品的安全性、保健功能和质量可控性与原注册内容实质等同的材料、依据及变更后3批样品符合产品技术要求的全项目检验报告。

5. 改变产品标签、说明书的变更申请，还应当提供拟变更的保健食品标签、说明书样稿。

注：变更申请的理由依据充分合理，不影响产品安全性、保健功能和质量可控性的，予以变更注册；变更申请的理由依据不充分、不合理，或者拟变更事项影响产品安全性、保健功能和质量可控性的，不予变更注册。

### （七）注册延续申请

已经生产销售的保健食品注册证书有效期届满需要延续的，保健食品注册人应当在有效期届满6个月前申请延续。获得注册的保健食品原料已经列入保健食品原料目录，并符合相关技术要求，保健食品注册人申请变更注册，或者期满申请延续注册的，应当按照备案程序办理。

申请延续国产保健食品注册的，应当提交下列材料。

1. 保健食品延续注册申请表，以及申请人对申请材料真实性负责的法律责任承诺书。

2. 注册申请人主体登记证明文件复印件。

3. 保健食品注册证书及其附件的复印件。

4. 经省级市场监督管理部门核实的注册证书有效期内保健食品的生产销售情况。

5. 人群食用情况分析报告、生产质量管理体系运行情况的自查报告以及符合产品技术要求的检验报告。

注：申请延续注册的保健食品的安全性、保健功能和质量可控性依据不足或者不再符合要求，在注册证书有效期内未进行生产销售的，以及注册人未在规定时限内提交延续申请的，不予延续注册。申请进口保健食品变更注册或者延续注册的，详见《保健食品注册与备案办法》。

### （八）注册证书管理

保健食品注册证书有效期为5年。变更注册的保健食品注册证书有效期与原保健食品注册证书有效期相同。国产保健食品注册号格式为：国食健注G+4位年代号+4位顺序号；进口保健食品注册号格式为：国食健注J+4位年代号+4位顺序号。保健食品注册有效期内，保健食品注册证书遗失或者损坏的，保健食品注册人应当向受理机构提出书面申请并说明理由。因遗失申请补发的，应当在省、自治区、直辖市市场监督管理部门网站上发布遗失声明；因损坏申请补发的，应当交回保健食品注册证书原件。

## 二、保健食品备案

### （一）生产和进口下列保健食品应当依法备案

1. 使用的原料已经列入保健食品原料目录的保健食品。

2. 首次进口的属于补充维生素、矿物质等营养物质的保健食品。首次进口的属于补充维生素、矿物质等营养物质的保健食品，其营养物质应当是列入保健食品原料目录的物质。

### （二）备案申请人资质要求

国产保健食品的备案人应当是保健食品生产企业，原注册人可以作为备案人；进口保健食品的备案人，应当是上市保健食品境外生产厂商。

### （三）申请备案材料要求

1. 产品配方材料，包括原料和辅料的名称及用量、生产工艺、质量标准，必要时还应当按照规定提供原料使用依据、使用部位的说明、检验合格证明、品种鉴定报告等。

2. 产品生产工艺材料，包括生产工艺流程简图及说明、关键工艺控制点及说明。

3. 安全性和保健功能评价材料，包括目录外原料及产品的安全性、保健功能试验评价材料，人群食用评价材料；功效成分或者标志性成分、卫生学、稳定性、菌种鉴定、菌种毒力等试验报告，以及涉及兴奋剂、违禁药物成分等检测报告。

4. 直接接触保健食品的包装材料种类、名称、相关标准等。

5. 产品标签、说明书样稿；产品名称中的通用名与注册的药品名称不重名的检索材料。

6. 保健食品备案登记表，以及备案人对提交材料真实性负责的法律责任承诺书。

7. 备案人主体登记证明文件复印件。

8. 产品技术要求材料。

9. 具有合法资质的检验机构出具的符合产品技术要求全项目检验报告。

10. 其他表明产品安全性和保健功能的材料。

注：申请进口保健食品备案的，详见《保健食品注册与备案办法》。

国产保健食品备案号格式为：食健备 G＋4 位年代号＋2 位省级行政区域代码＋6 位顺序编号；进口保健食品备案号格式为：食健备 J＋4 位年代号＋00＋6 位顺序编号。

# 第三节　保健食品生产许可管理

为规范保健食品生产许可审查工作，督促企业落实主体责任，保障保健食品质量安全，依据《中华人民共和国食品安全法》《食品生产许可管理办法》《保健食品注册与备案管理办法》《保健食品良好生产规范》《食品生产许可审查通则》等相关法律法规和技术标准的规定，原国家食品药品监督管理总局组织制定了《保健食品生产许可审查细则》，自 2017 年 1 月 1 日起施行。适用于中华人民共和国境内保健食品生产许可审查，包括书面审查、现场核查等技术审查和行政审批。

## 一、保健食品生产许可机关

国家市场监督管理总局负责制定保健食品生产许可审查标准和程序，指导各省级市场监督管理部门开展保健食品生产许可审查工作。省级市场监督管理部门负责制定保健食品生产许可审查流程，组织实施本行政区域保健食品生产许可审查工作。承担技术审查的部门负责组织保健食品生产许可的书面审查和现场核查等技术审查工作，负责审查员的遴选、培训、选派以及管理等工作，负责具体开展保健食品生产许可的书面审查。审查组具体负责保健食品生产许可的现场核查。

## 二、生产许可的首次申报

### （一）申报保健食品生产许可应具备条件

依据《食品生产许可管理办法》规定，申请保健食品生产许可，应当先行取得营业执照等合法主体资格，应取得《营业执照》，具有依法取得的保健食品产品注册批件和（或）备案文件，符合生产博爱检食品相应的生产质量管理体系《保健食品良好生产规范》的基本条件。

### （二）保健食品生产许可申请材料

新办企业申请人填报《食品生产许可申请书》，并按照《保健食品生产许可申请材料目录》（表5-2）的要求，向其所在地省级市场监督管理部门提交申请材料。生产许可变更、延续、注销的申请材料目录详见《保健食品生产许可审查细则》。

表5-2 新办企业申请材料目录

| 序号 | 材料名称 |
| --- | --- |
| 1 | 食品生产许可申请书 |
| 2 | 营业执照复印件 |
| 3 | 保健食品注册证明文件或备案证明 |
| 4 | 产品配方和生产工艺等技术材料 |
| 5 | 产品标签、说明书样稿 |
| 6 | 生产场所及周围环境平面图 |
| 7 | 各功能区间布局平面图（标明生产操作间、主要设备布局以及人流物流、净化空气流向） |
| 8 | 生产设施设备清单 |
| 9 | 保健食品质量管理规章制度 |
| 10 | 保健食品生产质量管理体系文件 |
| 11 | 保健食品委托生产的，提交委托生产协议 |
| 12 | 申请人申请保健食品原料提取物生产许可的，应提交保健食品注册证明文件或备案证明，以及经注册批准或备案的该原料提取物的生产工艺、质量标准 |
| 13 | 申请人申请保健食品复配营养素生产许可的，应提交保健食品注册证明文件或备案证明，以及经注册批准或备案的复配营养素的产品配方、生产工艺和质量标准等材料 |
| 14 | 申请人委托他人办理保健食品生产许可申请的，代理人应当提交授权委托书以及代理人的身份证明文件 |
| 15 | 与保健食品生产许可事项有关的其他材料 |

新开办保健食品生产企业或新增生产剂型的，可以委托生产的方式，提交委托方的保健食品注册证明文件，或以"拟备案品种"获取保健食品生产许可资质。申请保健食品原料提取物和复配营养素生产许可的，应提交保健食品注册证明文件或备案证明，以及注册证明文件或备案证明载明的该原料提取物的生产工艺、质量标准，注册证明文件或备案证明载明的该复配营养素的产品配方、生产工艺和质量标准等材料。

### （三）技术审查

**1. 书面审查** 技术审查部门按照《保健食品生产许可书面审查记录表》的要求，对申请人的申请材料进行书面审查，并如实填写审查记录。技术审查部门应当核对申请材料原件，需要补充技术性材料的，应一次性告知申请人予以补正。申请材料基本符合要求，需要对许可事项开展现场核查的，可结合现场核查核对申请材料原件。

**2. 现场核查**　书面审查合格的，技术审查部门应组织审查组开展保健食品生产许可现场核查。审查组一般由 2 名以上（含 2 名）熟悉保健食品管理、生产工艺流程、质量检验检测等方面的人员组成，其中至少有 1 名审查员参与该申请材料的书面审查。审查组实行组长负责制，与申请人有利害关系的审查员应当回避。审查人员确定后，原则上不得随意变动。审查组应当制定审查工作方案，明确审查人员分工、审查内容、审查纪律以及相应注意事项，并在规定时限内完成审查任务，做出审查结论。负责日常监管的食品药品监管部门应当选派观察员，参加生产许可现场核查，负责现场核查的全程监督，但不参与审查意见。

### （四）行政审批

许可机关收到技术审查部门报送的审查材料和审查报告后，应当对审查程序和审查意见的合法性、规范性以及完整性进行复查。许可机关认为技术审查环节在审查程序和审查意见方面存在问题的，应责令技术审查部门进行核实确认。许可机关对通过生产许可审查的申请人，应当做出准予保健食品生产许可的决定；对未通过生产许可审查的申请人，应当做出不予保健食品生产许可的决定。食品药品监管部门按照"一企一证"的原则，对通过生产许可审查的企业，颁发《食品生产许可证》，并标注保健食品生产许可事项。

## 三、生产许可的变更、延续、注销、补办

### （一）变更

申请人在生产许可证有效期内，变更生产许可证载明事项的，以及变更工艺设备布局、主要生产设施设备，影响保健食品产品质量安全的，应当在变化后 10 个工作日内，按照《保健食品生产许可申请材料目录》的要求，向原发证的市场监督管理部门提出变更申请。市场监督管理部门应按照本细则的要求，根据申请人提出的许可变更事项，组织审查组、开展技术审查、复查审查结论，并做出行政许可决定。

### （二）延续

申请延续保健食品生产许可证有效期的，应在该生产许可有效期届满30个工作日前，按照《保健食品生产许可申请材料目录》的要求，向原发证的市场监督管理部门提出延续申请。申请人声明保健食品关键生产条件未发生变化，且不影响产品质量安全的，省级市场监督管理部门可以不再组织现场核查。申请人的生产条件发生变化，可能影响保健食品安全的，省级市场监督管理部门应当组织审查组，进行现场核查。

### （三）注销

申请注销保健食品生产许可的，申请人按照《保健食品生产许可申请材料目录》的要求，向原发证的市场监督管理部门提出注销申请。

### （四）补办

保健食品生产许可证件遗失、损坏的，申请人应按照《食品生产许可管理办法》的相关要求，向原发证的市场监督管理部门申请补办。

# 第四节 保健食品质量管理

随着人民生活水平的提高及消费意识的改变，越来越多的消费者有能力购买调节机体功能，并且无药物毒副作用的保健食品。为了满足广大消费者的需求，我国政府相关职能部门颁布实施了一系列标准与法规，对于保健食品的生产原料、生产环境、加工、包装、贮存运输及销售等各个环节有着严格的监督与管理，保障保健食品的质量与安全。

在食品药品生产领域，良好生产规范（GMP）是一种普遍采用的注重在生产过程中对产品质量实施自主性管理的质量管理体系，是我国在保健食品生产企业强制推行的一套国家标准，1998 年，我国卫生部颁布了《保健食品良好生产规范》（GB 17405—1998），要求生产保健食品企业从原料、人员、设施设备、生产过程、包装运输、质量控制等方面按照国家相关法律法规达到质量安全要求，形成一套科学的、操作性强的作业规范，帮助企业改善卫生环境，及时发现生产过程中存在的问题并加以改善，预防和控制各种有害因素危害食品安全，保障保健食品食用者（特定人群）的身体健康和生命安全。

为贯彻落实《食品安全法》及其实施条例对保健食品实行严格监管的要求，加强保健食品生产管理，2011 年，国家食品药品监督管理局（食药监保化函〔2011〕548 号）拟订了《保健食品良好生产规范（修订稿）》。

## 一、对从业人员的要求

保健食品生产企业应配备与生产相适应的具有食品科学、预防医学、药学、生物学等相关专业知识技术人员和具有生产经验及组织能力的管理人员。专职技术人员的比例应不低于职工总数的 5%。

企业负责人是保健食品质量安全的主要责任人，全面负责企业日常管理，应熟悉保健食品相关的法律法规，对本规范的实施负责。生产管理负责人和质量管理负责人应具有与所从事专业相适应的大专以上学历，或中级技术职称，具有至少三年从事保健食品生产和质量管理的实践经验，接受过与所生产产品相关的专业知识培训。

保健食品生产企业应有专职的质检人员，质检人员必须具有中专以上学历，并经过相关培训。与生产质量有关的所有人员应定期进行保健食品相关法律法规、规范标准和卫生知识培训，掌握所从事岗位的技能和要求。直接接触保健食品的从业人员必须经过健康检查，取得健康证明后方可上岗。并且每年必须进行一次健康检查。应采取适当措施，避免患有消化道传染病及有碍食品安全疾病的人员从事直接接触保健食品的工作。建立个人卫生操作规程，最大限度地降低人员对保健食品生产造成污染的风险。

进入生产区人员应按规定程序进行洗手、消毒和更衣，不得化妆和佩戴饰物。工作服的选材、式样及穿戴方式应与生产操作和空气洁净度级别要求相适，不同洁净级别区域的工作服不得混用。生产区不得存放非生产物品和个人杂物，不得从事与生产无关的活动。

## 二、厂房与设施要求

### （一）厂房选址、环境及布局要求

厂房的选址必须符合保健食品生产的要求。厂区周围不得有粉尘、有害气体、放射性物质、垃圾处理场和其他扩散性污染源，不得有昆虫大量滋生的潜在场所，避免危及产品安全。保健食品生产企业必须有整洁的生产环境。厂区的地面、路面及运输等不应对保健食品的生产造成污染；生产、行政、生活和辅助区的总体布局应合理，不得互相妨碍。

厂房建筑结构完整，并能满足生产工艺和质量、卫生及安全生产要求，并考虑使用时便于进行清洁工作，并有防止昆虫和其他动物的进入的设施。按生产工艺流程及所要求的洁净级别进行合理布局，厂区和厂房内的人、物流走向合理，防止交叉污染。应根据保健食品品种、生产操作要求及外部环境状况配置空气净化系统，使生产区有效通风，并有温度控制、必要的湿度控制和空气净化过滤，保证保健食品的生产环境。建立厂房及设施的保养维修制度，定期对厂房及设施进行保养维修，并做好记录；保养维修时应采取适当措施，避免对保健食品的生产造成污染。厂区、车间、工序和岗位均按要求制定场所、设备和设施等的清洁消毒规程。厂区应定期或在必要时进行除虫灭害工作，采取有效措施防止鼠类、蚊蝇、昆虫等的聚集和孳生，并对除虫灭害工作建立制度和记录。

### （二）设施与设备要求

厂房应当有应急照明设施。人流通道应当按要求设置合理的洗手、消毒、更衣设施，人流物流通道应当设置必要的缓冲和清洁设施。应设置专门的废物传递窗。洁净室（区）应有捕尘和防止交叉污染的设施及压差指示的装置。排水设施应大小适宜，并安装防止倒灌的装置。动植物原材料生产操作场所应有良好的通风、除烟、除尘，降温设施。物料和成品的贮存场所应具备防火、照明、通风、避光设施。

生产设备应与生产品种和规模相适应，设备设置应根据工艺要求合理布局，避免引起交叉污染，上、下工序应当衔接紧密，操作方便。设备选型应符合生产和卫生要求，易于清洗、消毒或灭菌，便于生产操作和保养维修，并能防止差错和污染。与物料、中间产品直接或间接接触的所有设备与用具，应使用安全、无毒、无臭味或异味、防吸收、耐腐蚀、不易脱落且可承受反复清洗和消毒的材料制造。产品接触面的材质应当符合食品相关产品的有关标准。设备所用的润滑剂、冷却剂等不得对保健食品或容器造成污染。管道的设计和安装应当避免死角和盲管。

### （三）物料与成品要求

应制定保健食品生产所用原辅料和包装材料的采购、验收、贮存、发放和使用等管理制度。原辅料和包装材料应当符合相应的食品安全标准，建立原辅料和包装材料供应商管理制度，规定供应商的选择、审核和评估程序。原辅料和包装材料购进后应当对其来源、品种、质量规格、包装情况进行查验。

物料和成品应当设立专库（专区）管理。标签、说明书的内容应经企业质量管理部门校对无误后方可印制并由专人保管。物料和成品在运输和贮存过程中应当避免太阳直射、雨淋，强烈的温度、湿度变化与撞击等；在运输过程中，应当避免物料和成品受到污染及损坏。

## 三、生产过程监控

应根据保健食品注册批准的内容，制定生产工艺规程及岗位操作规程，以确保生产的保健食品达到规定的质量标准，并符合注册批准的要求。建立产品划分生产批次规定，编制生产批号和确定生产日期。每批产品均应当有相应的批生产记录，可追溯该批产品的生产与质量相关的情况。

每批产品生产应当按生产指令要求领用原辅料和包装材料，物料应当经过物料通道进入车间。生产过程应当按工艺规程和岗位操作规程控制各工艺参数，及时填写生产记录。中间产品应当进行产品质量控制和复核。每批产品应当进行物料平衡检查。生产过程中出现偏差时，应当按规定程序进行偏差处理。批生产记录应当按批号归档，保存至产品保质期后一年，不得少于两年。

## 四、质量管理

应建立有效的质量保证体系，质量保证体系应当涵盖实施本规范和控制产品质量要求的所有要素。应当建立完整的程序来规范质量管理体系的运行，并监控其运行的有效性。

### （一）质量管理制度的制定与执行

品质管理部门应当制定完善的质量管理制度，制度的内容至少应当包括：部门和关键岗位的质量管理职责；物料、中间产品和成品放行制度；物料供应商管理制度；物料、中间产品和成品质量标准和检验规范；取样管理制度；留样观察和稳定性考察制度；生产过程关键质量控制点的监控制度和监控标准；清场管理制度；验证管理制度；生产和检验记录管理制度；不合格品管理制度；质量体系自查管理制度；文件管理制度；质量档案管理制度等；实验室管理制度；上市产品安全性监测及召回制度。

### （二）原料及成品的质量管理

应制定原辅料、包装材料、中间产品和成品的内控质量标准。对生产用原辅料、包装材料和中间产品的供应商建立质量档案。按质量标准的要求对成品进行逐批检验，检验项目应当包括功效成分或标志性成分，合格后方可出厂，定期对产品进行安全性监测和稳定性考察。每批产品的检验记录应当包括中间产品和成品的质量检验记录。每批产品均应当有留样。定期对产品进行安全性和稳定性考察。

### （三）生产过程管理

应当根据所生产的品种和工艺确定生产过程的关键工艺参数和关键的质量控制点，对关键工艺参数和质量控制点应当进行监控并如实记录。并制定和执行偏差处理程序，重大偏差应当有调查报告。质量管理部门应独立行使物料、中间产品和成品的放行权。定期对洁净车间的洁净度、生产用水进行监控并及时采取措施。制定计量器具和检测仪器检定制度，定期对生产和检验中使用的计量器具和检测仪器进行校验。灭菌设备等关键设备、空气净化系统和水处理系统应当经过验证，定期以及发生运行异常后应当再验证。

### （四）质量管理文件要求

应建立完善的企业产品质量档案，质量档案内容包括：产品申报资料和注册批准文件、生产工艺和质量标准、原辅料来源及变更情况。应根据验证对象制定验证方案，经审核批准后实施，验证结论应存档。至少每年组织一次企业质量管理体系内部审核。按照预定的程序，对人员、厂房设施、设备、文件、生产管理、质量管理、产品销售、用户投诉和产品召回等项目进行全面检查，证实与本规范的一致性。对检查中发现的问题及时进行整改。自查和整改应当形成完整记录。

答案解析

1. 我国现行有效的保健食品法规主要有哪些？
2. 简述保健食品法律、法规、规章的概念及其区别。
3. 简述对保健食品进行注册与备案管理的必要性。
4. 我国保健食品生产许可申报所需材料有哪些？
5. 我国保健食品良好生产规范主要包括哪些内容？

书网融合……

本章小结

题库

**第六章**

# 降低发病风险功能性食品的应用

学习目标

**知识目标**

1. **掌握** 高脂血症、高血压、糖尿病的概念及临床症状；胃黏膜损伤、营养性贫血、骨质疏松、咽喉病的危害。
2. **熟悉** 造成睡眠障碍、便秘、肥胖的因素或发病机理及其防治措施。
3. **了解** 肥胖的测定方法；胃和胃黏膜的构成及生理作用；饮食与贫血的关系；骨密度与健康的关系。

**能力目标**

1. 掌握具有辅助降血脂、降血压、降血糖、减肥、缺铁性贫血的主要物质。
2. 会运用合适的润肠通便、保护胃黏膜、改善睡眠、改善骨密度、清咽润喉功能的原料设计产品配方，开发出相应的功能性食品解决常见问题。

**素质目标**

通过本章的学习，树立疾病预防的意识，跳出思维局限，学会从消费者角度去设计降低发病风险功能性食品。同时培养团队合作、创新精神、获取信息、分析问题和解决问题和语言表达能力。

随着我国人民生活水平的提高，其膳食结构发生了巨大的变化，高脂血症、高血压、高血糖、肥胖、心脑血管疾病、慢性疲劳综合征、肿瘤等突如其来的所谓现代"文明病"开始袭击着人们。当代"文明病"无时无刻不在影响着人们的日常工作和生活。

科技的发展不仅为人类的物质生活条件带来了前所未有的发展，也为当代"文明病"的繁殖和蔓延创造了滋生的土壤。城市化进程加快，不仅是社会生产力发展的标志，也意味着生活节奏的加快。尽管如此，社会进步并非是当代"文明病"的主要起因，最重要的还是人类对自身健康的忽视。开发具有调节血脂、调节血糖、调节血压、抗应激、改善慢性疲劳综合征等作用的功能性食品，具有十分深远的社会意义和科学意义，市场前景广阔。

## 第一节 有助于维持血脂健康水平功能性食品的应用

PPT

心血管疾病包括高脂血症、冠心病、心肌梗死、脑卒中、心力衰竭和高血压等，其主要起因是动脉粥样硬化。世界卫生组织（WHO）对动脉粥样硬化的定义是：动脉内壁沉积有脂肪、复合碳水化合物与血液中的固体物（特别是胆固醇），并伴随有纤维组织的形成、钙化等病变。动脉粥样硬化出现在脑部，可引起脑卒中等急性脑循环障碍，以及神经衰弱综合征、动脉硬化性痴呆、假性延髓麻痹等慢性脑缺血症状。动脉粥样硬化出现在心脏冠状动脉部位，则形成冠心病，可引起心绞痛、心肌梗死及急性心死亡。

从正常动脉到无症状的动脉粥样硬化、动脉狭窄需要十几年，甚至几十年的时间，但从无症状的动脉硬化到有症状的动脉硬化（如冠心病），则只需要数分钟。很多患者因毫无思想准备，也无预防措施，所以死亡率很高。在很多国家，其死亡率占所有疾病死亡率的前三位，占死亡率总数的30%～50%，由此带来的社会损失与经济损失很大。

近年来，我国国民血脂水平、高脂血症患病率均有明显增加，《中国居民营养与慢性病状况报告（2020年）》显示，我国18岁及以上居民高脂血症总体患病率高达35.6%。2023年数据调查显示，高胆固醇血症患病率为4.9%；高甘油三酯血症患病率为13.1%；低高密度脂蛋白胆固醇血症患病率为33.9%。根据流行病学调查、科学试验与临床观察显示，影响心血管疾病的危险因素主要是高脂肪膳食、吸烟、肥胖、高胆固醇血症、高甘油三酯血症、高血压和糖尿病等。虽然这些疾病与家族、遗传因素有关，也受行为是否健康、环境因素与社会因素等精神刺激的影响，但影响最大的还是高脂肪膳食、血中胆固醇水平、吸烟、体重与血压等因素。

脑血管疾病与心血管疾病一样，是由动脉硬化引起的，患者易由于中风而死亡。影响脑血管疾病的危险因素主要是高脂肪膳食、肥胖、高血压、糖尿病和缺血性心脏病等，这些因素与心血管疾病基本相似。预防心血管疾病的各种措施及相应的功能性食品，同样适用于脑血管疾病。

## 一、血脂和高脂血症的定义和分类

### （一）血脂的组成和分类

血脂是血液中脂质的总称，包括甘油三酯、胆固醇、胆固醇酯、磷脂和游离脂肪酸等。血浆中的脂质含量很少，但在机体代谢方面却发挥重要作用。脂质难溶于水，但它们在消化吸收和组织合成后均经血液运输。正常人血浆中所含有的相当数量脂质与脂蛋白（lipoprotein）结合在一起形成水溶性复合物，脂蛋白发挥着运载脂质的作用。

根据脂蛋白分子密集的不同，可将血浆脂蛋白分为四类：①乳糜微粒（chylomleron，CM）；②极低密度脂蛋白（very low density lipoprotein，VLDL）；③低密度脂蛋白（low density lipoprotein，LDL）；④高密度脂蛋白（high density lipoprotein，HDL）。

所有的血浆蛋白都由脂质和蛋白质组成，脂质主要包括甘油三酯、磷脂、胆固醇和胆固醇酯，不同脂蛋白的脂质组成主要是量的不同，较少有质的差异。脂蛋白中的蛋白质部分称为载脂蛋白（apolipoprotein，APO）。不同脂蛋白的载脂蛋白，既有量的不同，又具有质的差异。目前已发现人的载脂蛋白至少有17种，它们是决定脂蛋白结构功能与代谢的核心组分。

### （二）高脂血症的定义与种类

高脂血症（hyperlipemia）是指血液中胆固醇和（或）甘油三酯水平升高，可直接引起一些严重危害人体健康的疾病，如动脉粥样硬化、冠心病、胰腺炎等。人体内脂质的合成与分解保持着一个动态的平衡，正常人空腹浓度值（mg/100ml）：甘油三酯20～110，胆固醇及酯110～220（其中胆固醇酯占70%～75%），磷脂110～120。临床上所称的高脂血症，主要是指胆固醇高于220～230mg/100ml，甘油三酯高于130～150mg/100ml。高脂血症主要包括高胆固醇血症、混合型高脂血症和高甘油三酯血症。

高脂血症可分为原发性和继发性两类。原发性高脂血症与先天性和遗传有关，是由于单基因缺陷或多基因缺陷，使参与脂蛋白转运和代谢的受体、酶或载脂蛋白异常所致，或由于环境因素（饮食、营养、药物）和通过未知的机制而致。继发性高脂血症多发生于代谢性紊乱疾病（糖尿病、高血压、黏液性水肿、甲状腺功能低下、肥胖、肝肾疾病、肾上腺皮质功能亢进），或与其他因素年龄、性别、季节、饮酒、吸烟、饮食、体力活动、精神紧张、情绪活动等有关。

## 二、高脂血症的危害与防治

### （一）高脂血症的危害

**1. 引发动脉粥样硬化**  动脉粥样硬化（atherosclerosis，AS）是一种炎症性、多阶段的退行性复合性病变，导致受损的动脉管壁增厚变硬、失去弹性，管腔缩小。由于动脉内膜聚集的脂质斑块外观呈黄色粥样，故称为动脉粥样硬化。大量流行病学调查证明，血浆 LDL、VLDL 水平的持续升高和 HDL 水平的降低与动脉粥样硬化的发病率呈正相关。长期控制血胆固醇在合适的水平，可预防动脉粥样硬化；降低血胆固醇可以减少动脉粥样斑块。高甘油三酯血症是动脉粥样硬化的危险因素，而且对它的认识正在加深。在血脂代谢中，富含甘油三酯的脂蛋白参与动脉粥样硬化形成。

**2. 高脂血症对机体的影响**  长期高脂血症（高胆固醇、高三酸甘油酯、高低密度脂蛋白胆固醇等）是动脉粥样硬化的基础，脂质过多沉积在血管壁并由此形成的血栓，导致血管狭窄、闭塞，而血栓表面的栓子也可脱落而阻塞远端动脉，栓子来源于心脏的称心源性脑栓塞。因此，高脂血症是缺血性中风的主要原因。另一方面，高脂血症也可加重高血压，在高血压动脉粥样硬化的基础上，血管壁变薄而容易破裂，为此，高脂血症也是出血性中风的危险因素。

### （二）高脂血症的防治

在平衡膳食的基础上控制总能量和总脂肪，限制膳食饱和脂肪酸和胆固醇，保证充足的膳食纤维和多种维生素，补充适量的矿物质和抗氧化营养素。

**1. 控制总能量摄入**  能量摄入过多是肥胖的重要原因，而肥胖又是高脂血症的重要危险因素，故应该控制总能量的摄入，并适当增加运动，保持理想体重。

**2. 限制脂肪和胆固醇摄入**  限制饱和脂肪酸和胆固醇摄入，膳食中脂肪摄入量以占总热能 20% ~ 25% 为宜，饱和脂肪酸摄入量应少于总热能的 10%，适当增加单不饱和脂肪酸和多不饱和脂肪酸的摄入。鱼类主要含 ω-3 系列的多不饱和脂肪酸，对心血管有保护作用，可适当多吃。少吃含胆固醇高的食物，如猪脑和动物内脏等。胆固醇摄入量 <300mg/d。高胆固醇血症患者应进一步降低饱和脂肪酸的摄入量，并使其低于总热能的 7%，胆固醇 <200mg/d。

**3. 提高植物性蛋白的摄入**  蛋白质摄入应占总能量的 15%，植物蛋白中的大豆有很好地降低血脂的作用，所以应提高大豆及大豆制品的摄入。碳水化合物应占总能量的 60% 左右，要限制单糖和双糖的摄入，少吃甜食和含糖饮料。

**4. 保证充足的膳食纤维摄入**  膳食纤维能明显降低血胆固醇，因此应多摄入含膳食纤维高的食物，如燕麦、玉米、蔬菜等。

**5. 供给充足的维生素和矿物质**  维生素 E 和很多水溶性维生素以及微量元素具有改善心血管功能的作用，特别是维生素 E 和维生素 C 具有抗氧化作用，应多食用新鲜蔬菜和水果。

**6. 适当多吃保护性食品**  植物化学物具有心血管健康促进作用，鼓励多吃富含植物化学物的植物性食物，如洋葱、香菇等。

## 三、具有有助于维持血脂健康水平功能的物质

### （一）碳水化合物

膳食纤维对预防和改善心血管疾病具有重要的作用，这起因于纤维通过某种作用抑制或延缓胆固醇

与甘油三酯在淋巴中的吸收，促进体内血脂与脂蛋白代谢的正常进行。对这方面普遍的看法是，水溶性纤维对降低胆固醇有明显的效果，而水不溶性纤维的效果较差。小麦麸皮纤维对胆固醇水平几乎没有影响，而水溶性燕麦纤维的降血脂效果非常明显。

### （二）蛋白质

存在于大豆子叶中的某些蛋白组分，能与固醇类物质结合，从而阻止了它们的吸收并促进其排出体外，是一种颇引人关注的具有降低血清胆固醇功效的成分，这种成分的优越性体现在只对高脂血症患者起作用，对胆固醇值正常的人不起作用，因此具有很大的食用安全性。来自乳酪蛋白的 $C_6$、$C_7$ 和 $C_{12}$ 肽，来自鱼贝类的 $C_6$、$C_8$ 和 $C_{11}$ 肽，以及来自玉米、大豆蛋白的特种酶降解短肽，具有通过抑制血管紧张素转换酶的活力而使血压降低，对高血压患者非常合适。

### （三）维生素

维生素 $B_6$、维生素 C、维生素 E、泛酸与烟酸等，均具有降低胆固醇，防止胆固醇在血管壁沉积，并可使已沉积的粥样斑块溶解等作用，且均已进入临床实用阶段。不饱和脂肪酸与维生素 $C_6$、维生素 E 协同作用，可使双方的降血脂作用互为增强。维生素 E 还有预防不饱和脂肪酸可能发生的过氧化而造成的不良后果。维生素 A 有助于动脉粥样硬化损伤的恢复和降低血清胆固醇。

### （四）矿物元素

镁可防止诸如动脉粥样硬化、血凝过快、高血压、心律不齐和心肌代谢功能异常等心血管疾病，也能防止因衰老而出现的动脉钙沉积（动脉硬化）。锌对镉的毒性有拮抗作用，有助于防止各种心血管疾病。肾脏中低的锌镉比与动脉粥样硬化和高血压两种症状密切相关。缺铜的幼年动物容易出现大动脉等主要血管的破裂、心脏肥大、心肌器质性病变等症状。缺碘会导致这些激素水平降低，通常伴随高胆固醇血症和动脉粥样硬化。硒作为酶的一部分，参与对有损于心肌的多不饱和脂肪酸形成的过氧化物的分解，并对镉的毒性具有拮抗作用。

### （五）脂类

流行病学观察和动物实验均表明，富含脂类的食品与心脑血管疾病有密切关系。饱和脂肪酸会提高血液胆固醇水平，多不饱和脂肪酸起降低胆固醇作用。膳食中的胆固醇也会提高血液胆固醇水平，但明显不如饱和脂肪的影响大。磷脂的功效是多方面的，如降低血清胆固醇与中性脂肪，明显改善动脉硬化与脂质代谢等。

**1. 小麦胚芽油** 富含天然维生素 E，包括 $\alpha-$、$\beta-$、$\gamma-$、$\delta-$生育酚和 $\alpha-$、$\beta-$、$\gamma-$、$\delta-$生育三烯酚。天然维生素 E 无论在生理活性上还是在安全性上，均优于合成维生素 E，7mg 小麦胚芽油的维生素 E 的效用相当于合成维生素 E 200mg；可降低胆固醇、调节血脂、预防心脑血管疾病等。在体内担负氧的补给和输送，防止体内不饱和脂肪酸的氧化，控制对身体有害过氧化脂质的产生；有助于血液循环及各种器官的运动；另具有抗衰老、健身、美容、防治不孕及预防消化道溃疡、便秘等作用。

**2. 米糠油** 脂肪酸组成比较完整，不饱和脂肪酸达 80%，还含有较多的维生素 E 及谷维素。具有降低血清胆固醇、预防动脉硬化、预防冠心病等作用。

**3. 紫苏油** $\alpha-$亚麻酸含量达 51%～63%。能显著降低较高的血清甘油三酯，抑制内源性胆固醇的合成，降低胆固醇，增高有效的高密度脂蛋白。还能抑制血小板聚集能和血清素的游离能，从而抑制血栓疾病（心肌梗死和脑血管栓塞）的发生。与其他植物油相比，可降低临界值血压（约10%），从而预防出血性脑中风。

**4. 沙棘（籽）油** 含有亚油酸、$\gamma-$亚麻酸等多不饱和脂肪酸，以及维生素 E、植物甾醇、磷脂、黄酮等。能明显降低外源性高脂血症大鼠血清总胆固醇。能显著提高小鼠巨噬细胞的吞噬百分率和吞噬指数，增强巨噬细胞溶酶体酸性磷酸酶非特异性酯酶活性，有增强巨噬细胞功能作用。

**5. 葡萄籽油** 其总不饱和脂肪酸约92%，另含维生素 E 360mg/kg，$\beta$-胡萝卜素 42.55mg/kg。能预防肝脂和心脂沉积，抑制主动脉斑块的形成，清除沉积的血清胆固醇，降低低密度脂蛋白胆固醇，同时提高高密度脂蛋白胆固醇；防治冠心病，延长凝血时间，减少血液还原黏度和血小板聚集率，防止血栓形成，扩张血管，促进人体前列腺素的合成。还有营养脑细胞、调节植物神经等作用。

**6. 深海鱼油** 富含 EPA 和 DHA 等多不饱和脂肪酸。其中 DHA 等多烯脂肪酸与血液中胆固醇结合后，能将高比例的胆固醇带走，以降低血清胆固醇。抑制血小板凝集，防止血栓形成。以预防心血管疾病及中风。其中 DHA、EPA 能够使前列腺素 $E_2$ 产生减少，解除前列腺素 $E_2$ 对各种免疫细胞的抑制作用，增强免疫系统对肿瘤细胞的监视和杀伤功能。此外，DHA、EPA 可增加细胞膜的柔软性，使免疫细胞活动能力增加，有利于免疫细胞的信息传递和杀伤肿瘤细胞。

**7. 玉米（胚芽）油** 含不饱和脂肪酸约86%，不含胆固醇，富含维生素 E（脱臭后约含 0.08%）。所含大量的不饱和脂肪酸可促进粪便中类固醇和胆酸的排泄，从而阻止体内胆固醇的合成和吸收，以避免因胆固醇沉积于动脉内壁而导致动脉粥样硬化。因富含维生素 E，可抑制由体内多余自由基所引起的脂质过氧化作用，从而达到软化血管的作用。另对人体细胞分裂、延缓衰老有一定作用。

### （六）植物活性成分

存在于人参、山楂、山楂叶、大蒜、洋葱、灵芝、香菇、银杏叶、茶叶、柿子叶与竹叶中的皂苷、黄酮类等功效成分，对降血脂效果明显，可由此分离提取出有效成分并应用在功能性食品上。存在于香菇中的香菇嘌呤，可降低所有血浆脂质，包括胆固醇和甘油三酯等，游离胆固醇的降低程度较酯类更明显。

**1. 银杏叶提取物** 富含银杏黄酮类、银杏（苦）内酯、白果内酯。可通过软化血管、消除血液中的脂肪，降低血清胆固醇。能增加脑血流及改善微循环，这主要由于它所含的银杏内酯具有抗血小板激活因子（platelet activating factor，PAF）的作用，能降低血液黏稠度和红细胞聚集，从而改善血液的流变性。能消除羟自由基、超氧阴离子和一氧化氮，抑制脂质过氧化，其作用比维生素维生素 E 更持久。

**2. 山楂提取物** 富含山楂黄酮类，包括金丝桃苷、槲皮素、牡荆素、芦丁、表儿茶素等；另有绿原酸、熊果酸等。能显著降低血清总胆固醇，增加胆固醇的排泄。山楂核醇提取物可降低总胆固醇 33.7%~62.8%，低密度和极低密度脂蛋白胆固醇 34.4%~65.6%，减少胆固醇在动脉壁上的沉积。山楂乙醇提取液有持久的减压作用。

## 四、有助于维持血脂健康水平功能性食品的应用案例

### （一）产品设计

红曲是一种天然的食品添加剂，安全性高，有助于人体健康。莫纳可林（monacolin，红曲素）类物质是红曲霉的代谢产物，它们的分子结构很相似，差别只在于 R 基不同，莫纳可林类物质主要有洛伐他汀和美伐他汀，可抑制胆固醇的合成。洛伐他汀不仅具有抑制羟甲基戊二酰辅酶 A（hydroxy methylglutaryl coenzyme A，HMG-CoA）还原酶的作用，还可增加肝细胞表面低密度脂蛋白受体的表达，并具有升高高密度脂蛋白浓度的作用，因此，有很强的降低血清胆固醇的作用。用莫纳可林 J 开发出疗效更好的半合成药——辛伐他汀，有较好的降低血清胆固醇的作用。

根据原国食药监许〔2010〕2 号"关于以红曲等为原料保健食品产品申报与评审有关事项的通知"要求，产品中洛伐他汀应当来源于红曲，总洛伐他汀推荐量每日暂定不超过 10mg。原卫生相关部门已批红曲单方为保健食品较多，洛伐他汀每日摄取量 3.3~9.6mg 有辅助降血脂的保健功能。考虑到本品

为高含量红曲，设计为每人每天摄入 3 粒，折合每天摄入洛伐他汀 9mg。

本产品以红曲为原料制成的保健食品，其主要功效成分为洛伐他汀，设计每天洛伐他汀摄入量为 9mg。洛伐他汀按 QB/T 2847 –2007《功能性红曲米（粉）》规定的方法进行检验。

### （二）生产工艺

**1. 过筛** 将符合洛伐他汀含量的红曲过 60 目筛，备用。

**2. 装囊** 将总混料和空心胶囊分别加入各自料斗中，操作胶囊机进行胶囊填充，随时注意胶囊填充量（每粒 0.3g），调节填充量，使填充出来的胶囊符合质量标准要求，及时剔除不合格的胶囊。

**3. 磨光** 将填充好的胶囊加入胶囊磨光机料斗中进行胶囊磨光，及时剔除外观不合格的胶囊。

**4. 半成品检验** 收集磨好的胶囊装入有内衬洁净塑料袋的塑料桶中，扎紧盖口，桶内外贴有标识物料标签、批号、数量等的状态标志，送入胶囊中间站办理交接手续，填写半成品请验单，检验感官指标、水分、粒净含量。

**5. 分装** 按物料进入车间程序领取质量检验合格的塑料瓶和胶囊半成品，按包装规格配好包装模板和装好塑料瓶将胶囊半成品加入料斗中，操作包装机进行胶囊的塑料瓶包装（60 粒/瓶）。

**6. 外包装** 领取经质量检验合格的外包装材料腐乳内包装产品，按包装要求进行外包装，装纸盒和大纸箱，将包装好的产品送入成品待检室，填写成品请验单，检验合格后领取产品合格证，封箱打包入库并办理入库手续。

# 第二节　有助于维持血糖健康水平功能性食品的应用

糖尿病是由于体内胰岛素不足而引起的以糖、脂肪、蛋白质代谢紊乱为特征的常见慢性病，是全球高发慢性病中患病人数增长最快的疾病，是导致心血管疾病、失明、肾衰竭以及截肢等重大疾病的主要病因之一。随着经济的发展和人们饮食结构的改变，以及人口老龄化，糖尿病患者迅速增加。随着物质文明的发达和人口老龄化的加剧，糖尿病的发病率还有明显的上升趋势。据统计，世界上糖尿病的发病率为 3% ~5%，50 岁以上的人均发病率为 10%。2023 年数据统计表明，全球有 5.4 亿成人糖尿病患者，中国占四分之一，是糖尿病第一大国。我国有近 1.4 亿成人糖尿病患者，每年医疗支出超过 1 万亿元，可见，糖尿病已成为严重危害国民健康并给社会带来沉重经济负担的重大公共卫生问题。

糖尿病是一种终身性疾病，其严重性在于并发症的发生率较高。患糖尿病 20 年以上的患者中有 95% 以上出现视网膜病变，糖尿病患者患心脏病的可能性较正常人高 2 ~4 倍，患脑卒中的危险性高 5 倍，一半以上的老年糖尿病患者死于心血管疾病。除此之外，糖尿病患者还可能并发肾病、神经病变、消化道疾病、口腔疾病、阳痿、皮肤和关节疾病及下肢动脉硬化闭塞症等。由于糖尿病并发症可以累及全身各个系统，因此给糖尿病患者精神和肉体上都带来很大的痛苦，而避免和控制糖尿病并发症的最好办法就是控制血糖水平。目前临床上常用的口服降糖药都有一定的副作用，可引起消化系统的不良反应，有些还引起麻疹、贫血、白细胞和血小板减少、头晕和乏力等。因此，寻找开发具有降糖作用的保健食品，以辅助药物治疗，在有效地控制血糖和糖尿病并发症的同时降低副作用已引起人们的关注。

## 一、糖尿病的定义与分类

### （一）糖尿病的定义

糖尿病是一组代谢综合征，是由于胰岛素分泌不足或靶细胞对胰岛素的敏感性下降（胰岛素抵抗）

等原因，而引起葡萄糖、脂肪、蛋白质及电解质、酸碱平衡等代谢紊乱的症状。本病以高血糖为共同主要特征，常伴有心血管系统、肾脏、神经系统、眼部等器官系统的慢性并发症，严重时可因酮症酸中毒、高渗性昏迷等急性代谢紊乱而威胁生命。空腹时血糖浓度超过 120mg/100ml 时称为高血糖（hyperglycemia），血糖含量超过肾糖阈值（160~180mg/100ml）时就会出现糖尿。持续性出现高血糖与糖尿，就是糖尿病（diabetes mellitus）。

### （二）糖尿病的分类

WHO 将糖尿病分为 1 型和 2 型糖尿病，1 型糖尿病多发生于青少年，2 型糖尿病多见于 30 岁以后中老年人。另外，还有妊娠期糖尿病，是由于妊娠期分泌的激素所致。

**1. 1 型糖尿病**　又称胰岛素依赖型糖尿病，常在 35 岁以前发病。患者体内胰岛素分泌不足，必须依赖外源胰岛素维持生命，也就是说患者从发病开始就需使用胰岛素治疗，并且终身使用。其病因在于 1 型糖尿病患者体内产生胰岛素的胰岛 B 细胞已经彻底损坏，从而完全失去了产生胰岛素的功能。在体内胰岛素绝对缺乏的情况下，就会引起血糖水平持续升高，出现糖尿病。

**2. 2 型糖尿病**　又称非胰岛素依赖型糖尿病。主要原因是胰岛素抵抗及相对胰岛素缺乏。所谓胰岛素抵抗，是指体内胰岛素并不少或反而多，但因组织对胰岛素不敏感，使其不能发挥作用，因而血糖升高。发病年龄多见于 40 岁以上成人，患者大多肥胖，发病之初多无感觉，常在体检或者有明显糖尿病症状时才发现。该型病情缓慢，血浆胰岛素分泌多，胰岛素受体呈不敏感性。患者血浆胰岛素水平基本在正常范围内，早中期不需要胰岛素治疗。患者应激时，易发生酮症酸中毒。

**3. 妊娠糖尿病**　是指妇女在怀孕期间患上的糖尿病。临床数据显示，有 2%~3% 的女性在怀孕期间会发生糖尿病，患者在妊娠之后糖尿病自动消失。妊娠糖尿病更容易发生在肥胖和高龄产妇，约 30% 的妊娠糖尿病妇女日后可能发展为 2 型糖尿病。

## 二、糖尿病的病因

目前关于糖尿病的病因尚未完全弄清，通常认为遗传因素、环境因素及两者之间复杂的相互作用是最主要的原因。

### （一）自身免疫系统缺陷

因为在 1 型糖尿病患者的血液中可查出多种自身免疫抗体，如谷氨酸脱羧酶抗体、胰岛细胞抗体等。这些异常的自身抗体可以损伤人体胰岛分泌胰岛素的 B 细胞，使之不能正常分泌胰岛素。而胰岛素是体内合成代谢的关键激素，在调节糖、脂肪、蛋白质代谢中有极其重要的作用。

### （二）遗传因素

目前的研究显示，遗传缺陷是 1 型糖尿病的发病基础，这种遗传缺陷表现在人第 6 对染色体的 HLA 抗原异常上。2 型糖尿病也有家族发病的特点，很可能与基因遗传有关，这种遗传特性 2 型糖尿病比 1 型糖尿病更为明显。例如，双胞胎中的一个患了 1 型糖尿病，另一个有 40% 的机率患此病；但如果是 2 型糖尿病，则另一个就有 70% 的机率患 2 型糖尿病。

### （三）肥胖

2 型糖尿病的一个重要因素是肥胖症。遗传原因可引起肥胖，同样也可引起 2 型糖尿病。苹果型肥胖人群的多余脂肪集中在腹部，比梨形肥胖人群更容易发生 2 型糖尿病。

### （四）妊娠激素异常

妊娠时胎盘会产生多种供胎儿发育生长的激素，这些激素对胎儿的健康成长非常重要，却可以阻断母亲体内的胰岛素作用，因此引发糖尿病。妊娠第24～28周是这些激素的高峰时期，也是妊娠型糖尿病的常发时间。

引起胰岛素抵抗的原因除以上因素外，环境因素也非常重要，如激素紊乱、药物影响、应激，特别是不合理的生活方式（摄取高能量、高脂、高糖饮食，精神过度紧张，酗酒等）。

## 三、糖尿病的临床表现

### （一）无症状期的表现

对于2型糖尿病患者，多因体检或其他疾病就诊时发现餐后尿糖阳性、血糖高，而空腹尿糖和血糖正常，或因伴发或并发动脉硬化、高血压、肥胖症和高脂血症等，或因发生迁延不愈的皮肤、胆道和泌尿系统感染，或因视力障碍发现糖尿病性视网膜病变，或因育龄女性的早产、死胎、巨婴、羊水过多而发现本病。对于1型糖尿病患者，可因糖尿病性侏儒、消瘦或酮症等而发现本病。通常又可将无症状期区分为以下三个时期。

**1. 糖尿病前期**　又称糖尿病倾向或潜隐性糖耐量异常，多见于糖尿病患者的子女、临床糖尿病患者的孪生者。主要临床特点为葡萄糖刺激后胰岛素释放曲线呈峰值较低或延迟，可能有糖尿病性微血管病变，但一般试验呈隐性。此时期的患者如能采取积极措施，有可能不发生糖尿病。

**2. 亚临床期**　在应激状态或妊娠后期表现为糖耐量减低、胰岛素释放曲线延迟、皮质素激发糖耐量试验阳性，但无症状。妊娠期间糖耐量降低而分娩后可以恢复的，称妊娠期糖尿病；如分娩后仍有高血糖、尿糖阳性和糖耐量减低者，可发展为隐性糖尿病或临床糖尿病。

**3. 隐性期**　此期葡萄糖耐量试验异常，空腹或餐后血糖均达糖尿病诊断标准，餐后尿糖可阳性，胰岛素释放曲线符合WHO糖尿病诊断标准。有的会出现糖尿病性视网膜病变或肾穿刺发现糖尿病性肾小球病变，但无"三多一少"症状。

### （二）症状期的表现

一般空腹血糖超过13.9mmol/L、24小时尿糖总量超过111mmol/L时，就会出现临床上的糖尿病症状。胰岛素依赖型糖尿病与非依赖型糖尿病在临床表现上存在许多区别。

胰岛素依赖型糖尿病多发生于青少年，起病较急，不少患者发病前有明确的诱因（如病毒感染等）。起病后"三多一少"和乏力症状明显或严重，有酮症倾向或有酮症酸中毒史。胰岛素分泌功能显著低下，葡萄糖刺激后血浆胰岛素浓度无明显升高。患者的生存依赖外源性胰岛素，且对胰岛素敏感。胰岛素非依赖型糖尿病多发生在40岁以上成年人和老年人，可有肥胖史，起病缓慢，"三多一少"症状较轻。不少人甚至无代谢紊乱症状，在非应激情况下不发生酮症。空腹血浆胰岛素水平正常、较低或偏高，对胰岛素较不敏感。超过10年病程的胰岛素依赖型糖尿病患者多死于糖尿病性肾病，而胰岛素非依赖型糖尿病患者多数死于心血管并发症。两种类型糖尿病均有的临床表现体现在以下六个方面。

**1. 多尿、烦渴和多饮**　由于血糖超过了肾糖阈而出现尿糖。尿糖使尿渗透压升高，导致肾小管回吸收水分减少，尿量增多。由于多尿、脱水及高血糖，导致患者血浆渗透压增高，引起烦渴、多饮，严重者出现糖尿病高渗性昏迷。

**2. 多食易饥**　由于葡萄糖的大量丢失，能量来源减少，患者必须多食补充能量来源。不少人空腹时出现低血糖症状，饥饿感明显，心慌、手抖和多汗。如并发自主神经病变或消化道微血管病变时，可出现腹胀、腹泻与便秘交替出现现象。

**3. 消瘦、乏力且虚弱**　2型糖尿病早期可致肥胖，但随时间的推移，因为蛋白质负平衡、能量利用减少、脱水及钠、钾离子的丢失等而出现乏力、软弱、体重明显下降等现象，最终发现消瘦。1型糖尿病患者消瘦明显。晚期糖尿病患者都伴有面色萎黄，毛发稀疏无光泽。

**4. 易感染** 由于蛋白质负平衡、长期的高血糖及微血管病变，患者可出现经久不愈的皮肤疖痈、泌尿系统感染、胆道系统感染、肺结核、皮肤及外阴霉菌感染和牙周炎等，部分患者可发生皮肤瘙痒症。

**5. 出现并发症** 急性并发症如酮症酸中毒并昏迷、乳酸酸中毒并昏迷、高渗性昏迷、水与矿物质平衡失调等。慢性并发症如脑血管并发症、心血管并发症、糖尿病肾病、视网膜病变、青光眼、玻璃体积血、植物或外周神经病变和脊髓病变等。

**6. 其他症状** 例如关节酸痛、骨骼病变、皮肤菲薄、腰痛、贫血、腹胀、性欲低下、阳痿不育、月经失调、不孕、早产或习惯性流产等，部分患者会出现脱水、营养障碍、肌萎缩、下肢水肿和肝大等体征。

## 四、糖尿病的防治原则

糖尿病是代谢性疾病，其发病和治疗都与饮食有密切的关系，尤其是 2 型糖尿病，控制饮食是必不可少的环节。糖尿病的饮食防治原则为控制能量的摄入，以淀粉为其主要能量来源，减少饱和脂肪和胆固醇的摄入，适当增加蛋白质的摄入，严格限制单双糖及其制品的摄入。

**1. 控制能量的摄入** 合理控制总能量摄入是糖尿病营养治疗的首要原则。糖尿病患者总热能应控制在同类人群的 80%，以淀粉作为其主要能量来源。当然，糖尿病患者的热能需要量以能维持正常体重为宜。凡肥胖者均需减少能量摄入来降低体重，使体重逐渐下降至理想体重 ±5% 的范围以配合治疗。儿童、孕妇、乳母及消瘦者则应适当增加 10% ~20% 能量摄入以增加体重。

**2. 增加多糖的摄入** 控制糖类的摄入量是控制血糖水平的关键。在总热能控制的前提下，适当增加糖类的摄入有利于糖尿病的治疗。开始治疗时进食 200g/d 左右主食，然后根据血糖和机体情况调整为 200 ~350g/d，具体摄入量也与劳动强度有关。一般轻体力劳动者主食 250 ~300g/d，中体力劳动者主食 300 ~400g/d，重体力劳动者主食 400 ~500g/d。

由于淀粉、纤维素多糖消化速率慢或不能消化，因此，糖尿病患者宜多食用粗粮和多糖，如玉米、荞麦、燕麦、红薯、全麦面粉、杂豆；少食甜味纯糖食品，如蜂蜜、麦芽糖、白糖、糕点、蜜饯、冰淇淋、甜饮料及甜味水果等。

**3. 增加膳食纤维的摄入** 流行病学调查和临床研究都已证实，膳食纤维有降低血糖和改善糖耐量的作用。膳食纤维在胃肠道内可与淀粉等碳水化合物交织在一起，延缓其消化、吸收；还有降脂、降血压、降低胆固醇和防止便秘的作用。摄入膳食纤维较高的人群，糖尿病发病率较低；糖尿病患者饮食中的纤维量增加，尿糖含量下降。但膳食纤维增加太多可影响矿物质元素的吸收，通常认为，每摄入 1000kal 能量补充 12 ~28g 膳食纤维即可。

**4. 控制脂肪和胆固醇的摄入** 心脑血管疾病及高脂血症是糖尿病的常见并发症，因此糖尿病患者的饮食应适当降低脂肪供给量。另外，脂肪又是人体能量来源的一部分，糖尿病患者每天的脂肪供能以占总热能的 20% ~30% 为好。应限制动物脂肪和胆固醇的摄入，增加多不饱和脂肪酸的摄入，一般建议饱和脂肪酸、单不饱和脂肪酸、多不饱和脂肪酸之间的比例为 1 : 1 : 1；减少胆固醇的摄入量，少吃胆固醇含量高的食物，如动物内脏、鱼子、蛋黄等，总量应保持在 300mg/d 以下，如果有高胆固醇血症或高血压，摄入量应严格控制在 200mg/d 以下。

**5. 选用优质蛋白质** 糖尿病患者糖原异生作用增强，蛋白质消耗增加，常呈负氮平衡，要适当增加蛋白质供给。多选用大豆、鱼、禽、瘦肉等食物，优质蛋白质至少占总蛋白质的 1/3。蛋白质提供的热能以占总热能的 15% 左右为宜，或按每天 1.0 ~1.5g/kg 的量供给。孕妇、乳母营养不良或存在感染时，如肝肾功能良好，可按每天 1.5~2.0g/kg 的量供给。儿童糖尿病患者，则按每天 2.0~3.0g/kg 的量供给。肾功能不全者，应限制蛋白质的摄入，具体应根据肾功能的损害程度而定，一般按每天 0.5~0.8g/kg 的量供给。

**6. 提供丰富的维生素和无机盐** 无机盐及维生素是参与机体某些特殊生理功能的重要成分，糖尿病与其有密切的关系。维生素 C、维生素 $B_6$ 和维生素 $B_{12}$ 的充足与否，对糖尿病患者的血糖水平有很大的影响。微量元素硒、铜、铬对控制糖尿病情也有很大的作用。铬作为胰岛素正常工作不可缺乏的一种元素，参与人体能量代谢，并维持正常的血糖水平。葡萄糖耐受因子中含有铬，铬能促进非胰岛素依赖型糖尿病患者对葡萄糖的利用。另有研究表明，胰岛素依赖型糖尿病患者的头发中铬含量较低。缺锌或缺锰能破坏碳水化合物的利用，而添加这些元素后可得以明显改善。同样，缺钾可导致胰岛素释放不足，供给这种元素则可纠正。糖尿病患者在日常生活中，应多选用新鲜的果蔬来补充维生素和无机盐，摄入甜水果量较大时要注意替代部分主食。

**7. 食物多样化** 糖尿病患者的常用食品一般分为谷类、蔬菜、水果、大豆、奶、瘦肉、蛋、油脂 8 类。患者每天都应摄入这 8 类食物，每类选用 1~3 种。

**8. 合理安排饮食** 糖尿病患者的饮食能量餐次分配比特别重要。通常结合饮食习惯、血糖及尿糖升高时间、服用降糖药，尤其是注射胰岛素的时间及病情是否稳定，来确定其分配比例。进餐时间要定时、定量，一天可安排 3~6 餐。三餐比例为 1:1:1，也可为 1:2:2 或其他比例。尽可能少食多餐，防止一次进食量过多，加重胰岛负担；或一次进食量过少，发生低血糖或酮症酸中毒。

## 五、具有有助于维持血糖健康水平功能的物质

### （一）糖醇类

糖醇是单糖分子的醛基或酮基被还原成醇基，使糖转变为多元醇。糖醇虽然不是糖，但具有某些糖的属性。目前开发的有山梨糖醇、甘露糖醇、赤藓糖醇、麦芽糖醇、乳糖醇、木糖醇等，这些糖醇对酸、热有较高的稳定性，不容易发生美拉德反应，成为低热值食品甜味剂，广泛应用于低热值食品配方中。

**1. 主要性状**

（1）甜度 有一定甜度，但都低于蔗糖的甜度，因此可适当用于无蔗糖食品中低甜度食品的生产。它们的相对甜度（以蔗糖为 1.0）和热值见表 6-1。

表 6-1 糖醇的相对甜度

| 糖醇类 | 相对甜度 | 能量值/（kJ/g） |
| --- | --- | --- |
| 蔗糖 | 1 | 16.7 |
| 木糖醇 | 0.9 | 16.7 |
| 山梨糖醇 | 0.6 | 16.7 |
| 甘露糖醇 | 0.5 | 8.4 |
| 麦芽糖醇 | 0.8~0.9 | 8.4 |
| 乳糖醇 | 0.35 | 8.4 |
| 异麦芽酮糖醇 | 0.3~0.4 | 8.4 |
| 氢化淀粉水解物 | 0.45~0.6 | 16.7 |
| 赤藓糖醇 | 0.7~0.8 | 1.7 |

总的来说，除了木糖醇其甜度和蔗糖相近，其他糖醇的甜度均比蔗糖低。

（2）热值 大多低于（或等于）蔗糖。糖醇不能完全被小肠吸收，其中有一部分在大肠内由细菌

发酵，代谢成短链脂肪酸，因此热值较低。适用于低热量食品，或作为高热量甜味剂的填充剂。

（3）**热稳定性**　糖醇不含有醛基，无还原作用，不能像葡萄糖作还原剂使用；比蔗糖有较好的耐热性，在焙烤食品中替代蔗糖时，不产生美拉德反应（褐变反应），因而适合制造色泽鲜艳的食品，而作面包甜味料时，则不会产生令人好感的色彩和香味。

**2. 生理功能**

（1）**不引起血糖波动**　在人体的代谢过程中与胰岛素无关，不会引起血糖值和血中胰岛素水平的波动，可用作糖尿病和肥胖患者的特定食品。

（2）**防龋齿性**　可抑制引起龋齿的突变链球菌的生长繁殖，从而预防龋齿。并可阻止新龋齿的形成及原有龋齿的继续发展。

（3）**调节肠道功能**　有类似于膳食纤维的功能，具有预防便秘、改善肠道菌群、预防结肠癌等作用。糖醇类在大剂量服用时，一般都有缓泻作用（赤藓糖醇除外）。

### （二）蜂胶

蜂胶是蜜蜂从植物叶芽、树皮内采集所得的树胶混入工蜂分泌物和蜂蜡而成的混合物。由于原胶中含有杂质而且重金属含量较高，不能直接食用，必须经过提纯、去杂、去除重金属如铅等之后才可用于加工生产各种蜂胶制品。此外，蜂胶的来源和加工方法对于蜂胶的质量影响很大。

**1. 主要成分**　树脂 50%～55%，蜂蜡 30%～40%，花粉 5%～10%。主要功效成分有黄酮类化合物，包括白杨黄素、山奈黄素、高良姜精等。

**2. 生理功能**　具有调节血糖的功能，并能防治有糖尿病所引起的并发症。能显著降低血糖，减少胰岛素的用量，能较快恢复血糖正常值。蜂胶本身是一种广谱抗生素，具有杀菌消炎的功效。糖尿病患者血糖含量高，免疫力低下，容易并发炎症，蜂胶可有效控制感染，使患者病情逐步得到改善。

### （三）南瓜

20 世纪 70 年代日本即用南瓜粉治疗糖尿病，但至今对南瓜降糖的作用机制并不明确，有的认为主要是南瓜戊糖；有的认为主要是果胶和铬，因果胶可延缓肠道对糖和脂类的吸收，缺铬则使糖耐量因子无法合成而导致血糖难以控制。

### （四）铬

铬是葡萄糖耐量因子的组成部分，缺乏后可导致葡萄糖耐量降低。所谓"葡萄糖耐量"，是指摄入葡萄糖使血糖上升，经血带走后使血糖迅速恢复正常的能力。其主要作用是协助胰岛素发挥作用。缺乏后可使葡萄糖不能充分利用，从而导致血糖升高，有可能导致 2 型糖尿病的发生。

### （五）番石榴叶提取物

番石榴叶提取物的主要成分是多酚类物质、皂苷、黄酮类化合物、植物甾醇和若干精油成分。将番石榴叶的 50% 乙醇提取物按 200mg/kg 量经口授于患有 2 型糖尿病的大鼠，血糖值有类似于给予胰岛素后的下降，显示出类似胰岛素的作用。

## 六、有助于维持血糖健康水平功能性食品的应用案例

### （一）产品设计

苦瓜具有降血糖、抗肿瘤、抗菌、免疫调节等多种药理活性，其中降血糖最为显著。绞股蓝具有抗肿瘤、抗血小板凝集、抗心肌缺氧、降血糖、降血脂、保肝、抗衰老、增强记忆力等作用。山药具有补益强壮、补益脾胃、降血糖、抗氧化等作用。蜂胶具有降血脂、降血糖、软化血管等作用。吡啶甲酸铬

为哺乳类动物（包括人）肝、肾内产生的氨基酸代谢产物，具有降血糖功能，可通过细胞膜直接作用于组织细胞，能增强胰岛素细胞活性，改善人体代谢。

本产品以苦瓜皂苷提取物、绞股蓝皂苷、山药多糖、蜂胶、吡啶甲酸铬按比例配伍，通过各食品功能因子的协同调节血糖的原理，研制有降糖作用的复方制剂。通过处方优化研究，确定苦瓜皂苷用量为1.3～1.6g/d，绞股蓝皂苷用量为188～230mg/d，山药多糖用量为600～660mg/d，蜂胶总黄酮用量为37～46mg/d，吡啶甲酸铬用量为1～1.2mg/d。

### （二）生产工艺

**1. 工艺流程** 原料→检测→计量称重→混料→装填→抛光→内包装→外包装→检验→成品入库。

**2. 检测** 对各原料分别进行相应的感官、理化、微生物指标的检验，符合要求的则进行投料。

**3. 混料** 按照产品配方，对各种原料进行混合，由于配方中吡啶甲酸铬的用量较少，所以混合时采用等量递增的原则。

**4. 灌装硬胶囊** 采用全自动硬胶囊充填机装填，每粒350mg，负偏差限度为每粒35mg。

## 第三节 助于维持血压健康水平功能性食品的应用

许多疾病在发作之前总有各种征兆表明体内状况不佳，因此可在疾病加重之前采取防治措施以减轻对机体的危害。然而，作为现代文明病标志之一的高血压，通常被称为"无预兆"的疾病。由于高血压引起的后果总要等到对机体产生明显损害之后才被发觉，这往往已经太迟了。因此，高血压对人类的危害不可小视。

高血压是世界上最常见的心血管疾病，也是患病人数最多的慢性病之一，高血压若没有得到控制，经一段时间后会危及体内的最重要器官，特别是心脏、大脑和肾脏，是一种高发病率、高并发症、高致残率的一种严重疾病。2023年10月8日是第26个全国高血压日，国家心血管病中心的数据显示，我国18岁及以上居民高血压患病率达27.5%，也就是大约每4个成年人中就有1人是高血压患者，患病人数约为2.45亿。高血压在我国已成为严重危害人体健康的疾病之一。因此，抗高血压功能性食品的开发十分重要。

### 一、高血压的定义与分类

#### （一）高血压的定义

血压是血液冲到血管壁的一种压力，也是人体用来把血液从心脏送到组织去的动力。血压的两种表现方式：收缩压又叫高压，是心脏收缩末期所测得的压力；舒张压又叫低压，是心脏舒张末期所测得的压力。

高血压是血管收缩压与舒张压升高到一定水平而导致的对健康发生影响或发生疾病的一种症状。正常成年人的收缩压为90～140mmHg，舒张压为60～90mmHg。体循环动脉收缩压和（或）舒张压持续增高，当收缩压≥140mmHg和（或）舒张压≥90mmHg，即可诊断为高血压。需注意的是，正常机体在一天24小时内的血压不是固定不变的。体育运动、体力劳动、精神紧张、情绪激动、吸烟和寒冷时血压会出现暂时性的上升，而平静、休息或睡眠时血压会恢复至原来水平或更低。

#### （二）高血压的分类

**1. 原发性高血压** 原发性高血压又称初发性或自发性高血压，是自遗传因素与环境因素共同作用所致的多发病。其病程长，可引起多种并发症，如冠心病、中风等，这种类型高血压患者占总数的90%左右。可能是由于遗传、性别、年龄、肥胖和环境等因素综合造成的。

**2. 继发性高血压**　继发性高血压是由于某些疾病，如肾脏病、内分泌功能障碍、肾动脉狭窄、颅脑疾病等引起的，一般消除引起高血压的病因，高血压的症状即可消失。继发性高血压只占人群高血压的10%左右。

**3. 妊娠高血压**　妊娠高血压可以是一种继发性高血压，也可以是原有原发性高血压在妊娠期呈现和加重。妊娠高血压是妊娠期最为严重的并发症。

**4. 老年高血压**　由于老年时，大动脉管壁内弹性纤维逐渐自胶原纤维取代，致使血管壁弹性降低。

## 二、高血压的病因与症状

### （一）高血压的病因

**1. 遗传因素**　研究表明，只要祖父母一代有高血压、冠心病、脑中风病史，该儿童的血压就会偏高，其中以脑中风影响最强。而父母一代的影响又强于祖父母代，一般家族史阳性儿童高血压患病率是阴性组的3倍左右。

**2. 肥胖和超重**　这是环境中最重要和最具决定性的因素，不分种族、年龄和性别。肥胖不仅使血压升高，而且还会使动脉粥状硬化提前发生，还会造成高脂血症、糖尿病、脂肪肝。肥胖本身可使高血压的患病率提高2~3倍，但如与家族史阳性同时存在，则患病率不是简单的相加而是相乘的关系。

**3. 不良的膳食习惯**　凡饮食习惯偏咸、偏高脂肪及低钙、低钾、低镁、低纤维素者血压一般都偏高，因此合理的膳食对青少年预防高血压具有重要的作用。

**4. 吸烟等不良习惯**　吸烟与高血压的发生关系虽然不是非常明确，但是吸烟者的血清总胆固醇及低密度脂蛋白升高，高密度脂蛋白降低，血小板的黏附性增高、聚集性增强，凝血时间缩短，血浆中纤维蛋白原浓度升高，这些都可促进动脉粥样硬化。而且吸烟可引起青年冠心病、早发肺癌已成定论。

**5. 环境与职业**　有噪音的工作环境、过度紧张的脑力劳动均易引发高血压。情绪精神紧张时，人们的大脑皮层处于兴奋性高的状态，此时机体会释放肾上腺素、血管紧张素等物质，致使血管痉挛，血压增高。与体力劳动者相比，脑力劳动者的高血压患病率更高，尤其是从事精神紧张度高的职业者，发生高血压的可能性更大。

### （二）高血压的症状

大多数高血压患者起病隐匿，缺少典型症状。有的患者可表现为头晕、头痛、耳鸣、后颈部不适、记忆力下降、注意力不集中和失眠等。当出现心、脑、肾等靶器官损伤时，可表现为相应的临床症状。

## 三、高血压的危害与防治

### （一）高血压的危害

高血压若不及时治疗，会严重影响机体的心脏、大脑、肾脏等重要器官。高血压会使心脏泵血负担加重，心脏变大，但泵的效率降低，严重者可出现心力衰竭的征兆。高血压还是动脉粥样硬化的诱因之一。

**1. 脑卒中**　脑卒中是高血压最常见的一种并发症。卒中最严重的表现就是脑出血，而高血压是引起脑出血的最主要原因，人们称之为高血压性脑出血。高血压会使血管的张力增高，也就是将血管"绷紧"，久之血管壁的弹力纤维就会断裂，引起血管壁的损伤。同时血液中的脂溶性物质就会渗透到血管壁的内膜中，这些都会使脑动脉失去弹性，造成脑动脉粥样硬化。而脑动脉外膜和中层本身就比其他部位的动脉外膜和中层要薄。在脑动脉发生病变的基础上，若患者的血压突然升高，就会发生脑出血的可能。如果患者的血压突然降低，则会发生脑血栓。

**2. 冠心病** 冠心病是冠状动脉粥样硬化性心脏病的简称，是指冠状动脉粥样硬化导致心肌缺血、缺氧而引起的心脏病。血压升高是冠心病发病的独立危险因素。研究表明，冠状动脉粥样硬化患者60%～70%有高血压，高血压患者较血压正常者高4倍。

**3. 肾脏的损害** 高血压危害最严重的部位是肾血管，会导致肾血管变窄或破裂，最终引起肾功能的衰竭。

**4. 高血压性心脏病** 高血压性心脏病是高血压长期得不到控制的一个必然结果，高血压会使心脏泵血的负担加重，心脏变大，泵的效率降低，出现心律失常、心力衰竭从而危及生命。

### （二）高血压的防治

#### 1. 膳食营养因素与高血压

（1）食盐 摄入食盐过多，导致体内钠潴留，而钠主要存在于细胞外，使胞外渗透压增高，水分向胞外移动，细胞外液包括血液总量增多。血容量的增多造成心输出量增大，血压增高。对于敏感人群，中等量限制钠量即每天4～6g食盐，血压即可下降，症状也有好转。爱斯基摩人平均摄入食盐4g/d，患高血压病的患者较少。建议控制每日食盐的摄入量为5g左右，治疗时应该为3～4g。

（2）钾 动物实验证实，钾对心肌细胞有保护作用，富含钾的食物可以缓冲一部分钠太多的影响。钾摄入量的增加，可使钠的排出量增加而使血压下降。钾钠比例至少应大于1。通常可以多吃些含钾离子高的食物，或将钾盐与钠盐混合使用。如果出现低血钾症，临床上可以考虑药物补钾。含钾高的食物有毛豆、海带、黄豆、红小豆、香蕉、芹菜等。

（3）钙 高钙膳食有利于降低血压，可能和钙摄入高时的利尿作用有关，此时钠的排出增多，资料显示，每天摄入1000mg钙，连服8周可使血压下降；此外，高钙时血中降钙素的分泌增加，降钙素可扩张血管，有利于血压的降低。含钙高的食物有豆类及其制品、葵花子、核桃、牛奶、花生、虾皮、绿叶蔬菜等。

（4）脂肪 脂肪摄入过多，会导致机体能量过剩，使身体变胖、血脂增高、血液的黏滞系数增大、外周血管的阻力增大、血压上升。高血压患者不仅要限制脂肪的摄入总量，还要注意脂肪的饱和度。总量应控制在40～50g/d。尽量用多不饱和脂肪酸含量高的植物油，少用含饱和脂肪酸多的动物油，对预防血管破裂有一定作用。摄入的食物胆固醇含量太高，可引起高脂蛋白血症，促使脂质沉淀，加重高血压，营养学会推荐摄入食物胆固醇的含量以在300mg/d以下为好。

（5）蛋白质 总能量控制后，蛋白质摄入应为1g/（kg·d），植物蛋白质以占总蛋白质的一半以上为好。动物蛋白质尽量选用脂肪含量低的，如鸡、鸭、鱼、虾、牛奶等。

（6）碳水化合物 多糖类食物如淀粉、玉米、大米、糙米、面粉等，它们含有较丰富的膳食纤维，可以加快肠道蠕动，避免便秘，同时也可减少脑出血的机会；它们还可以加速胆固醇、盐等不利因素的排出，对预防和治疗高血压有一定好处。单糖类食物有升高血脂的作用，故应少吃。

（7）维生素C 维生素C可使胆固醇氧化，排出体外，改善血管的弹性，降低外周阻力，有一定的降压作用，并可延缓因高血压造成的血管硬化，预防血管破裂出血的发生。高血压患者应多摄入富含维生素C的食物，如新鲜水果、绿叶蔬菜等。

#### 2. 高血压的预防原则

（1）限制总热能的摄入 限制能量摄入的目的是将体重控制在标准范围内，体重每降低12.5kg，收缩压可降低10mmHg，舒张压降低7mmHg。体重过高与高血压的发病有密切的关系。临床上多数肥胖的高血压患者，通过控制热能降低体重后，血压也有一定的下降。控制体重还应增加适当的体育锻炼，如慢跑、散步、骑车等。热能的供应要根据患者的基础代谢、活动量综合考虑，以 1800～2300kcal/d 为宜。对于体重超重者，热能要比正常体重者减少 20%～30%，以每周体重减轻 1kg 为宜。在饮食中还要注意三餐热能的合理分配，特别应注意晚餐能量不宜过高。

（2）提倡戒烟、禁酒、适量饮茶　烟草中的成分会刺激血管、心脏，使心率过快、血管收缩、血压升高，长期大量吸烟，可引起小动脉的持续收缩，小动脉壁增厚而逐渐硬化，产生高血压、动脉粥样硬化，并增加并发症的严重性。吸烟的高血压者发生脑血管意外的危险性比不吸烟者高 4 倍。长期酗酒，对消化系统有直接影响，对心血管系统也会产生间接影响。它会加速脂肪、胆固醇在血管里的沉积，加速动脉硬化。茶叶中除含有多种维生素和微量元素外，还含有茶碱和黄嘌呤等物质，有利尿和降压作用，可适当饮用，通常以饮清淡的绿茶为宜。

（3）忌食某些食物　高血压患者禁忌的食物有肥猪肉、肥羊肉、肥鹅、肥鸭、猪皮、猪蹄、肝、肾、肺、脑、鱼子、蟹黄、全脂奶油、腊肠、冰激凌、巧克力、蔗糖、油酥甜点心、蜂蜜、各种水果糖等；刺激性食物，如辣椒、芥末、胡椒、咖喱、浓咖啡等。

高血压患者在注意合理营养的同时，应积极参加体育锻炼。长期有规律的有氧健身锻炼能改善和增强心血管功能，延缓和推迟心血管结构和功能的老化，并对脂代谢有良好影响，可有效地防治心脑血管疾病，起到强身健体和延年益寿的作用。

## 四、具有有助于维持血压健康水平功能的物质

### （一）萝布麻

萝布麻有红麻和白麻之分，具有利尿、消肿和降压作用。红萝布麻叶 3～6g 用开水冲泡饮用，有显著降压作用，白萝布麻也具降压作用。其降压因子可能是槲皮素和异槲皮素，后者在体内水解成前者而发挥作用。萝布麻对胃肠道有不良反应。

### （二）野菊花

野菊花具有消炎、杀菌、防腐和降压作用。其降压机制可能是使外周血管阻力降低、抑制交感神经中枢及血管运动中枢，并有抗肾上腺素作用。

### （三）芹菜

芹菜汁或芹菜酊均具降压作用，茎的降压作用大于根或叶，汁的作用比酊剂的强。芹菜中所含的芹菜素能对抗肾上腺素的升压作用；能阻止由条件反射性兴奋或抑制冲突而引起的血压升高；芹菜素可通过增加颈动脉窦压力感受器的传入冲动而影响延脑的心血管中枢，使交感缩血管中枢的活动降低，从而降低外周阻力，并使心抑制中枢的活动加强，而抑制心脏的活动，两者作用的结果使血压降低。

### （四）山楂

现代药理学研究证明，山楂中的黄酮、二萜酸等具有降压作用，其降压作用机制主要是使外周血管扩张。山楂既可降压，又可预防高脂血症、动脉粥样硬化和冠心病等。

### （五）大蒜

大蒜的杀菌作用是众所周知的，大蒜中的蒜辣素有抗菌作用。大蒜中的三硫烯丙基有扩血管作用，能抑制血小板的凝聚，因此能降低外周阻力，从而降低血压并防止血栓形成。此外，大蒜还具有降胆固醇、助消化和抑制肿瘤等作用。

### （六）葛根

葛根是豆科植物葛的根，从中提取的黄酮类化合物葛根总黄酮是治疗心脑血管病的有效药物，其中

主要成分是葛根素及其苷元。葛根素能降低血压、减慢心率，还能降低血浆肾素活性；葛根还能明显改善脑血流量，改善基底动脉循环，扩张冠状动脉，使冠脉血流量增多，心肌耗氧量减少。

### （七）灵芝

灵芝是中医药中的珍贵药材，其化学成分如多糖类、核苷类、甾醇类、生物碱等，具有广泛的药理活性，有镇静强心、耐缺氧和抗肿瘤等作用。研究表明，灵芝还具有调节微循环、增加毛细血管密度、降低血浆黏稠度的作用，利用其以上功能可改善高血压患者的微循环、血管流变学，从而达到协同降压的作用。

### （八）山绿茶

山绿茶是一种冬青科植物，其叶片提取物具有明显的降压作用。同时由于其安全性高、副作用少的优点，使其成为开发降压保健食品的重要原材料之一。

### （九）人参

人参皂苷是人参生理活性的主要物质基础，人参还含有挥发油、有机酸、人参酸等成分，有扩张血管和降压作用，人参可使高血压患者血压下降，而使低血压或休克患者血压上升。用阿托品后，降压作用明显减弱，故认为人参降压是由于阻滞 M 胆碱受体的结果。人参皂苷的降压作用还可能与其突触前膜受体 $\alpha_2$ 受体，以及减少交感递质释放有关。

### （十）利血平

利血平是一种从印度萝芙木的根中提取的生物碱，其降压作用较持久，作用原理与中枢和外周肾上腺素能神经末梢囊泡内去甲肾上腺素的耗竭有关。

## 五、有助于维持血压健康水平功能性食品的应用案例

### （一）产品设计

在整体人群，血压水平随年龄逐渐升高，以收缩压更为明显，但 50 岁后舒张压呈现下降趋势，脉压也随之加大。因此在改善生活方式的基础上，推荐使用 24 小时长效降压药物控制血压。目前治疗高血压均以西药治疗为主，但西药的治疗只能减缓高血压的发病率，缺少辅助性治疗高血压的饮品。

本产品设计一种用于辅助降血压的组合物，包括葛根、决明子、贡菊、山楂和枸杞，通过各组分的协同作用，有助于维持血压健康水平。葛根具有解肌退热、透疹、生津止渴、升阳止泻之功效。决明子具有清肝明目、润肠通便等多种药用价值。研究表明，决明子提取物静脉注射可以在不影响自发性高血压大鼠呼吸和心率的情况下降低大鼠的舒张压和收缩压，没有出现明显的副作用，疗效优于利血平。贡菊可治伤风感冒、疔疮肿毒、血压偏高及动脉粥样硬化等症。山楂具有消食健胃、行气散瘀的功效。研究表明，用山楂乙醇浸出物静脉给药，能使麻醉兔血压缓缓下降，可持续 3 小时。枸杞有补肾益精、补血安神、生津止渴、润肺止咳的功效。

产品总配方：葛根 15 份，决明子 24 份，贡菊 8 份，山楂 8 份，枸杞 7 份。

### （二）生产工艺

**1. 炮制** 将葛根、决明子、贡菊、山楂和枸杞这些辅助降血压的混合物按照份数称取后进行炮制处理。

**2. 粉碎** 将炮制后的用于辅助降血压的混合物粉碎成粉末，并搅拌均匀。

**3. 过筛** 粉碎后的用于辅助降血压的混合物过 100 目的筛得到细粉。

**4. 制丸** 将水和细粉按照 1∶12 进行调和，并制成 4.5g 的药丸。

PPT

**5. 包装** 将适当数量的药丸放入包装袋中密封备用。

# 第四节 有助于控制体内脂肪功能性食品的应用

从现代医学的角度看，肥胖（obesity）并非是"富态"，而是一种病态。肥胖病的发展趋势不容乐观，肥胖已成为人类健康的大敌。2023 年 8 月 17 日，《中国肥胖患病率及相关并发症：1580 万成年人的横断面真实世界研究》的研究报告绘制出了一幅数字版"中国肥胖地图"，数据显示，按照中国人的身体体质指数（body mass index，BMI）分级，我国总体超重人群占比 34.8%，肥胖人群占比 14.1%。超重和肥胖在男性中比女性更普遍，男性超重的比例为 41.1%，女性为 27.7%；男性肥胖比例为 18.2%，女性为 9.4%。由于肥胖症能引起代谢和内分泌紊乱，并常伴有糖尿病、动脉粥样硬化、高脂血症、高血压等疾患，因而肥胖症已成为当今一个较为普遍的社会医学问题。迄今为止，较为常见的预防和治疗肥胖症的方法有药物疗法、饮食疗法、运动疗法和行为疗法四种。

## 一、肥胖症的定义与分类

### （一）肥胖的定义

肥胖是指人体脂肪的过量贮存，表现为脂肪细胞增多和（或）细胞体积增大，即全身脂肪组织块增大，与其他组织失去正常比例的一种状态。常表现为体重超过相应身高所确定的标准值 20% 以上。

需特别指出的是，虽然肥胖常表现为体重超过标准体重，但超重者不一定都是肥胖。机体肌肉组织和骨骼如果特别发达、重量增加，也可使体重超过标准体重，但这种情况并不多见。肥胖病却必须是机体的脂肪组织增加，导致脂肪组织所占机体重量比例的增加。

腹部脂肪堆积是中国人肥胖的特点，中国人 BMI > 25 的比例明显低于欧美人，但腹型肥胖的比例却比欧美人高。研究发现，体质指数正常或接近正常的人，若腰围男性大于 101cm，女性大于 89cm，或腰围与臀围的比值男性大于 0.9，女性大于 0.85，其危害与体质指数高者一样大。这就提醒人们在判断胖与不胖及其危害大小的时候，不仅要重视体质指数的高低，还要测量腰围的大小。

### （二）肥胖的分类

**1. 单纯性肥胖** 为各类肥胖症中最常见的一种，这种肥胖者全身脂肪分布比较均匀，没有内分泌紊乱现象，也无代谢障碍性疾病，其家族往往有肥胖病史。

**2. 继发性肥胖** 由于内分泌紊乱或代谢障碍引起的一类疾病，而肥胖只是这类疾病的重要症状之一，同时还会有各种各样的临床表现。

（1）库欣氏综合征 肾上腺肿瘤或脑垂体肿瘤使肾上腺皮质功能亢进，产生大量的肾上腺皮质激素，造成体内脂肪合成上升并重新分布，呈向心性肥胖。

（2）下丘脑性肥胖 因下丘脑的"饱觉中枢"受损坏，丧失饱腹感，导致人进食过快，能量摄入过多而肥胖。

（3）脑垂体性肥胖 脑垂体肿瘤或妇女产后的大出血引起的"席汉综合征"，患者表现为肥胖，并且皮肤干燥、粗糙、少汗，出现黏液性水肿即非凹陷性水肿。

（4）高胰岛素血症 高胰岛素血症则是因肥胖引起胰岛素阻抗而形成的代偿性胰岛素增加，为冠心病、高血压、高脂血症、2 型糖尿病、肥胖、脑卒中等共同的发病基础。

（5）甲状腺功能减退症 患者多呈面貌呆滞状肥胖（黏液性水肿）。

**3. 药物引起的肥胖** 有些药物在治疗某种疾病的同时，还有使患者身体肥胖的副作用。如用肾上腺皮质激素药物治疗风湿病，患者往往会发生向心性肥胖。

## 二、肥胖的测定方法

针对肥胖病的定义，目前已建立了许多诊断或判定肥胖的标准和方法，常用的方法可分为三大类：人体测量法、物理测量法和化学测量法。

### （一）人体测量法

人体测量法包括身高、体重、胸围、腰围、臀围、肢体的围度和皮褶厚度等参数的测量。根据人体测量数据可以有许多不同的肥胖判定标准和方法，常用的有身高标准体重法、皮褶厚度和体质指数（BMI）三种方法。

**1. 身高标准体重法** 这是 WHO 极力推荐、文献中最常见的衡量肥胖的方法。

肥胖度（%）＝［实际体重（kg）－身高标准体重（kg）］/身高标准体重（kg）×100%

判断标准：肥胖度≥10% 为超重；20%～29% 为轻度肥胖；30%～49% 为中度肥胖；≥50% 为重度肥胖。

**2. 皮褶厚度法** 用皮褶厚度测量仪（Harpenden 皮褶卡钳）测量肩胛下和上臂肱三头肌腹处皮褶厚度，二者加在一起即为皮褶厚度。另外还可测量髂骨上嵴和脐旁 1cm 处皮褶厚度。

皮褶厚度一般不单独作为肥胖的标准，而是与身高标准体重结合起来判定。判定方法：凡肥胖度≥20%，两处的皮褶厚度≥80%，或其中一处皮褶厚度≥95%者为肥胖；凡肥胖度＜10%，无论两处的皮褶厚度如何，均为体重正常者。

**3. 体质指数** $BMI = 体重（kg）/［身高（m）］^2$，单位为 $kg/m^2$。

判断标准：BMI＜18.5 为慢性营养不良，18.5～25 为正常，BMI＞25 为超重或肥胖。

### （二）物理测量法

体脂物理测量法指根据物理学原理测量人体成分，从而推算出体脂的含量。这些方法包括全身电传导、生物电阻抗分析、双能 X 线吸收、计算机控制的断层扫描和磁共振扫描。其中后三种方法具有某些优越性，可测量骨骼重量和体脂在体内和皮下的分布。

### （三）化学测量法

化学测定方法的理论依据是中性脂肪不结合水和电解质，因此机体的组织成分可用无脂的成分为基础来计算。假设人体去脂体质（fat free mass，FFM）或称为瘦体质的组成是恒定的，那么通过分析其中一种组分（例如水、钾或钠）的量就可以估计 FFM 的重量，然后用体重减去 FFM 的重量就是体脂。

## 三、肥胖症的病因与危害

### （一）肥胖病的病因

肥胖的原因很多，包括遗传、病理、药物因素等。现代医学认为，肥胖同进食过多、饮食所含热能过高，超过了人体代谢、生长发育、生育哺乳以及生产劳动等热能消耗的需要有关。肥胖常常和饮食密切相关，许多不良饮食习惯（如偏食、暴饮暴食、嗜酒等）都易造成肥胖。因此，研究人员在认识上较为一致的看法是，肥胖是人体营养失去平衡及摄取过多脂肪和产热量较高的食物所致，不仅某些营养素过剩可引起肥胖，营养不良或某些营养素不足也可引起肥胖。

**1. 遗传因素** 肥胖在某些家族中特别容易出现，流行病学调查显示，肥胖的父母常有肥胖的子女；父母体重正常，其子女肥胖的概率约为 10%，而父母中一人或两人均肥胖者，其子女肥胖的概率分别可增至 50% 和 80%。所以说，遗传物质对肥胖的发生、发展有一定的影响。

**2. 神经系统** 下丘脑有两种调节摄食活动的神经核,腹内侧核为饱觉中枢,受控于交感神经中枢,兴奋时发生饱感而拒食,所以交感兴奋时食欲受抑制而消瘦;腹外侧核为饥饿中枢,受控于副交感神经中枢,兴奋时食欲亢进,且迷走神经兴奋时摄食增加,导致肥胖。

**3. 饮食和生活习惯**

(1) 饮食 进食营养过多可导致肥胖,饮食习惯对体脂的消长也有影响。晚餐过于丰富易发胖,餐次多比餐次少能减少脂肪的积聚。缺乏体力活动易使能量消耗少而能量相对过多,导致肥胖。

(2) 体力活动 体力活动是决定热能消耗多少最重要的因素,同时也是抑制机体脂肪积聚的一种最有效办法。体力活动消耗热能的多少与活动强度、活动时间以及对活动的熟练程度密切相关。所以肥胖现象很少发生在重体力劳动者或经常积极进行体育运动的人群中。人们在青少年时期,由于体力活动量大、基础代谢率高,肥胖现象较少出现;可是到中年以后,由于其活动量和基础代谢率下降,尤其是生活条件较好又很少进行体力活动的人群,过多的热能就会转变为体脂贮存起来,从而导致肥胖。

**4. 内分泌代谢紊乱** 内分泌腺分泌的激素参与调节机体的生理功能和物质代谢,例如甲状腺、肾上腺、性腺、垂体等分泌的激素直接或间接地调节物质代谢。如果内分泌腺功能失调或滥用激素药物,将引起脂肪异常而使脂肪堆积,出现肥胖。

### (二) 肥胖症的危害

肥胖是脂肪肝、高蛋白血症、动脉粥样硬化、高血压、冠心病、脑血管病的基础。肥胖者比正常者冠心病的发病率高 2～5 倍,高血压的发病率高 3～6 倍,糖尿病的发病率高 6～9 倍,脑血管病的发病率高2～3 倍。肥胖使躯体各脏器处于超负荷状态,可导致肺功能障碍(脂肪堆积、膈肌抬高、肺活量减小);骨关节病变(压力过重引起腰腿病);还可以引起代谢异常,出现痛风、胆结石、胰脏疾病及性功能减退等。肥胖者死亡率也较高,而且寿命较短。肥胖还易发生骨质增生、骨质疏松、内分泌紊乱、月经失调和不孕等,严重时会出现呼吸困难。

**1. 心血管疾病** 肥胖者的脂肪代谢特点主要表现为血浆游离脂肪酸、总胆固醇、甘油三酯和低密度脂蛋白含量增多,高密度脂蛋白含量降低。大量的脂肪组织沉积于人体的脏器、血管等部位,影响心脑血管、肝胆消化系统和呼吸系统等的功能活动,进而引发高脂血症、高血压、动脉粥样硬化、心肌梗死等疾病。随着肥胖程度的加重,体循环和肺循环的血流量增加,心肌需氧量也增加,心肌负荷大幅度增加,导致心力衰竭。

**2. 糖尿病** 据流行病统计表明,肥胖者患糖尿病的概率要比正常人高 3 倍以上,这与其胰岛素分泌异常有关。胰岛素是由胰岛 B 细胞分泌的,对血糖水平有重要的调节作用。胰岛素分泌增多,脂肪合成加强,导致肥胖,而肥胖又会加重胰岛 B 细胞的负担,久而久之,致使胰岛功能障碍,胰岛素分泌相对不足,使得血糖水平异常升高而形成糖尿病。

**3. 肿瘤** 肥胖者体内的微量元素,如血清铁、锌的水平都较正常人低,而这些微量元素又与免疫活性物质有着密切的关系,因此,肥胖者的免疫功能下降,肿瘤发病率上升。有人曾对中度肥胖者进行调查分析,结果男性患癌症的概率比正常人高 33%,主要为结肠癌、直肠癌和前列腺癌。女性患癌症的概率比正常人高 55%,主要为子宫癌、卵巢癌、宫颈癌、乳腺癌等。女性乳腺癌与子宫癌的发生均与肥胖而导致的体内雌激素水平异常升高密切相关。可见,肥胖能增加患癌的危险性。

**4. 脂肪肝** 肥胖者由于脂代谢异常活跃,导致体内产生大量的游离脂肪酸,进入肝脏后,即可合成脂肪,造成脂肪肝,出现肝功能异常。

## 四、肥胖的防治原则

### (一) 合理控制总热能

脂肪是人体热能的贮存形式,过多的营养物质转变为脂肪堆积在体内,达到一定水平,即为肥胖症。为了减肥必须控制热能的摄入，减少脂肪的摄入量。脂肪是产热能最高的能源物质，1g 脂肪经充分氧化，在体内可释放出 9kcal 热量，是糖和蛋白质的两倍。根据医学家的观察，肥胖人群的食物中脂肪量总是比其他热源性营养素多。由此可见，减少脂肪的摄入量在减肥中具有重要作用。

### （二）减少摄糖量

人体摄入过量糖，很容易转化成脂肪贮存在体内而引起肥胖，所以肥胖者应适当减少摄入糖的量，这类糖包括蔗糖、果糖、麦芽糖等。我们平时吃的水果糖、巧克力、甜点就属于这一类，肥胖的人要少吃或不吃这类甜食。对于多糖类的淀粉，如米、面、薯类的摄入也应适量，食入过多也可使热能过剩，引起肥胖。

### （三）多吃蔬菜

多吃蔬菜可以补充维生素和无机盐，如维生素 A、维生素 $B_6$、维生素 $B_{12}$、烟酸和铁、锌、钙等，这对脂肪的分解代谢起着重要作用。此外，蔬菜中含有膳食纤维和一些活性物质，能促进脂肪、糖类的代谢，起到减肥的作用。尤其是当肥胖者进食量减少时，人体的新陈代谢速度降低，易使人疲劳、情绪低落和紧张不安。如果多吃些蔬菜，可以消除饥饿感，新陈代谢的速度也不会下降，而且摄入的热能也较少。

### （四）充足饮水

现代科学研究发现，如果人体摄入水分不足，肾脏的正常生理功能就不能维持，加重了肝脏的负担，会影响肝脏对脂肪转化功能的发挥，使脂肪代谢减慢，造成脂肪堆积，体重增加。在减肥过程中，因脂肪代谢活动加强，产生的各种废物增多，需要更多的水分来排除废物。在正常情况下，每人每天需要饮水 2000ml 左右，而肥胖者每超过理想体重 13.5kg，则需增加饮水 500ml。充分饮水可使代谢运转正常，体重更易得到控制，所以，减肥时应适当增加饮水量，每天至少要饮 8 杯水（2000ml）。

### （五）适度控制饮食

控制饮食即节食，是减肥的措施之一。控制好情绪，调整好心态，以愉快的心情来对待节食，这是节食是否能成功的关键。节食量不可过大，不可急于求成，绝对不可将超出正常人 20% 以上的体重在几天之内降下来。节食是一种缓慢渐进而较长期的饮食控制行为，关键在于坚持。一般以每周减轻体重 0.5 ~ 1kg 为好。如果吃得过少，反而会引起饥饿，既对身体不利，又难持久坚持。

### （六）制定合理的进餐制度与饮食结构

据调查发现，在同一地区，在一天总食量相似的情况下，每天只进食一餐比每天进食两餐的人群发生肥胖的比例高，而每天进食两餐又比每天进食三餐发生肥胖的比例高。减肥者应合理安排一日三餐，每餐定时定量，吃好早餐，午餐适当增加，晚餐少吃，不得在睡前进食，要控制零食；要纠正挑食、偏食、暴饮暴食的不良习惯；要粗细、干稀、荤素搭配，适量摄入鱼、肉、蛋，不拒绝面食和谷类食品，要多吃杂粮、粗粮；食物多样化，不局限于某一种食物。

## 五、具有有助于控制内脂肪功能的物质

### （一）脂肪代谢调节肽

脂肪代谢调节肽由乳、鱼肉、大豆、明胶等蛋白质混合物酶解而得，肽长 3 ~ 8 个氨基酸碱基，主要由"缬 – 缬 – 酪 – 脯""缬 – 酪 – 脯""缬 – 酪 – 亮"等氨基酸组成。具有调节血清甘油三酯作用。当同时食用油脂时，可抑制脂肪的吸收和血清甘油三酯上升。其作用机制与阻碍体内脂肪分解酶的作用有关，因此对其他营养成分和脂溶性维生素的吸收没有影响。当脂肪代谢调节肽与高糖食物同时摄入

后，由于脂肪合成受阻，抑制了脂肪组织和体重的增加；当与高脂肪食物同时摄入时，能抑制血液、脂肪组织和肝组织中脂肪含量的增加，同时也抑制了体重的增加，可有效防止肥胖。

### （二）魔芋精粉和葡甘露聚糖

魔芋精粉主要由甘露糖和葡萄糖以 β-1,4 键结合的高分子量非离子型多糖类线型结构，魔芋精粉的酶解精制品称葡甘露聚糖。二者主要具有减肥作用，能明显降低体重、脂肪细胞大小。魔芋精粉能减少脂肪堆积的作用，但达到一定量后，加大剂量的效果不大。

### （三）乌龙茶提取物

乌龙茶提取的功效成分，主要为各种茶黄素、儿茶素以及它们的各种衍生物。此外，还含有氨基酸、维生素 C、维生素 E、茶皂素、黄酮、黄酮醇等许多复杂物质。乌龙茶中可水解单宁类在儿茶酚氧化酶催化下形成邻醌类发酵聚合物和缩聚物，对甘油三酯和胆固醇有一定结合能力，结合后随粪便排出，而当肠内甘油三酯不足时，就会动用体内脂肪和血脂经一系列变化而与之结合，从而达到减脂的目的。

### （四）L-肉碱

肉碱有 L 型、D 型和 DL 型，只有 L-肉碱才具有生理价值，D-肉碱和 DL-肉碱完全无活性，且能抑制 L-肉碱的利用，不得含有或使用，美国 FDA 1993 年禁用。由于 L-肉碱具有多种营养和生理功能，已被视作为人体的必需营养素。L-肉碱具有减肥作用，是动物体内有关能量代谢的重要物质，在细胞线粒体内使脂肪进行氧化并转变为能量，以减少体内脂肪积累，并使之转变成能量。

### （五）荞麦

荞麦中蛋白质的生物效价比大米、小麦要高；脂肪含量为 2%～3%，以油酸和亚油酸居多；各种维生素和微量元素也比较丰富；另含有较多的芦丁、黄酮类物质，具有维持毛细血管弹性、降低毛细血管渗透功能等作用。常食荞麦面条、糕饼等面食有明显降脂、降糖、减肥的功效。

### （六）红薯

红薯的蛋白质、脂肪、碳水化合物含量低于粮谷，但其营养成分含量适当，营养价值优于谷类，含有丰富的胡萝卜素、B 族维生素及维生素 C。红薯中含有大量的黏液蛋白质，具有防止动脉粥样硬化、降低血压、减肥、抗衰老作用。红薯中还含有丰富的胶原维生素，有阻碍体内剩余碳水化合物转变为脂肪的特殊作用。这种胶原膳食纤维素在肠道中不被吸收，吸水后使大便软化，便于排泄，可预防肠癌。胶原纤维与胆汁结合后，能降低血清胆固醇，逐步促进体内脂肪的消除。

## 六、有助于控制体内脂肪功能性食品的应用案例

### （一）产品设计

本产品设计为一种应用柚子皮制作的减肥茶，主要包括柚子皮、茶叶（绿茶和红茶）、甜茶、枸杞、槐米和桂枝。其中柚子皮性温，甜茶甘凉，槐米性微寒、味苦，绿茶性凉，红茶性温，桂枝性味辛、甘，温，用于克槐米、绿茶之寒凉，所以本发明配伍符合减肥的一个基本原则：不摄取让身体寒冷的食物。

柚子皮含有大量的有助于缓解便秘的纤维质，含糖量较低，并且富含柚皮苷和芦丁等黄酮类物质，有理气、止痛、化痰止咳作用，利于减肥。茶叶中的茶多酚具有提高新陈代谢、抗氧化、清除自由基等作用，可以激活脂肪甘油三酯脂肪酶作用及活化蛋白质激酶，减少脂肪细胞堆积，达到减肥的效果。茶碱、咖啡因可兴奋中枢，有利于减肥。甜茶富含氨基酸、微量元素、维生素等，另外甜茶中的甜茶素味

道极甜，可发挥抑制苦味的作用。枸杞中含有18种蛋白质，富含 $\beta$ - 胡萝卜素，热量较低，在发挥减肥作用的同时可抑制苦味。槐米润肠通便，含有的芦丁具有维持血管抵抗力、降低其通透性、减少脆性等作用，对脂肪浸润的肝有祛脂作用。

产品总配方：柚子皮 30 ~ 40 份，茶叶 5 ~ 8 份（绿茶和红茶 1：1），甜茶 5 ~ 8 份，枸杞 3 ~ 5 份，槐米 5 ~ 8 份，桂枝 5 ~ 8 份。

### （二）生产工艺

**1. 干燥** 将配方各组分原料进行低温（60℃）烘干，得各组分干燥物。

**2. 混匀** 先将茶叶为红茶和绿茶混用，红茶与绿茶质量比为 1：1。红茶选用普洱茶，绿茶选用碧螺春。然后，将柚子皮、桂枝碎成 0.1 ~ 0.5cm 大小，与茶叶、甜茶、枸杞、槐米一起混匀。

**3. 杀菌** 采用微波杀菌法杀菌，条件为：微波辐射处理时间设定为 70 秒，微波辐射功率设定为 10W/g。

**4. 包装** 包装成袋泡茶，每袋 2g 或 5g，即得减肥茶成品。

# 第五节　有助于改善睡眠功能性食品的应用

睡眠，对于绝大部分高等动物而言，都是不可缺少的一部分。人的一生中约有 1/3 的时间是在睡眠中度过的，通过睡眠，可消除疲劳，恢复精力和体力，保持良好的觉醒状态，提高工作和学习效率。20 世纪 30 年代初，法国生理学家将睡眠定义为：睡眠是"身体内需要，使感觉性活动暂时停止，给予适当刺激就能立刻苏醒"的一种状态。现代研究认为：睡眠是一种主动过程，并没有专门的中枢管理睡眠与觉醒，睡眠时大脑只是换了一种工作方式，使能量得到贮存，有利于精神和体力的恢复；适当的睡眠是最好的休息，既是维护健康和体力的基础，也是取得高度生产能力的保证。国际精神卫生组织于 2001 年将每年的 3 月 21 日定为"世界睡眠日"。

正常人需要的睡眠时间随着年龄的变化各有差异。儿童的神经系统发育不健全，大脑的神经细胞最容易疲劳，所以睡眠时间长，睡得比较快、比较熟。有关专家曾计算过人每天的必需睡眠时间：新生儿 18 ~ 20 小时，超过一岁的儿童 9 ~ 14 小时，青壮年 7 ~ 8 小时，老年人 5 ~ 6 小时。但并非所有的人都能顺利地运用好睡眠时间，从而获得旺盛的精力。当然，睡眠的效果不仅睡眠所需的时间长短，更重要的是睡眠的深度。从生理意义上讲，短时间的深睡比长时间的浅睡要好。睡眠十分重要，但也不是睡眠时间越长越好。睡眠过多，可使身体活动减少，未被利用的多余脂肪积存在体内，易诱发动脉硬化等。

随着现代社会生活节奏的加快、生存压力的加大和竞争的不断激烈化，人类的睡眠正在受到严重的威胁。全球有近 1/4 的人受到失眠的困扰，轻者夜间几度觉醒，严重者彻夜难眠，可以肯定地说，失眠已经不仅仅是一个生理问题，而成为心理、精神、社会的综合性问题。根据《中国睡眠研究报告 2023》等数据，目前中国有近 3 亿人存在失眠问题，16.2% 的受访者认为他们的睡眠后没有达到充分休息的效果。消除睡眠障碍最常用的方法就是服用助眠药（如苯二氮䓬类睡眠镇静药），它们具有较好的助眠效果，在临床上发挥了巨大的作用，但这些药物生物半衰期长，其药物浓度残留到第二天，影响第二天的精力。且长期服用这些药物会产生耐药性和成瘾性。因此，开发有效且安全的改善睡眠的功能性食品具有重要意义。

## 一、睡眠的节律与作用

一般认为，睡眠是中枢神经系统产生的一种主动过程，与中枢神经系统内某些特定结构有关，也与某些递质的作用有关。中枢递质的研究表明，调节睡眠与觉醒的神经结构活动，都是与中枢递质的动态变化密切相关的。其中，5-HT 与诱导并维持睡眠有关，而去甲肾上腺素则与觉醒的维持有关。睡眠可使身体得到休息，在睡眠时，机体许多系统的活动会缓慢下降，新陈代谢降低，全身肌肉渐渐松弛，但此时机体内清除受损细胞、制造新细胞、修复自身的活动并不减弱。研究发现，睡眠时，人体血液中免疫细胞显著增加，尤其是淋巴细胞。由此可以看出，睡眠具有保持能量、修复自身的作用。通过睡眠可以使精力和体力得到恢复，以便睡眠后保持良好的觉醒状态。

### （一）睡眠的节律

生物的节律是普遍存在的。当波动的周期接近地球自转的周期时，称为昼夜节律。这一节律通常是自我维持和不被衰减的，是生物体固有的和内在的本质，我们可以形象地称之为"生物钟"。觉醒与睡眠的周期，正好与昼夜的交替一致，然而，并不是光照与黑暗直接引起了觉醒与睡眠。人类觉醒与睡眠的交替是人体"生物钟"的一种内在控制。当生物钟进行时，昼夜节律是相当准确的，在很大范围内，昼夜节律几乎不受温度的影响，对化学物质也不敏感，但对光却很敏感。对人体而言，维持睡眠、觉醒周期的正常是非常重要的。一旦这些周期遭到破坏，就造成严重的睡眠障碍。对于睡眠期延迟症候群的睡眠障碍者，其昼夜性节律较迟缓，患者无法在正常的时间入睡。另一种睡眠障碍就是睡眠期提前症候群，患者在晚上 8 点就开始有睡意，却在凌晨一两点觉醒过来，很多老年人都有这种困扰。还有一种称为非 24 小时睡眠觉醒周期的睡眠障碍，患者最明显的症状便是清醒及睡眠的时间过长，他们的循环周期甚至可达 50 小时。利用时间疗法即用光线来改善昼夜性节律，可帮助上述患者恢复正常的睡眠模式。

根据国际睡眠协会制定的分类标准，睡眠是由两种状态组成（或称两个时段相）：一种是快速眼动睡眠（rapid eye movement，REM）相，这时眼球会不停转动，为入睡后非自主的无意识转动，大脑也非常活跃，与清醒时的大脑活动类似，对睡眠中的信息处理和记忆固定有重要作用。另一种是非快速眼动睡眠（non-rapid eye movements，NREM）相，可以使身体和脑细胞都进入休眠状态，是一种较深的无意识状态。

### （二）睡眠的作用

在人的四大生命元素——空气、水、睡眠和食物中，睡眠位列第三，优于食物，因此，不睡觉比不吃饭对人更不利。睡眠对于每一个人来说都是必不可少的，也是一种保护性抑制。不同年龄的人，对睡眠时间的需要是不一样的。低龄者，因身体生长发育尚不齐全，抵抗力较弱，睡眠时间应适当延长；随着年龄的增长，睡眠时间会有所减少。一般成年人的睡眠时间为 7~9 小时。睡眠对人体的作用主要有以下两个方面：一方面，让人体获得充分休息，恢复精力和体力，使睡眠后保持良好的觉醒状态，避免人体神经细胞因过度消耗而功能衰竭；另一方面，是对自由基所造成细胞伤害的自我修复及新细胞产生的过程，使疲劳的神经细胞恢复正常。人在睡眠时，体内的合成代谢大于分解代谢，有利于精力的恢复和能量的贮存。睡眠和休息虽然耗费了时间，却使人获得充沛的精力，使工作效率更高。所以，睡眠既是维护人体健康的重要基础，又是一种重要的生理现象。

与觉醒对比，人体睡眠时许多生理功能发生了变化。一般表现为以下几个方面：①嗅、视、听、触等感觉功能减退。②骨骼肌反射运动和肌肉紧张减弱。③伴有一些列植物性功能的变化。例如，心率减慢、血压降低、瞳孔缩小、发汗功能增强、肌肉处于完全放松状态、基础代谢率下降10%~20%。睡眠具有产生新细胞、保持能量、修复自身的作用，睡眠不足可导致抵抗力下降。

## 二、睡眠障碍的原因与危害

研究表明，被持续剥夺睡眠 60 小时以上时，人体会出现疲乏、全身无力、思睡、头痛、耳鸣、复视、皮肤针刺感等不适感，有的甚至出现幻觉、情感淡漠、反应迟钝，嗜睡现象会越来越严重，最后连行走站立之中也会突然入睡。如果持续不眠100小时以上，嗜睡更为严重，一切手段都难以阻止受试者突然入睡。有少数受试者的表现类似精神分裂症。若继续让其不眠，将导致死亡。失眠是最常见、最普通的一种睡眠紊乱。睡眠障碍（失眠）是指睡眠量的异常及睡眠质的异常或在睡眠时发生某些临床症状，如睡眠减少或睡眠过多、深度不够、入睡困难、易醒早醒以及多梦等。

### （一）失眠的原因

**1. 精神因素（情感因素）**　一些人因精神紧张、焦虑不安、恐惧、兴奋等可引起短暂失眠，如睡前过度兴奋，过度忧虑，工作和生活环境改变，生疏的睡铺，噪音、特殊气味等都可能造成失眠。主要为入睡困难及易惊醒，精神因素解除后，睡眠状态可改善。精神因素多见于一些神经过敏者或焦虑强迫性精神症状的人，80%以上的严重失眠者伴有忧郁症、强迫性神经症。

**2. 躯体因素**　各种躯体疾病引起的疼痛（如耳痛、头痛、神经痛）、皮肤瘙痒（如荨麻疹、湿疹、药疹）；肠胃方面引起的腹泻、恶心、呕吐、腹胀等均使夜间症状加重；或者是肺心病呼吸困难、咳嗽、夜间喘息发作，以及因心脏疾病引起阵发性心动过速、心悸、心脏功能不全、贫血、高血压等均可导致失眠。除此之外，一些药物亦可导致失眠，如服用250mg咖啡因，即可影响睡眠，剂量越大，扰乱越重。利血平可引起中枢神经系统内的NE和5-HT消耗，致使REM睡眠时间增加，患者表现睡眠时多噩梦。

**3. 大脑弥漫性病变（神经系统疾患）**　多出现在大脑半球器质性病变的早期，失眠常为早期症状，表现为睡眠时间减少，间断易醒，深睡眠期消失，病情加重时出现嗜睡、意识障碍、其他睡眠障碍。如果是脑动脉硬化患者，经过治疗后症状便可以得到明显改善。如果是大脑弥漫性病变（如慢性中毒、内分泌疾病、营养代谢障碍、脑动脉硬化等各种因素引起）、一氧化碳中毒、肝性疾病、脑血管疾病、脑外伤、帕金森病、老年痴呆、Pick病，这些病因所致的睡眠障碍，经治疗后效果都比较差。还有中脑病变（如外伤、松果体肿瘤）能引起睡眠的3~4期增加、总睡眠时间和REM期明显缩短，各区持续15分钟左右，中睡眠时间仅达10%。

**4. 药物因素**　利血平、苯丙胺、甲状腺素、咖啡因、氨茶碱等可引起失眠，停药后失眠即可消失。

**5. 遗传因素**　有些睡眠障碍有一定的家族遗传史，如遗尿症。

**6. 年龄因素**　大脑的发育情况与睡眠障碍有关，儿童多以夜惊、梦魇、遗尿为主，老年人则以失眠为主。

失眠的发病机制与睡眠和觉醒周期密切相关。但睡眠和觉醒的具体机制尚不明确。体内的生物钟维持机体与环境的昼夜节律周期同步，使内源性昼夜节律系统和外界的光暗周期相吻合。大脑皮质产生的意识活动对睡眠觉醒节律也有一定的影响。当中枢神经的结构和功能发生病理性改变时，都可以导致睡眠障碍，甚至失眠。

### （二）失眠的危害

由于失眠的造成危害主要有以下几个方面。

**1. 失眠会导致人体免疫功能减退**　由于睡眠时人体会产生一种称为胞壁酸的睡眠因子，可促使白细胞增多、巨噬细胞活跃，使人体免疫力增强，从而有效预防细菌和病毒入侵。

**2. 长期失眠会使人体加速衰老，缩短寿命**　研究发现，深度睡眠的下降会引发生长激素分泌量的明显减少，而生长激素分泌量决定了人衰老的程度和速度。晚上10点至凌晨2点是体内细胞坏死与新生最活跃的时间，此时不睡眠，细胞新陈代谢就会受影响，加速人体衰老。

**3. 功能失调**　人通过睡眠获得休息和能量，睡眠不好，大脑容易缺血缺氧，加速脑细胞的死亡，造成大脑皮层功能失调，引起植物神经紊乱，严重者可导致神经官能症。

**4. 影响学习、工作和生活**　失眠会导致精神不振、注意力不集中、记忆力减退、思维能力下降、工作效率降低、焦躁易怒等现象。研究表明，失眠极易引起青少年抑郁症，并出现如头晕目眩、急躁易怒、注意力下降、健忘等一系列症状，影响学习成绩和生长发育，工作和学习效率明显下降，甚至有自杀等恶性事件发生。

**5. 失眠可诱发多种躯体性（器质性）疾病**　失眠直接影响全身新陈代谢，容易导致心脏病、高血压、月经不调、乳腺增生甚至黄褐斑等疾病，已有这些疾病的患者病情往往会明显加重。失眠同时伴有头痛头晕、胸闷气短、疲乏无力、食欲下降等症状，通过神经系统、内分泌系统及免疫系统相互作用与影响，加重心情忧郁、情绪低落、焦虑不安等不良情绪，形成心理和生理的恶性循环。由于长期睡眠障碍，出现其他精神疾病的概率高于正常人20多倍。

## 三、具有改善睡眠功能的物质

对于失眠或者睡眠质量有问题的人来说，长期采用助眠药帮助入睡无异于饮鸩止渴。如果能从日常饮食着手，通过调节机体内分泌和神经系统，使之正常运转，则是一种从根本上改善睡眠状况的方法。

### （一）褪黑激素

研究表明，人体生物钟的运转依赖于大脑中的褪黑激素，褪黑激素是大脑的松果体在睡眠时分泌的一种强有效的内源性睡眠诱导剂，其含量呈昼夜周期性变化，褪黑激素分泌主要由环境光线的明暗调节。白天因光线刺激视网膜，会抑制褪黑激素的分泌，使人醒来。而当黑夜降临时，信号经视神经传到大脑的松果体，发生一系列神经传递和生化反应，促使大脑松果体内褪黑激素的合成增加，诱发人体睡眠。褪黑激素对维持正常的生理节奏是非常重要的，尤其对睡眠周期的维持更为重要。因此补充适量的褪黑激素，与体内的褪黑激素一起作用于睡眠中枢，是改善睡眠的首选方法。但是如果摄入较高剂量的褪黑激素，有明显的抑制生殖功能的副作用，还可能促进大脑血管收缩，增加卒中的危险。

### （二）色氨酸和5 – THP

褪黑素是5 – THP进一步转化的产物，而色氨酸是合成5 – THP的前体物质。因此，可以通过补充色氨酸和（或）5 – THP增加褪黑素的含量，达到改善睡眠的效果。

### （三）维生素与矿物元素

B族维生素被认为能帮助改善睡眠，如维生素 $B_1$ 具有抗焦虑作用，维生素 $B_6$ 有镇静安神的功效，而缺乏叶酸或维生素 $B_{12}$ 时容易引发忧郁症。在一部分失眠或醒后难以再度入睡的人群中，其失眠是血糖水平降低所引起的。钙和镁并用对人体能起到放松和镇定的作用。锌和铜是人体必需的微量元素，在体内都主要是以辅酶形式发挥其生理作用的，与神经系统关系密切。研究发现，神经衰弱者血清中的锌、铜元素的含量明显低于正常人。缺锌会影响脑细胞的能量代谢及氧化还原过程，缺铜会使神经系统的内抑过程失调，使内分泌系统处于兴奋状态，从而导致失眠，久而久之可发生神经衰弱。

### （四）植物活性成分

**1. 酸枣仁提取物**　酸枣仁为鼠李科植物酸枣的干燥成熟种子，是我国传统中药中重要的静心安神的药材。研究发现，酸枣仁提取物中的主要化学成分包括三萜及三萜皂苷类、黄酮类、生物碱类、脂肪酸类等，其中皂苷类提取物是起到镇静、催眠作用的主要成分。研究还发现，酸枣仁的催眠作用主要是延长慢波睡眠的深睡阶段，改善睡眠质量。酸枣仁可降低多巴胺和3,4 – 二羟基苯乙酸的含量，可能是通过调节单胺类神经递质从而起到使中枢镇静的作用。

**2. 缬草提取物** 缬草是败酱科缬草属多年生草本植物。在欧洲，缬草常被用来治疗焦虑症，近年来以其特殊的镇静作用而备受关注。缬草提取物能治疗失眠，减少肌肉紧张，缓解极度的情绪压力，解除胀气疼痛及痉挛。而且，其副作用极小，也不会形成依赖性。

**3. 西番莲花提取物** 西番莲为西番莲科多年生常绿草质或半木质藤本攀缘植物，原产于中南美洲的热带和亚热带地区。西番莲花提取物具有强效镇静作用，还能减轻神经紧张引起的头痛，缓解因紧张引起的肌肉痉挛。鉴于有人在服用后会有昏睡感，因此，开车前或操作机器前不可服用。此外，孕妇忌用。

**4. 洋甘菊提取物** 洋甘菊别名黄金菊、春黄菊，是菊科一年生（德国种）或多年生（罗马种）草本植物。洋甘菊最先为埃及人所发现，并推崇为花草之王，用在祭祀中献给太阳神。洋甘菊具有镇静作用，能缓解神经紧张、放松情绪、治疗失眠。此外，洋甘菊还能治疗神经痛、背痛及风湿痛等。

## 四、改善睡眠功能性食品的应用案例

### （一）产品设计

本产品具有改善睡眠的功效，酸枣提取物能够显著提高睡眠质量，其制备方法包括酸枣的预处理、热浸提及分离纯化，方法简单，黄酮的提取率高，提取时间短，所获得的黄酮纯度大；热浸提过程中分子的运动速率大，提高了黄酮向细胞外的溶出量，且具有一定还原性的黄酮在该温度下不易变性，酸枣中的黄酮可以充分溶出。

酸枣为鼠李科枣属植物，是枣的变种。酸枣中含有脂肪油及蛋白质、植物甾醇及皂苷，有镇静、催眠作用。前人称其"熟用治不眠，生用治好眠"，经临床实践，生用、炒用都有催眠功效。另外，酸枣具有很好的开胃健脾、生津止渴、消食止滞疗效。

### （二）生产工艺

**1. 酸枣的预处理** 取酸枣，去枣核，用中药粉碎机粉碎，加入石油醚，25℃浸泡9小时，过滤，将滤渣于52℃干燥13小时，得脱脂酸枣粉碎物，对茯苓进行脱脂处理，避免脂质对黄酮纯度的影响，以提高黄酮的品质，使产品的生物活性得以提高，增加工艺的经济价值。

**2. 热浸提** 取脱脂酸枣粉碎物，按料液比2g/ml加入体积分数为65%的乙醇水溶液，在70℃回流提取1.5小时，得浸提液。该条件下，黄酮的提取率高，所提取的黄酮的品质好。

**3. 分离纯化** 浸提液过滤，将所得滤液在35℃真空浓缩20分钟，干燥得酸枣提取物。该条件可进一步提高提取物中黄酮的纯度，从而增加该提取物的改善睡眠功效。

# 第六节　辅助保护胃黏膜功能性食品的应用

胃是人体重要的消化器官。由于遗传、环境、饮食、药物、细菌感染、吸烟、过度酗酒等都能引发胃病，因此胃病的发病率很高。据报道，在我国有超过10%的人患有胃溃疡，大约25%的人患有各种胃炎，全国胃病患者已经超过3亿人。胃炎是指由于各种原因引起的胃黏膜的炎症，是临床上常见的疾病。胃病中胃炎的发病率达80%以上，因此胃炎是危害人民群众健康的常见疾病之一。由于胃在消化道中占有比较重要的位置，因而一旦胃黏膜发生炎性病变，就必然出现消化功能障碍等一系列表现。所以要想保护好胃不发生病变，应从保护好胃黏膜开始。

## 一、胃和胃黏膜的结构与生理功能

### （一）胃的结构与生理功能

胃（stomach）位于腹腔的左上部，是人体消化系统中最大的器官，是食物在体内暂时停留和消化的场所。胃上端连接食管的入口称为贲门，胃下端与十二指肠相接的出口称为幽门。贲门平面以上向左上方膨出的部分称为胃底，靠近幽门的部分称为幽门部，胃底和幽门部之间的部分称为胃体。

从解剖学来看，胃壁由内向外分为四层，依次是胃黏膜、黏膜下层、肌层和外膜。胃黏膜居于胃内腔的最表层，是胃的第一道防线，对胃的保护作用非常重要。黏膜下层主要由疏松结缔组织组成，含有大量的血管、淋巴管以及神经组织，可以调节黏膜肌层的收缩和腺体的分泌。胃的肌层比较发达，厚而有力，由内斜、中环、外纵三层平滑肌构成，其中中层环形平滑肌在幽门处增厚，形成幽门括约肌，具有节制胃内容物排出的作用。在肌层的作用下，食物经过搅拌研磨后与胃液充分混合，直至消化成食糜后推送至小肠。外膜为一层浆膜，是腹膜的延续部分，赋予胃光滑的外表面，可以减少胃蠕动时的摩擦。

胃的主要生理功能是对进入胃部的食物进行消化，包括物理消化和化学消化。所谓物理消化，就是将大块食物研磨成小块。而化学消化就是将食物中的大分子降解成较小的分子，以便于进一步被吸收。胃还吸收少量的水、乙醇以及很少的无机盐。

### （二）胃黏膜的结构与生理功能

胃黏膜是胃内腔的最表层。胃黏膜表面有许多浅沟，将黏膜分成许多直径为 2~6mm 的胃小区。胃黏膜表面遍布有近 350 万个不规则的小孔，称为胃小凹。每个胃小凹底部都与 3~5 条胃腺相连。胃在空虚的时候，由于肌肉组织的收缩，使黏膜及黏膜下层收紧，形成很多高低不齐、排列各异的皱襞；胃在饱满的时候，皱襞减少，甚至消失，黏膜表面相对平滑。

胃黏膜由内而外可分三层，依次是胃上皮、固有层和黏膜肌层。

**1. 胃上皮**　胃黏膜表面覆盖单层柱状上皮细胞，上皮细胞向下凹陷形成胃小凹。胃上皮能分泌一种黏液覆盖于胃黏膜的表面，对胃黏膜起到保护的作用。胃为什么不能被自己分泌的胃酸消化掉呢？就是因为胃黏膜上皮覆盖着一层 0.25~0.5mm 的不溶性凝胶，这种凝胶含有大量的 $HCO_3^-$，被称为胃黏液-碳酸氢根屏障。这种保护屏障可以阻断胃蛋白酶与胃上皮接触，同时高浓度的碳酸氢根和盐酸中和，防止了盐酸对上皮组织的侵蚀，同时抑制了蛋白酶的活性。如果胃内长期产生过多的胃酸或黏液分泌减少时，就会导致胃溃疡。由于胃黏膜具有特殊的保护作用，所以可以免遭或只受到轻度的酸液侵蚀。

近些年来，研究人员发现胃黏膜上皮细胞还能不断合成和释放内源性前列腺素，对胃肠道黏膜也有明显的保护作用。

**2. 固有层**　固有层主要由结缔组织构成，其中含有大量的胃腺，主要有贲门腺、幽门腺、胃底腺。贲门腺和幽门腺分别位于贲门部和幽门部的固有层内，是产生胃液的主要腺体。胃底腺是由多种腺细胞组成的，主要有主细胞、壁细胞和颈黏液细胞等。

（1）主细胞　又称为胃酶细胞，数量较多，主要分布于胃底的中、下部，其主要功能是分泌胃蛋白酶原。

（2）壁细胞　又称为盐酸细胞，主要分布于胃底腺的上半部。壁细胞的主要功能是分泌盐酸，具有激活胃蛋白酶原和杀菌的作用。同时壁细胞还分泌内因子，可以促进维生素 $B_{12}$ 的吸收。

（3）颈黏液细胞　数量较少，主要分布于胃底腺的上部，夹在壁细胞之间，颈黏液细胞内充满黏原颗粒，能分泌黏液。

**3. 黏膜肌层** 黏膜肌由内环型与外环型两层平滑肌组成，呈内环外纵排列，可以帮助内膜紧缩，有利于腺体分泌物的排出。

## 二、胃黏膜损伤的原因与临床表现

一般认为，胃黏膜损伤与周围环境的有害因素以及易感体质有关。物理、化学及生物的有害因素长期反复作用于易感人体都可引起胃黏膜的损伤。病因的持续存在或反复发生，即可形成慢性病变。

### （一）物理因素

长期喝浓茶、烈酒、咖啡，或食用过热、过冷、过于粗糙的食物，均可导致胃黏膜损伤。

### （二）化学因素

长期大量服用非甾体抗炎药，如阿司匹林、吲哚美辛等可抑制胃黏膜前列腺素的合成，破坏黏膜屏障；吸烟时，烟草中的尼古丁不仅影响胃黏膜的血液循环，还可导致幽门括约肌功能紊乱，造成胆汁反流，各种原因的胆汁反流均可破坏胃黏膜屏障。

### （三）生物因素

细菌尤其是幽门螺杆菌感染，与慢性胃炎密切相关，其机制如下：①幽门螺杆菌呈螺旋形，具有鞭毛结构，可在黏液层中自由活动，并与黏膜细胞紧密接触，直接侵袭胃黏膜；②产生多种酶及代谢产物，如尿素酶及其代谢产物氨、过氧化物歧化酶、蛋白溶解酶、磷脂酶 A 等，这些都可能破坏胃黏膜；③细胞毒素可导致细胞空泡变性；④幽门螺杆菌抗体可造成自身免疫损伤。

### （四）免疫因素

慢性萎缩性胃炎患者的血清中能检出壁细胞抗体，伴有恶性贫血者还能检出内因子抗体。壁细胞抗原和壁细胞抗体形成的免疫复合体在补体参与下，破坏壁细胞。内因子抗体与内因子结合后阻滞维生素 $B_{12}$ 与内因子结合，导致恶性贫血。

### （五）其他因素

心力衰竭、肝硬化合并门脉高压、营养不良等都可导致胃黏膜损伤，从而引起慢性胃炎。糖尿病、甲状腺疾病、慢性肾上腺皮质功能减退以及干燥综合征患者常伴有胃萎缩性胃炎。胃部其他疾病，如胃息肉、胃溃疡等常并发慢性萎缩性胃炎。遗传因素也越来越受到人们的重视。

慢性萎缩性胃炎的病理改变，除见慢性浅表性胃炎的病变外，还累及腺体，导致腺体萎缩、数目减少，黏膜肌层常见增厚。由于腺体萎缩或消失，胃黏膜有不同程度的变薄。在慢性萎缩性胃炎的胃黏膜中，常见有幽门腺化生（假幽门腺）和肠腺化生。

临床表现上，胃黏膜损伤缺乏特异性症状，症状的轻重与胃黏膜的病变程度有关。大多数患者常无症状或有程度不同的消化不良症状，如上腹隐痛、食欲减退、餐后饱胀、泛酸等。萎缩性胃炎患者可有贫血、消瘦、舌炎、腹泻等，个别胃黏膜糜烂者上腹痛较明显，并可有出血症状。

## 三、胃黏膜损伤的防御机制

人体在正常情况下，胃内的 pH 一般低于 2.0，再加上胃腺分泌的胃蛋白酶，两者共同作用完成胃对食物的消化功能。然而在这样一种极端的环境中，胃自身又是如何免受被消化的危险呢？这主要得益于胃黏膜的防御机制对胃所起的保护作用。

胃黏膜防御是指允许胃或十二指肠黏膜长期暴露于腔内 pH、渗透压和温度的变化中而不受损伤。

胃黏膜的防御主要有以下几种机制。

### （一）内源性前列腺素的细胞保护作用

近年来发现，胃黏膜上皮细胞不断合成和释放内源性前列腺素，后者对胃肠道黏膜具有营养作用，能够防止各种有害物质对消化道上皮细胞的损伤和致坏死作用，这种作用被称为细胞保护。前列腺素能使胃上皮和胃小凹处的黏液细胞高度增生，但不能促进急性胃黏膜损伤后的重建过程，由此推测其主要作用可能是维持胃黏膜细胞内 DNA、RNA 和蛋白质合成的正常水平，通过维护和重建微循环而保护胃黏膜细胞的完整性。

除前列腺素外，一些脑肠肽，如生长抑素、胰多肽、神经降压素、脑啡肽等也起到细胞保护作用。

### （二）黏液－重碳酸盐的屏障保护作用

胃表面上皮的黏液颈细胞分泌黏液，在胃黏膜表面有 0.25～0.5mm 厚的黏液层，黏液在细胞表面形成一非流动层；黏液内又含有黏蛋白，黏液内所含有的大部分水分填充于黏蛋白的分子间，从而有利于阻止氢离子的逆弥散。胃表面上皮细胞还能分泌重碳酸盐，相当于胃酸最大排出量的 5%～10%。

无论是黏液或重碳酸盐，单独均不能防止胃上皮和胃蛋白酶的损害，两者结合则形成屏障，黏液作为非流动层而起到缓冲的作用。在黏液层内，重碳酸盐慢慢地移向胃腔，中和缓慢移向上皮表面的酸，从而产生一个跨黏液层的 $H^+$ 梯度，上述任何一个或几个因素受到干扰，pH 梯度便会降低，防护性屏障便遭到破坏。

### （三）黏膜微循环的作用

密集的毛细血管网分布在胃上皮细胞之下，除供应氧和营养物质给上皮外，高速流动的黏膜血可迅速清除对上皮屏障有损害的物质。在胃和十二指肠黏膜受到损伤后，黏膜血流量会增加。此外，血浆蛋白会从毛细血管内渗出，而血浆蛋白的渗出对于"黏液状帽"的形成和重建过程具有重要作用。

### （四）其他黏膜防御因素

胃黏膜表面上皮对高浓度酸具有特殊抵抗力，单层胃上皮细胞的顶端可暴露于 pH 2.0 的酸性环境下长达 4 小时而不受损害。但这些细胞的基底侧膜如果暴露于 pH 5.5 环境中，其膜抵抗力迅速下降，失去对质子的不透过性。因为表面上皮细胞之间相互紧密连接，对限制 $H^+$ 的逆弥散起到一定的作用。

此外，有实验证明，表皮生长因子（epidermalgrowth factor，EGF）能防止由半胱氨酸引起的胃溃疡；生长抑素对应激性胃溃疡及半胱氨酸、乙醇所致的胃损伤具有明显的保护作用。

### （五）胃上皮的自我修复

广义的胃黏膜防御不仅包含黏膜对损伤的天然抵抗机制，还包括一旦损伤发生，胃黏膜就能得到迅速修复，以保证黏膜完整性的修复机制。这种自我修复主要表现在胃上皮重建和胃上皮增生两个方面。

**1. 胃上皮重建**　对于大多数情况而言，即使胃上皮细胞遭破坏的区域较大，也不会引起严重的后果。只要是浅表性损伤，就能在数分钟内通过再上皮化过程而得以修复，此过程称为胃上皮重建。上皮遭破坏后，细胞黏液被释放出来，在受损伤部位形成由细胞碎片、黏液和血液等成分构成的"黏液状帽"。这种"黏液状帽"的主要成分是纤维蛋白，主要作用是保护裸露基底膜免受胃酸侵蚀。基底膜对酸非常敏感，如果没有上皮覆盖，是很容易受到胃酸伤害的。在黏膜损伤处周围，胃小凹处不断增生出新的表皮细胞，使损伤区域再上皮化。

**2. 胃上皮增生**　胃黏膜是体内增生最迅速的组织之一。衰老的上皮细胞被周围新生的上皮细胞吞噬而得以清除。与此同时，新生细胞从增生区向表面移动，并逐步分化为表面上皮黏膜细胞。衰老和新生细胞之间的平衡，使黏膜细胞总数保持动态稳定状态。

## 四、具有辅助保护胃黏膜功能的物质

### （一）蛋白质

蛋白质的摄入可以提供用于组织蛋白合成所需的必需氨基酸，促进胃黏膜损伤的愈合。蛋白质是两性电解质，对于胃液 pH 具有很好的缓冲作用。

### （二）脂肪

脂肪可以延缓食物在胃内的排空速度，但过多的脂肪可能引起血脂和血压的升高，或者诱发其他病症。因此，在补充脂肪时要注意适量，而且最好使用不饱和脂肪酸。

### （三）碳水化合物

对于胃黏膜有损伤的患者，碳水化合物的摄入主要是为机体提供能量。要避免粗糙、难消化的粗粮和膳食纤维，以免刺激胃黏膜。

### （四）维生素

维生素 C 能促进胃黏膜损伤的愈合，并有助于铁的吸收。维生素 C 在果蔬中含量丰富，但因为果蔬中的纤维和有机酸较多，对胃黏膜有刺激，因此，这类食物对于胃黏膜有损伤的患者是需要限制的，从而就更需要额外补充维生素 C。维生素 A 能维持上皮组织的健康，缺乏时会造成黏膜上皮细胞萎缩而使胃黏膜受损。

### （五）植物活性成分

**1. 丹参提取物**　丹参（Salvia miltiorrhiza Bunge）具有活血祛瘀、排脓止痛、安心宁神的功效。它能通过改善胃黏膜血氧供给，促进胃黏膜损伤修复。

**2. 猴头菇提取物**　猴头菇（Hericium erinaceus）是中国传统珍贵食用菌，性平味甘，具有助消化、滋补身体的功效。临床证明，猴头菇可治疗消化不良、胃溃疡、胃疼、胃胀等疾病。它能通过增强胃黏膜屏障功能，促进胃黏膜损伤愈合、炎症消退等，达到保护胃黏膜的作用。

**3. 甘草提取物**　甘草（Glycyrrhiza uralensis Fisch.）为多年生草本，具有补脾益气、清热解毒、缓解疼痛等功效。它能促进胃黏膜细胞分泌、再生，增强胃黏膜防御功能。

**4. $\beta$ - 谷甾醇 - $\beta$ - D - 葡萄糖苷**　$\beta$ - 谷甾醇 - $\beta$ - D - 葡萄糖苷在多种植物中均有存在，如蒲公英、麦冬等。它能通过抑制胃酸的分泌，促进胃黏膜损伤愈合，从而达到保护胃黏膜的功效。

此外，黄芪、白芍、当归、川芎等中草药提取物也能通过健脾益气，促进胃黏膜微循环等，从而对胃黏膜起到一定的保护作用。

## 五、辅助保护胃黏膜功能性食品的应用案例

### （一）产品设计

胃黏膜对胃具有特殊的保护作用，但很脆弱，环境因素、饮食、药物、吸烟、酗酒、细菌感染、情绪变化等，都可对其造成伤害。胃黏膜的损伤与自我修复始终处于动态平衡，如此胃才能正常运作。一旦外界给予胃的负担过重或刺激过强，动态平衡就会被打破，胃黏膜受损，很难再恢复如初，产生一系列胃部不适的症状，常见的有上腹部不适或疼痛、恶心、呕吐、腹泻、食欲不振等。

本产品设计为一种保护胃黏膜的功能性食品，产品总配方：鸡内金 25 份、葛根 20 份、香薷 14 份、肉桂 18 份、郁李仁 10 份、砂仁 10 份、余甘子 7 份。制备成固体饮料，有保护胃黏膜和改善肠道菌群

失调的功效。

鸡内金健胃消食；葛根生津止渴，升阳止泻；香薷温胃调中，为君药；肉桂、郁李仁、砂仁润肠通便健胃，为臣药；余甘子生津止渴，为佐使药。产品全配方能保护胃黏膜，并发现其能改善肠道菌群失调。

### （二）生产工艺

**1. 热水浸提**　取上述中药加入 5~15 倍药材质量的水，煎煮三次，每次 1~3 小时。

**2. 浓缩**　合并提取液，静置 12~24 小时，除去沉淀，取上清液，滤过，滤液浓缩成相对密度为60℃条件下 1.08~1.12 的清膏，放冷，备用。

**3. 醇析**　加入 95% 乙醇，使含醇量达到 50%，搅拌，静置 12~24 小时，取上清液，滤过，滤液中继续搅拌加入 95% 乙醇，使含醇量达到 70%，静置 12~24 小时，取上清液，滤过，滤液回收乙醇。

**4. 浓缩、干燥**　浓缩至稠浸膏，真空干燥，添加蔗糖，制备成固体饮料。

PPT

## 第七节　有助于润肠通便功能性食品的应用

便秘，这个曾经是老年人和体弱者的专利疾病，如今随着现代特殊生活形态和不合理的饮食结构，已成为了一种困扰许多人群的慢性疾病。人体长期便秘会导致消化障碍而引起的自体中毒、脸色暗黄、色斑严重、早衰，还会间接加重痔疮、肠梗阻、高血压、冠心病、哮喘等病情，有研究还表明，经常便秘容易诱发肠癌。服用药物可以针对性地改善便秘，但是如果通过食用具有润肠通便功能的食品来改善便秘，无疑是人们的首选。

### 一、便秘的含义

便秘在医学上不是一个独立的疾病或综合征，而是由多种病因所致的常见症状，是指肠内容物在肠内运行迟缓，排便次数减少、黄便干结、坚硬、量少，排便困难。正常人的日排便次数因人而异，一般每日 1~2 次或每 2~3 天排便一次，平均每日粪便质量 35~225g。排便的量和次数常受食物种类以及环境因素的影响。

### 二、便秘的分类与原因

#### （一）肠道的结构

消化道中最长的是小肠，但是肠道中的内容物在小肠中却只有一小部分。小肠的主要功能是在胰腺、肝胆及小肠自身分泌的消化液和消化酶的作用下，对食物进行消化吸收。小肠起源于胃的幽门，止于盲肠的始端。人的小肠全长 5~6m，分为十二指肠、空肠和回肠三部分。空肠和回肠由肠系膜固定于腹腔后壁。

大肠始于盲肠，止于肛门，长约 150cm，分为盲肠、结肠和直肠。结肠又包括升结肠、横结肠、降结肠和乙状结肠。结肠的结构与功能影响结肠的运动方式。结肠平滑肌的结构、肠黏膜的吸收功能及结肠容积的大小都与便秘有密切关系。实验证明，大约 100ml 粪便填充直肠时可引起便意。

#### （二）排便过程

支配小肠的外来神经为自主神经系统中的副交感神经和交感神经。大肠的运动有袋状往返运动、分节推进运动、集团推进运动和蠕动四种方式。

袋状往返运动是一种非推进性运动，多见于空腹和安静时。进食和副交感神经兴奋时袋状往返运动减少。袋状往返运动通过使肠内容物在结肠内来回运动，有助于营养物质的充分吸收。分节推进运动和蠕动使肠内容物向前移位。分节推进运动可将肠内容物缓慢推向肛门。睡眠时结肠分节运动减少，进食可刺激分节运动。集团推进运动是一种进行快、收缩强、推进猛的蠕动，多发生于横结肠。可将粪便推入降结肠和乙状结肠。进食和副交感神经兴奋可增强这种运动。蠕动是一种收缩强烈的运动，可将肠内容物以 $1 \sim 2cm/min$ 的速度向前推进。

结肠运动使粪便进入直肠，刺激直肠壁内感受器产生"便意"。神经冲动经盆神经和腹下神经中的内脏传入纤维传至脊髓腰骶段的初级排便使中枢，使降结肠、乙状结肠、直肠收缩，肛门内外括约肌舒张，同时膈肌下降，腹内压升高，使大便排出。

### （三）便秘的分类

排便过程的任何环节发生障碍，都可以引发便秘。如粪便在肠道中存留时间过长，以致粪便中水分被肠道过于吸收，变得过分干硬，难以排出，即为便秘。便秘患者的主要症状是大便干硬，排便困难，同时可能有腹痛、腹胀、恶心、食欲减退、疲乏无力及头痛、头晕等症状。结肠黏膜由于经常受刺激、痉挛引起便秘时，往往排出的大便呈羊粪状。排便极端困难者，会出现肛门疼痛、肛裂，甚至诱发痔疮、乳头炎及营养不良等表现。

临床上，便秘有多种分类方式。按病程或起病方式，可以分为急性便秘和慢性便秘；按有无器质性病变，可分为器质性便秘和功能性便秘；按粪块积留部位不同，可分为结肠性便秘和直肠性便秘。还有人按急慢性分类，分为急性便秘和慢性便秘，将急性便秘分为暂时性单纯性便秘和症候性便秘；将慢性便秘分为习惯性便秘和症候性便秘。根据其病理学改变可分为结肠慢传输型便秘、出口梗阻型便秘和混合型便秘三种。

**1. 结肠慢传输型便秘**　是最常见的类型，指由于结肠动力障碍，使内容物滞留于结肠或结肠通过缓慢的便秘，结肠测压显示结肠动力降低，导致结肠内容物推进速度慢，排空迟缓。同时可能伴有其他自主神经功能异常所致的胃肠功能紊乱，如胃排空迟缓或小肠运动障碍。患者表现为排便次数少、粪便质地坚硬、无便意。闪烁照像术或不透 X 线标记物法检查，提示结肠通过时间延缓可确立诊断。因此，有人称之为结肠无力，它是功能性便秘最常见的类型。

**2. 出口梗阻型便秘**　该类患者具有正常的结肠传输功能，由于肛、直肠的功能异常（非器质性病变），如排便反射缺乏、盆底肌痉挛综合征或排便时肛门括约肌不协调所致。包括横纹肌功能不良、直肠平滑肌动力异常、直肠感觉功能损害、肛门括约肌失调症及盆底痉挛综合征等。患者表现为排便困难，肛门直肠阻塞感，排便时需要用手协助。多发生于儿童、妇女和老年人。

**3. 混合型便秘**　具有结肠慢传输的特点，也存在肛、直肠功能异常，或二者均不典型。该类型便秘可能是由于慢传输型便秘发展而来，也有人认为长期的出口梗阻影响了结肠排空，继发结肠无力。

## 三、便秘的发生与防治

### （一）便秘的发生

便秘是一种症状，有很多原因可引起便秘。因此，对于便秘患者应查找原因，然后对症施治，便秘即可好转。便秘的常见原因见表6－2。

表 6 – 2　便秘的常见原因

| 部位 | | 疾病名称 |
|---|---|---|
| 肠道疾病 | 结肠梗阻 | 腔外：肿瘤、扭转、疝、直肠脱落 |
| | | 腔外：肿瘤、狭窄（炎症、术后） |
| | 结肠肌肉功能障碍 | 肠易激综合征、憩室病 |
| | 肛门狭窄或功能障碍 | |
| 全身性疾病 | 代谢病 | 糖尿病、卟啉病、淀粉样变性、尿毒症、低钾血症 |
| | 内分泌性 | 脑垂体功能减退症、甲状腺功能减退症、甲状旁腺功能亢进伴高钙血症等 |
| | 进行性肌肉病 | 系统性硬化病、皮肌炎、肌强直性营养不良 |
| | 药物性 | 止痛剂、麻醉剂、抗胆碱能药等 |
| 神经病变 | | 脑血管意外、脑肿瘤、帕金森病、脊髓创伤、多发性硬化等 |

### （二）便秘的危害与并发症

便秘是一种常见症状，有人常认为无关紧要，随着人们对生活质量要求的提高及健康知识的普及，便秘对人体的危害性也越来越受到重视。便秘常引起人们情绪的改变，如烦躁、注意力不集中，影响日常生活与工作，并与下述很多疾病的发生发展有关。

便秘常可导致肛结直肠并发症。长期的便秘可使肠道细菌发酵而产生的致癌物质刺激肠黏膜上皮细胞，导致异形增生，易诱发癌变。便秘引起肛周疾病如直肠炎、肛裂、痔疮等，因排便困难、粪便干燥，可直接引起或加重肛门直肠疾患。较硬的粪块阻塞肠腔，使肠腔狭窄及压迫盆腔周围结构，阻碍了结肠蠕动，使直肠或结肠受压而造成血液循环障碍，还可形成粪性溃疡，严重者可引起肠穿孔。此外，也可发生结肠憩室、肠梗阻、胃肠神经功能紊乱（如食欲不振、腹部胀满、嗳气、口苦、肛门排气多等）。

便秘还可诱发肠道外的并发症，如脑卒中、影响大脑功能（记忆力下降、注意力分散、思维迟钝）、性生活障碍等。在肝性脑病、乳腺疾病、阿尔茨海默病等疾病的发生中也有重要的作用。临床上关于因便秘而用力增加腹压，屏气使劲排便造成的心血管疾病发作有逐年增多趋势，如诱发心绞痛、心肌梗死发作。

### （三）便秘的防治

便秘令人烦恼，影响生活质量，严重时还会危及生命，故应该加以预防。

**1. 调整膳食结构**　在营养均衡的基础上适当增加膳食纤维的摄入量，如少吃精加工的米谷，多食薯类、瓜果、蔬菜，饮足量的水。

**2. 锻炼身体**　增强腹肌、盆底肌的力量，有助于排便通畅。

**3. 每天定时排便**　利用人体的生物钟、生物反馈，培养良好排便行为。

**4. 避免服用可以导致便秘的药物**　当发生便秘时，回忆自己现在和既往使用过哪些药物，尤其是影响肠道平滑肌张力的或抑制神经反射的药物，尽量避免使用。

**5. 不"滥用"泻剂**　如有便秘，不急于"滥用"泻剂，尤其是刺激性泻剂。

如有便秘，及时就医，积极查找引发便秘的真正原因，有针对性地治疗引起便秘的原发病。

## 四、具有有助于润肠通便功能的物质

### （一）膳食纤维

膳食纤维不能被人体吸收，能部分被肠道菌群分解和发酵，产生有机酸，降低肠道 pH，刺激肠黏膜蠕动。未被消化的膳食纤维形成的食物残渣能吸收水分，增加粪便的体积，改变粪便性状，刺激结肠运动，促进排便。水溶性食纤维能被细菌利用并能保持粪便中的水分。

### （二）水分

摄入充足的水分可以使肠腔内保持足够软化大便的水分，这对保持肠道通畅和正常排便是很有好处的，而且水量过少，对肠道的刺激也会减弱。便秘患者为了避免肠道中食物残渣被过分脱水，每天应补充足够的水分。此外，如果没有水分，膳食纤维也起不到应有的作用。

### （三）益生菌

益生菌中的双歧杆菌、乳杆菌、丁酸梭菌等均有调节肠道的功能。双歧杆菌及其增殖因子对严重的老年便秘患者有良好作用。一些研究结果已表明，适当地刺激肠道发生有规律地蠕动，对每一个人来说都是十分重要的，尤其对老年人。而含有乳酸菌，特别是嗜酸乳杆菌和双歧杆菌的发酵乳，可与乳酸及抗菌物质一起刺激肠道蠕动，调整排便频率，所以对于治疗便秘和腹泻均有良好作用。

### （四）维生素

B 族维生素特别是维生素 $B_1$ 与泛酸，对于食品的消化吸收与排泄有促进作用。如果体内 B 族维生素不足，可影响神经传导，减缓胃肠动，不利于食物的消化吸收和排泄，使大便粗大，造成痉挛性便秘。

### （五）植物活性成分

许多天然植物活性成分都具有刺激肠道蠕动、润肠通便的功效，如山扁豆属（番泻叶及果实）、鼠李属（鼠李树皮）、大黄属（大黄根）等植物提取物中的蒽酮类化合物。但是这些提取物只能短期使便秘得以改善。

## 五、有助于润肠通便功能性食品的应用案例

### （一）产品设计

关于膳食纤维在促进排便、防治便秘方面的作用已成定论，使得膳食纤维在食品工业中得到了广泛应用。主要产品有高膳食纤维面包、蛋糕、饼干、桃酥、脆饼等，几乎所有种类的膳食纤维都可添加到焙烤食品中。本产品选用小麦麸皮为原料制备不可溶性膳食纤维。

### （二）生产工艺

**1. 筛选、煮沸** 将小麦麸皮过筛清杂，然后加入 10 倍麸皮的 65~70℃热水浸泡（使之饱吸水分），煮沸（淀粉彻底糊化）。

**2. 冷却、酶解** 冷却至 65℃后，加入 0.40% 的混合淀粉水解酶（α-淀粉酶与 β-淀粉酶的比例为 1:3），保温水解麸皮中残留的淀粉 30 分钟。

**3. 灭酶、碱解** 水解结束后煮沸灭酶，然后以碱度为 4% NaOH 溶液，温度为 70℃，碱解 60 分钟，结束后水洗至中性。

**4. 醇析、干燥** 用 4 倍体积的 95% 乙醇醇析，离心、干燥后即可得膳食纤维。

**5. 粉碎、过筛** 将膳食纤维粉碎后过 60 目筛，此法膳食纤维的得率为 9.90%。

## 第八节　改善缺铁性贫血功能性食品的应用

贫血是指全身循环血液中红细胞的总量减少至正常值以下。但由于全身循环血液中红细胞总量的测

定方法比较复杂，所以临床上一般指外周血（骨髓之外的血液）中血红蛋白的浓度低于同地区、同年龄、同性别的标准。而营养性贫血是指由于某些营养素摄入不足而引起的贫血，它包括缺乏造血物质铁引起的小细胞贫血和缺乏维生素 $B_{12}$ 或叶酸引起的大细胞贫血。缺铁性贫血是营养性贫血最常见的一种。非营养性贫血则包括：骨髓干细胞生成障碍；由于白血病细胞、癌细胞等转移至骨髓而使骨髓造血空间缩小；由于消化性溃疡、消化道出血、痔、子宫肌瘤及出血体质引起的急性或慢性贫血；寄生虫病、药物及自身免疫性溶血等引起的贫血等。

全世界约有 1/3 的人贫血。根据《中国居民营养与慢性病状况报告（2020）》公布的我国各年龄段人群贫血的数据，18 岁以上成年居民的贫血率为 8.7%（其中，男性贫血率为 4.2%，女性贫血率为 13.2%），12～17 岁青少年贫血率为 6.6%，6～11 岁儿童贫血率为 4.4%，6 岁以下儿童贫血率为 21.2%。从长期来看，老年人的贫血患病率随着年龄增加而加速上升的趋势十分明显。根据数据显示，目前我国 65 岁以上的人群贫血发病率超过 20%，而 85 岁以上的老年人贫血发病率更高。因此，随着我国人口老龄化进程不断加快，老龄人口不断增多，未来我国贫血患者中老龄人口数将大幅增加，并且由于我国老年贫血患者中的中重度贫血患者的占比要比其余年龄人群高，所以未来中重度贫血患者人数将呈现上升趋势。

## 一、贫血的定义与分类

### （一）贫血的定义

贫血指全身循环血液中单位容积内血红蛋白的浓度、红细胞计数和红细胞压缩体积低于正常标准的一种病理状态。在海平面地区，成年男性血红蛋白（Hb）浓度 <120g/L，成年女性 Hb<110g/L，孕妇 Hb<110g/L 考虑为贫血。贫血程度分为：①轻度贫血，Hb≥90g/L 但小于正常值；②中度贫血，Hb 在 60～89g/L；③重度贫血，Hb 为 30～59g/L；④极重度贫血，Hb<30g/L。

### （二）贫血的分类

根据红细胞的形态特点分类主要分为：①大细胞贫血，如巨幼细胞贫血；②正常细胞贫血，如再生障碍性贫血、溶血性贫血；③小细胞贫血，如缺铁性贫血、地中海贫血；④单纯小细胞贫血，如慢性感染性贫血。

缺铁性贫血即指体内用来合成血红蛋白的贮存铁缺乏，导致血红素合成减少而形成的一种小细胞低色素性贫血；占 50%～80%，是最常见也是发病率最高的一种贫血。

巨幼细胞贫血即由于合成细胞核的主要原料叶酸或维生素 $B_{12}$ 缺乏，使得红细胞的细胞核发育受阻，细胞体积变得很大却不能发育成熟，从而成为形态及能力异常的特殊的巨幼红细胞。

地中海贫血即是指某类珠蛋白基因缺陷使珠蛋白链合成缺如或不足所致的一组遗传性溶血性贫血。

溶血性贫血即是指红细胞寿命缩短、破坏加速、骨髓造血功能代偿增生不足以补偿细胞的损耗引起的贫血。

## 二、贫血的原因与症状

### （一）贫血的发病机制

**1. 红细胞生成减少** 红细胞生成减少导致的贫血主要有红细胞生成障碍的再生障碍性贫血、慢性肾病所致的肾性贫血、造血物质缺乏导致的贫血等，如缺铁引起的缺铁性贫血，维生素 $B_{12}$、叶酸缺乏引起的巨幼细胞贫血。

**2. 红细胞破坏过多** 由于红细胞破坏过多（如长期剧烈运动），致使红细胞寿命缩短引起的贫血，称为溶血性贫血，常见的有地中海贫血、自身免疫性溶血性贫血。

**3. 出血** 出血导致血液的直接损失从而引起贫血，如溃疡或肿瘤引起的消化道出血等。

### （二）不同类型贫血发生的原因

目前临床上比较多见的贫血有缺铁性贫血、巨幼细胞贫血、再生障碍性贫血、溶血性贫血。

**1. 缺铁性贫血** 是由于体内贮铁不足和食物缺铁，影响血红蛋白合成的一种小细胞贫血。缺铁性贫血在婴儿、幼儿、青春期女青年、孕妇及乳母中发生率较高。婴幼儿尤其是人工喂养者，由于牛乳中铁的含量低，易导致铁的摄入不足；生长发育期儿童代谢旺盛，对铁的需要量增加；妇女月经出血过多，易造成铁的丢失；孕妇和乳母摄入的铁不但要满足机体代谢的需要，还要满足胎儿及婴儿生长发育的需求，这些都极有可能造成缺铁性贫血的发生。

**2. 巨幼细胞贫血** 多发于2岁以下的小儿，是由于体内维生素 $B_{12}$ 和（或）叶酸缺乏引起的大细胞贫血。这种贫血的特点是红细胞核发育不良，成为特殊的巨幼红细胞。

**3. 再生障碍性贫血** 是由于生物、化学、物理等因素引起的造血组织功能减退、免疫介导异常、骨髓造血功能衰竭等症状。

**4. 溶血性贫血** 是指红细胞寿命缩短、破坏加速、骨髓造血功能代偿增生不足以补偿细胞的损耗引起的贫血。血循环中正常细胞的寿命约120天，衰老的红细胞被不断地破坏与清除，新生的红细胞不断由骨髓生成与释放，维持动态平衡。溶血性贫血时，红细胞的生存空间有不同程度的缩短，最短的只有几天。

### （三）贫血的症状

贫血早期常见的表现症状有疲倦、乏力、头晕、耳鸣、记忆力减退、注意力不集中等，而皮肤苍白、面色无华是贫血最常见的客观体征。但凭皮肤颜色判断贫血常有误差，一般以口唇黏膜及指甲颜色来判断较为可靠。贫血患者常伴有心悸、心率加快、活动后气促、食欲不振、恶心、腹胀等症状，严重者可发生踝部水肿、低热、蛋白尿、闭经和性欲减退等。贫血对人体健康危害很大，而对生长发育较快的胎儿、婴幼儿和少年儿童危害更大。患贫血后，婴幼儿会出现食欲减退、烦躁、爱哭闹、体重不增、发育延迟、智商下降等症状，学龄儿童则表现为注意力不集中、记忆力下降、学习能力下降等。

## 三、缺铁性贫血的膳食因素与饮食防治

### （一）缺铁性贫血的膳食因素

**1. 植物性膳食** 若膳食是以植物性膳食为主，人体铁摄入量85%以上是来自植物性食物，但植物性食物中的铁在人体的实际吸收率很低，通常低于5%。同时植物性食物中还有铁吸收的抑制因子，如植酸、多酚等物质，可以强烈抑制铁的生物吸收和利用。

**2. 奶（婴幼儿）** 以牛奶喂养的婴幼儿如果忽视添加辅食，常会引起缺铁性贫血，即"牛奶性贫血"。其原因是牛奶中铁含量距婴儿每天需要量相差甚大。同时牛奶中铁的吸收率只有10%，因为铁的吸收和利用有赖于维生素C的参与，而牛奶中维生素C的含量却极少。因此牛奶喂养时，要及时添加辅食，多吃五谷杂粮、新鲜蔬菜、肉、蛋等副食品。

**3. 茶过量** 科学研究证明，茶中含有大量的鞣酸，鞣酸在胃内与未消化的食物蛋白质结合形成鞣酸盐，进入小肠被消化后，鞣酸又被释放出来，与铁形成不易被吸收的鞣酸铁盐，妨碍铁在肠道内的吸收，易形成缺铁性贫血。因此，嗜茶成瘾的人应适当减少饮茶量，防止发生缺铁性贫血。

**4. 黄豆过量** 因为黄豆的蛋白质能抑制人体对铁元素的吸收。有关研究结果表明，过量的黄豆蛋白可使正常铁吸收量的90%被抑制。所以专家们指出，摄食黄豆及其制品应适量，不宜过多。

### （二）缺铁性贫血的饮食防治

通过调整膳食中铁、蛋白质、维生素 C 等与造血有关的营养素的供给量，用于辅助药物治疗，可防止贫血复发。缺铁性贫血是营养性贫血中最常见的类型，各年龄组均可发生，尤其多见于婴幼儿、青春发育期少女和孕妇。饮食防治原则与要求有以下几点。

**1. 在平衡膳食中增加铁、蛋白质和维生素 C 的需要量**　主要是增加存在于动物性食物中的血红素铁，如畜、禽、水产类的肌肉、内脏中所含的铁。蛋白质是合成血红蛋白的原料，而且氨基酸和多肽可与非血红素铁结合，形成可溶性、易吸收的络合物，促进非血红素铁的吸收。维生素 C 可将三价铁还原为二价铁，促进非血红素铁的吸收。新鲜水果和蔬菜是维生素 C 的良好来源。

**2. 减少抑制铁吸收的因素**　鞣酸、草酸、植酸、磷酸等均有抑制非血红素铁吸收的作用。浓茶中含有鞣酸，菠菜、茭白中草酸较多。

**3. 合理安排饮食内容和餐次**　每餐荤素搭配，使含血红素铁的食物和非血红素铁的食物同时食用。而且，在餐后都有富含维生素 C 的食物食用。

## 四、具有改善缺铁性贫血功能的物质

### （一）矿物质

**1. 铁**　血液之所以是红色的，是因为血液中的红细胞含有血红蛋白的缘故。血红蛋白中含有铁，铁对于血红蛋白与氧的结合起着重要作用。当铁缺乏时，机体不能正常制造血红蛋白，红细胞也会变小，血液的携氧能力降低，人就会感到疲乏，出现头晕目眩、心率加快、结膜苍白，甚至晕厥、休克等严重后果。补充铁离子的形式主要包括乳酸亚铁、硫酸亚铁、葡萄糖酸亚铁等。

**2. 铜**　铜是人体必需的微量元素，铜参与铁的代谢和红细胞的生成。1900 年发现在喂全奶饲料的动物中出现贫血而不能用补充铁的方法来预防。1928 年 Hart 报告了大鼠贫血只有在补铁的同时补充铜才能得到纠正，故认为铜是哺乳动物的必需元素。18 世纪，铜已被证明为血液的正常成分。

### （二）维生素

维生素 C 在细胞内被作为铁与铁蛋白相互作用的一种电子供体。维生素 C 通过保持铁于二价状态而增加铁的吸收，同时促进非色素铁的吸收。流行病学调查资料显示，维生素 A 缺乏与缺铁性贫血往往同时存在，并有报道，血清中维生素 A 水平与营养状况的生化指标有密切关系。维生素 A 缺乏的人群补充维生素 A 后，即使在铁的摄入量不变的情况下，铁的营养状况也有所改善。

### （三）阿胶

阿胶中含铁、锌、钙、镁、钾等多种矿物质，其中铁的含量最高，是其他元素的 10 倍以上，其他矿物质也参与体内多种代谢活动，并能促进铁的吸收和利用。此外，阿胶中还含有 18 种氨基酸，其中 7 种是必需氨基酸，为合成铁运输所需的载体蛋白提供了必需的原材料。

## 五、改善缺铁性贫血功能性食品的应用案例

### （一）产品设计

本产品以阿胶、枸杞子、黄芪、党参、当归和葡萄糖酸亚铁为主要原料，制成可改善营养性贫血的功能性口服液。

阿胶具有补血、止血、滋阴、润肺和安胎的功效，主治血虚、吐血、崩中和胎漏等。枸杞子具有滋补肝肾、益精明目的作用，主治虚劳精亏、目眩耳鸣、血虚萎黄等。黄芪具有补中益气、益卫固表、利

水消肿的功效，主治盗汗、血痹、浮肿、气衰血虚等。党参补中、益气和生津，主治脾胃虚弱、气血两亏、体倦无力等。当归具有补血和血、调经止痛、润燥滑肠的功效，主治月经不调、血虚头痛、眩晕等。铁对于血红蛋白与氧的结合起着重要的作用，对改善营养性贫血起着极为重要的作用。

产品总配方：阿胶40g、枸杞子60g、黄芪90g、党参90g、当归60g，添加葡萄糖酸亚铁100mg，白砂糖30g，制成1000ml口服液。

### （二）生产工艺

**1. 黄芪、枸杞子、党参、当归热水浸提**　黄芪、枸杞子、党参、当归分别称重后投入提取罐中，加入10倍的水于60℃条件下浸提1小时，煮沸2小时，放出浸提液。再加入10倍的水煮沸2小时，进行第二次浸提，放出提取液，合并提取液，放入减压浓缩罐中70℃条件下进行减压浓缩。浓缩至相对密度1.06（70℃热测），滤液经硅藻土过滤，备用。

**2. 阿胶溶化**　按配方称取阿胶，加入8倍纯化水在夹层锅中煮沸溶化，经80目不锈钢滤网过滤，备用。

**3. 调配**　将中药提取液泵入配料罐中，加入阿胶溶化液，搅拌均匀，再加入按配方量称取的白砂糖、葡萄糖酸亚铁，搅拌溶解后补充纯化水至成品定量，搅拌均匀。将配好的料液经160目不锈钢滤网过滤后泵入不锈钢贮液罐中备用。

**4. 中间检查**　不锈钢贮液罐外壁贴有物料名称、数量、批号、规格等状态标识，办理交接手续，填写本成品请验单。测定可溶性固形物含量、pH指标，确认色、香、味。合格半成品进入下步工序。

**5. 灌装、封口**　定量的将料液灌装如洁净的玻璃瓶中并封盖，每支20ml。

**6. 灭菌、灯检、贴签、外包装、成品检验、入库**　置于灭菌锅中115℃灭菌30分钟，取出完全冷却后，经灯检、贴签、外包装（10支/盒）、成品检验合格后即得成品，入库。

# 第九节　有助于改善骨密度功能性食品的应用

骨骼是人体的基本结构，人体正常有206块骨头组成，骨骼的主要成分是富含羟脯氨酸的蛋白质、羟基磷灰石结晶等。人体约有99%的钙质贮存于骨骼中。骨骼为人体提供支持和保护的功能，也是人体制造血液的中心。在人的一生中，骨骼有其生命循环，进行着不停地变化。骨骼系统若有不良状况发生，将会影响整个生命现象。

骨密度是指人体骨骼中矿物质的密度，它是衡量人体骨骼强度的一个重要指标。人体骨骼矿物质的含量与骨骼的强度以及内环境的稳定性密切相关，因而骨密度是评价人类健康状况的一个重要指标。

## 一、骨密度与健康

### （一）骨密度的测定指标

骨密度是指人体骨骼中矿物质的密度，以$g/cm^3$表示，它是一个绝对值。骨密度是骨骼质量的一个重要指标，反映骨质疏松程度，是预测骨折危险性的重要依据。在临床使用骨密度值时，由于不同的骨密度检测仪的绝对值不同，所以通常使用T值来判断骨密度是否正常。T值是一个相对值，正常参考值在$-1 \sim +1$。当$T < -2.5$时为不正常。由于测量方法的日益改进和先进软件的开发，使该方法可用于检测人体骨骼的不同部位的骨密度，测量精度也显著提高。除可诊断骨质疏松症之外，还可用于临床药效观察和流行病学调查，在预测骨质疏松性骨折方面有显著的优越性。

人体骨骼矿物质含量的定量测定已成为现代医学的一个重要课题。骨密度的常规检测对判断和研究骨骼生理、病理和人的衰老程度以及诊断全身各种疾病均有重要作用。

### （二）骨密度的影响因素

**1. 年龄与性别**　人体骨骼中骨矿物质含量随年龄不同而异，婴儿至青春期骨密度随年龄增长而增加，且无明显性别差异。青春期之后，骨密度的增加男性较女性显著，30～40岁达到最高峰值。以后骨密度随年龄的增长逐渐下降，女性下降幅度较男性大。有资料记载，对50～65岁妇女桡骨远端进行测量，每年骨密度下降率为 $0.0118g/cm^3$，老年人桡骨远端的骨密度比最高峰值可下降39%左右。同年龄组不同性别也有差异，一般女性低于男性。同一性别随年龄增长发生相应的变化，35～40岁以后骨密度出现逐渐下降趋势，女性尤为显著。

**2. 体重、身高和骨横径**　男性和绝经期前妇女的骨密度与身高呈正相关，绝经前后妇女的骨密度与体重呈正相关。由于骨横径的个体差异，使同龄人群的骨密度变化较大。

**3. 运动和饮食**　运动员桡骨及脊柱的骨密度明显高于对照组。摄入钙相同的情况下，从事体力劳动的人比不活动的人可保持较高的骨骼健康状态。研究表明，高钙饮食的妇女其平均桡骨骨密度高于低钙饮食的妇女，但活动量大而低钙饮食的妇女可保持较好的骨密度。

**4. 病理状态**　在病理状态下，某些药物可导致骨密度的改变。

## 二、骨质疏松症的定义与分类

我国骨质疏松疾病防治形势严峻，骨质疏松症在60岁以上人群中发病率达50%以上，其中女性发病率达60%～70%，骨质疏松性骨折的危险性达40%。

### （一）骨质疏松症的定义

骨质疏松症（osteoporosis，OP）是以骨量减少、骨组织微结构退化而导致的骨脆性增加、骨折危险性增加为特征的一种系统性、全身性骨骼疾病。骨质疏松是指单位体积内骨组织低于正常量，骨外形虽在，但骨小梁稀疏，由此而引起的骨压缩、变形、疼痛等一系列功能障碍。

OP患者的骨骼相对正常人有点空洞，骨骼的外表单位体积不变而质量却减少。当一个人的骨密度低于年轻健康成人人群平均值的2.5个标准差（T值）时，就可判定患有OP。此时骨骼的支撑力明显降低，空洞的骨骼经不起压力，稍受外力就会断裂。

**1. 骨组织量减少**　骨组织量减少是最基本的病变，其特征是骨量减少导致单位骨体积内的骨组织含量的减少，即骨密度降低，留下的骨组织的体积和化学组成并没有改变。骨量减少是骨矿物质和骨基质等比例的减少，如果仅是骨矿物质减少，则是矿化障碍所致。

**2. 骨的微结构异常**　骨量逐渐减少，先使骨变薄、变轻，骨小梁变细。骨量的继续减少，会使一些骨小梁之间的连接消失，甚至骨小梁也消失，这种情况在人的脊柱骨表现较为清楚。脊柱的椎体内部由海绵样网状结构的松质骨构成，当骨小梁消失时空隙变大，原来有规则的海绵样网状结构变成不规则的孔状结构，破坏了骨的微结构。

**3. 易于骨折**　由于上述两种改变，皮质骨变薄，松质骨、骨小梁变细、断裂、数量减少以及空隙变大等，这样的骨骼支撑人体及抵抗外力的功能减弱、脆性增加，变得容易骨折，可能发生腰椎压迫性骨折或在不大的外力下发生桡骨远端、股骨近端和肱骨上端骨折。当骨密度严重降低时，连咳嗽、开窗、弯腰端水等日常活动也可能导致骨折。

### （二）骨质疏松症的分类及发病原因

骨质疏松症在临床上一般分以下三大类。

**1. 原发性骨质疏松症**　它是随着年龄的增长而发生的一种生理性退行性病变，主要有绝经后骨质疏松症和老年性骨质疏松症两种。

**2. 继发性骨质疏松症** 它是由其他疾病或药物等所诱发的骨质疏松症，病因主要有以下几种。

（1）内分泌疾病 主要有肾上腺皮质疾病，如皮质醇增多症、阿狄森病等；性腺疾病，如非正常绝经骨质疏松症、性功能减退症等；垂体疾病，如肢端肥大症、垂体功能减退等；胰腺疾病，如糖尿病等；甲状腺疾病，如甲状腺功能亢进、甲状腺功能减退等；甲状旁腺疾病，如甲状旁腺功能亢进等。

（2）骨髓疾病 如骨髓瘤、白血病、淋巴瘤、转移瘤、血友病等。

（3）药物 包括类固醇药物、肝素、抗惊厥药、免疫抑制剂等。

（4）营养不良 如维生素 C、维生素 D、钙、蛋白质等缺乏。

（5）慢性疾病 见于慢性肾病、肝功能不全、胃肠吸收障碍、慢性关节炎等。

（6）先天性疾病 如骨形成不全症、马方综合征等。

**3. 特发性骨质疏松症** 多见于 8～14 岁的青少年或成人，大多有遗传家族史，女性多于男性。妇女妊娠及哺乳期所发生的骨质疏松也列入特发性骨质疏松症。

## 三、骨质疏松症的临床症状

骨质疏松症早期，即骨量减少期（腰椎骨量流失小于 24%），骨质疏松症并无临床症状和体征，患者也没有任何不适感，因此，有人称之为"静悄悄的疾病"。因为骨量在数年内静悄悄地、慢慢地流失，到一定程度后才会引起身体的不适。即便有些患者出现腰背部疼痛症状，经 X 线检查，并未发现明显异常，临床医师往往也没有考虑到由骨质疏松引起，而认为属于腰肌劳损、骨质增生、腰椎退行性病变等。直到 X 线片上出现椎体压缩性骨折，患者感到腰背痛加剧，而又没有明显外伤或仅有轻微外伤病史时，临床医师才意识到骨质疏松症的存在。因此，人们应提高警惕，定期检查，尽早发现。

**1. 疼痛** 疼痛是骨质疏松症最常见、最主要的症状。骨质疏松症患者可出现腰背部疼痛、肋部疼痛、髂部疼痛、颈部疼痛、髋关节疼痛以及足跟、足底疼痛等。其中最常见的部位是腰背部疼痛。足跟和足底的疼痛也可能是骨质疏松症的自发症状，有些老年人就是因为明显的足跟痛就诊而发现患骨质疏松症的。

骨质疏松症引起的疼痛性质一般为钝痛，初始疼痛程度较轻，持续时间较短，往往在由安静状态到开始活动时发生疼痛，休息后疼痛可以减轻。随着疾病的进展，疼痛逐渐加重，并转为持续性。突然发生的较剧烈的背部疼痛是由于椎体发生了压缩性骨折，可伴有姿势异常，骨折部位常有压痛或叩击痛，运动时疼痛加重，安静时疼痛减轻。

**2. 脊柱弯曲变形** 这些患者由于经常腰背疼痛，负重能力降低，双下肢乏力，因此身体多处于前倾状态，以减轻脊柱的负重。骨质疏松症患者还常常有椎体压痛，多见于胸段、腰段椎体、髋关节外侧及胸廓，压痛部位常伴有叩击痛。如果骨质疏松性骨折愈合欠佳，骨折两端骨骼对位、对线不良，有可能发生肢体弯曲畸形。骨痛、骨骼畸形、体位异常及肢体乏力还可以导致患者体态及步态异常，活动协调能力差。

## 四、具有有助于改善骨密度功能的物质

### （一）蛋白质

蛋白质是人体组织的重要组成部分，它参与人体一切组织细胞的合成，是合成骨骼有机成分的主要原料，没有足够的蛋白质来供用骨质的合成，就无法形成骨组织。有资料表明，在摄入高钙、高蛋白质的地区，骨质疏松的人数相应减少。所以适量补充蛋白质对于预防和改善骨质疏松是必要的。

## （二）脂肪

有些维生素（如维生素 D）必须溶解在脂类物质中，才能被机体吸收和利用。脂肪也是女性维持体内正常雌激素浓度的保证，特别是绝经后妇女，脂肪是雌激素的重要来源之一。另外，如果人的脂肪组织和肌肉菲薄，当发生摔倒或受暴力作用时，更易骨折。而脂肪摄入量过多，不仅会使人肥胖和容易患心脏病，还会使骨头变得疏松，容易折断，从而使人患上骨质疏松症。

## （三）维生素

**1. 维生素 D**　维生素 D 对于骨骼的健康至关重要，可以利用它及其类似物来防治骨质疏松和骨质疏松性骨折。一般认为，老年人需要补充较大量的维生素 D，每日 800～1000IU，而且补充维生素 $D_3$ 比补充维生素 $D_2$ 的效果好。但摄取过量的维生素 D 反而会使骨质的流失增加，不仅使骨质疏松症更加严重，还会使血液和尿中的钙质含量过高，以致引起肾脏或尿路结石。

**2. 维生素 K**　维生素 K 最初被人们认为仅与机体凝血功能有关，但近年来研究提示其与骨组织代谢也有关系。维生素 K 可作用于成骨细胞，促进骨组织钙化，同时还能抑制破骨细胞，引起骨吸收，从而增加骨密度，所以它可防治骨质疏松。

除了上述两种维生素外，维生素 C 和维生素 E 也能预防和改善骨质疏松。其中，维生素 C 是骨基质羟脯氨酸合成不可缺少的，如果缺乏，则可使骨基质合成减少，从而增加骨质疏松发生率。维生素 E 则对骨小梁和骨皮质有合成代谢的作用，促进新骨的生成，且能通过增加循环中的雌激素间接地在骨生成中发挥作用。

## （四）矿物质

**1. 钙**　钙的吸收对人体是十分重要的，它是骨骼正常发育和生长的必需物质基础。目前，膳食补钙已普遍成为人们防治骨质疏松的一种手段。钙只有经过肠道吸收，进入细胞内外液，才能被利用，沉积于骨组织。

**2. 锌**　锌缺乏与骨质疏松密切相关。锌是酶的辅助因子，影响成骨细胞的增殖和骨基质中胶原的合成，进一步在骨形成和钙化方面起到重要的调节作用。另外，锌缺乏时，骨的碱性磷酸酶和酸性磷酸酶的活力降低，影响焦磷酸盐的水解和陈旧骨组织的清除，进而使矿盐沉积减少，并且骨质中的氨基多糖代谢出现障碍，防止骨矿化，也易导致骨质疏松。

**3. 磷**　磷在机体内的作用很重要，但过剩却是骨质疏松的危险因素之一。实验证明，在给予动物高磷饲养时，会导致尿钙排泄增加而发生骨质疏松症。但在一定的范围内，补给少量的磷后，可调整钙的吸收，还可促进骨吸收。一般来说钙和磷的摄入量比值在 0.5～2 的范围内比较适宜.

**4. 锰**　临床医学研究显示，锰缺乏会导致破骨细胞的作用增强，骨组织变得又薄又脆、强度硬度下降、韧性减退，导致骨质疏松。锰还是合成硫酸软骨素的必需元素，锰缺乏时，骨质中硫酸软骨素的合成将会受到抑制，而硫酸软骨素是维持骨基质生理结构和骨生物力学性能的重要成分之一。

**5. 铜**　铜缺乏时，骨胶原蛋白分子内交联受阻，导致结构和功能的异常，进而影响骨矿盐的沉淀。研究发现，绝经后妇女因雌激素水平下降，血铜含量减少，使得最佳峰值骨量降低，也是导致骨质疏松的重要原因之一。

**6. 氟**　在骨的矿化期，氟代替羟磷灰石结晶中的部分羟基离子形成氟化磷灰石，而氟化磷灰石结晶能使矿盐系统稳定、矿盐溶解度降低，并抑制骨吸收。另外，氟能够刺激成骨细胞增殖和分化，促进胶原蛋白和骨钙素的合成及骨盐的沉积。因此，当机体内缺氟时，成骨细胞的活性降低，磷灰石的溶解性增加、稳定性降低，从而导致骨质疏松。

### 五、有助于改善骨密度功能性食品的应用案例

#### （一）产品设计

牛初乳中含有丰富的生物活性物质，如免疫因子和生长因子。牛初乳中的免疫因子含量是常乳中的5～10倍，牛初乳中富含的类胰岛素因子和表皮生长因子对组织生长具有明显的促进作用。经科学实验证明，牛初乳具有免疫调节、改善肠道、促进生长发育、延缓衰老、抑制多种病菌、调节体内平衡等一系列生理功能。牛初乳含钙高，且易于吸收。鉴于其所含成分和功能，可设计开发一种以牛初乳为基础，增加骨密度，改善骨质疏松，并能提高免疫力的复合牛乳粉。

骨胶原蛋白是骨骼内的一种纤维状蛋白，是一种维持骨骼韧性和提供骨骼营养的重要高分子生物活性物质，含量占骨骼有机物的90%。在骨骼中，骨胶原蛋白组成的纤维网还起着类似黏合剂的作用，因此补充骨胶原蛋白可预防骨质疏松。

钙及维生素 D 是调节人体骨质最重要的营养因子，因此可以在本产品中作为营养素补充剂。

产品总配方：每100g复合牛初乳粉包括牛初乳粉37～45g，壳聚糖粉15～22g，骨胶原蛋白粉11～19g，醋酸钙7～14g，维生素 $D_3$ 微囊粉（51万 IU/g）0.014～0.018g，余量为脱脂乳粉。

#### （二）生产工艺

本配方中，牛初乳粉为真空冷冻干燥粉；壳聚糖为烘干干燥粉；骨胶原蛋白粉为真皮纤维细胞酶解喷雾干燥粉；维生素 $D_3$ 微囊粉为喷雾干燥粉。

**1. 过筛** 将配方中牛初乳粉、壳聚糖粉、骨胶原蛋白粉、醋酸钙粉、维生素 $D_3$ 微囊粉和脱脂乳粉分别过60目筛。

**2. 混合** 将上述的原料粉相互交叉分散，充分混匀。

**3. 分剂量** 将复合牛初乳粉利用定量分包机按照适当的剂量分成等份。

**4. 包装** 选用防潮的包装袋进行定量包装，将分散剂放在干燥、阴凉通风处。

# 第十节　清咽功能性食品的开发与应用

咽是消化道上端扩大的部分，上起自颅，下达第6颈椎水平线，在环状软骨下缘，是消化道与呼吸道的共同通道。咽的上部与食道上口相连，前面与后鼻孔、口腔和喉相连。咽部长12cm，可以分为三个部分：一是鼻咽，位于咽的上部，鼻腔后方，上达颅底，下至腭帆游离缘平面续口咽，向前经鼻后孔通向鼻腔；二是口咽，位于腭帆游离缘与会厌上缘之间，向前经咽峡与口腔相通，上续鼻咽，下通喉咽，口咽的侧壁上有腭扁桃体，腭扁桃体位于口咽侧壁的扁桃体窝内，属于淋巴上皮器官，具有防御功能。咽后的咽扁桃体、咽两侧壁的咽鼓管扁桃体、腭扁桃体和舌根处的舌扁桃体，共同构成咽淋巴环，对消化道和呼吸道具有防御功能；三是喉咽，位于咽的最下部，稍狭窄，在喉口的两侧各有一深窝，称为梨状隐窝，常为异物滞留之处。

由于受到外界环境的刺激或机体抵抗力的下降、过度使用声带、吸烟、饮酒等不良生活习惯以及暴露在不卫生的空气环境中，都容易导致患急慢性咽喉炎和咽喉不适。经常食用一些不以治疗疾病为目的的清咽润喉功能性食品，也可起到缓解症状和辅助改善体征的保健作用。

## 一、咽喉病的发病机制与症状

### （一）中医理论

中医将咽喉炎称为"喉痹"，症状分为两种，一种是由感受寒热之邪或肺胃有热而致，该病的发生

既有内因也有外因，内因是平素肺胃蕴热，外因是感于风邪、疠疫之气，表现为发音困难，甚至嘶哑，咽喉肿胀、疼痛、干燥，有灼热感及咽食不畅，并伴有口干舌燥、大便干结且难以排出等。近年来，随着生活水平的不断提高，人们的食谱也在不断地变化，各种饮食和小食品不仅大多热量高，而且还有大量的食品添加剂等化学物质，极易化热化火，致使脾胃素有蕴热，且该类食品或甜或咸或辛辣，极易产生咽部刺激症状。该病一部分与感染有关，还有相当一部分与甜、咸、酸、辣、凉等刺激因素有关。

另一种由脏腑虚弱，如肺阴、肾阴不足、肺脾两虚等所致，表现为声音长时间嘶哑、体虚乏力、咽喉微痛、热感或者咽喉发痒，并伴有乏力、手足热、口干等症，中医称为"慢喉痹"。中医学认为，咽喉与五脏精气有着密切的关系，咽喉必须得到五脏精气的滋养才能发挥正常功能，即"声音出于脏器，凡脏实则声洪，脏虚则声怯"。发声与心、肺、肾三脏关系尤为密切。"心为声音之主，肺为声音之足，肾为声音之根"。肺主气，主声，开窍于喉，司呼吸与发声。喉为气息出入之道和发声器官，下连气道以通肺气，是肺系所属。肺气充足，则呼吸通畅，言语洪亮；肺气耗伤，或肺为邪扰，均可导致发声异常。肾为先天之本，既是藏精之所在，又能上输精气于肺以养喉气，故肾之功能正常则身体强壮，喉咽和润而声必洪亮；反之，喉失所养则为病。

### （二）西医理论

西医认为，人体的口腔、咽喉常潜伏着条件致病菌，常见的有溶血性链球菌、肺炎双球菌、金黄色葡萄球菌、大肠埃希菌以及一些真菌或厌氧菌，在一般情况下不易发病。这是因为作为人体呼吸和消化系统"门卫"的咽壁长有丰富的淋巴组织，可以有效地阻止细菌、病毒等病原微生物的侵入。但当体内环境发生改变，如感冒、失眠、疲乏、着凉或机体抵抗力下降时，菌群间平衡就会失调，潜伏的条件致病菌大量繁殖以致咽喉受到感染，出现红肿、充血、发干和疼痛等症状，表现为咽喉黏膜、黏膜下组织及淋巴组织的弥散性炎症，称之为咽喉炎，常分急性和慢性两种。

急性咽喉炎常由溶血性链球菌引起，另外，肺炎双球菌、金黄色葡萄球菌、流感病毒或其他病毒也可致病。其他一些物理化学因素，比如高温、粉尘、刺激性气体等也容易导致咽黏膜、黏膜下组织和淋巴组织出现急性炎症。急性咽喉炎多继发于急性鼻炎、急性鼻窦炎或急性扁桃体炎等，病变常波及整个咽腔，也可局限于一处。急性咽喉炎也常是麻疹、流感、猩红热等传染病的并发症。急性咽喉炎患者常感觉喉内干痒、灼热或轻度疼痛，且可迅速出现声音粗糙或嘶哑，并常伴有发热、干咳或有少量黏液咳出，甚至出现吸气困难，夜间尤其明显。如张开口腔检查，可见咽部红肿充血、颈部淋巴结肿大，严重者可出现水肿，甚至因此而阻塞咽喉而导致呼吸困难。

慢性咽喉炎多由急性咽喉炎反复发作、过度使用声带或吸烟等刺激所致，或继发于全身性慢性疾病，如贫血、便秘、下呼吸道炎症、心血管疾病等。慢性咽喉炎病理表现主要为慢性单纯性咽炎、慢性肥厚性咽炎、干燥性及萎缩性咽炎。慢性咽喉炎常有咽喉部不适、干燥、发痒、疼痛或有异物感，总想不断地清嗓等症状。有时会在清晨起床后吐出微量的稀痰，并伴有声音嘶哑、刺激性咳嗽等症状，且多在疲劳和使用声带后加重。体检时可见咽部黏膜充血，悬雍垂轻度水肿，咽后壁淋巴滤泡较多、较粗和较红，但机体不发热。慢性咽喉炎的病程长，常反复发作，大多数清咽润喉产品针对的是这类咽炎。现代医学大多采用抗生素治疗，但效果不佳，不易根治。

## 二、咽喉病的致病因素与保健方法

### （一）咽的主要功能

**1. 吞咽功能**　当吞咽的食团接触舌根及咽峡黏膜时，即引起吞咽反射。

**2. 呼吸功能**　咽喉不仅是呼吸时气流出入的通道，而且对吸入的空气还有温湿度调节和清洁的作用。在大脑的调节下，咽部可以根据人体生命活动需氧量的增减而调节宽窄的变化，以满足肺部的气体交换。

**3. 发声功能** 气流自肺部呼出冲击声带，使之振动而发出声音。通过咽腔、口腔、鼻腔和胸腔的共同参与，产生共鸣，使声音清晰、和谐悦耳；并伴有软腭、口、舌、唇、齿等协同作用，形成各种语音。当咽部不适时，发声功能被抑制。

**4. 免疫和保护功能** 咽部的扁桃体是非常活跃的免疫器官，对从血液、淋巴或其他组织侵入机体的有害物质具有一定的防御作用。小儿扁桃体肥大往往是一种生理现象，可能是免疫活动正在增强的表现。青春期后，扁桃体的免疫活动逐渐减弱，组织本身也逐渐缩小。

### （二）咽喉不适的表现与危害

**1. 咽部不适的表现** 咽部与鼻腔、口腔相连，外界进入的空气和食物摄入对其影响较大，极易造成咽部不适现象。处于咽部不适的亚健康状态人群，通常有咽部燥热、咽痛、咽痒、干咳少痰、发音异常、吞咽困难和咽部有异物感等表现。

**2. 咽部不适的危害** 咽部不适通常伴有咽部黏膜水肿、黏膜充血、咽后壁淋巴滤泡增生、分泌物附着等症状。若得不到及时改善，极易转化为慢性咽炎或其他咽部疾病。

### （三）咽部不适诱发因素与易发人群

咽部不适的诱发因素较多，主要包括个体因素和环境因素两方面，可以归纳为以下几点。

**1. 发声过度或发声不当** 常见于教师、导游、歌手、纱厂女工，或非职业用声音者过强或过多用声，如长期持续的演讲或过高、过长时间的演唱等。

**2. 吸入有害气体** 如吸入污染气体、烟雾、化学粉尘等均可使声带增厚，无论长期接触还是短期接触有害气体，均会引起咽部不适的症状。

**3. 感染** 鼻、鼻窦、咽部及下呼吸道的感染产生咽部慢性刺激。

**4. 精神因素及其他不明原因** 如咽部异物感的机制相当复杂，目前尚未完全清楚，很多学者认为其与局部病变、全身疾病和精神因素有关。

### （四）清咽润喉的中医保健方法

中医理论遵循整体观念、辨证施治的原则，正确处理咽喉与脏腑之间的关系。中医辨证属于肺肾阴虚或兼有阴虚夹热征象等不同表现，需要采用不同的改善方法和用药。咽喉主要由肺肾的精气滋养，故咽喉的保健方法主要是通过滋养肺肾的阴津来达到润养咽喉的目的。中医清咽保健方法一般可分为以下几种。

**1. 甘凉生津润喉法** 适用于热病初期或中期，邪热渐解、肺胃津伤，症见咽喉干痛、声嘶，或喉痒、干咳少痰，或身热、舌燥乏津、脉细或数等。一般以甘凉生津润喉法使阴津来复，咽喉得润。如以沙参麦冬汤、养阴清肺汤加减等。药材通常选用沙参、玉竹、麦冬、芦根、石斛、梨汁等甘凉之品。

**2. 滋阴降火养喉法** 适用于邪热久稽不解、久病伤肾，或过度服用温燥药物，耗伤肾阴；甚至阴不敛阳、阴虚火旺；症见咽干声嘶、腰膝酸软、五心烦热、舌红少苔、脉细数等。一般用滋阴降火养喉法，使阴精上承咽喉部，如以知柏地黄丸加减等。药材通常选用玄参、天冬、生地黄、丹皮、山萸肉、女贞子、知母、旱莲草、黄柏等，滋阴降火以填补阴精，壮水制火以养阴润喉。

**3. 酸甘化阴润喉法** 适用于各种原因或无明显原因引起的阴血不足，以咽喉干燥为主要表现者。一般用酸甘化阴润喉法起到酸甘化阴润喉的功效，如以芍药甘草汤、生脉散加减等。药材通常选用白芍、乌梅、五味子、甘草、山茱萸、麦冬、地黄等酸味和甘味药。

**4. "辛以润之"间接润喉法** 适用于因气化不利、痰饮、瘀血阻络、津失敷布、鼻干咽燥、渴欲饮水、二便不利、口唇干裂、舌干苔少、脉细数等伤阴化燥病症。可以用"辛以润之"的间接润喉法使津液正常敷布而解除"燥"证，间接起到"润"的作用。如以旋复花汤加减等。此法为变通之法，往往与其他滋养阴津的方法一起使用。药材通常选用桂花、细辛、薄荷、当归、川芎等辛味药物，以宣通气机，促进气化。

**5. 开音法** 适用于外感风寒、风热、废弃闭塞、声音不出的"金实不鸣"之证，或久咳伤肺以及发音过度而出现的气阴两伤而致的"金破不鸣"之证。针对不同病因，可以选用胖大海、橄榄、蝉衣、薄荷、诃子、桔梗等配伍，宣肺利喉以恢复发音功能。此法属于治标之法，往往与其他治本方法同用。

其他方剂如肺肾阴虚者，可选用百合固金汤；气阴两虚者，可选用八珍汤；如兼夹气滞、血瘀、痰凝者，可适当加入行气、活血、祛痰等相应药物，如金嗓音丸等。选用中药成方化裁开发清咽功能性食品较常见，但须进行严格的安全性评价。

需要注意的是，一些甘淡之物如绿豆、扁豆、苹果、山药、生藕等，因甘味能够生津，淡味平和，有濡润咽喉的作用，开发成功能性食品更易被接受；而姜、椒、蒜、芥及一切辛辣热物极易伤阴，一般不可采用。

## 三、具有清咽润喉功能的物质

基于中医学理论，清咽润喉功能性食品往往具有清热解毒、消炎杀菌、滋阴补虚、健脾益气等作用。目前多以中药作为其中的功效成分，包括松果菊、石斛、板蓝根、金银花、黄芩、鱼腥草、射干、牛蒡子、玄参、赤芍、蝉蜕、地胆头、罗汉果、桔梗、冬凌草、胖大海、麦冬、青果、草珊瑚、菊花、山豆根、山豆根、川贝母、梨和栀子等。

**1. 松果菊** 松果菊又名紫锥花，为松果菊属植物，多年生草本植物，是一种菊科野生花卉，因头状花序很像松果而得名。松果菊全草含有多羟基酚类、菊苣酸和菊糖。松果菊的用途十分广泛，可治疗各种炎症和感染，其疗效得到了临床肯定。动物实验表明，松果菊中所含的烷基酰胺类、链烯酮、菊苣酸能够增加巨噬细胞和粒细胞的活性；松果多糖类能够增加巨噬细胞的吞噬作用，对 T 细胞的增殖有促进作用；松果菊醇提取物能够刺激巨噬细胞产生大量免疫因子，如肿瘤坏死因子、干扰素和白细胞介素等。

**2. 石斛** 石斛为多年附生草木，多附生于高山岩石或森林中的树干，石斛碱及石斛胺是其主要的有效成分。石斛有生津益胃、清热养阴的功效，治疗热盛伤津和口干烦渴疗效显著。石斛、连翘、射干，用水煎服治疗慢性咽炎效果极佳。研究表明，采用由石斛、玄参等组成的冲剂治疗慢性咽炎，有效率可达 95.3%。

**3. 板蓝根** 板蓝根为十字花科植物菘蓝的干燥根，通常在秋季进行采挖，炮制后可入药，在我国各地均产。板蓝根性寒，味先微甜后苦涩，具有清热解毒、利咽、预防感冒之功效。板蓝根主要用于治疗温毒发斑、舌绛紫暗、烂喉丹痧等疾病，其水提液对枯草杆菌、金黄色葡萄球菌、八联球菌、大肠埃希菌、伤寒杆菌、痢疾杆菌等都有抑制作用。

**4. 金银花** 金银花为忍冬科忍冬属植物忍冬及同属植物干燥花蕾或带初开的花。"金银花"一名出自《本草纲目》。由于其初开为白色，后转为黄色，因此得名金银花。金银花自古被誉为清热解毒的良药。其性甘寒气芳香，甘寒清热而不伤胃，芳香透达又可祛邪。金银花含黄酮类（如木犀草素）、有机酸类（如绿原酸）、三萜类、醇类、肌酸、挥发油和无机元素等，具有抑菌、抗病毒、解热、抗炎、抗氧化、止血、免疫调节等作用。金银花既能宣散风热，还善清解血毒，用于各种热性病，对身热、发疹、发斑、热毒疮痈、咽喉肿痛等症均具有显著效果。

**5. 黄芩** 黄芩为唇形科黄芩属多年生草植物。黄芩具有抗菌及清热解毒的作用，可用于湿温发热、胸闷、口渴不欲饮及湿热泻痢、黄疸等症。黄芩有着较广的抗菌谱，在试管内对痢疾杆菌、白喉杆菌、铜绿假单胞菌、葡萄球菌、链球菌等均有抑制作用。黄芩中的黄芩苷和黄芩苷元具有清热解毒、抗炎、利胆、降压、利尿、抗变态反应等作用，对豚鼠离体气管过敏性收缩和整体动物过敏性气喘均有缓解作用。

**6. 鱼腥草**　鱼腥草为三白草科植物蕺菜的干燥地上部分，搓碎有鱼腥气味。鱼腥草味辛，性寒凉，归肺经，能清热解毒、消肿疗疮、利尿除湿、健胃消食、清热止痢，用于治疗实热、热毒、湿邪、疾热为患的肺痈、疮疡肿毒、脾胃积热、痔疮便血等。现代药理实验证明，鱼腥草具有抗菌、抗病毒、提高机体免疫力、利尿等作用，对金黄色葡萄球菌、变形杆菌、白喉杆菌有抑制作用。

**7. 地胆头**　地胆头也称地胆草，为多年生直立草本。该草味苦、辛，性微寒，可全草入药，有清热解毒、消肿利尿之功效，可治疗感冒、结膜炎、扁桃体炎、咽喉炎、菌痢、胃肠炎、肾炎水肿、疖肿等症，为中医常用药。

**8. 罗汉果**　罗汉果为葫芦科多年生藤本植物的果实，是国家首批批准的药食两用材料之一。罗汉果水提物主要功效成分是罗汉果甜苷，有化痰、镇咳和平喘的作用。其果实营养价值很高，富含蛋白质、脂类、葡萄糖、果糖、糖甙和维生素 C 等。现代医学证明，罗汉果对支气管炎、高血压等疾病有显著疗效，还具有防治冠心病、血管硬化和肥胖症的作用。

**9. 桔梗**　桔梗是多年生草本植物，其根可入药，有止咳祛痰、宣肺、排脓等作用。桔梗可使麻醉犬呼吸道黏液分泌量增加，作用可与氯化铵相比，其祛痰作用主要由于其中所含皂苷引起，小剂量能刺激胃黏膜，引起轻度恶心，因而反射性地增加支气管分泌黏液。

**10. 冬凌草**　冬凌草又名冰凌草，为唇形科香茶属多年生草本或亚灌木、小灌木，因其植株凝结薄如蝉翼、形态各异的蝶状冰凌片而得名。冬凌草全株结满银白色冰片，具有清热解毒、消炎止痛、健胃活血之功效。抑菌实验证明，冬凌草对甲型、乙型溶血性链球菌和金黄色葡萄球菌均有抑制作用。临床试验证明，冬凌草对食管癌、贲门癌、肝癌和乳腺癌等有一定疗效，可使患者症状缓解、瘤体稳定或缩小，能够延长患者生命。冬凌草对化脓性扁桃体炎、急性和慢性气管炎等也有良好的疗效。

**11. 胖大海**　胖大海又名大海子或通大海，为梧桐科植物胖大海的干燥成熟种子。胖大海性味甘淡寒，入肺经和大肠经，可清宣肺气、利咽解毒，多用于泡茶，可以起到降血压、润喉化痰的作用。胖大海适于因风热邪毒引起的音哑，不适于烟酒过度引起的嘶哑，对于一些突然失音或脾虚者还会导致咽喉疼痛。

**12. 麦冬**　麦冬别名麦门冬、沿阶草、阔叶麦冬、大麦冬等，为百合科麦冬属及沿阶草属植物，块根含有多种甾体皂苷，性微寒，味甘微苦。现代医学研究认为，麦冬具有强心、利尿和抗菌的作用，主治热病伤津、心烦、口渴、咽干、肺热燥咳、肺结核咯血、咽喉痛等症。

**13. 菊花**　菊花是传统的清咽利喉药食两用原料，也是常用的清咽润喉功能性食品。其味甘、苦，性寒，具有散风清热、平肝明目、清热解毒之功效，清火效果较佳，在中医治疗外感风热引起的咽喉疾病方面常作主药使用。现代医学研究表明，菊花对于肺炎链球菌具有抗菌活性。菊花富含挥发油、黄酮类、氨基酸、绿原酸和矿物质等。其中挥发油是其抗菌作用的物质基础，黄酮类化合物也具有一定的抑菌和抗病毒作用。

**14. 甘草**　甘草属多年生草本，是一种补益中草药。甘草味甘性平，入十二经，具有清热解毒、祛痰止咳、脘腹等作用，能补脾胃不足而益中气，用于脾胃虚弱及气血不足等症。甘草能泻火解毒，故常用于疮疡肿痛、咽喉肿痛等症，可甘缓润肺，有祛痰止咳的功效，

**15. 青果**　青果又名橄榄，其性平，味甘、涩、酸。青果具有清热、利咽、生津、解毒之功效，可用于咽喉肿痛、咳嗽、烦渴、鱼蟹中毒等。

**16. 草珊瑚** 草珊瑚为金粟兰科多年生常绿亚灌木，俗称满山香、观音茶、九节花、接骨木等。草珊瑚全株供药用，能清热解毒、祛风活血、消肿止痛、抗菌消炎。从草珊瑚中提取反丁烯二酸，对咽部干燥、发痒、疼痛以及咳嗽等症状有缓解作用，对咽部充血、滤泡增生及黏膜水肿等症有改善作用。

**17. 山豆根** 山豆根为豆科、山豆根属植物藤状灌木，味苦性寒，入肺经，除清热解毒，治咽喉肿痛外，还具有镇痛、止咳、降压和抗癌等活性。

**18. 枇杷叶** 枇杷叶为蔷薇科植物枇杷的叶子，有清肺止咳，和胃利尿，止渴的功效，可治疗肺热燥火所致的咳痰黄黏、咯血咽干等。

**19. 杏仁** 杏仁是蔷薇科杏的种子，分为甜杏仁和苦杏仁，富含蛋白质、脂肪、糖和微量的苦杏仁苷。杏仁具有降气止咳平喘、润肠通便之功效，主要用于治疗咳嗽气喘、胸满痰多、血虚津枯、肠燥便秘等。

**20. 川贝母** 川贝母是百合科贝母属多年生草本植物，味苦、甘，入肺、心经，具有化痰止咳、清热散结的作用，主要用于治疗虚劳咳嗽、吐痰咯血、心胸郁结、肺痿、肺痈、瘿瘤、喉痹、瘰疬、乳痈等。

**21. 冰片** 冰片是龙脑香科植物龙脑香的树脂和挥发油加工品中提取获得的结晶，是近乎纯粹的右旋龙脑，也可用化学方法合成。冰片味辛、苦、微寒，归心经，具有清热止痛功效，善治目赤肿痛、咽喉肿痛等。

**22. 梨** 梨不仅味美汁多，甜中带酸，而且营养丰富，含有多种维生素和膳食纤维。梨味甘、酸、性凉，归肺经、胃经、大肠经，具有清热生津、润肺止咳、解酒毒、润肠通便的功效。梨所含的苷和鞣酸等成分，能够起到祛痰止咳的作用，可用于热性咳嗽、烦躁、口渴失音及生病发热引起的伤津。

**23. 栀子** 栀子是茜草科植物栀子的果实。栀子味甘，性寒，入肝、肺、胃、三焦经，具有清热解毒、护肝、利胆、降压、镇静、止血、消肿的功效。

## 四、清咽润喉功能性食品的应用案例

### （一）产品设计

本产品设计为一种清咽润喉含片，该含片可以有效缓解吸烟所导致的口干舌燥及咽喉肿痛症状，从而有利于改善口腔健康。本品含片包含马槟榔种仁提取物、微晶纤维素、麦芽糊精、薄荷脑和冰片。

马槟榔种仁提取物，既能有效提高唾液分泌量，提高口腔湿度，又能带来清凉感，改善口腔健康。同时，马槟榔种仁提取物粉末中还富含甜味蛋白，主要用作食品加工、饮料、口香糖、糖果、乳制品、功能性食品等食品添加剂。微晶纤维素是一种重要的膳食纤维和理想的功能性食品添加剂，在此处主要作稀释剂和黏合剂，还具有一定的润滑和崩解作用。

麦芽糊精是主要的填充剂，其中含有大量的多糖、钙、铁等对人体有益的营养素，能促进人体正常的物质代谢。薄荷脑可作为芳香剂及调味剂，用于黏膜可产生清凉感，可减轻不适及疼痛。冰片具有抑菌、抗炎的作用，对于喉痹口疮、疮疡肿痛、溃后不敛等都有一定药效。

产品总配方：马槟榔种仁提取物 10%、微晶纤维素 15%、麦芽糖糊精 67%、薄荷脑 3%、冰片 3%、蒸馏水 2%。

### （二）生产工艺

**1. 马槟榔种仁制备** 取新鲜成熟的马槟榔果实，剥去外壳和中壳后得马槟榔种仁，将马槟榔种仁置于冰箱中，调节温度为 4℃保存，备用。

**2. 粉碎、过筛** 取出马槟榔种仁，通过粉碎、过筛后得到细度为 80 目的马槟榔种仁粉末。

**3. 微波辐射灭酶**　将马槟榔种仁细粉铺在微波炉专用盒底部，使马槟榔种仁粉末厚度保持在 5mm 左右，将微波炉专用盒密封后置于微波萃取仪内进行微波辐射处理。将马槟榔种仁粉末取出，置于冰水浴中冷却至室温，即得微波辐射灭酶后的马槟榔种仁粉末。

**4. 热水浸提、过滤**　将微波辐射灭酶后所得马槟榔种仁粉末用其质量 4 倍的 70℃热水浸提，保持水温 4 小时，提取液用 120 目的筛网过滤，收集滤液，滤渣用压榨机进行压榨，榨汁与滤液混合，然后使用板框压滤机或转鼓过滤机进行精滤，得精滤液。

**5. 浓缩**　将精滤液进行真空浓缩，使浓缩后的体积为浓缩前体积的 1/3 ~ 1/2，真空度为 0.01 ~ 0.03MPa，温度为 60 ~ 70℃。

**6. 喷雾冷冻**　用压力雾化的方法将浓缩所得的浓缩液直接喷入装有冷冻剂（液氮）的喷雾箱中。含有马槟榔提取物的浓缩液在喷雾箱中直接冻结成固态小颗粒。

**7. 冷冻干燥**　将喷雾、冻结所得的固态小颗粒全部转移到真空冷冻干燥机内进行真空冷冻干燥，真空干燥真空度 10Pa。首先 -40℃干燥 4 小时，然后在 12 小时内温度从 -40℃上升至 25℃，最后 25℃干燥 4 小时，即得马槟榔种仁提取物。

 练 习 题

答案解析

1. 高血脂、高血压、高血糖（即"三高"）对人体有哪些危害？
2. 何为肥胖症？肥胖症的类型及测定方法有哪些？
3. 具有清咽润喉功能的常见物质有哪些？
4. 缺铁性贫血如何进行饮食防治？
5. 影响睡眠的的常见因素有哪些？

**书网融合……**

本章小结

题库

# 第七章

# 促进机体健康功能性食品的应用

PPT

 **学习目标**

**〈知识目标〉**

1. **掌握** 营养与免疫的关系；疲劳产生的机制；消化系统的功能；皮肤疾病的种类。
2. **熟悉** 造成免疫力低下、疲劳、视觉疲劳、消化不良、肠道菌群失调、皮肤问题、记忆下降及自由基过剩的因素或发病机制及其预防措施。
3. **了解** 免疫与免疫系统、自由基的概念；体力疲劳、视觉疲劳的危害；肠道菌群对人类的作用；消化系统的生理功能；记忆的影响因素。

**〈能力目标〉**

1. 能运用促进机体健康功能性食品理论基础，进行相应免疫功能物质的准确选择。

2. 具备运用合适的增强免疫力，缓解体力、视觉疲劳，有助于消化、调节肠道菌群、改善皮肤状况、改善记忆、抗氧化功能原料开发相应功能性食品的能力。

**〈素质目标〉**

通过本章的学习，帮助学生树立健康生活的意识，引导学生跳出思维局限，学会从消费者角度去设计促进机体健康功能性食品。同时培养学生交流讨论学习的习惯。具备敬业、负责、团结协作等职业素质。

## 第一节 有助于增强免疫力功能性食品的应用

### 一、免疫与免疫系统的基本概念

免疫是机体在进化过程中获得的识别自身、排斥异己的一种重要的生理功能。机体的免疫功能是由一个复杂的免疫系统实现的。免疫系统通过对自我和非我物质的识别和应答，以维持机体的正常生理活动。

免疫系统（immune system）是防卫病原体入侵最有效的武器，它能发现并清除异物、外来病原微生物等引起内环境波动的因素。但其功能的亢进会对自身器官或组织产生伤害。免疫系统具有识别和排除抗原性异物、与机体其他系统相互协调，共同维持机体内环境稳定和生理平衡的功能。它能识别并清除外来入侵的抗原，如病原微生物等。这种防止外界病原体入侵和清除已入侵病原体及其他有害物质的功能被称之为免疫防御，使人体免于病毒、细菌、污染物质及疾病的攻击。同时能识别和清除体内发生突变的肿瘤细胞、衰老细胞、死亡细胞或其他有害的成分。这种随时发现和清除体内出现的"非己"成分的功能被称之为免疫监视。清除新陈代谢后的废物及免疫细胞与病毒对抗后的病毒碎片，也必须借由免疫细胞加以清除。机体通过自身免疫耐受和免疫调节使免疫系统内环境保持稳定，借助修补免疫细胞修补受损的器官和组织，使其恢复原来的功能。健康的免疫系统是无可取代的，但可能会因为持续摄取不健康的食物而使功能下降或丧失。

免疫系统是机体执行免疫应答及发挥免疫功能的重要系统。由免疫器官、免疫细胞和免疫分子组成。

### （一）免疫器官

免疫器官是实现免疫功能的器官和组织，分为中枢免疫器官和外周免疫器官。

**1. 中枢免疫器官** 中枢免疫器官对免疫应答的发生起着决定性作用，是决定机体实现免疫应答功能的器官；包括胸腺、骨髓等。在免疫应答中起首要作用。

（1）胸腺 位于人体胸腔前纵隔上部、胸骨后方，是胚胎期发生最早的淋巴组织，是 T 淋巴细胞分化、成熟的场所，可分泌多种胸腺激素。这些激素通过诱导 T 细胞的成熟，以达到对免疫功能的调节作用。

（2）骨髓 是人和其他哺乳动物主要的造血器官，是各种血细胞的重要发源地。骨髓含有强大分化潜力的多能干细胞，它们可在某些因素作用下分化为不同的造血祖细胞，进而分化为形态和功能不同的髓系干细胞和淋巴系干细胞。淋巴系干细胞再通过胸腺、腔上囊或类腔上囊器官（骨髓），分别衍化成 T 细胞和 B 细胞，最后定居于外周免疫器官。

**2. 外周免疫器官** 外周免疫器官包括脾脏及分布全身脏器、皮肤、黏膜的淋巴结和弥散性淋巴组织，具有免疫过滤作用。是 T、B 淋巴细胞等定居的场所和这些细胞识别外来抗原，发生免疫应答反应的部位。

（1）脾脏 是血液的仓库。它承担着过滤血液的职能，除去死亡的血球细胞，并吞噬病毒和细菌。它还能激活 B 细胞使其产生大量的抗体。脾是胚胎时期的造血器官，自骨髓开始造血后，脾演变为人体最大的外周免疫器官。脾脏可产生大量的淋巴细胞，其中以 B 细胞为主。还可合成吞噬细胞功能增强素，增强吞噬细胞的功能。含有大量的巨噬细胞，在全身免疫和清除自身已衰老的红细胞等方面发挥重要作用。

（2）淋巴结 是豆形网状结构的组织，分布在全身的各个不同部位，如颈、腋、腹股沟、肠系膜、盆腔及肺门等。它是淋巴细胞定居和增殖的场所，其含有大量的淋巴细胞和巨噬细胞，参与抗原与抗体的复合反应，清除抗原异物。

淋巴结拥有数十亿白细胞，当发生感染时，外来的入侵者和免疫细胞聚集在此，淋巴结就会肿大，作为排水系统，淋巴结还发挥过滤淋巴液的作用，将病毒、细菌等废物排出体外。人体内的淋巴液比血液多出约 4 倍。人全身有 500～600 个淋巴结，是结构完备的外周免疫器官，广泛存在于全身非黏膜部位的淋巴通道上。

（3）皮肤、黏膜 作为抵御外源性病原体侵入的第一道防线，在机体免疫防御体系中处于十分重要的地位。

### （二）免疫细胞

免疫细胞泛指所有参与免疫反应或与免疫反应有关的细胞及其前身。包括造血干细胞、淋巴细胞、单核－吞噬细胞及中性粒细胞、肥大细胞等。人和其他哺乳动物的免疫细胞，均是从骨髓细胞中的多能干细胞分化而来的。

淋巴细胞是免疫系统的基本成分，在体内分布很广泛，主要是 T 淋巴细胞、B 淋巴细胞受抗原刺激而被活化，分裂增殖、发生特异性免疫应答。

**1. 淋巴细胞** 淋巴细胞是机体内最为复杂的一个细胞系，在免疫应答过程中起核心作用。分为 T 细胞、B 细胞、NK 细胞、K 细胞等。

（1）T 细胞　依赖于胸腺，其参与的免疫应答由 T 细胞直接实现，称为细胞免疫。目前认为，在人体胚胎期和初生期，骨髓中的一部分多能干细胞或前 T 细胞迁移到胸腺内，在胸腺激素的诱导下分化成熟，成为具有免疫活性的 T 细胞。

（2）B 细胞　是由骨髓中的淋巴干细胞分化而来。与 T 淋巴细胞相比，它的体积略大。B 细胞受抗原刺激后增殖分化为浆细胞，浆细胞可合成和分泌五类免疫球蛋白（IgM、IgG、IgA、IgD、IgE），并在血液中循环。B 细胞参与的免疫应答是通过抗体实现的，称为体液免疫。T 细胞和 B 细胞都具备保存免疫记忆的能力。

（3）NK 细胞　是自然杀伤细胞的简称，发源于骨髓干细胞，而后分布于外周组织，主要是脾和外周血中，在外周血中约占淋巴细胞总数的 15%，在脾内占 3%~4%，也可出现在肺脏、肝脏和肠黏膜，但在胸腺、淋巴结和胸导管中罕见。NK 细胞杀伤的靶细胞主要是肿瘤细胞、病毒感染细胞、较大的病原体（如真菌和寄生虫）、同种异体移植的器官、组织等。

（4）K 细胞　是杀伤细胞的简称，存在于腹腔渗出液、脾、淋巴结和血液中。NK 细胞和 K 细胞统称为大颗粒淋巴细胞。

**2. 单核 – 吞噬细胞**　单核 – 吞噬细胞包括血液中的单核细胞和组织中的巨噬细胞。它们具有吞噬、杀菌、细胞毒作用、抗原的处理与递呈、免疫调节等多种重要的生理功能。

### （三）免疫分子

免疫分子包括各种免疫球蛋白、补体、细胞因子等。它们在抗感染、炎症反应、清除外源性病原体、调节各种免疫细胞功能以及自身性免疫疾病过程中起着重要的作用。

**1. 免疫球蛋白**　指具有抗体活性或化学结构上与抗体相似的球蛋白。人类免疫球蛋白分为五大类，即 IgM、IgG、IgA、IgD、IgE。其中 IgG 是血清中含量最多的抗体。含有抗体的血清称为抗血清。

**2. 补体**　补体是一组球蛋白，在血清中含量比较稳定，不随免疫接种而增加。补体在体液中呈无活性状态，只有当受到某种"激活剂"的作用后，其各组成成分依次被活化，补体各成分或其裂解片段才具有活力。活化的补体作用于细胞膜，最终会引起细胞膜的不可逆损伤，导致细胞（细菌）的溶解。

激活后的补体系统，呈现一系列具有酶活力的连锁反应，在体内参与特异性和非特异性免疫反应。以抗体为介质的杀菌、溶菌及溶细胞等免疫反应，均需有补体参加。补体系统在激活过程中会产生趋化因子、过敏毒素等免疫因子，引发一系列生物效应，表现出增强机体防御的功能，但也可能出现导致疾病的免疫病变。

**3. 细胞因子**　细胞因子是由多种组织细胞（主要为免疫细胞）合成和分泌的小分子多肽或糖蛋白。细胞因子能介导细胞间的相互作用，具有多种生物学功能，如调节细胞生长、分化成熟、功能维持、调节免疫应答、参与炎症反应、创伤愈合和肿瘤消长等。细胞因子分为干扰素、白细胞介素、集落刺激因子、肿瘤坏死因子四大类。

## 二、免疫应答

免疫应答是指机体受抗原刺激后，免疫活性细胞（T 淋巴细胞、B 淋巴细胞）识别抗原，产生应答（活化、增殖、分化等），分泌免疫物质并将抗原破坏和（或）清除的全过程称为免疫应答。这个过程是免疫系统各部分生理功能的综合体现，包括抗原递呈、淋巴细胞活化、免疫分子形成及免疫效应发生等一系列生理反应。

免疫应答是由多细胞系完成的，它们之间存在相互协同和相互制约的关系。在正常免疫生理条件下，它们处于动态平衡，以维持机体的免疫稳定状态。抗原的进入激发免疫系统打破了这种平衡，从而诱发免疫应答，建立新的平衡。通过有效的免疫应答，机体得以维护内环境的稳定。

正常情况下，机体通过非特异性免疫和特异性免疫防御体系，保护机体免受外源性病原体的侵害。非特异性免疫是机体在长期进化过程中形成的防御功能。如组织正常的屏障作用、体液杀菌作用等天然的免疫功能。非特异性免疫系统包括皮肤、黏膜、单核－吞噬细胞、补体、溶菌酶、黏液、纤毛等。特异性免疫是指机体在个体发育过程中，与抗原异物接触后产生的防御功能，特异性免疫系统包括 T 淋巴细胞介导的细胞免疫应答反应和 B 淋巴细胞介导的体液免疫应答反应。

免疫应答反应需要非特异性免疫应答反应和特异性免疫应答反应协同参与。如果免疫应答反应发生异常，将产生病理性免疫应答反应。机体表现为免疫功能低下，或者免疫功能异常亢进，导致自身免疫性疾病。

## 三、免疫力低下的危害

免疫力低下分为原发性和继发性两类，原发性是先天发育不全所致，大多数与遗传有关，多发生于儿童；继发性则由病毒、细菌、真菌等感染或药物、肿瘤、疲劳、失眠、营养不良等原因引起，可见于各种年龄的人群。

如果免疫力低下，还易发生细菌、病毒、真菌等感染。原因包括：①难以抵抗细菌、病毒、真菌等的致病微生物侵袭。②难以及时清除体内衰老的死亡细胞。③难以及时发现和消灭体内发生变异的细胞，防止恶性肿瘤的发生。

人体免疫系统正常功能的行使与营养均衡有关，当营养不良时，表现为胸腺和脾脏萎缩，肾上腺严重萎缩，肠壁变薄、绒毛倒伏，免疫系统退化病变。免疫系统的异常会导致免疫应答的不健全。营养素缺乏会导致机体免疫活性降低，造成不同程度的免疫失调。具体表现为以下几方面。

**1. 吞噬作用减弱** 低营养状态时，参与吞噬作用的酶缺乏，使吞噬细胞吞噬功能减弱甚至丧失；吞噬细胞数量减少，杀菌活性降低。

**2. 细胞免疫功能降低** 由于营养不良，体内淋巴细胞染色体异常增加，淋巴细胞活性降低。结核菌素反应减弱，淋巴细胞转化率明显降低，迟发型超敏反应丧失。

**3. 体液免疫功能降低** 营养不良者的血清中，免疫球蛋白含量一般延迟达到正常值。同时，特异性抗体的合成减弱。

## 四、具有有助于增强免疫力功能的物质

### （一）增强免疫力功能的原理

增强机体对疾病的抵抗力、抗感染能力的食物成分，其作用原理包括以下几方面。

**1. 参与免疫系统的构成** 如参与人体免疫系统及抗体、补体等重要物质的构成。

**2. 促进免疫器官的发育和免疫细胞的分化** 通过维持重要免疫细胞的正常发育、功能和结构完整性而不同程度地提高免疫力。

**3. 增强机体的细胞免疫和体液免疫** 一些营养因子可增加吞噬细胞的吞噬效率，有的还能提高血清中免疫球蛋白的浓度，促进体内抗体的形成。

### （二）具有有助于增强免疫力功能的物质

#### 1. 蛋白质类

（1）蛋白质 机体免疫系统主要由蛋白质构成。当人体出现蛋白质营养不良时，免疫器官的组织结构和功能会受到影响，使组织抵抗能力下降。

（2）免疫球蛋白　普遍存在于血液、组织液、淋巴液及外分泌液中，具有重要的免疫和生理调节作用。

（3）活性肽　具有免疫作用的活性肽能够增强机体免疫力，刺激机体淋巴细胞的增殖，增强巨噬细胞的吞噬功能，提高机体抵御外界病原体感染的能力，降低机体发病率。人乳或牛乳中酪蛋白含有刺激免疫的生物活性肽。大豆蛋白、大米蛋白通过酶促反应，可产生具有免疫作用的活性肽。

（4）超氧化物歧化酶（SOD）　能够清除机体代谢过程中产生自由基，延缓由于自由基侵害引起的衰老现象，提高人体对自由基侵害而诱发疾病的抵抗力，如对炎症、肺气肿、白内障、自身免疫性疾病、肿瘤等疾病的抵抗力。同时提高机体对自由基诱发因子损害的抵抗力，如烟雾、辐射、有毒化学药品和有毒医药等的损害，增强机体对外界环境的适应力。

**2. 活性多糖**　广泛存在于植物、微生物（细菌和真菌）和海藻中，是一种新型高效免疫调节剂，能显著提高巨噬细胞的吞噬能力，增强淋巴细胞的活性，起到抗炎、抗细菌、抗病毒感染、抑制肿瘤、抗衰老的作用。活性多糖促进免疫功能的途径主要有：①提高巨噬细胞的吞噬能力诱导白细胞介素 - 1和肿瘤坏死因子的生成；②促进 T 细胞增殖，诱导其分泌白细胞介素 - 2；③促进淋巴因子激活的杀伤活性；④提高 B 细胞活性，增加多种抗体的分泌，加强机体的体液免疫功能；⑤通过不同途径激活补体系统。主要有以下几种。

（1）植物多糖　是从植物中提取的多糖，其具有非常重要与特殊的生理活性，参与生命科学中细胞的各种活动，具有多种生物学功能，如参与生物体的免疫调节功能、降血糖、降血脂、抗氧化、抗疲劳、抗炎等，人们已成功地从近百种植物中提取出了多糖并广泛用于医药及保健食品的研究和开发中。

1）茶多糖　是茶叶复合多糖的简称，由糖类、果胶、蛋白质等组成，其蛋白部分主要由约 20 种常见的氨基酸组成，多糖部分主要由阿拉伯糖、木糖、岩藻糖、葡萄糖、半乳糖等，矿质元素主要由钙、铁、铁、锰等及少量的微量元素，如稀土元素等组成。茶多糖具有降血糖、降血脂、增强免疫力、降血压、减慢心率、增加冠状动脉流量、抗凝血、抗血栓和耐缺氧等作用，近年来发现茶多糖还具有辅助治疗糖尿病的功效。

2）枸杞多糖　是从枸杞中提取而得的一种水溶性多糖。该多糖系蛋白多糖，由阿拉伯糖、葡萄糖、半乳糖、甘露糖、木糖、鼠李糖 6 种单糖成分组成。经研究表明，枸杞多糖具有调节免疫、延缓衰老的功能，并可改老年人易疲劳、食欲不振和视物模糊等症状，发挥降血脂、抗脂肪肝、抗衰老等作用。

3）人参多糖　可刺激小鼠巨噬细胞的吞噬及促进补体和抗体的生成。人参多糖对特异性免疫与非特异性免疫、细胞免疫与体液免疫都有影响。口服人参多糖可使羊红细胞、免疫小鼠的 B 细胞增加，血清中特异性抗体及 IgG 显著增加。

4）银杏叶多糖　是从银杏叶中分离出来的一种水溶性多糖，其具有增强机体免疫功能的生物活性，用有机溶剂处理银杏叶，从中分离出活性多糖的混合物，经纯化分离得到 1 个中性多糖（GF - 1）和 2 个酸性多糖（GF - 2、GF - 3）。

5）刺五加多糖　由刺五加根中分离到 7 种多糖，对体外淋巴细胞转化有促进作用，还有促进干扰素生成的能力。

6）黄芪多糖　由黄芪根中分离出一种多糖组分，为葡萄糖与阿拉伯糖的多聚糖。黄芪多糖是增强吞噬细胞吞噬功能的有效成分。

7）波叶大黄多糖　我国学者首次从波叶大黄中得到波叶大黄多糖（RHP），经分离、纯化得到波叶大黄多糖精品 RHP - A 和 RHP - B。RHP - A 和 RHP - B 均含 L - 岩藻糖、L - 阿拉伯糖、D - 木糖、D - 甘露糖、D - 半乳糖和 D - 葡萄糖，但其相应的比例不同。波叶大黄多糖是一类酸性杂多糖，具有提高机体免疫功能、预防心血管疾病、抗肿瘤、抗衰老及细胞保护作用。

（2）真菌多糖　是从真菌子实体、菌丝体、发酵液中分离出来的，可以控制细胞分裂分化，调节细胞生长衰老的一类活性多糖，被称为"生物反应调节物"。真菌多糖可以通过多种途径、多个层面对免疫系统发挥作用。大量免疫试验证明，真菌多糖不仅能激活 T 淋巴细胞、B 淋巴细胞、巨噬细胞和自然杀伤细胞等免疫细胞，还能活化补体，促进细胞因子的生成，对免疫系统发挥多方面的作用。真菌多糖主要有以下几种。

1）香菇多糖　从香菇子实体或菌丝中分离的一种多糖，以 $\beta-1,3$ 葡聚糖为主，有免疫激活和抗肿瘤活性。香菇多糖是 T 细胞特异性免疫佐剂，从活性 T 细胞开始，通过辅助 T 细胞再作用于 B 细胞。香菇多糖还能间接激活巨噬细胞，并可增强 NK 细胞活性，对实体瘤有抑制作用。与化疗或放疗联用可发挥增效减毒作用。临床上已应用香菇多糖治疗慢性病毒性肝炎和作为原发性肝癌等恶性肿瘤的辅助治疗药物，可以缓解症状，提高患者低下的免疫功能以及纠正微量元素的代谢失调等。

2）银耳多糖　是从银耳子实体中得到的多聚糖。银耳多糖有明显的增强免疫力功能，且影响血清蛋白和淋巴细胞核酸的生物合成，可显著增加小鼠腹腔巨噬细胞的吞噬功能。临床用于肿瘤化疗或放疗以及其他原因所致的白细胞减少症，效果显著。此外也可用于治疗慢性支气管炎。

3）猴菇菌多糖　为猴头子实体中提取的多聚糖。猴菇菌多糖可明显提高小鼠胸腺巨噬细胞的吞噬功能，提高 NK 细胞活性。

4）灵芝多糖　是一种从灵芝孢子粉或灵芝中提取、分离的水溶性多糖。灵芝多糖可使 T 淋巴细胞增多，加强网状内皮系统功能。灵芝多糖能显著提升老年小鼠的免疫功能，对抗体形成细胞的产生也有促进作用。

5）茯苓多糖　是从多孔菌种茯苓中提取的多聚糖，茯苓多糖、羟乙基茯苓多糖、羧甲基茯苓多糖等腹腔注射可明显增强小鼠腹腔巨噬细胞吞噬率和吞噬指数。体内外实验证明，上述多糖可不同程度地使 T 细胞毒性增强，增强动物细胞免疫反应，提高小鼠脾脏 NK 细胞活性。

6）猪苓多糖　是从猪苓中得到的葡聚糖。可增强单核 - 吞噬细胞系统的吞噬功能，增加 B 淋巴细胞对抗原刺激的反应，使抗体形成细胞数增加。

7）云芝多糖　从多孔菌种云芝中提取，它是近年来引人注目的肿瘤免疫药物。云芝多糖可明显增强小白鼠对金黄色葡萄球菌、大肠埃希菌、铜绿假单胞菌、宋内痢疾杆菌感染的非特异性抵抗力。

8）黑木耳多糖　是从黑木耳子实体中提取，具有明显促进机体免疫功能的作用，促进巨噬细胞吞噬和淋巴细胞转化等。且对组织细胞有保护作用（抗放射和抗炎症等）。

**3. 大蒜素**　大蒜素是从葱科葱属植物大蒜的鳞茎（大蒜头）中提取的一种有机硫化合物，也存在于洋葱和其他葱科植物中。大蒜具有多种作用，但大蒜素能显著提高机体的细胞免疫功能与其抗肿瘤作用有密切关系。

**4. 维生素**

（1）维生素 A　机体的体液免疫和细胞免疫反应都受维生素 A 的影响，适量的维生素 A 能提高机体抗感染和抗肿瘤能力，还能影响巨噬细胞的吞噬能力。

（2）维生素 E　能促进免疫器官的发育和免疫细胞的分化，提高机体细胞免疫和体液免疫功能。

（3）维生素 C　能提高白细胞的吞噬活性，参与机体免疫活性物质的合成过程，还可以促进机体内干扰素的产生。

**5. 矿物质**

（1）铁　铁可激活多种酶的活性。缺铁时，核糖核酸酶活性降低，肝、脾和胸腺蛋白质合成减少，免疫功能出现异常。铁缺乏可干扰细胞内含铁酶的作用，影响细胞的杀菌力。

（2）锌　锌缺乏会引起免疫系统的组织器官萎缩，抑制含锌的免疫系统酶类，使体液免疫和细胞免疫发生异常。锌缺乏影响 T 淋巴细胞的功能、胸腺素的合成与活性、淋巴细胞与 NK 细胞的功能、抗体依赖性细胞介导的细胞毒性、淋巴因子的生成以及吞噬细胞的功能等。

（3）铜　铜可增强中性粒细胞的吞噬功能。铜缺乏可抑制单核 – 吞噬细胞系统，降低中性粒细胞的杀菌活性，从而增加对微生物的易感性。

（4）硒　硒有广泛的免疫调节作用。硒与维生素 E 合用，对增强抗体产生和淋巴细胞转化反应有协同作用。如果两者同时缺乏，对依赖 T 细胞抗体反应的损害会更为明显。缺硒会影响非特异性免疫，严重抑制中性粒细胞移动能力，减弱细菌能力。缺硒动物腹腔渗出液中的巨噬细胞明显减少，细胞内谷胱甘肽过氧化酶活力减弱，释放出的过氧化氢数量明显增多。

**6. 乳酸菌**　乳酸菌及其产物能诱导干扰素，促进细胞分裂而产生体液及细胞免疫。双歧杆菌细胞中的成分含有免疫调节剂，可产生免疫物质，抑制恶性肿瘤，也能帮助人体抵抗病原菌的侵袭。

## 五、有助于增强免疫力功能性食品的应用案例

### （一）产品设计

本产品以灵芝提取物、虫草发酵菌丝体提取物为主要原料制成，经动物功能试验证明具有增强免疫力的保健功能。免疫调节药物或功能食品主要用于机体免疫功能障碍性疾病，如可增强由于肿瘤、衰老、慢性病毒感染（肝炎、艾滋病等）造成的免疫功能低下，或抑制器官移植后排斥反应及自身免疫性疾病时某些不正常的免疫反应。

灵芝是一种食药兼用的真菌，其含有较多的活性因子和免疫活性物质，主要有效成分为灵芝多糖，常食可增强人体免疫力，使人长寿。虫草发酵菌丝体是虫草菌发酵而成的药用真菌。不仅含有丰富的蛋白质和氨基酸，而且含有 30 多种人体所需的微量元素，是上等的滋补佳品。现代医药学研究证明，虫草发酵菌丝体中含有虫草素、虫草酸及各种氨基酸等营养物质，具有滋肺补肾、止血化痰、扩张气管、镇静、抗细菌感染、降血压、强身健体等功效。

产品总配方：灵芝提取物 40%、虫草发酵菌丝体提取物 15%、淀粉 15%，微粉硅胶 10%、$\beta$ – 环糊精 15%、羟丙基甲基纤维素 5%，可添加适量的香精。功效成分及含量：每 100g 含虫草发酵菌丝体多糖 6.5g、灵芝多糖 3.0g。

### （二）生产工艺

**1. 灵芝提取物的制备**　灵芝子实体洗净干燥，加水煎煮提取 3 次，第一次和第二次各 2 小时，第三次 1.5 小时。提取液合并后减压浓缩，冷冻干燥，灵芝提取物。

**2. 虫草发酵菌丝体提取物的制备**　虫草发酵菌丝体干燥，称重后投入提取罐内。将 10～15 倍量的水打入浸渍提取罐内浸渍 1 小时，煮沸 1～2 小时，放出提取液。再将 10～15 倍量的水打入浸渍提取罐内，煮沸 1～2 小时，放出提取液。合并提取液，将清液打入减压浓缩锅内。在真空度 – 0.08MPa、温度 60℃条件下进行减压浓缩。滤液经硅藻土过滤，喷雾干燥，备用。

**3. 胶囊制备工艺**

（1）取 $\beta$ – 环糊精，加水，加热至 70～80℃，制成 $\beta$ – 环糊精饱和溶液。

（2）将灵芝提取物加入 $\beta$ – 环糊精饱和溶液中，在 70～80℃下搅拌 0.5～1 小时，然后将温度降至 0～5℃，使灵芝提取物和 $\beta$ – 环糊精从溶液中析出。

（3）将析出的沉淀过滤，干燥，粉碎成细粉，与淀粉、微粉硅胶混匀后制粒。

（4）将羟丙基甲基纤维素制成质量浓度为 0.5%～1.5% 的溶液，将颗粒用羟丙基甲基纤维素溶液

包衣，干燥后与香精混匀，最后用胶囊填充。

（5）置入$^{60}$Co 辐射灭菌柜中灭菌 10 小时，取出，贴签、外包装、成品检验合格后即得成品，入库。

# 第二节　缓解体力疲劳功能性食品的应用

## 一、疲劳的概念和主要表现

现代社会生活方式紧张、节奏快，各种信息有意或无意的刺激，各种有形或无形的精神压力，各种大运动量的运动或劳动，常使人们处于疲劳甚至是过度疲劳状态，很多人由于身心疲劳而处于亚健康状态。

### （一）疲劳的概念

**1. 应激**　应激是一种极端的紧张状态，一种作用于个人的力或巨大压力，可以由疾病、受伤等身体因素和环境、心理因素（如长期恐惧、生气和焦虑等）等引起。应激状态的生理特征是血压上升、肌肉紧张增加、心率加快、呼吸急促和内分泌腺功能改变等。应激的结果之一就是疲劳。

**2. 疲劳**　经过一定时间和达到一定程度的体力活动或脑力活动，出现的活动能力下降、疲倦或肌肉酸痛或全身无力的现象称为疲劳。疲劳是防止机体发生威胁生命的过度功能衰竭而产生的一种保护性反应。它的出现提醒人们要降低目前的工作强度或终止目前的运动，以免造成进一步的机体损伤。疲劳的本质是一种生理改变，经过适当的休息便可以恢复或减轻。

根据发生的方式，疲劳可分急性疲劳和慢性疲劳。急性疲劳主要是频繁而强烈的肌肉活动所引起的，而慢性疲劳主要是长时间反复的活动所引起的。当疲劳到了第二天仍未能充分恢复而蓄积时，称为蓄积疲劳。

### （二）疲劳的主要表现

疲劳宏观表现在劳动或运动时能量体系输出的最大功率下降，同时肌肉力量下降。肌肉中腺嘌呤核苷三磷酸（adenosine triphosphate，ATP）、磷酸肌酸含量下降，腺嘌呤核苷二磷酸（Adenine nucleoside diphosphate，ADP）与 ATP 的比值下降，乳酸浓度增加，肌肉 pH 降低，肌糖原含量减少，血液中的血糖和乳酸含量增加，大脑中 ATP、磷酸肌酸和 γ－氨基丁酸含量降低。

疲劳的症状可分一般症状和局部症状。当进行全身性剧烈肌肉运动时，除肌肉的疲劳以外，还会出现呼吸肌的疲劳、心率增加、自觉心悸和呼吸困难。由于各种活动均是在中枢神经控制下进行的，因此，当工作能力因疲劳而降低时，中枢神经活动就要加强活动而补偿，逐渐又陷入中枢神经系统的疲劳。但自觉的疲劳易受心理因素的影响，自觉疲劳增强时可出现头痛、眩晕、恶心、口渴、乏力等感觉。

疲劳的表现可分为四个阶段。第一阶段：工作效率开始减低，但靠暂时的意志还可以使效率回升。第二阶段：不但工作效率减低，动作迟钝，还会出现疲劳感觉。经过短时间或一天的休息可以得到恢复。但对于身体虚弱者或老年人，则需要休息数日。第三阶段：若在第二阶段的疲劳状态下继续工作，就会导致疲劳难以恢复而使工作暂停。经过数日的休息可以恢复，但会由于一些轻微不适（如感冒、消化不良等）而卧床不起。第四阶段：在第三阶段疲劳未充分消除的状态下又继续工作，就会陷入慢性疲劳状态。出现贫血、体重减轻、无力、消化不良、食欲不振、失眠或多梦、倦怠感及工作效率与判断力减低等精神症状。此时对精神刺激的敏感性增强，有时会很兴奋或很沮丧。这时期的疲劳需休息数周后才能消除，也有的需数月甚至数年。

## 二、疲劳产生的机制

### （一）能量、肝糖原等过量消耗，血糖下降

当机体处于短时间极限强度运动时，此时肌肉中 ATP 含量极少，仅够维持 1~2 秒的肌肉收缩，因此磷酸肌酸将所贮存的能量随磷酸基团迅速转移给 ADP 重新合成 ATP。尽管肌肉中磷酸肌酸的含量比 ATP 高出了 3~4 倍，但也只能维持 10 秒左右的持续剧烈运动。短时间极限强度导致的疲劳，与 ATP、磷酸肌酸的大量消耗有关。

当高强度运动超过 10 秒后，肌肉中的糖原会被大量消耗，这时由于机体活动能力降低而导致疲劳出现。长时间运动时肌肉不仅消耗糖原，同时还大量摄取血糖。当血糖摄取速度大于肝糖原的分解速度时，会引起血糖水平下降并导致中枢神经系统供能不足，从而发生全身性疲劳。长时间、大运动量导致的疲劳，与机体能量物质的大量消耗有关。

### （二）疲劳物质在体内积聚，乳酸和蛋白质分解物大量存留在体内

当机体的剧烈运动超过 10 秒且肌内得不到充足氧气时，主要靠糖原的无氧酵解来获得能量。缺氧条件下糖酵解的产物是乳酸，随着糖酵解速率的增加，肌肉中乳酸含量会不断增加。激烈或静力性运动时，肌肉中的乳酸含量要比不动时增加 30 倍。尽管机体对于堆积的乳酸有清除代谢途径，但这些代谢途径都必须经过氧化乳酸成丙酮酸的过程，该过程在缺氧条件下不能进行。因此，在剧烈运动或劳动过程中，肌肉中的乳酸会逐渐积累，其解离出的 $H^+$ 使肌细胞 pH 下降，乳酸在肌肉中堆积越多，疲劳程度就越严重。

### （三）体内环境的变化

在剧烈的运动、劳动过程中，由于机体内渗透压、离子分布、pH、水分与温度等内环境条件发生巨大变化，也会使体内的酸碱平衡、渗透平衡或水平衡等发生失调，导致工作能力下降而出现疲劳。

### （四）不能完全适应各种应激反应

疲劳是机体内许多生理生化变化的综合反应，是全身性变化。从中枢神经系统到外周，各种引起疲劳的因素互相联系并形成相互制约的肌肉收缩控制链，这条控制链中的一个或数个环节的中断都会影响其他环节，对肌肉收缩产生不利的影响，从而引起疲劳。在能量消耗与兴奋性衰减的过程中，疲劳的产生是突变的。由于突变，导致肌肉收缩控制链的某一个或某几个环节中断，由此出现疲劳。

## 三、疲劳的危害

长期处于疲劳状态，不仅会降低工作效率，还会诱发疾病。有的人经常疲惫不堪、无精打采、哈欠连天、烦躁、易怒、腰酸、背痛、头晕、眼花、失眠、嗜睡、神经衰弱、全身乏力、神志恍惚、食欲不振，却查不出明确的原因，虽经常服用健脑安神、开胸顺气等药物，而全身倦怠的症状却始终得不到改善。这就是一种典型的疲劳状态，应引起注意。

### （一）疲劳对人体生理功能的危害

**1. 对人体体能、体态方面的危害**　疲劳能够大大损伤人体的体力、体能，使人感到疲惫、乏力，身体失衡，其主要原因除了身体的整体肌力不足（乏力）之外，整体活动的协调不足（不灵）也是重要的一个方面。基于上述两点，可以导致慢性疲劳综合征的患者行动迟缓、步态沉重、步幅缩小、动作失灵、久立不稳、疲乏无力、腰酸腿软、肌力减退。难以从事或完成某些消耗体力较大及动作细腻、精巧的工作，致使患者深感力不从心。

疲劳对人体体能影响的另一方面表现为对面容与体态的危害，多种情况下，长期的慢性疲劳可使患者面色无华、脱发断发、皱纹早现、面肌松弛，有的还可出现面部色斑，明显呈现出未老先衰的征象。

**2. 对人体免疫系统的危害**　免疫系统健全与否是健康的重要标志之一。疲劳的存在，必然会使人体的免疫系统功能与调节失常，乃至引起免疫功能低下。免疫功能不足，会削弱机体的抗病能力，破坏防御疾病的天然屏障，为各种各样疾病的发生打开通路，使患病的机会大大增加。

**3. 对人体循环系统的危害**　疲劳造成的机体萎靡状态、活动减少、血流缓慢、血液沉滞，可导致心血管系统发生程度不同的病变，患者常感觉心悸、气喘，活动后尤为显著，时常叹息。体格检查时可以发现血压不稳（偏高或偏低）、心率较快，甚至可以出现心律不齐（多为窦性）。

**4. 对人体神经系统的危害**　疲劳对神经系统的危害主要累及中枢神经系统，多由于脑部血液供应不足所引起的组织乏氧所致，常表现为"脑疲劳"症状，如记忆力下降、注意力不集中、头脑不灵活、反应迟钝、头晕头痛。有时还可以出现某些精神症状，如忧郁、焦虑、烦躁、易激动等。这类患者常进一步影响睡眠，出现失眠（入睡困难、睡眠不深、中间早醒等）、多梦、夜惊等。睡眠不足，又可以导致脑疲劳，如此反复，形成恶性循环，致使症状不断加重，难以治愈，十分痛苦。

**5. 对人体消化系统的危害**　疲劳时，由于神经系统与心血管系统受累，易导致机体胃肠道血液淤滞、蠕动减弱，功能受损。表现为食欲不振、胀满少饥、偏食、厌油、恶心等。有的患者为了缓解进食不良，常通过多吃辣椒等辛辣食物刺激胃口。由于进食不佳、热量不足，易导致形体消瘦、营养不良，而进一步加重对各系统的影响。

**6. 对人体生殖系统的危害**　疲劳患者常伴有生殖系统的功能异常。对于女性患者来说，常见的有月经不调（时间提前或错后、经期延长、出血量过多或过少等）、性冷淡等。对男性患者而言，则多数表现为遗精、阳痿、早泄、性欲减退等。如果不能及时调治，很可能引发不孕或不育。因为生殖系统功能障碍多属于中医肾精亏损之范畴，所以会伴随出现腰酸腿软、头晕耳鸣、失眠多梦、记忆力下降等症状。

**7. 对人体感官系统的危害**　疲劳患者由于全身若干系统受累，功能低下，特别是神经与内分泌系统的变化，常可导致感官系统的异常。在视觉器官异常方面，主要表现为眼睛胀痛、干涩不适、视物模糊、对光敏感、视觉疲劳等；在听觉器官异常方面，主要表现为耳鸣、听力下降等。

### （二）疲劳对人体心理的危害

**1. 对情绪方面的危害**　情绪是人受到情景刺激时，经过是否符合自己需要的判断后，产生的行为、生理变化和对事物态度的主观体验。情绪对人的健康有很大影响。疲劳对人的情绪的危害常表现为情绪不稳、暴躁、易怒、焦虑、紧张、恐惧等，有时自己不觉或难以控制。这些异常情绪的存在，可以导致失眠多梦、消化不良等。

**2. 对意志方面的危害**　意志是人自觉地确定目的并支配与调节其行动，克服困难达到预定目的的心理过程。意志和情绪是相互影响的，慢性疲劳综合征的患者，由于情绪受到影响，进一步会导致意志的受损，致使多数患者表现出意志薄弱、做事不果断、犹豫不决、瞻前顾后、缺乏信心、效率降低。有时可能对自己缺乏信心，受到一些不良刺激，不能自己解脱、自我调整，以致负担沉重、消极自卑、放任自流、失掉控制能力，甚至养成不良嗜好，如过度吸烟、酗酒等；也可能产生某些不良行为，如行动过激、对人失礼，做一些与自己身份不符的事情等。

**3. 对能力方面的危害**　慢性疲劳综合征的患者常表现出某些能力低下，如注意力不集中、短时记忆差，难以准确理解和记忆所阅读的内容，计算数字能力削弱，语言和推理能力减退，思维迟钝，联想狭隘、缺乏创新。致使工作能力明显降低，对以往可以顺利完成的工作也深感难以完成，继而自我责备，减少交往，逐渐孤独等。

## 四、具有缓解体力疲劳功能的物质

消除疲劳及恢复健康都需要休息，如果在没有完全消除疲劳状态下继续工作，就会加剧疲劳。为预防营养性疲劳或及早消除疲劳，需摄入充分的能量。急性疲劳时，补充糖分很有效。充分补充维生素 $B_1$ 也会使疲劳物质消失。充分摄入蛋白质与矿物质，可以补充人体的消耗并能增强机体的调节功能和抗疲劳能力。

### （一）人参

人参分亚洲种和西洋种两类，前者统称人参，后者称西洋参。人参主要含 18 种人参皂苷，还含有人参多糖、低聚肽类及氨基酸、无机盐、维生素及精油等。其生理功能包括：①对中枢神经有一定兴奋作用和抗疲劳作用。②对机体功能和代谢具有双向调节作用。③预防和治疗机体功能低下，尤其适用于各器官功能趋于全面衰退的中老年人。④增进健康、强壮和补益的功能。⑤增强免疫系统功能，促进生长发育，具有抗应激作用。

### （二）葛根

葛根是豆科野葛的干燥根。主要成分为葛根总黄酮，包括各种异黄酮和异黄酮苷。另有葛香豆雌粉主要成分，葛苷Ⅰ、葛苷Ⅱ、葛苷Ⅲ、葛根苷、葛根皂苷、三萜类化合物、生物碱等；还有较多淀粉。葛根素及其衍生物是葛根特有的生理活性物质，易溶于水。其生理功能主要为抗疲劳作用。改善心脑血管的血流量，能使冠状动脉和脑血管扩张，增加血流量，降低血管阻力和心肌对氧的消耗，增加血液对氧的供给，抑制因氧的不足所导致的心肌产生乳酸的过程，从而达到抗疲劳作用。

### （三）牛磺酸

牛磺酸（taurine）又称 2 - 氨基乙磺酸。属于非必需氨基酸，但与体内半胱氨酸的合成有关。其生理功能有：①对用脑过度、运动及工作过劳者能消除疲劳。②维持大脑正常的生理功能，促进婴幼儿大脑的发育。由于婴幼儿体内牛磺酸生物合成速度很低，必须从外界摄入牛磺酸，如果摄入量不足，会影响脑及脑神经的正常发育，进而影响婴幼儿的智力发育。③维持正常的视功能。④抗氧化，延缓衰老。⑤促进人体对脂类物质的消化吸收，并参与胆汁酸盐代谢。⑥提高免疫力。能促进淋巴细胞增殖等作用。⑦参与内分泌活动，对心血管系统有一系列独特的作用。⑧良好的利胆、保肝和解毒作用。此外，牛磺酸还可作为渗透压调节剂，参与胰岛素的分泌，降低血糖，扩张毛细血管，可治疗间歇性跛行，还能促进阿司匹林等药物在消化道的吸收。

### （四）二十八醇

二十八醇属于高碳链饱和脂肪醇。具有增强耐久力、精力和体力；提高肌肉耐力；增加登高动力；提高能量代谢率，降低肌肉痉挛；提高包括心肌在内的肌肉功能等作用。

### （五）鱼鳔胶

鱼鳔胶为鱼鳔的干制品。主要成分为胶原蛋白、黏多糖等。主要生理功能：①抗疲劳。增强肌肉组织的韧性和弹力，增强体力，消除疲劳。②加强脑、神经和内分泌功能，防止智力减退、神经传导滞缓、反应迟钝。③有养血、补肾、固精作用。可促进生长发育和乳汁分泌作用。④与枸杞、五味子合用，可缓解遗精、腰酸、耳鸣、头晕、眼花等肾虚症状。

### （六）乌骨鸡

乌骨鸡含有多种营养成分，它的血清总蛋白及丙种球蛋白均高于普通肉鸡。乌骨鸡能增加体力，提高抗疲劳能力。

### （七）鹿茸

鹿茸水浸出物中含有大量胶质，灰质中含有钙、磷、铁、镁等。鹿茸精能提高机体的工作能力，降低肌肉的疲劳。

## 五、缓解体力疲劳功能性食品的应用案例

### （一）产品设计

鹿茸具有固精气、益精髓、强筋健骨的功效，用于精血亏虚所致的腰脊酸软、筋骨无力、精神疲倦、眩晕耳鸣等症；鹿血富含大量氨基酸、维生素和微量元素，有较好的抗疲劳、提高耐力作用；石斛对人体有驱解虚热、益精强阴、抗肿瘤、抗衰老、缓解体力疲劳等多种生物活性；黄芪具有补气固表、强心、降压、辅助抗癌治疗、增强免疫力等功能。本品以鹿茸、鹿血粉、石斛提取物和黄芪提取物为主要原料，采用科学配方，制成了缓解体力疲劳的功能食品。

产品总配方：原料为鹿茸 50g、鹿血粉 125g、石斛提取物 70g（相当于原药 250g）、黄芪提取物 70g（相当于原药 500g）；辅料为乳糖 60g、微晶纤维素 9g、二氧化硅 4g、硬脂酸镁 4g、羟丙甲纤维素 8g；上述原料和辅料共 400g。制成片剂，每片 400mg。

### （二）生产工艺

**1. 原料的前处理** 产品有鹿茸和鹿血粉，不宜经过湿和热处理，因此采用干压制粒压片。鹿茸涂擦酒精用火燎去绒毛，刮洗干净，劈成碎块，烘干，粉碎，过 80 目筛。$^{60}$Co 辐照灭菌，经检验合格，得鹿茸灭菌粉。其他原辅料须全部灭菌且经检验合格后，进入 30 万级洁净区进行后续工艺。

**2. 混合** 从混合至内包装完成，均在 30 万级洁净区进行。原辅料过筛。将人参提取物、黄芪提取物、枸杞子提取物用混合机混合 15 分钟，得混合粉 I。鹿茸灭菌粉与鹿血粉混合 15 分钟，得混合粉 II，再将混合粉 I、混合粉 II、乳糖、微晶纤维素混合 15 分钟，得总混合粉。

**3. 制粒、总混、压片** 将总混合粉干压制得薄片，通过制粒机碎成颗粒，过 16 目筛。向颗粒中加入二氧化硅、硬脂酸镁，混合 15 分钟，得总混合物。用总混合物压片，片芯重 0.392g/片，控制片量差异≤5%。

**4. 包衣及包装** 按配方称取羟丙甲纤维素，用 60% 乙醇溶解，制成包衣液、包薄膜衣。包衣片重 0.4g，增重 2%。内包装用高密度聚乙烯瓶，每瓶 120 片。

## 第三节 缓解视觉疲劳功能性食品的应用

当今社会，随着人们的工作节奏的加快与视频终端的普及，从事阅读、视频终端操作和近距离精细的人越来越多，视疲劳的自觉症状人群也越来越多。眼睛若长期过度地紧张活动，超过其自身代偿能力则会引起一过性视功能减退或一些不适症状，称为视觉疲劳。对正常人而言，由于过度注视或用眼条件不良等引起的视疲劳是生理性视疲劳。临床上由其他眼部疾病或身体的其他疾病引起的视疲劳是病理性视疲劳。生理性视疲劳若长期得不到有效缓解可诱发某些眼病或其他方面的功能失调。

中国眼疾患者人数规模庞大，眼科疾病种类众多，涉及的患者人群广，眼科领域医疗需求从儿童青少年近视防控到老年人年龄相关性眼疾，贯穿人类的全生命周期。根据国家卫生健康委员会 2020 年发布的《中国眼健康白皮书》数据显示，我国近视人口从 2016 年 5.4 亿人迅速增加至 2020 年的 6.6 亿人，全国人口近视发生率由 39.2% 升至 47.1%。

2020 年我国儿童青少年总体近视率为 52.7%，其中，6 岁以下儿童为 14.3%，小学生为 35.6%，初中生为 71.1%，高中生为 80.5%。2020 年总体近视率较 2019 年（50.2%）上升 2.5 个百分点，但与 2018 年（53.6%）相比，仍下降 0.9 个百分点，近视防控工作初步取得一定效果，但近视率依然达 50% 以上，近视防控压力形势严峻。

## 一、眼的解剖结构

眼作为人的视觉器官，包括眼球、视路与附属器三部分。

### （一）眼球

眼球位于眼眶的前半部，借筋膜与眼眶壁、周围脂肪、结缔组织和眼肌等包绕，减少眼球震动，维持在其正常的位置。成人的眼球呈近球形，前后径约 24mm，垂直径约 23mm，水平径约 23.5mm，赤道部眼周长约 74.7mm。眼球前面顶点为前极，后面顶点为后极。前后极之间绕眼球一周为赤道。位于眼球前面的是角膜与巩膜，部分巩膜暴露在眼眶外面，眼球前面有上下眼睑保护。

眼球分为眼球壁和眼球内容物两部分。

**1. 眼球壁**　眼球壁包括外层、中层、内层三层。

（1）眼球壁外层　位于眼球的最外层，由致密纤维组织构成，前 1/6 为透明的角膜，后 5/6 为瓷白色不透明的巩膜。两者结合处称角巩膜缘。角巩膜缘后面和巩膜根部前面构成的隐窝称为前房角，是房水排出的主要通道。眼球的外层具有保护眼球内部组织、维持眼球形状的作用，透明角膜还有屈光作用。

（2）眼球壁中层（葡萄膜）　又称为血管膜、色素膜，位于视网膜和巩膜之间，富含色素血管性结构，在巩膜突、涡静脉出口和视乳头周围部位与巩膜牢固附着，其余是潜在腔隙，称为睫状体脉络膜上腔，具有遮光、供给眼球营养的功能。葡萄膜由前向后分为三部分：虹膜、睫状体和脉络膜。

（3）眼球壁内层（视网膜）　是一层透明膜，前起锯齿缘，后止视乳头，外侧为脉络膜，内侧为玻璃体。视网膜后极部无血管区内中央有一直径约为 2mm 的浅漏斗状小凹区，称为黄斑，其中央有一小凹称为中心凹，是视网膜视觉最敏锐的部位。黄斑区病变时，视力明显下降。视网膜外层为视网膜色素上皮层，内层为神经感觉层，两层之间存在潜在性间隙，临床上视网膜脱离即由此分离。

**2. 眼球内容物**　眼球内容物包括房水、晶状体和玻璃体三种透明物质，是光线进入眼内到达视网膜的通路，与角膜一起称为眼的屈光介质。

（1）房水　是透明液体，充满前房和后房。前房是指角膜后面与虹膜、瞳孔区和晶状体之间的眼球内腔。后房为虹膜、睫状体内侧、晶状体悬韧带前面和晶状体前侧面的环形间隙。房水约占眼容积的 4%，处于流动状态，主要功能是维持眼内压力，营养角膜、晶状体、玻璃体及小梁，保持眼部结构的完整性和透明性。

（2）晶状体　位于虹膜、瞳孔之后，玻璃体碟状凹内，借晶状体悬韧带与睫状体联系以固定其位置。晶状体为富有弹性的透明液体，形状如双凸透镜，前后交接处为赤道部，前后面中央分别称为前极、后极。晶状体是屈光系统的重要组成部分，和睫状体共同完成调节功能，随着年龄的成长，逐渐硬化失去弹性，调节功能下降，出现老视。晶状体营养主要来自房水，本身无血管。当晶状体囊受损时，房水直接进入晶状体皮质层，或房水的代谢发生变化时，晶状体将变浑浊而形成白内障。

（3）玻璃体　为透明胶质体，充满在晶状体后面的眼球腔内，占眼球空腔的 4/5。玻璃体前面的凹面称为碟状凹，容纳晶状体，部分与视网膜和睫状体相贴。玻璃体的主要成分是水，约占 99%，其余 1% 为透明质酸和胶原纤维，另外还含有非胶原蛋白、糖蛋白等物质。

## （二）眼附属器

眼附属器包括眼睑、结膜、泪器、眼外肌和眼眶五部分。眼睑分为上眼睑和下眼睑，主要功能是保护眼球。眼结膜是一层薄而透明的黏膜，覆盖在眼睑内面和眼球前面。泪器包括泪腺和副泪腺两部分，泪腺主要功能是分泌泪液，泪液为弱碱性透明液体，含有少量蛋白质、溶菌酶、免疫球蛋白等，泪液可以润滑、清洁眼球，还有灭菌作用。眼外肌是附着于眼球外部的肌肉，负责眼球的转动。眼眶为四边棱锥形骨腔，容纳眼球、眼外肌、泪腺、血管、神经和筋膜。

## （三）视路

视路是指视觉纤维由视网膜到达大脑皮质层视觉中枢的传导径路。分为视神经、视交叉、视束、外侧漆状体、视放射和视皮质六部分。光线射入眼球时，首先刺激视网膜的感光细胞，然后由视神经将刺激传导到大脑枕叶皮层的纹状区。

# 二、视力减退的原因

视力减退可分为生理性视力减退和病理性视力减退。

## （一）生理性视力减退

生理性视力减退是单眼或双眼视功能正常的人，由于过度用眼引起的。对于视疲劳的发病机制，1864年Ponders首先提出，屈光不正与调节过度是引起视疲劳的基础。生理性视力疲劳主要是因为调节功能紊乱造成的。人眼为保持接近正常的有效视力进行一系列的眼部代偿活动，必然会引起眼的调节紧张。此种眼紧张持续到一定时间和一定程度时，若仍不能满足进行正常视作业的需要或眼紧张达到极限时，这种代偿可能会突然放弃，眼紧张转变为松弛，以致视物模糊，并出现一些相关的眼部症状。正常人近距离视物时调节和集合功能同时发挥作用，以便获得清晰的双眼视觉，因此调节和集合功能之间保持相互协调的关系。集合不足时，当人眼注视近距离的物体时，不能长时间使双眼视线持续聚焦在物体上，出现眼痛、头痛、头晕、复视等视疲劳现象。

导致生理性视疲劳的因素大致有如下几种：①视觉距离过近或用眼时间过长，由于眼的调节强度增加，睫状肌长期处于紧张状态，而产生视疲劳。②用眼环境的光线过强或过暗，或光线闪烁，光线强弱频繁交替，而引起视疲劳。强光使孔缩小，产生眩目，视网膜的感光功能减退；光线太暗则必须努力注视，同样使眼的调节增强，导致视疲劳。光线太强还可使物体的形态改变失真。③视觉目标与所处背景反差太小，容易发生视力疲劳。④长期在黄色、红色等色彩耀眼且极不协调的环境下进行精细化操作，容易发生视力疲劳。⑤精神高度紧张、长时间注视高速运动的物体，身体容易疲倦，更容易产生视疲劳。⑥工作场所空气污染，烟、雾、灰尘及有害气体较多的环境中，既刺激眼睛出现疲劳症状，又可产生全身疲劳。⑦身体衰弱、营养不良、蛋白质摄入不足、睡眠不足、病后恢复期、怀孕或产后哺乳期、经期、更年期等全身精力不佳的情况下，眼部更易发生视疲劳。⑧由于年龄上升，眼睛生理功能自然衰退。

## （二）病理性视力减退

由于眼部疾病导致视力减退而引起的视疲劳，称为病理性视疲劳。常见的眼部疾病包括：各种类型的屈光不正，包括远视、近视、散光；晶状体混浊，即白内障；角膜混浊；玻璃体混浊及出血；视神经疾患，如视神经萎缩、视神经炎、球后神经炎、慢性青光眼及中毒性弱视；循环性视盲，偶见于重症尿毒症、视网膜动脉硬化，多为暂时性；脉络或视网膜的肿瘤及视网膜脱离；急性青光眼；急性虹膜炎；眼球内出血等。其中，近视最为常见。

**1. 近视**

（1）定义　近视是指远处的物体不能在视网膜汇聚，而是在视网膜之前形成焦点，因而造成视觉变形，导致远方的物体变得模糊不清。近视的程度通常用屈光度来评定。高度近视有多种遗传方式，并且具有遗传异质性。

（2）近视引起视疲劳的原因　近视眼看近物时虽然不用调节，而为保持双眼单视，两眼的视轴就一定要集合起来，集合力增加。如果调节力也相应增加，就要产生过度的调节，引起睫状肌痉挛。如果是集合力与调节力均不足，就不能遏制眼球本身的外斜趋势，继而产生眼外肌肌力不平衡。这样集合与调节始终处于相互协调之中。这种潜在性的视觉干扰是引起视疲劳的原因。

（3）产生近视的原因　近视是由多种因素导致的，生物的表现形式是基因和环境。近年来许多证据都表明环境和遗传因素共同参与了近视的发生，另外还有人的体质营养因素。①环境因素：长期在光线不足的条件下看书、写字使眼睛处于紧张状态；长期在光线很强的情况下看书写字，出现调节性近视；阅读姿势不正确，比如躺着看书；字小、字迹模糊、距离太近、阅读时间太长；看电视、智能手机和用计算机等视频终端的时间太长等。②体质营养因素：因为身体内的血钙偏低，维生素 A 缺乏，眼睛发育不健康，也会导致近视眼。患有先天性白内障、上睑下垂、角膜病变、视神经病变等，也很容易引发近视。③遗传因素：如果父母都是高度近视，他们的孩子 100% 是高度近视；父母一人是高度近视，其子女大约 50% 概率是高度近视；父母视力都正常，其子女大约 25% 概率是高度近视。

**2. 远视**

（1）定义　远视是指平行光束经过调节放松的眼球折射后成像于视网膜之后的一种屈光状态，当眼球的屈光力不足或其眼轴长度不足时就产生远视。

（2）远视的分类

1）按病因可分为　①轴性远视：轴性远视是最常见的，即眼球前后轴比正常短，人初生时眼的前后径为 12.5～15mm，从眼轴长度看，几乎都是远视，故婴幼儿的远视可认为是生理性的。眼轴随发育逐渐增长，到成年后应当成为正视或接近正视。如果由于某种原因使发育受到影响，眼轴不能达到正常长度，即成为远视。②曲率性远视：曲率性远视多由角膜引起。③屈光指数性远视：由屈光间质的屈光系数减弱所致，如白内障摘除术后、老年性白内障。

2）按屈光度高低可分为　①轻度远视：屈光度 < +3.00。②中度远视：屈光度在 +3.00～6.00 之间。③高度远视：屈光度 > +6.00。

3）按调节作用可分为　①隐性远视：凡远视屈光度能通过调节作用的代偿而获得正常远视力者。临床上常见到许多患远视的青少年，其裸眼视力仍正常。②显性远视：远视屈光度超过调节作用的代偿范围，其未补代偿的部分称显性远视。③总远视：为隐性远视和显性远视的总和。用阿托品充分麻痹睫状肌后测得的屈光度即为总远视，待阿托品的作用完全消失后，再在眼前加凸透镜，直到获得最佳视力的最高度凸透镜为止，这一凸透镜的屈光度即代表显性远视度，总远视减去显性远视度则为隐性远视度。

（3）远视引起视疲劳的原因　一方面是由于远视眼的调节近点与集合近点不能很好地匹配，为了保持两眼所看物体既清晰又不复视，使调节与集合的两组肌肉引起紧张而不停地协调与竞争。另一方面，由于远视眼不论看近物还是看远物都需要使用调节，使睫状肌始终处于紧张状态，特别是从事近距离工作者，易产生视疲劳，轻度远视往往比高度远视更容易引起视疲劳。

（4）引起远视的原因　①新生儿远视：新生儿的眼球未完全发育，眼轴较短，多为远视眼。眼轴随发育逐渐增长，到成年后应当成为正视或接近正视。②外伤性远视：外伤性远视多由于眼部受挫伤而引起的一系列病变所致。包括打击、压迫、震荡等钝力所致的损伤，没有异物突破眼的组织。③眼部疾病导致的远视：糖尿病患者、晶体脱位、眼球壁及眼内肿瘤、网膜水肿、眼眶炎性肿块、视网膜剥离等均可引起远视。④近视手术过矫引起的远视逐渐增多。⑤人体衰老导致远视。

### 3. 散光

（1）定义　散光是指较远处物体在视网膜上形成的影像呈一条线，而不是一个清晰的点。这是由于角膜或晶状体（或两者都在内）不够圆。散光的发生主要在角膜，角膜的不同部位有不同的聚焦能力。角膜在两条相互垂直的子午线上的屈光力不一样，导致患者视物变形或倾斜。

（2）散光引起视疲劳的原因　由于散光眼在两个视轴上屈光度不同，在正常情况下不能形成清晰的像。平行光线入眼后不能形成一个焦点。为了得到一个较清晰的视力，需要经常使用调节作用。甚至为了视物清晰往往利用眯眼、斜颈等方法来改变。这就要比正常人付出更多的代价而造成视疲劳。

（3）引起散光的原因　①先天性散光：大部分散光是先天性的，即属于遗传性疾病。其原因是患者的角膜或晶状体的形状不够圆，这种散光称为曲率性散光。散光常伴有近视或者远视。②后天性散光：严重散光通常发生在各种眼科手术之后，包括白内障摘除术、穿通或板层角膜移植术、小梁切除术等。角膜疾病如圆锥角膜也可引起散光。角膜外伤和炎症引起的角膜变形和瘢痕形成常常引起不规则散光。对不规则散光的矫正极为困难。

## 三、视力保护的基本原则

### （一）及早发现

视疲劳作为一种症状，临床上往往要通过一系列的检查来找到发病原因。其中，屈光检查是关键步骤之一，通过屈光检查可判断是否有远视、近视、老视，并查明有无近视过度矫正或远视、老视矫正不足。隐斜和会聚检查可发现由眼外肌平衡失调造成的肌性视疲劳。调节力检查可判断是否因调节力下降引起调节性视疲劳。另外，还应排除沙眼、慢性结膜炎、角膜炎、睑缘炎等眼病产生类似症状的可能。

### （二）做好预防

视疲劳的预防要仔细诊断，针对起因，尽可能消除不利因素，做好预防工作，减少或减轻视疲劳的发生。电脑终端操作者应改用无闪烁、不眩目、无辐射的显示屏，如液晶显示屏。眼镜屈光度不合适、近用镜的光心不适当都是易发生视疲劳的重要原因之一。有屈光不正和老视的要验光配镜。有的已有眼镜的如时间已久，度数不合适的要重新验光配镜。对于电脑终端操作者，按照 5m 验光的远用眼镜和按30cm 验光的近用眼镜并不适合观看电脑屏幕的近距离使用。要按照操作者各自座位及习惯、眼与电脑屏幕的距离调整镜片屈光度。

### （三）保健食品防治

保健食品防治视疲劳，首先应平衡膳食营养，保证蛋白质和水的摄入，补充维生素 A、维生素 $B_1$、维生素 $B_2$、维生素 $B_6$、维生素 C 等。中医认为，多数视疲劳与心肾不足、水少、肝胆上亢、肝经郁热等有关。应用中医学理论和现代营养学研制的保健食品，对生理性视疲劳和某些全身性疲劳导致的视疲劳有一定功效。

## 四、具有缓解视觉疲劳功能的物质

### （一）花色苷类

花色苷是广泛存在于水果、蔬菜中的一种天然色素，其中对保护视力功能最好的是欧洲越橘和越橘浆果中的花色苷类。花色苷一般为红色至深红色膏状或粉末，有特殊香味。溶于水和酸性乙醇，不溶于无水乙醇、三氯甲烷和丙酮。水溶液透明，无沉淀。溶液色泽随 pH 的变化而变化。在酸性条件下呈红色，在碱性条件下呈橙黄色至紫青色。易与铜、铁等离子结合而变色，遇蛋白质也会变色。对光敏感，耐热性较好。花色苷具有保护毛细血管，促进视红细胞再生，增强对暗的适应能力。据法国空军临床试验，花色苷能改善夜间视觉，减轻视觉疲劳，提高低亮度的适应能力。

### （二）叶黄素

以叶黄素为主的各种胡萝卜素有新黄质、紫黄质等。叶黄素为橙黄色粉末、浆状或深黄棕色液体，有弱的似干草的气味。不溶于水，溶于乙醇、丙酮、油脂、己烷等。叶黄素的三氯甲烷液在 445nm 处有最大吸收峰。耐热性好，耐光性差，150℃以上高温时不稳定。叶黄素具有以下生理功能。①预防黄斑老化：叶黄素是黄斑的主要成分，故可预防视网膜黄斑的老化，对视网膜黄复病（一种老年性角膜浑浊）有预防作用，以缓解老年性视力衰退等。②预防盲眼病：由于衰老而发生的肌肉退化症可使 65 岁以上的老年人发生不能恢复的育眼病。③防紫外线线伤害：眼中的叶黄素对紫外线有过滤作用，可有效避免由日光、电脑等发射的紫外线对眼睛造成的伤害。

### （三）维生素

从营养角度来看，鱼肝油具有保护视力的功效，鱼肝油的主要成分是维生素 A 和维生素 D，其中保护视力作用的成分是维生素 A，如果过量服用鱼肝油，可引起维生素 A 中毒症状。维生素 A 的最好来源是各种动物的肝脏、鱼卵、全奶、奶油和禽蛋等。胡萝卜素在体内可变成维生素 A，胡萝卜素在菠菜、豌豆、胡萝卜、辣椒、杏和柿子等食物中含量较为丰富，因此，多吃这些果蔬对视力具有保护作用。维生素 C 可减弱光线与氧气对晶状体的损害，从而延缓白内障的发生。富含维生素 C 的食物有柿子椒、西红柿、柠檬、猕桃、山楂等新鲜蔬菜和水果。

### （四）矿物质

**1. 钙**　钙与眼的构成有关，缺钙会导致近视。青少年正处在生长高峰期，体内钙的需要量相对增加，若不注意钙的补充，不仅会影响骨骼发育，而且会使正在发育的眼球壁－巩膜的弹性降低，晶状体内压上升，致使眼球的前后径拉长而导致近视。我国成人钙的每日供给量为 800mg，青少年每日供给量应为 1000mg。含钙多的食物主要有奶类、贝壳类（虾）、骨粉、豆及豆制品、蛋黄、深绿色蔬菜等。

**2. 铬**　人体缺铬元素易发生近视，铬元素能激活胰岛素，使其发挥最大生物效应，如人体铬元素含量不足，就会使胰岛素功能发生障碍，血浆渗透压增高，致使眼球晶状体、房水的渗透压和屈光度增大，从而诱发近视。人体每日对铬元素的生理需求量为 0.05～0.2mg。铬元素多存在于糙米、麦麸中，动物的肝脏、葡萄、果仁中含量也较为丰富。

**3. 锌**　锌元素缺乏可导致视力障碍。锌元素在体内主要分布在骨骼和血液中，眼角膜表皮、虹膜、视网膜及晶状体内也含有锌。锌在眼内参与维生素 A 的代谢与运输，维持视网膜色素上皮的正常组织状态，维持正常视物功能。含锌元素较多的食物有牡蛎、肉类、动物肝脏、蛋类、花生、小麦、豆类、杂粮等。

### （五）珍珠

珍珠含 95% 以上的碳酸钙及少量氧化镁、氧化铝等无机盐，并含有多种氨基酸，如亮氨酸、蛋氨酸、丙氨酸、甘氨酸、谷氨酸和天门冬氨酸等。珍珠粉与龙脑、瑰珀等配成的"珍珠散"点眼睛可抑制白内障的形成。

### （六）海带

海带除含有碘外，还含有甘露醇。晾干的海带表面有一层厚厚的"白霜"，即为甘露醇。甘露醇有利尿作用，可减轻眼内压力，对急性青光眼有良好的治疗效果。其他海藻类，如裙带菜也含有甘露醇，也可用来作为治疗急性青光眼的辅助食品。

### （七）牛磺酸

牛磺酸作为一种天然氨基酸，安全性较高，对视网膜功能具有重要的保护作用，主要来源于牛磺酸抗氧化及神经保护作用，且对视网膜光感受器、大鼠颗粒细胞（RGC）、人视网膜色素上皮细胞（RPE人体细胞）功能及存活具有不可缺少的作用。通过补充牛磺酸，可有效改善视网膜光感受器变性，以及视网膜和视神经损伤。

## 五、缓解视觉疲劳功能性食品的应用案例

### （一）产品设计

花色苷是类黄酮是以黄酮核为基础的能呈现红色的一族化合物。由于其独特的功能性，花色苷被应用于清除体内自由基、增殖叶黄素、抗肿瘤、抗癌、抗炎、抑制脂质过氧化和血小板凝集、预防糖尿病、减肥、保护视力等。花色苷作为一种天然色素，安全、无毒，且对人体具有许多保健功能，已被应用于食品、保健品、化妆品、医药等行业。

本产品主要选用红豆越橘浆果为原料制备红豆越橘提取物，功能成分为红豆越橘花色苷类，主要用于保健食品和营养配餐，欧洲多以果酱、果汁食品及色素为主。现已生产的商品有胶囊、片剂，其他产品还有果酱、口香糖等。

### （二）生产工艺

**1. 乙醇提取** 称取适量红豆越橘果，加入 3 倍体积的 85% 乙醇，在 60℃ 水浴中回流热浸提 3 小时，共提取 5 次，合并提取液以备用。

**2. 减压浓缩** 将红豆越橘果乙醇提取液进行减压浓缩，至原体积的 3% 左右。制备成红豆越橘果乙醇浓缩液，备用。另外，减压蒸馏乙醇回收利用。

**3. 大孔树脂分离** 用 10cm×100cm 的大孔树脂层析柱进行分离，洗脱方式为乙醇浓度梯度洗脱，洗脱条件依次为纯水、30% 乙醇、50% 乙醇、90% 乙醇，分别收集组分 4 种组分。另外，减压蒸馏乙醇回收利用。

**4. 聚酰胺纯化** 将上述 4 种组分收集后，适量减压浓缩后，分别用 6cm×100cm 的聚酰胺层析柱进行纯化，洗脱方式为乙醇浓度梯度洗脱，洗脱条件依次为 30% 乙醇、50% 乙醇、90% 乙醇，分别收集 12 种组分，得花色苷单体 1～12。

**5. 真空冷冻干燥** 将 12 种花色苷单体进行真空冷冻干燥 2～3 天，收集后粉碎过筛，真空包装贮存，后续进行成分测定和功能学评价。

# 第四节　有助于消化功能性食品的应用

胃肠道是消化、吸收营养物质的器官。消化过程主要依靠肠道的运动和消化酶的作用来完成。某些保健食品能对胃肠道的蠕动或某些消化的分泌及其生理活性具有一定的调节作用。

## 一、消化系统的构成与功能

### （一）消化系统的构成

消化系统由消化道和消化腺两部分组成。

**1. 消化道** 消化道贯穿胸腔与腹腔，是食物的通道；包括口腔、咽、食管、胃、小肠（十二指肠、空肠和回肠）和大肠（盲肠、阑尾、结肠、直肠和肛管）。临床上，通常将口腔至十二指肠部分称为上消化道，将空肠及其以下部分称为下消化道。

**2. 消化腺** 消化腺包括口腔腺、肝脏、胰腺和消化管壁内的小腺体。消化腺分为大消化腺和小消化腺两种。大消化腺为消化道壁外的独立的消化器官，包括大唾液腺、胰腺和肝脏。

肝脏为人体最大的消化腺体。肝脏接受门静脉和肝动脉双重血液供应，成人肝脏的血流量每分钟达1500~2000ml。其中，门静脉的血量占3/4，是肝脏的功能性血管。门静脉汇集来自消化管的血液，营养物质在肝细胞内进行代谢、贮存和转化。肝动脉血量占肝血流量的1/4，是肝脏的营养性血管。肝外胆道包括胆囊和输胆管道。输胆管道由肝左管、肝右管、肝总管和胆总管构成，会同肝内胆道将肝细胞分泌的胆汁输送到十二指肠。胆囊为贮存和浓缩胆汁的囊状器官。

肝脏在机体的代谢中起重要作用。肝脏为机体提供并调节供能物质，维持机体的能量代谢。肝脏为维持血糖浓度的恒定提供物质基础。肝脏是进行生物转化的主要器官。经肝脏进行生物转化的物质包括：①内源性物质，代谢中产生的生物活性物质如激素、神经递质及胺类等，有毒的代谢产物如氨和胆红素等；②外源性物质，如药物、毒物、食物防腐剂、色素及其他化学物质等。生物转化具有生理解毒的作用。

胰腺为第二大消化腺，由外分泌腺和内分泌腺两部分组成。大部分胰腺组织属外分泌腺，由腺泡和导管组成。外分泌腺分泌胰液，含有丰富的胰淀粉酶、胰脂肪酶、胰蛋白酶和胰糜蛋白酶等。内分泌细胞呈岛状散布于外分泌腺之间，称为胰岛。胰岛主要由A（甲）细胞、B（乙）细胞和D（丁）细胞构成。这3种细胞分别分泌胰高血糖素、胰岛素和生长抑素。

### （二）消化系统的功能

消化系统的主要生理功能是对食物进行消化和吸收。人体从外界摄取营养物质，营养物质主要来源于食物。食物在消化道内被逐步分解成小分子物质的过程称为消化；小分子物质透过消化道黏膜，进入血液和淋巴液，这一过程称为吸收。消化和吸收受神经因素和体液因素调节，两者相辅相成。食物中不能被消化和吸收的残渣最终以粪便的形式被排出体外。

食物的主要成分包括蛋白质、脂肪、糖类、无机盐、维生素和水。其中无机盐、水和大多数维生素可被直接吸收，而结构复杂的大分子物质，如蛋白质、脂肪和糖类，则必须在消化道内被分解为结构简单、易溶于水的小分子物质后才能被吸收。

消化包括机械性消化和化学性消化两种形式。机械性消化通过消化管的运动将食物磨碎，使之与消化液充分混合，并将其不断推向消化道远端。化学性消化则通过消化液中各种酶的作用，将食物中的蛋白质、脂肪和糖类等分解为可吸收的小分子物质。机械性消化和化学性消化同时进行。

食物在消化道内的运行有赖于胃肠道的动力。消化道平滑肌的收缩和舒张与食物的消化和吸收密切相关。胃平滑肌舒张使胃张力减弱，贲门括约肌开放，食物进入胃内。胃窦平滑肌的收缩和舒张使食物颗粒变成食糜。消化道平滑肌收缩，使食物在消化道内不断移动，并与消化酶充分混合，有利于消化和吸收。结肠平滑肌的运动还可促进水分的吸收，并将食物残渣推进至直肠。消化道平滑肌具有一般肌组织的特性如自主节律性、兴奋性和收缩性，但其兴奋性低、收缩较慢和伸展性大。

胃肠道具有内分泌功能。胃肠道黏膜内分布着40多种内分泌细胞，因而消化管是人体内最大、最复杂的内分泌器官。消化管内分泌细胞合成和释放的具有生物活性的化学物质统称为胃肠激素。胃肠激素具有调节消化器官等功能。

消化道的两端与外界相通，许多病原微生物和有害物质常随食物进入体内，经过胃肠道黏膜侵入机体。正常情况下，胃肠道具有免疫功能。胃肠道黏膜和分布在黏膜内的免疫细胞构成黏膜屏障，可抵御病原微生物的入侵。胃肠道黏膜上皮细胞具有很强的再生能力，损伤后能很快修复。细菌、病毒和寄生虫卵等病原体进入消化管后多被胃酸和消化酶破坏，并可引起黏膜内淋巴组织的免疫应答。

## 二、人体的消化与吸收

人体的消化吸收主要有口腔内消化、胃内消化、小肠内消化。

### （一）口腔内消化

人的消化是从口腔开始的。口腔内唾液腺包括腮腺、下颌腺、舌下腺。唾液中含有唾液淀粉酶、溶菌酶等消化酶。健康成年人每天可以分泌 1000 ~ 1500ml 唾液。唾液的主要生理作用：①湿润口腔，利于说话与吞咽；②溶解食物，引起味觉；③对口腔起清洁和保护作用；④唾液的分泌和吞咽，可清除口腔中的细菌和食物颗粒；⑤溶菌酶等蛋白水解酶和免疫球蛋白有杀菌和杀病毒作用，如唾液分泌不足，口腔组织易受感染及发生龋齿；⑥化学性消化作用，$\alpha$ - 唾液淀粉酶能把淀粉分解为麦芽糖，这是淀粉类食物在口中咀嚼时间较长时产生甜感觉的原因。

### （二）胃内消化

胃是消化管各部中最膨大的部分，上连食管，下续十二指肠。通常将胃分为四部分：贲门部、胃底、胃体和幽门部。胃的位置因体型、体位和充盈程度不同而有较大变化，胃在中等充盈时，大部分位于左季肋区，小部分位于腹上区。成人胃的容量约 1500ml。胃除有容纳食物、分泌胃液和初步消化食物的作用外，还有内分泌功能。胃的运动有容受性舒张、紧张性收缩和蠕动。胃的蠕动使食物进一步被粉碎并与胃液充分混合成食糜。

胃黏膜的腺体细胞分泌的胃液是无色透明的强酸性液体，pH 1.5 ~ 2.0。胃液包括盐酸、黏蛋白、胃蛋白酶和胃脂肪酶等。胃蛋白酶以酶原的形式分泌，在强酸条件下被激活，并为胃蛋白酶提供分解蛋白质所需的酸性环境。胃蛋白酶对肽键水解的专一性较差，能把各种水溶性蛋白质水解成䏲和胨。胃脂肪酶在酸性环境下将甘油三酯水解为甘油二酯和脂肪酸。但胃内的强酸性环境不是胃脂肪酶作用的最适pH。脂肪在胃里被初步乳化成 0.5 ~ 0.9μm 的小脂肪滴。黏液在胃黏膜表面起润滑和屏障作用。盐酸能控制进入胃中的微生物的繁殖。盐酸进入小肠能促进胰液、肠液和胆汁分泌。酸性环境还有利于小肠对钙、铁的吸收。但是当盐酸分泌过多时，会对胃和十二指肠黏膜产生腐蚀，使黏膜受损，严重者可诱发胃溃疡和十二指肠溃疡。

### （三）小肠内消化

小肠是食物消化吸收的主要场所。胃的运动将食物推入十二指肠。在胰液、胆汁、小肠液的化学性消化和小肠运动的机械性消化作用下，食物逐渐分解为可被小肠吸收的小分子物质。

**1. 小肠的运动形式**　根据与进食的关系，小肠的运动形式分为消化间期运动和消化期运动两种。

（1）消化间期运动　禁食时小肠的收缩呈现长时间交替出现的静息期和活动期，并伴有周期性出现的移行性运动复合波。

（2）消化期运动　进食以后，小肠运动由消化间期运动形式转为消化期运动形式，除具有紧张性收缩外，还包括两种主要运动形式，即分节运动和蠕动。

**2. 小肠液的成分与功能**　小肠液成分包括大量水分、有机成分如黏蛋白和肠激酶，以及钾、钠、钙、氯等无机离子。小肠液是由两种小肠腺分泌的：一种为十二指肠腺，分布于近幽门的十二指肠黏膜下层，它分泌黏稠的碱性液体，含有黏蛋白，对肠道具有润滑作用，还可保护肠黏膜免受从胃液中来的酸性侵蚀；另一种为肠腺，分布于全部小肠黏膜，含有肠激酶，分泌量大，渗透压与血浆相等，可稀释和溶解消化产物，使之利于吸收。

除了肠激酶，小肠液还含有种类众多的酶，其中蔗糖酶和乳糖酶为小肠所特有，碱性磷酸酶在其他组织中浓度很低。在哺乳动物黏膜中，高活性的蔗糖酶和乳糖酶，主要适应于母乳乳糖水解的需要。

### 3. 小肠的消化

（1）糖类的消化　淀粉在十二指肠内有胰腺分泌的 $\alpha$ - 淀粉酶，可水解直链淀粉分子内部的 $\alpha$ - 1,4 糖苷键，但不能水解末端的 $\alpha$ - 1,4 糖苷键、$\alpha$ - 1,6 糖苷键和与 $\alpha$ - 1,6 糖苷键相邻的 $\alpha$ - 1,4 糖苷键。因此，$\alpha$ - 淀粉酶可将直链淀粉最后水解成麦芽三糖和麦芽糖，支链淀粉最后水解产物除麦芽三糖和麦芽糖外，还有 $\alpha$ - 糊精。

小肠上皮细胞含有丰富的 $\alpha$ - 糊精酶、麦芽糖酶、蔗糖酶和乳糖酶。胰淀粉酶的消化产物麦芽寡糖、麦芽糖以及从食物中摄入的蔗糖、乳糖等进一步在这些酶的作用下水解生成单糖，包括葡萄糖（占80%）、果糖、半乳糖。

（2）蛋白质的消化　蛋白质消化始于胃。在胃蛋白酶作用下，蛋白质水解产生游离氨基酸和大量较短的多肽链，所以蛋白质在胃内消化是很不完全的。

在小肠中，在胰液蛋白酶和小肠寡肽酶的共同作用下将蛋白质彻底降解为氨基酸和可吸收的小肽，可以说小肠是消化蛋白质的主要部位。

（3）脂类的消化　我国正常人平均每日摄入脂肪为 50～80g。脂肪的消化始于胃内，但消化甚微，主要在小肠内消化。除了脂肪外，肠道中的脂类还包括磷脂和胆固醇，它们部分来源于食物，部分由肝脏分泌。正常人对脂类的消化非常有效，在近端空肠几乎已完全被消化。

在肠腔内，不溶于水的脂类经乳化后，成为直径为 $0.5\sim1.0\mu m$ 的微滴，表面覆盖有乳化剂和负电荷。乳化是脂类消化的重要前提。在小肠内乳化物质有脂肪酸、甘油一酯、卵磷脂、溶血卵磷脂、胆盐和蛋白质，其中，卵磷脂和溶血卵磷脂是有效的乳化剂。胰液中至少有 3 种酶可以水解脂类，它们是辅脂酶、磷脂酶 $A_2$ 和胆固醇酯酶。

脂类乳化后，在胰脂肪酶（辅脂酶、磷脂酶 $A_2$ 和胆固醇酯酶）的作用下，脂肪分解为脂肪酸和甘油一酯；卵磷脂水解产生溶血卵磷酸和脂肪酸；胆固醇酯被水解为游离的胆固醇和脂肪酸。

### 4. 小肠的吸收　大部分水分、食物在十二指肠和空肠吸收，回肠主要吸收胆盐和维生素 $B_{12}$。

（1）糖的吸收　食物中的糖被消化成单糖后，在小肠上部吸收并进入血液循环。在各种单糖中，己糖的吸收最快，而戊糖（如木糖）的吸收则很慢。在己糖中，又以半乳糖和葡萄糖吸收最快，果糖次之，甘露糖最慢。

（2）蛋白质的吸收　蛋白质相继在蛋白分解酶和寡肽酶的作用下分解成氨基酸并进入血液循环。在正常情况下，人体只能吸收二肽、三肽，四肽以上的肽不直接被吸收。寡肽的吸收是主动过程。肠腔内的氨基酸需要通过耗能、需钠的主动转运而被吸收。

（3）脂类的吸收　①脂肪的吸收：脂肪消化产物的吸收主要在小肠上部完成。小肠黏膜对脂肪消化产物的吸收过程包括微胶粒期、细胞期和转运期。②磷脂的吸收：磷脂的水解产物溶血卵磷脂可被上皮细胞完整吸收，肠黏膜细胞中的酶系统可使其酯化为卵磷脂，形成乳糜微胶粒进入乳糜管中。③胆固醇的吸收：肠道中的胆固醇有三个来源，即来自胆汁、食物和脱落的上皮细胞。其中以胆汁中胆固醇最重要，占胆固醇总量的 2/3。食物中的胆固醇大部分是游离的。上述游离胆固醇和胆固醇酯水解而成的胆固醇必须与胆盐结合形成混合微胶粒才能被吸收。④胆盐的吸收：通过胆汁分泌入肠腔的胆盐，绝大部分仍被吸收回肝，然后再被分泌入胆汁，这叫胆盐的肠肝循环。胆盐主要在回肠吸收。

（4）水和电解质的吸收　胃肠道每日分泌约 7000ml 消化液，加上来自饮食的 2000ml，共有约 9000ml 液体经过胃肠道。正常情况下，大部分水和电解质在小肠内被吸收，剩下 1000～2000ml 进入结肠后再被吸收，以致每日粪便中含水量仅 100～200ml。小肠是水和电解质吸收的重要部位。水和电解质由肠腔进入血液主要有两种途径：一种为跨细胞途径，即通过肠绒毛上皮细胞进入细胞外液和血液；另一种为旁细胞途径，即水和电解质通过肠上皮细胞间的紧密连接进入细胞间隙，然后再进入血液。小肠上皮细胞的紧密连接对水和小离子的通透性较高，从而使小肠吸收或分泌的液体具有等渗性。

（5）维生素的吸收　维生素是维持细胞正常功能所必需的一组有机化合物。根据其溶解特性，可分为水溶性维生素和脂溶性维生素两大类。两者的吸收机制亦存在明显差别。①脂溶性维生素：包括维生素 A、D、E、K 四种。其在食物内常与脂类共存，均为非极性疏水的异戊二烯衍生物。其吸收与脂类吸收密切相关，吸收之前亦需进行乳化，并多经扩散方式得以吸收。吸收入肠上皮细胞后，其中 70% 以上掺入胆汁和脂肪的混合乳糜微胶粒，然后进入淋巴液回流至血液。②水溶性维生素：包括抗坏血酸和 B 族维生素，后者包括 $B_1$、$B_2$、$B_6$、叶酸和 $B_{12}$ 等。目前对于维生素 $B_{12}$ 的吸收研究比较深入。维生素 $B_{12}$ 存在于动物蛋白中，吸收始于胃，通过胃蛋白酶将其释放出甲基钴胺，与唾液和胃液中内源性 R 蛋白结合。到达十二指肠时，胰蛋白酶使维生素 $B_{12}$ 与 R 蛋白解裂，与内因子形成复合物在回肠与细胞表面的特殊受体结合后，维生素 $B_{12}$ 才被吸收。维生素 $B_1$、$B_2$ 和维生素 C 的吸收或依赖钠或不依赖钠，均通过载体介导机制或被动弥散而被肠细胞吸收，再经门静脉入体循环。

## 三、消化不良的原因与临床症状

### （一）消化不良的原因

消化吸收的生理过程包括三个阶段：第一阶段为肠相，食物中的脂肪、蛋白质和糖首先在胰腺和胆道系统分泌的酶作用下被水解；第二阶段为黏膜相，在此阶段，糖和多肽进一步水解，脂肪进一步加工处理以便细胞利用；第三阶段为转运或清除相，即被吸收的营养物质进入血液循环或淋巴循环供全身组织细胞利用。在这一过程中，消化和吸收两者关系十分密切，相辅相成，任何一个环节出现异常，均可导致消化吸收不良。消化不良，吸收肯定发生障碍；若吸收功能缺陷，即使消化功能正常，营养物质仍不能吸收。因此，凡是可以引起消化和（或）吸收功能障碍者，均可引起脂肪、蛋白质、糖、维生素和水的吸收障碍。

**1. 肠相**

（1）营养物质吸收能力降低　导致身体营养成分不足的原因可能为辅助因子缺乏、恶性贫血、胃大部切除；细菌过多生长导致营养的过度消耗。

（2）脂肪溶解异常　导致脂肪溶解异常的原因可能是胆盐合成减少、肝脏疾病；胆盐分泌障碍、慢性胆汁淤积；胆盐失活、细菌过度生长；胆盐丢失过多、远端回肠疾病或切除。

（3）水解缺陷　例如，脂肪酶失活、消化酶缺陷、消化吸收时间不足等。

**2. 黏膜相**

（1）肠腔吸收面积减少　例如，由于手术切除，肠黏膜缺血坏死造成的肠腔吸收面积减少。

（2）弥漫性肠黏膜疾病　例如，麸质过敏、热带性腹泻吸收不良综合征、放射性肠炎、淀粉样变性、结节病、嗜酸性胃肠炎等；或者可能是由于药物导致弥漫性肠黏膜疾病，例如乙醇、新毒素、考来烯胺、秋水仙碱等。

（3）黏模细胞功能缺陷　微绒毛疾病：原发性黏膜细胞疾病；刷状缘水解酶缺乏、乳糖缺乏，麦芽糖酶等酶类缺乏症；细胞转运缺陷；上皮细胞代谢异常等。

**3. 转运相**

（1）血管性疾病　血管炎、动脉粥样硬化。

（2）淋巴管阻塞　淋巴管扩张症、放射性肠炎、淋巴瘤、淋巴管炎等。

### （二）消化不良的临床症状

消化吸收不良的典型临床症状包括食欲不振，腹胀，慢性腹泻，排出油样恶臭便，体重减轻，贫血等。但消化不良早期往往症状不明显，开始时往往仅有大便有所改变，不致引起患者足够重视。在发生典型症状前很长一段时间内，患者常会感到疲劳，每天排 2～3 次软便。临床检验多无特殊发现，但可见舌缘光滑，肠鸣音亢进。对于大多数患者，早期的表现首先为胃肠道症状，后期可并发肠外表现。

**1. 吸收不良的肠道表现**　大便次数及数量增多、色淡是较为严重吸收不良的典型临床特征，但有时在脂肪含量增加时，大便外观也可正常，不一定能看到油腻的、恶臭的大便。由于大便内含气量较多，大便漂浮于水上，这种大便可黏附于便池壁上而难以用水冲洗掉。在糖吸收不良时常有水样泻、食欲不振、体重下降等；相反，在胰酶缺乏、黏膜疾病和肠切除术后有时还可引起食欲亢进。在儿童和青少年，可有生长发育迟缓，齿发育不良，尤其是对麸质过敏者。腹胀、腹鸣、水样泻和排气过多是因未吸收的糖在结肠发酵所致。

**2. 吸收不良的肠外表现**　除了肠道表现，患者还常感到疲劳、乏力，提示营养素的慢性缺乏；在缺乏钙镁时，常有肌肉痉挛或手足抽搐；维生素 D 缺乏时，可有肌无力、步态不稳或骨痛症状。

## 四、具有有助于消化功能的物质

平衡膳食是身体健康的基础，《中国居民膳食指南》专家委员会根据中国居民膳食的特点，按照平衡膳食的原则，推荐了中国居民各类食物适宜的摄入量，并以"中国居民膳食宝塔"的形式表现出来。它能够帮助我们合理选择食物，保证品种多样化，按照科学的搭配方法和比例来搭配膳食，这是保证肠胃功能健康的基础。在此基础上可以多摄入以下物质促进人体的消化吸收。

### （一）益生菌

益生菌的基本知识在本章第五节中详细论述。富含益生菌的食物有酸奶、奶酪、泡菜、味噌等。

### （二）膳食纤维

膳食纤维的基本知识在本章第五节中详细论述。富含膳食纤维的食品主要是果蔬与非精加工的谷物。

### （三）维生素

**1. 维生素 A**　维生素 A 能促进消化，还参与胃黏膜上皮组织的正常代谢，可保护胃黏膜，对胃溃疡有预防和辅助治疗作用。$\beta$ - 胡萝卜素进入人体后可转化成维生素 A。因此在饮食中，除了进食富含维生素 A 的动物性食物外，还要适当食用富含 $\beta$ - 胡萝卜素的蔬菜、水果、谷豆等。

**2. 维生素 B₁**　维生素 $B_1$ 是重要的辅酶，主要参与糖类及脂肪的代谢，可以帮助葡萄糖转变成热量，从而有利于肠胃对食物的吸收；维生素 $B_1$ 还能抑制胆碱酯酶的活性，有利于胃肠的正常蠕动和消化腺的分泌，增加食欲。

**3. 维生素 C**　维生素 C 可加速胃肠蠕动，促进消化；保护胃部和增强胃抗病能力；预防胃癌、结肠癌等多种消化系统癌症。

**4. 维生素 E**　维生素 E 可防止脂质氧化，提高溃疡者的胃黏膜抵抗力，促进溃疡面的愈合；还能抑制幽门螺杆菌的生长，使溃疡病愈合后的复发率降低。

### （四）矿物质

镁具有维护胃肠道功能的作用，可以帮助肠胃消化，提高肠胃对营养物质的吸收。钾能够促进肠胃蠕动，防止肠麻痹，治疗厌食症及多种消化系统疾病。锌有助于改善胃肠的消化功能，提高味觉敏感度，促进食欲；对胃液分泌有抑制作用，有抗溃疡作用。硒能有效抑制活性氧生成，清除体内自由基，阻止胃黏膜坏死，促进黏膜的修复和溃疡面的愈合，预防胃炎、胃溃疡等消化系统病变。

### （五）水分

水可以迅速有效地清除体内的酸性代谢产物和各种有害物质，起到净化肠胃、促进消化的作用，对肠道菌群的建立也十分有利，补充充足的水分防止便秘。

## 五、有助于消化吸收功能性食品的应用案例

### （一）产品设计

本产品设计为以山楂为主料，配以茯苓、炒麦芽、鸡内金、山药，甜菊糖苷在本品中作甜味剂。

山楂具有降血脂、降血压、强心、抗心律不齐等作用，同时也是健脾开胃、消食化滞、活血化痰的良药。麦芽具有行气消食，健脾开胃，退乳消胀的功效；用于食积不消，脘腹胀痛，麦芽含有的淀粉酶、蛋白酶等酶类有助于消化作用。茯苓主要成分为 $\beta$-茯苓聚糖，具有渗湿利水，健脾和胃，宁心安神的功效。鸡内金主治食积不消，呕吐泻痢等。山药具有补脾健胃的功效。

以上述五种具有促进消化功能的物质为原料，应用传统配伍用量，设计配方：山楂 15g、茯苓 18g、炒麦芽 18g、鸡内金 6g、山药 18g，甜菊糖苷适量（符合食品添加剂的用量要求），生产 100ml 的浓缩口服液（产品）。

### （二）生产工艺

**1. 粉碎、过筛**　将配方中山楂、炒麦芽、鸡内金、茯苓、山药原料分别进行粉碎，过 80 目筛。

**2. 热水浸提**　将原料粉分别按配方所需量进行称取，加入总质量的 10 体积水，煎煮三次，每次 2 小时。

**3. 离心、浓缩**　将提取液合并后，于 4000r/min 离心 15 分钟，然后进行减压浓缩（-0.05MPa，70℃）。

**4. 调配、过滤**　将适量的甜菊糖苷用水溶解后进行过滤，然后加到原料提取浓缩液中进行搅拌混匀。用不锈钢过滤网进行过滤，制成半成品，备用。

**5. 分装**　将半成品加入玻璃瓶中进行密封，每支 20ml。

**6. 灭菌、贴标**　将玻璃瓶置于高压灭菌锅中 115℃灭菌 15 分钟，贴标后，得口服液成品。

# 第五节　有助于调节肠道菌群功能性食品的应用

## 一、人类肠道菌群的含义与作用

人出生 1~2 小时后就可以可从其肠道中分离出细菌。健康人的体表和与外界相通的器官（除正常健康人的胃内）皆可检测到微生物的存在。人的肠道中寄生着 500 多种约 10 万亿个细菌。人体携带的微生物主要存在于肠道，约占人体微生物总量的 78.68%。有文献表明，一个健康成人机体携带的细菌相当于人体细胞的 10 倍以上。在人类长期的进化过程中这些微生物和人形成了共生关系。寄居在人体体内或体表的许多种微生物对人不仅无害反而有益。

肠道菌群是指人体肠道内正常微生物，如双歧杆菌，乳酸杆菌等占肠道总菌量的 99%，肠杆菌、肠球菌等兼性厌氧菌约占总菌量的 1%。它们在人的体内形成了一个复杂的相对和谐的微生态系统。

肠道菌群能合成人体生长发育必需的多种维生素，如 B 族维生素（维生素 $B_1$、$B_2$、$B_6$、$B_{12}$）、维

生素 K、烟酸、泛酸等；可以利用人体代谢的蛋白质残渣合成必需氨基酸（苏氨酸、缬氨酸、苯丙氨酸和天冬门氨酸等）；参与糖类和蛋白质的代谢；还可以促进铁、镁、锌等矿物元素的吸收。这些营养物质对人类的健康有着重要作用，人体若出现菌群失调会引起许多相关疾病；肠道菌群不仅影响人的体重、消化能力，还影响人的抵御感染和自体免疫疾病的风险，甚至还控制人体对癌症治疗药物的反应。所以肠道菌群这一微生态系统是否处于平衡状态，对人体健康有着非常重要的作用。目前常用益生菌、益生元和合生素等微生态制剂（或称肠道菌群调节剂）人为维持这一微生态平衡。

## 二、肠道主要有益菌及其作用

人体肠道中的菌群是一个庞大的微生态系，不但层次复杂，微生物群生物量也相当庞大，组成和数量随年龄、食物，以及宿主对细菌、细菌与细菌之间相互作用而发生变化，这种变化存在整个生命过程中，处于动态平衡状态。人体携带的微生物主要在肠道，占人体微生物总量的 78.68%，粪便重量的 1/3 ~ 2/5 是微生物，正常人消化道正常菌群的分布见表 7–1。小肠中十二指肠、空肠和回肠分别具有不同的微生物群落。

表 7–1　健康人体肠道正常菌群分布

| 部位 | 细菌种类 |
| --- | --- |
| 十二指肠 | 乳杆菌、酵母菌 |
| 空肠、回肠 | 乳杆菌、链球菌、大肠埃希菌等 |
| 盲肠、结肠 | 双歧杆菌、类杆菌、棒状杆菌、大肠埃希菌等 |

从十二指肠到回肠末端，总菌数和活菌数是逐渐增加的，且 95% 以上是厌氧菌。大肠中盲肠和结肠的微生态系的微生物群落较相近。粪便有肠道大生态系中最大的微生物群落。粪便重量的 40% 是微生物，而且 90% 以上是活微生物。

肠道的有益菌主要代表是双歧杆菌与乳杆菌，它们可以降低肠道 pH，抑制韦荣球菌、梭菌等腐败菌的增殖，减少腐败物质产生，同时也因 pH 下降而抑制了病原菌的生存与增殖。

### （一）乳杆菌

乳杆菌是人们认识最早、研究较多的肠道有益菌。最初的应用是 20 世纪 20 年代用人工培养的嗜酸乳杆菌生产的发酵乳和酸乳，当时主要用来调节便秘及其他肠道疾病。现在已知的乳杆菌对人体健康的有益作用主要有以下四点。

**1. 调整正常肠道菌群**　嗜酸乳杆菌对肠道某些致病菌具有明显的抑制作用，因为嗜酸乳杆菌的代谢产物中含有的短链脂肪酸，具有抗菌作用。另一方面，嗜酸乳杆菌还能与外籍菌（过路菌）或致病菌竞争性地占据肠上皮细胞受体而达到抗菌作用。

**2. 抗癌与提高免疫能力**　据迄今已有的研究和报告，其作用机制如下：①激活胃肠免疫系统，提高自然杀伤细胞活性；②同化食物与内源性和肠道菌群所产生的致癌物；③减少 $\beta$ - 葡萄糖苷酶、$\beta$ - 葡萄糖醛酸酶、硝基还原酶、偶氮基还原酶的活性，这些物质被认为与致癌有关；④分解胆汁酸。

**3. 调节血脂**　该菌能降低高脂人群的血清胆固醇水平，而对正常人群则无降脂作用。

**4. 促进乳糖代谢**　乳杆菌可分解乳糖。因而对不习惯食用鲜奶与奶制品的人，可以饮用乳杆菌发酵的酸奶，这对我国克服膳食结构中缺奶（相当多的人是由于对奶不适应）有重要应用价值，同时对乳糖不耐症患者也是有益的。

### （二）双歧杆菌

双歧杆菌对人体健康十分有益，对人体健康的作用如下。

**1. 抑制肠道致病菌** 1994 年 G. R. Gibson 曾以双歧杆菌属的五种菌种对八种病原菌做平板扩散法抗菌敏感性试验，结果所有双歧杆菌菌种均显示出较显著的抑菌作用。

**2. 抗腹泻与防便秘** 双歧杆菌的重要生理作用之一是通过阻止外籍菌或病原菌的定植以维持良好的肠道菌群状态，从而呈现出既可纠正腹泻又可防止便秘的双向调节功能。

**3. 免疫调节与抗肿瘤** 双歧杆菌的免疫调节主要表现为增加肠道 IgA 的水平。同时，双歧杆菌的全细胞或细胞壁成分能作为免疫调节剂，强化或促进对恶性肿瘤细胞的免疫性攻击作用。双歧杆菌还有对轮状病毒的抗性、与其他肠道菌的协同性屏障作用以及对单核 – 吞噬细胞系统的激活作用。

**4. 调节血脂** 双歧杆菌的调节血脂作用已有不少文献报道。以雄性 Wistar 大鼠添加 10% ~ 15% 双歧杆菌因子（低聚糖）、历时 3 ~ 4 个月的实验表明，在不改变体重前提下，呈现出显著的降血脂作用。

**5. 合成维生素和分解腐败物** 除青春双歧杆菌外，其他各种杆菌均能合成大部分 B 族维生素，双歧杆菌分泌的许多生理活性酶是分解腐败产物和致癌物的基础。

## 三、肠道菌群失调的含义与原因

### （一）肠道菌群失调的含义

人体作为宿主与体内的正常菌群，与外界环境构成一个庞大的微生态系统。细菌、宿主和环境三方面生态失调所引起的疾病称为菌群失调症。菌群失调分为质的失调、量的失调和定位转移。

**1. 质的失调** 正常情况下，消化道内厌氧菌应占优势，若厌氧菌与需氧菌的优势地位发生变化，则为发生了质的失调。消化道内应占优势的原籍菌被过路的外籍菌取代也是质的失调。使用抗生素治疗后，体内对药物敏感菌被耐药菌取代同样可称为质的失调。

**2. 量的失调** 量的失调可分为三度。Ⅰ度失调可以自愈，在口服四环素等抗生素后，肠道内革兰阳性杆菌数量减少，肠球菌数量增多，会引起便秘，停止服药后会自愈。Ⅱ度失调不能自愈，如慢性腹泻、便秘、肠功能紊乱等。Ⅲ度失调更为严重，如急性肠炎，原籍菌被外籍菌代替。

**3. 定位转移** 定位转移是菌群寄生部位的失调。不同的菌群在肠道内的寄生地是固定的。肠道内局部的物理、化学、生理条件决定了寄生于肠道内的菌群的生态平衡。当局部生态环境发生改变，如在使用抗生素时，原籍菌在抗生素的作用下从肠黏膜上脱落下来，外籍菌取而代之，即发生定位转移，定位转移常常可引起疾病。

### （二）肠道菌群失调的原因

肠道菌群的稳定性与菌群、宿主和环境三方面因素有关。

**1. 菌群** 在菌群方面，细菌间存在相互作用。需氧菌和兼性厌氧菌消耗掉了氧气，有利于肠黏膜表面专性厌氧菌的定植。原籍菌能够定居于上皮细胞表面或黏蛋白层，是由于它们能够适应寄居区域的营养条件和环境条件，能够抵抗宿主在该区域的防御系统，并能抵御外籍菌的入侵。为维持菌群的种类及数量的平衡，肠道内细菌间的相互作用机制通常有以下几方面：营养竞争、竞争性空间占位、代谢产物形成低 pH 及低氧化还原电位。肠道内的细菌利用这些机制，甚至产生抗生素以及挥发性脂肪酸来抑制其他细菌生长。

**2. 宿主** 在宿主方面，胃酸能选择性地抑制或杀灭外籍菌，以维持胃及小肠上端的菌群平衡。正常人在饥饿时胃内细菌极少。当胃功能障碍、胃酸分泌减少时，尤其是在患胃癌的情况下，胃内细菌增多，甚至出现八叠球菌等腐生菌。小肠的运动是防止小肠内细菌过度生长的重要机制。胆汁对肠道菌群的影响报告不一。有学者认为，结合的胆汁酸在小肠有抑制外籍菌生长的作用。肠道上皮细胞的表面结构对菌群分布的稳定性起一定作用。

**3. 环境**　环境因素对胃肠道菌群也有一定影响，尤其是饮食与用药。使用抗生素或放疗均对胃肠道菌群有较大影响。长期偏食对肠道菌群也有影响。以糖类食品为主者，总菌数增加，肠杆菌和拟杆菌减少；脂肪摄入量高者，链球菌和双歧杆菌减少，拟杆菌明显增加；高蛋白饮食者，乳杆菌减少，肠杆菌和肠球菌增加。无论是发生了优势菌与非优势菌构成的变化还是原籍菌与过路菌的定位转移，都改变了体内微生态环境的平衡。尤其是对人体有害的菌群取代了有益菌的优势地位，将产生大量的有毒物质，破坏人体胃肠道功能，损害肝脏，甚至引起癌变。

## 四、具有调节肠道菌群功能的物质

肠道菌群的平衡及有益菌的存在对人的身体有如此多的功能，所以人们开始探索能否通过摄入某些能够刺激身体内有益菌群的营养物也能达到该目的，答案自然是肯定的。人体通过摄入某些营养物，可以选择性地仅仅刺激一些有益菌的生长，从而改善机体健康。

### （一）益生元

广义的益生元是指那些有益于胃肠道的营养物，除调节肠道菌群的外，还能促进或调节胃肠消化过程的物质。

研究益生元的学者 Gibson 认为，益生元应该具备以下几个标准：①在胃和小肠中不被消化酶消化；②可以刺激机体有益菌群的生长，同时对肠道内微生物菌群的平衡有间接维护作用；③其代谢物具有一定的功能效果，例如短链脂肪酸和有机酸能减少肠道内部的 pH；④必须对人类健康无害。

益生元主要指的是功能性低聚糖。包括低聚异麦芽糖、低聚半乳糖、低聚果糖、低聚乳果糖、乳糖、大豆低聚糖、低聚木糖、帕拉金糖、耦合果糖、低聚龙胆糖等。益生元还包括某些多糖（抗性淀粉、云芝多糖、葡聚糖、胡萝卜多糖）、蛋白质及水解物（酪蛋白水解物、α-乳清蛋白、乳铁蛋白等）、多元醇（木糖醇、甘露醇、山梨醇、乳糖醇等）和植物及中草药提取物。

在欧洲，只有低聚果糖、菊粉、低聚半乳糖被认为是益生元，而其他功能性低聚糖因被认为人体试验资料还不够，只称其为准益生元。我国市场上最为常见并已实现工业规模化生产的低聚糖品种主要有低聚果糖、低聚半乳糖和低聚异麦芽糖。

### （二）膳食纤维

膳食纤维的化学结构是以糖苷键连接的聚合物，表面含有很多亲水基团，这些亲水基团使膳食纤维具有持水力、保水力和膨胀力；分子表面的活性基团可以吸附有机分子，如胆固醇、胆汁酸等；化学结构中的羧基、羟基和氨基等侧链基团，可与钙、锌、铜、铅等阳离子进行可逆性交换，且并优先交换铅等有害离子。因此，膳食纤维对人体有如下作用。

**1. 润肠通便**　水溶性膳食纤维和益生元的润肠通便机制类似。一方面，在肠道内呈溶液状态，有较好的持水力；另一方面，易被肠道细菌酵解、产生短链脂肪酸，降低肠道内环境的 pH，刺激肠黏膜。水溶性膳食纤维被肠道菌群发酵后产生的终产物二氧化碳、氢气、甲烷等气体，也能刺激肠黏膜，促进肠蠕动，从而加快粪便的排出速率。水不溶性膳食纤维是自身具有较强的吸水力和溶胀性，且不易被消化酶消化或肠道内微生物分解，因而增加粪便的质量和体积，促进排便。

**2. 控制血糖血脂**　膳食纤维摄入量与糖尿病发病率呈负相关，即摄入膳食纤维含量越高，患糖尿病机率越低。可能的机制包括：膳食纤维以长链聚合物形态包裹食糜，一方面减慢胃排空速率，延缓食糜进入十二指肠，另一方面减少消化酶与食糜接触的概率，从而降低糖的水解速率。

高脂血症和高胆固醇血症是引起心血管疾病的重要原因。不同种类不同来源的膳食纤维降血脂和胆固醇机制不同，主要包括：膳食纤维具有吸附胆酸盐的能力，并可促进其排出；膳食纤维发酵产生的短链脂肪酸抑制固醇合成；膳食纤维改变肝脏脂肪酸合成酶活性，影响脂代谢等。因此膳食纤维对预防心血管疾病有重要作用。

**3. 降低肠癌风险**　癌症的发生很难简单归于一种因素，但膳食纤维的足量摄入能够预防肠癌的发生。

**4. 其他功能**　控制体重、促进生长发育、提高人体免疫力、改善情绪、治疗阿尔茨海默病和提高记忆力等。虽然部分功效是间接的，但不可否认的是，健康的肠道，会使机体的整体健康水平大幅提高。

### （三）酶制剂

根据病因的不同，消化不良可分为机械性消化不良和化学性消化不良。前者主要是由于胃肠动力障碍引起的，而化学性消化不良是胆汁缺乏或消化酶分泌不足而引起的。研究证明，益生菌发挥缓解消化不良症状的一部分原因在于其促进了胃肠道消化酶的分泌。当然，更为直接的做法是口服充足的消化酶或促消化药物，如胃蛋白酶制剂、胰酶制剂、酶混合制剂等。

### （四）维生素

维生素的主要作用是参与机体代谢的调节，在胃肠道消化功能方面，也起到部分调节作用。B 族维生素中几乎每个成员对人体的消化和代谢都有很大影响，尤其是维生素 $B_1$、烟酸、泛酸和维生素 $B_{12}$，对于维持胃肠道功能的正常运作有着很大的影响。维生素 A 能保护并修复黏膜组织，维生素 C 则能帮助伤口愈合。所以，对于肠胃溃疡患者，维生素 A 和维生素 C 有助于其康复。

## 五、有助于调节肠道菌群功能性食品的应用

### （一）产品设计

微生态制剂也称微生态调节剂，是从正常菌群中分离出来的一种或多种有益菌，经过培养繁殖，通常浓缩冻干后制成的活菌制剂，是调节宿主体内微生态系统平衡的制剂。它能起到提高宿主健康水平的作用。微生态制剂可分为三类：益生菌、益生元、合生素。

目前在益生菌功能性食品的研究与开发中应用的菌种，主要有双歧杆菌和乳杆菌两大类，它们的培养、制备及生产工艺技术非常相似，本产品设计为双歧杆菌发酵的酸奶。

### （二）生产工艺

**1. 双歧杆菌的制备**　以脱脂乳作为菌种继代培养基，添加一些生长促进物质以利于双歧杆菌在乳中的生长和产酸，这些生长促进物质包括酵母浸膏及其自溶物、牛肉浸膏、蛋白胨、胰蛋白胨、麦芽汁、胡萝卜汁等，还可添加一些低氧化还原电势物质，如维生素 C、胱氨酸、半胱氨酸等。

双歧杆菌纯培养物接种入脱脂乳后，在充满氮气的厌氧条件下培养，逐步增加基质气相中的氧气来驯化培养菌株的耐氧性。经过多次继代培养，得到能适应一般静置培养条件下的选育菌株作为生产用菌株。在纯双歧杆菌微生态制剂生产过程中，为保证产品中有足够数量的双歧杆菌，目前国外多采用高密度连续培养技术。

**2. 双歧杆菌酸奶的发酵**　选择不影响双歧杆菌生长且能缩短产品发酵时间，改善口感风味的产酸菌和产香菌（嗜热链球菌、保加利亚乳杆菌、嗜酸乳杆菌、乳脂明串珠菌、丁二酮乳酸链球菌等），与双歧杆菌共同发酵，这样可使产酸力提高，凝乳时间缩短，从而符合大生产要求，且制品的口感和风味较好，易被接受。

采用混合发酵法生产双歧杆菌酸乳，所用发酵剂菌种是双歧杆菌和嗜热链球菌，一般以双歧杆菌为主发酵剂。

**3. 混合发酵法双歧杆菌酸奶的工艺流程**

（1）原料乳标准化、调配　将原料乳中加入一定的乳清蛋白制成标准原料乳（3%蛋白含量），补加乳糖、蔗糖和葡萄糖等可发酵性糖至标准原料乳中。

（2）均质、杀菌　将标准乳置于均质机中，在15~20MPa循环均质3次，然后在95℃水浴条件下灭菌5分钟。

（3）冷却、接种　将灭菌原料乳冷却至37~42℃，将活化至对数期的双歧杆菌和嗜热链球菌以5%的接种量接种至原料乳中，其中加入适量的抗坏血酸，以保证发酵顺利进行。

（4）灌装、发酵　将原料乳适量分装至灌装容器中，于38~39℃条件下进行恒温发酵培养6小时。

（5）冷却、冷藏　将发酵结束的酸乳于10℃条件下冷却过夜，然后在1~5℃条件下进行冷藏贮存，得成品双歧杆菌酸乳。

# 第六节　有助于改善皮肤状况功能性食品的应用

随着年龄的增长，皮肤中胶原蛋白、弹性蛋白、黏多糖等含量均有不同程度的降低，供应皮肤营养的血管萎缩，血流量减少，血管壁弹性降低，皮肤表皮逐渐变薄、隆起、皮下脂肪减少，导致皱纹、黄褐斑及老年斑等现象发生。

## 一、皮肤的基础知识

皮肤指身体表面包在肌肉外面的组织，是人体最大的器官。主要承担着保护身体、排汗、感觉冷热和压力等功能。皮肤总重量占体重的5%~15%，总面积为1.5~2m²，厚度因人或部位而异，为0.5~4mm。足底部的皮肤最厚，可达4mm，上眼睑的皮肤最薄，不到1mm。皮肤覆盖全身，它使体内各种组织和器官免受物理性、机械性、化学性和病原微生物性的侵袭。皮肤具有两个方面的屏障作用：一方面，防止体内水分、电解质及其他物质丢失；另一方面，阻止外界有害物质的侵入。皮肤保持着人体内环境的稳定，同时皮肤也参与人体的代谢过程。皮肤有几种颜色，如白、黄、红、棕、黑色等，主要因人种、年龄及部位不同而异。

### （一）皮肤的主要结构

皮肤由表皮、真皮和皮下组织构成，并含有附属器官（汗腺、皮脂腺、指甲、趾甲）以及血管、淋巴管、神经和肌肉等。

**1. 表皮**　表皮是皮肤最外面的一层，平均厚度为0.2mm，根据细胞的不同发展阶段和形态特点，由外向内可分为5层。

（1）角质层　由数层角化细胞组成，含有角蛋白。它能抵抗摩擦，防止体液外渗和化学物质内侵。角蛋白再生能力极强，角质细胞含有保湿因子，能防止表面水分蒸发，有很强的吸水性，一般含水量不低于10%，以维持皮肤的柔润，如低于此值，皮肤则干燥，出现鳞屑或皲裂。由于部位不同，其厚度差异较大，如眼睑、包皮、额部、腹部、肘窝等部位较薄，掌、跖部位最厚。角质层上皮细胞的界限不清，细胞核已退化溶解，若有核残存，称为角化不全。细胞质含有角质蛋白，角质蛋白不溶于水。

（2）透明层　由2~3层无核已死亡的扁平透明细胞组成，含有角母蛋白。能防止水分、电解质、化学物质的通过，故又称屏障带。此层于掌、跖部位最明显。

（3）颗粒层　由2~4层扁平梭形细胞组成，含有大量嗜碱性透明角质颗粒。颗粒层里的扁平梭形细胞层数增多时，称为粒层肥厚，并常伴有角化过度。若颗粒层消失，常伴有角化不全。

（4）棘细胞层　由4~8层多角形的棘细胞组成，由下向上渐趋扁平，细胞间借桥粒互相连接，形成细胞间桥。

（5）基底层　又称生发层，由一层排列呈栅状的圆柱细胞组成。此层细胞不断分裂（经常有3%~5%的细胞进行分裂），逐渐向上推移、角化、变形，形成表皮其他各层，最后角化脱落。基底细胞分裂后至脱落的时间，一般认为是28天，称为更替时间，其中自基底细胞分裂后到颗粒层最上层为14天，形成角质层到最后脱落为14天。基底细胞间夹杂一种来源于神经嵴的黑色素细胞（又称树枝状细胞），占整个基底细胞的4%~10%，能产生黑色素（色素颗粒），决定着皮肤颜色的深浅。

**2. 真皮**　来源于中胚叶，由纤维、基质、细胞构成。接近于表皮的真皮乳头称为乳头层，又称真皮浅层；其下称为网状层，又称真皮深层，两者无严格界限。

（1）纤维　有胶原纤维、弹力纤维、网状纤维三种。①胶原纤维：为真皮的主要成分，约占95%，集合成束状。在乳头层，纤维束较细，排列紧密，走行方向不一，亦不互相交织。②弹力纤维：在网状层下部较多，多盘绕在胶原纤维束下及皮肤附属器官周围。除赋予皮肤弹性外，也构成皮肤及其附属器的支架。③网状纤维：被认为是未成熟的胶原纤维，它环绕于皮肤附属器及血管周围。在网状层，纤维束较粗，排列较疏松，交织成网状，与皮肤表面平行者较多。由于纤维束呈螺旋状，故有一定伸缩性。

（2）基质　是一种无定形的、均匀的胶样物质，充塞于纤维束间及细胞间，皮肤为皮肤各种成分提供物质支持，并为物质代谢提供场所。

（3）细胞　主要有以下几种。①成纤维细胞：能产生胶原纤维、弹力纤维和基质。②组织细胞：是网状内皮系统的一个组成部分，具有吞噬微生物、代谢产物、色素颗粒和异物的能力，起着有效的清除作用。③肥大细胞：存在于真皮和皮下组织中，以真皮乳头层为最多。其胞浆内的颗粒，能贮存和释放组胺及肝素等。

**3. 皮下组织**　又称"皮下脂肪层"，来源于中胚叶，在真皮的下部，由疏松结缔组织和脂肪小叶组成，其下紧邻肌膜。脂肪小叶中充满着脂肪细胞，细胞浆中含有脂肪，核被挤至一边。皮下脂肪组织是一层比较疏松的组织，其厚薄依年龄、性别、部位及营养状态而异。有防止散热、储备能量和抵御外来机械性冲击的功能。

**4. 皮肤的附属器官**　包括皮脂腺、汗腺、毛发和指（趾）甲等。

（1）皮脂腺　是一种全浆分泌腺，没有腺腔，整个细胞破裂即成分泌物，可分为腺体及导管两部分。皮脂腺与毛囊关系密切，其导管大多开口于毛囊等漏斗部，少数皮脂腺与毛囊无关，直接开口于皮肤或黏膜的表面，如唇红缘的皮脂腺直接开口于黏膜表面。皮脂腺可分泌皮脂，经导管进入毛囊，再经毛孔排到皮肤表面。皮脂为油状半流态混合物，含有多种脂类，主要成分为甘油三酯、脂肪酸、磷脂、脂化胆固醇，并含有棒状杆菌、酵母菌、蠕虫等。

（2）汗腺　分布于全身，主要有两种，一种为小汗腺（也叫外泌汗腺），遍布全身，直接开口于皮肤或黏膜表面。小汗腺是一种结构比较简单的盲端管状腺，其腺体部分自我盘曲成不规则球状，多位于真皮和皮下组织交界处。其导管自腺体垂直或稍弯曲向上，穿过真皮到达表皮的最下端进入表皮，在表皮内螺旋上升，开口于皮肤表面。主要起到调节体温的作用，也有部分排泄功能。另一种为大汗腺（也叫顶泌汗腺），不直接开口于皮肤表面，而是开口于毛囊漏斗部，其分泌部的直径是小汗腺的10倍，腺体位置较深，多在皮下脂肪层，偶尔见于真皮深部，甚至中部。一般仅位于腋窝、乳晕、肛门、生殖器区、外耳道及眼睑部，分泌物易受细菌感染，所以散发出异味。

（3）毛发　由角化的表皮细胞所构成，从里向外由髓质、皮质、毛小皮三层构成，毛发遍布全身，唇红、掌跖、部分生殖器皮肤等无毛发。主要分为：①硬毛，包括长毛（如头发）和短毛（如眉毛）；②毫毛（体毛）。

（4）指（趾）甲　指（趾）末端伸侧的一种硬角蛋白性板状结构，由甲体和甲根构成。

**5. 皮肤的血管、淋巴管和神经**

（1）皮肤的血管　皮肤的血管主要有三个丛。①深部血管丛：其动、静脉较粗，多并行排列在皮下组织的深部；②真皮下血管丛：其动、静脉分支供给腺体、毛囊、神经和肌肉等的血液；③乳头下血管丛：由此分出毛细血管袢的上行小动脉支，供给真皮乳头的血流，然后折成毛细血管袢的下行静脉，汇合成小静脉，形成乳头下血管丛，并借着纵行的交通支与真皮及皮下组织深部的动、静脉汇合。在指（趾）、耳郭、鼻尖等处真皮内有较多的动、静脉吻合，称为血管球。当外界温度有明显变化时，在神经支配下，球体可以扩张或收缩，以改变由动脉通过球体直接流向静脉或进入毛细血管的血流，从而调节体温。

（2）皮肤的淋巴管　皮肤的毛细淋巴管以盲端起源于真皮乳头的结缔组织间隙。毛细淋巴管在乳头下层和真皮深部汇合成浅、深淋巴管网，经皮下组织流向淋巴结。皮肤中的组织液、游走细胞、病理产物、细菌、肿瘤细胞等均易进入淋巴管到达淋巴结。

（3）皮肤的神经　皮肤的神经可分为感觉神经和运动神经。①皮肤的感觉神经：游离神经末梢，主要分布于表皮内和毛囊周围；末梢膨大的游离神经末梢，如与梅克尔细胞接触的神经盘、Ruffini's 小体；有囊包裹的神经末梢，如触觉小体、环层小体。皮肤的感觉有触、痛、热、冷、压觉。②皮肤的运动神经：面神经支配面部的骨骼肌；交感神经的肾上腺素神经支配皮肤的竖毛肌、血管、血管球、汗腺的肌上皮细胞；交感神经的胆碱能神经支配小汗腺的分泌。

### （二）皮肤的分类

**1. 干性皮肤**

（1）特征表现　皮肤水分、油分均不正常，干燥，皮肤粗糙，缺乏弹性，皮肤的 pH 不正常，毛孔细小，脸部皮肤较薄，易敏感。面部肌肤暗沉、没有光泽，易破裂、起皮屑、长斑，不易上妆。但外观比较干净，皮丘平坦，皮沟呈直线走向，浅、乱而广。皮肤松弛，容易产生皱纹和老化现象。干性皮肤又可分为缺油性和缺水性两种。

（2）保养重点　多做按摩护理，促进血液循环，注意使用滋润、美白、活性的修护霜和营养霜。注意补充肌肤的水分与营养成分，调节水油平衡的护理。

（3）护肤品选择　多喝水，多吃水果、蔬菜，不要过于频繁的沐浴及过度使用洁面乳，注意周护理及使用保持营养型的产品，选择非泡沫型、碱性度较低的清洁产品及具有保湿作用的护肤产品。

**2. 中性皮肤**

（1）特征表现　水分、油分适中，皮肤酸碱度适中，皮肤光滑细嫩柔软，富于弹性，红润而有光泽，毛孔细小，纹路排列整齐，皮沟纵横走向，是最理想的皮肤。中性皮肤多数见于小儿，通常以 10 岁以下发育前的少女为多，年纪轻的人尤其青春期过后仍保持中性皮肤的很少。这种皮肤一般炎夏易偏油，冬季易偏干。

（2）保养重点　注意清洁、爽肤、润肤及按摩的周护理。注意日补水、调节水油平衡的护理。

（3）护肤品选择　依皮肤年龄、季节选择，夏天选亲水型，冬天选滋润型，选择范围较广。

**3. 油性皮肤**

（1）特征表现　油脂分泌旺盛，T 部位油光明显，毛孔粗大，常有黑头，皮质厚硬不光滑，皮纹较深，外观暗黄，肤色较深，皮肤偏碱性、弹性较佳，不容易起皱纹、衰老，对外界刺激不敏感。皮肤易吸收紫外线，容易变黑，易脱妆，易产生痤疮、暗疮。

（2）保养重点　随时保持皮肤洁净清爽，少食糖、咖啡、刺激性食物，多补充维生素 $B_2$、维生素 $B_6$，以增加肌肤抵抗力，注意补水及皮肤的深层清洁，控制油分的过度分泌。

（3）护肤品选择　使用油分较少、清爽型、抑制皮脂分泌、收敛作用较强的护肤品。白天用温水洗脸，选用适合油性皮肤的洁面乳，保持毛孔的畅通和皮肤清洁。暗疮处不可以化妆，不可使用油性护肤品，化妆用具应该经常清洗或更换，更要注意适度的保湿。

### 4. 混合性皮肤

（1）特征表现　一种皮肤呈现出两种或两种以上的外观（同时具有油性和干性皮肤的特征）。多见为面孔 T 区部位易出油，其余部分则干燥，并时有痤疮发生，80% 的女性都是混合性皮肤。混合性皮肤多发生于 20 ~ 39 岁之间。

（2）保养重点　按偏油性、偏干性、偏中性皮肤分别侧重处理，在使用护肤品时，先滋润较干的部位，再在其他部位用剩余量擦拭。注意适时补水，补营养成分，调节皮肤的平衡。

（3）护肤品选择　夏天参考油性皮肤的选择，冬天参考干性皮肤的选择。

### 4. 敏感性皮肤

（1）特征表现　皮肤较敏感，皮脂膜薄，皮肤自身保护能力较弱，皮肤易出现红、肿、刺、痒、痛和脱皮、脱水现象。

（2）保养重点　经常对皮肤进行保养；洗脸用水不可以过热过冷，要使用温和的洁面乳。早晨，可选用防晒霜，以避免日光伤害皮肤；晚上，可用营养型护肤品增加皮肤的水分。在饮食方面要少吃易引起过敏的食物。皮肤出现过敏后，要立即停止使用任何护肤品，对皮肤进行观察和保养护理。

（3）护肤品选择　应先进行适应性试验，在无反应的情况下方可使用。切忌使用劣质护肤品或同时使用多种护肤品，并注意不要频繁更换护肤品。不能用含香料过多及过酸过碱的护肤品，而应选择适用于敏感性皮肤的护肤品。

### （三）皮肤的功能

皮肤是人体的重要组成部分，它覆盖全身，参与机体各种生理活动，保护体内组织以及免受外界机械性、化学性和生理性的侵害。皮肤的功能正常，对于人体健康至关重要。

**1. 保护和感觉作用**　皮肤对致病微生物的侵袭发挥防御作用；对光、电、热来说是不良导体，能够阻止或延缓水分、物理性或化学性物质进入和刺激；皮肤能缓冲外来压力，保护深层组织和器官。另外，黑色素也是防御紫外线的天然屏障。皮肤含有丰富的神经纤维网和各种神经末梢，感受各种外界刺激，产生痛、痒、麻、冷、热等感觉。

**2. 调节体温作用**　皮肤在保持体温恒定方面发挥重要作用。皮肤通过毛细血管的扩张或收缩，增加或减少热量的散失来调节体温，以适应外界环境气温的变化。

**3. 吸收作用**　正常皮肤通过毛囊口，选择性地吸收一些物质和脂类、醇类等进入血液循环。固体物质或水溶性物质，通常很难通过皮肤吸收。

**4. 代谢作用**　皮肤参与全身代谢过程，维持机体内外生理的动态平衡。整个机体中有 10% ~ 20% 的水分贮存于皮肤中，这些水分不仅保持皮肤的新陈代谢，而且对全身的水分代谢都有重要的调节作用。此外，皮肤还贮存大量的脂肪、蛋白质、碳水化合物等，供机体代谢所用。皮肤含有脱氢胆固醇，经阳光中紫外线照射后可转变为维生素 D。

**5. 免疫作用**　皮肤是测定免疫状况和接受免疫的重要器官之一，皮肤的免疫作用是机体抵抗外界抗原物质的天然屏障，当皮肤生理功能衰退或处于病理状态的情况下，会引起感染发炎、红肿和各种皮肤病。

**6. 分泌与排泄作用**　皮脂腺的分泌，不仅能润湿皮肤和毛发、保护角质层、防止水和化学物质的渗入，还起到抑菌、排出体内某些代谢产物的作用。汗腺的排泄可以调节体温，维持皮肤表面酸碱度，协助肾脏排泄代谢废物。

## 二、常见的面部皮肤问题与病因

皮肤病是指有关皮肤的疾病，是皮肤受到内外因素的影响后，其形态、结构和功能发生变化，产生病理过程，并相应产生各种临床表现。皮肤病的发病率很高，常反复发作，但症状一般比较轻，常不影响患者生命，多难以根治，是一种给患者造成巨大身心痛苦并影响生活质量的疾病，最明显就是瘙痒和皮肤外观改变。

### （一）皮肤病分类

常见的皮肤病种类有：真菌病，如手脚癣、体股癣及甲癣；细菌性皮肤病，如丹毒及麻风；病毒性皮肤病，如水痘、扁平疣及疱疹；节肢动物引起的皮肤病，如疥疮；性传播疾病，如梅毒、淋病及尖锐湿疣；过敏性皮肤病，如接触性皮炎、湿疹、荨麻疹及多型红斑；物理性皮肤病，如晒斑、多型性日光疹及鸡眼；神经功能障碍性皮肤病，如瘙痒症、神经性皮炎；红斑丘疹鳞屑性皮肤病，如银屑病、单纯糠疹及玫瑰糠疹；结缔组织疾病，如红斑狼疮、硬皮病及皮肌炎；色素障碍性皮肤病，如黄褐斑、白癜风、雀斑、色素痣等；角化性皮肤病，如毛发红糠疹；皮脂、汗腺皮肤病，如痤疮、酒渣鼻及臭汗症；皮肤肿瘤类皮肤病，如基底细胞癌、鳞状细胞癌、恶性黑素瘤及帕哲病等；寄生虫、昆虫、动物性皮肤病，如螨、蚊、蠓、臭虫、蚤、蜂、隐翅虫等节肢动物，血吸虫、钩虫等蠕虫，利什曼原虫以及水母、海葵等水生生物引起的皮肤病；毛发、甲皮肤病，如多毛症、秃发、脂溢性秃发，甲凹陷症、甲板纵裂、甲层裂症等；各种疣、带状疱疹、单纯疱疹、麻疹、风疹、传染性红斑、小儿丘疹性皮炎等。

### （二）病理病因

**1. 内因**　皮肤作为人体的第一道生理防线和最大的器官，时刻参与着机体的功能活动，维持着机体和外界环境的对立统一，机体的任何异常情况也可以在皮肤表面反映出来。例如，银屑病、牛皮癣、白癜风、过敏性痒疹、红斑狼疮、内脏癌肿的皮肤表现等，与细胞分裂异常、致病微生物感染及其产生的毒素、机体代谢紊乱、免疫功能失衡、内分泌紊乱、自由基毒素代谢障碍，甚至与精神、神经系统的病理变化有着间接或直接的关系。

**2. 外因**

（1）机械性　如胼胝、摩擦红斑、外伤等。

（2）物理性　如冻疮、烫伤、晒斑、射线皮炎等。

（3）化学性　大多数接触性皮炎都是接触化学物质，如染料、化工原料等引起的。

（4）生物性　动物，如接触疥疮、虫咬皮炎、水蛭咬伤、毒鱼刺螫等；植物，如接触漆树、荨麻等；微生物，如接触细菌、病菌、霉菌、螺旋体等。

许多皮肤病，在发病原因去除后，仍继续发展或经久不愈，这可能是由于其他刺激，如搔抓、摩擦、热水烫、日晒、肥皂洗、用药不当和饮酒等因素的不断作用所致。其中，以搔抓最为突出，最为重要。由于经常搔抓的机械性刺激，常使损害变厚或扩大，疾病迁延不愈。反之，如停止搔抓，则不易治愈的慢性湿疹、瘙痒病及神经性皮炎等常可较快痊愈。

此外，年龄、性别、职业、季节、环境、生活习惯等因素亦与皮肤病发生有一定关系。

## 三、影响皮肤健美的主要因素

皮肤，特别是面部皮肤，在显示人们的外貌和健康状况方面起着十分重要的作用。可以说，面部的状态直接反映了一个人的健康和美学修养水平。皮肤的健美涉及人体的各个方面，即受到遗传、健康状况、营养水平、生活和环境等多种因素的影响。遗传因素属先天因素，一般较难改变，而健康、营养等因素可通过人们的改变，影响皮肤的状态。

### （一）健康因素

人的皮肤是人体健康状况的晴雨表。当身体健康状况良好时，皮肤光亮、红润；当身体处于非正常状况时，皮肤就会灰暗无光，甚至出现各种缺陷。人体的健康因素又分为精神因素和体质因素。

**1. 精神因素** 影响皮肤健康状况及导致皮肤疾患的内因较多，但精神因素为首要因素。传统中医学认为，人的喜、怒、忧、思、悲、恐、惊这 7 种感情的改变都会引起皮肤状况的改变，导致皮肤疾病。

**2. 体质因素** 身体其他器官的健康状况也直接影响皮肤的健康。肝脏是人体最大的"化工厂"，它不仅与糖、蛋白质、脂类、维生素和激素的代谢有密切的关系，而且在胆汁酸、胆色素的代谢和生物转化中也发挥重要重用。肝脏具有贮存、化解毒素及调整激素平衡的功能。当肝脏功能发生障碍，如患慢性肝炎时，表现在皮肤方面就是容易发生日光过敏，出现皮肤干燥、痤疮、肝斑等现象。胃是机体重要的消化器官。当胃酸分泌减少时，皮肤的酸度就会降低，油脂分泌增强，颜面皮肤倾向油性。当胃肠功能减弱时，糖类分解不佳，鼻和脸的毛细血管扩张，易造成局部发红。此外，一些其他慢性消耗性疾病，如肾炎、结核病、贫血、内分泌紊乱及肾上腺及卵巢、子宫等发生异常情况时，也会出现日光性皮炎等皮肤疾病，因此要保持皮肤的健美，关键是保持身体功能的健康。

### （二）年龄因素

随着年龄的增加，皮肤的代谢也会发生异常。皮肤的细胞膜会随着胆固醇的积聚增加而硬化，这会因脂质的过氧化作用产生脂褐素。脂褐素的堆积及内分泌失调引起的黑色素的增加都会使皮肤出现老年斑。由于老年人皮肤的三个层面厚度减少，皮脂腺与毛囊萎缩，皮肤表面变薄，同时皮脂分泌降低，使皮肤保持水分的能力减退，使皮肤干燥甚至皱裂。

### （三）营养因素

人类的生存和健康依赖于各类营养成分，即碳水化合物、脂肪、蛋白质、矿物质、维生素、水分、膳食纤维。皮肤作为全身最大的器官，自然这 7 类营养素也是影响皮肤健美的因素。

**1. 碳水化合物** 即米、面类，是机体能量的来源，当它供应不足时，人体会产生疲倦、乏力等症状；当它供应过剩时，会转化为脂肪贮存于皮下，使面部臃肿或导致皮肤病症的出现。

**2. 脂肪** 脂肪也能产生能量。适量的皮下脂肪会使皮肤柔软、丰满、有弹性。脂肪是脂溶性维生素的溶剂，使其能够被机体吸收，脂肪还是激素的原料。当脂肪供应不足时，人会出现消瘦、乏力等；当脂肪供应过剩时，会产生脂肪堆积，引起皮肤病、面部臃肿等。

**3. 蛋白质** 蛋白质对皮肤的构成及维持皮肤组织的生长发育是必需的。它不仅能促进皮肤组织的生长，还可以起修补和更新作用。当长期缺乏足量的蛋白质时，特别是不能补充足量的必需氨基酸时，全身的组织就无法及时更新，于是出现结构和功能上的老化现象。随年龄增长，机体对蛋白质分解增多，合成减少。皮肤处于机体的最外层，是较容易被察觉到老化的标志。当蛋白质供给不足时，会导致营养不良性贫血的出现和全身免疫功能下降，各器官功能减退，外观表现为面色苍白无光泽，如慢性疾病长期缠身不愈，原来皮肤有光泽、有弹性的状态就会完全消失。当蛋白质过剩时，反而会抑制各器官的功能活动，降低它们的各项功能，还可能引起过敏性皮肤病。

**4. 矿物质** 矿物质是构成人体组织的重要材料，可以维持体液的渗透压和酸碱平衡。许多元素直接参加酶的活性基团，有些是酶的活性因子。钙、磷、铁、镁、铜、锌、钾、钠等许多矿物元素与人体的代谢有关。一定比例的钾、钠、钙、镁是使肌肉、神经产生正常兴奋性所必需的元素。钙和磷是骨骼和牙齿的主要成分。据报道，如摄入的营养物质中缺乏锌，青年人可出现严重的囊肿性痤疮。当矿物质供应不足时，会产生各种全身性疾病，同时也会影响碳水化合物和脂肪的代谢，造成能量匮乏，使内脏变得虚弱，各种皮肤问题的症状接着出现。但矿物质过多也会引发各种疾患。

**5. 维生素** 机体的健康离不开维生素，皮肤的健美也离不开维生素。与机体有关的主要维生素有维生素 A、B 族维生素、维生素 C、维生素 D、维生素 E 等。

（1）维生素 A 可以促进人体的生长，维持上皮细胞的健康，预防眼干燥症、皮肤干燥等。

（2）B 族维生素 包括维生素 $B_1$、维生素 $B_2$、维生素 $B_6$、维生素 $B_{12}$等。对皮肤的保健较重要的是维生素 $B_2$ 和维生素 $B_6$，它们又被称为"美容维生素"。维生素 $B_2$ 可以强化皮肤的新陈代谢，改善毛细血管的微循环，使眼、唇变得光润、亮丽，当它缺乏时，皮肤会产生小皱纹，发生口角溃疡、唇炎、舌炎，甚至会对日光过敏，出现皮肤瘙痒、发红，以及有红鼻子等皮肤病。维生素 $B_6$有抑制皮脂腺活动、减少皮脂分泌、治疗脂溢性皮炎和痤疮等功效，当体内缺乏时，会引起蛋白质代谢异常，从而使皮肤出现湿疹、脂溢性皮炎等。

（3）维生素 C 作为还原剂参加一些重要的羟化反应。羟化后的胶原蛋白才能交联成正常的胶原纤维。所以维生素 C 是维持胶原组织完好的重要因素，缺乏时将导致毛细血管破裂、出血，牙齿松动，骨骼脆弱易骨折，伤口不易愈合等。另外，维生素 C 还可以增强皮肤的紧张力和抵抗能力，防止色素沉着。

（4）维生素 D 可以在皮肤上表面经紫外线照射后形成，它能促进钙的吸收，是骨骼及牙齿正常发育和生长所必需的。如果缺乏维生素 D，对于儿童会引起佝偻病，对成人可引起骨软化或骨质疏松，容易发生骨折。

（5）维生素 E 可防止细胞组织的老化，扩张毛细血管，防止毛细血管的老化。它还能促进卵巢黄体激素的分泌，对于女性的健康非常重要。维生素 C 和维生素 E 还是天然的抗氧化剂，在体内可以抑制脂质的过氧化反应，使血液和器官中过氧化脂质水平降低。由于减少了由过氧化反应所导致的生物大分子的交联和脂褐素的堆积，延缓了机体的衰老，表现在皮肤上就是老年斑的出现较晚或减少。维生素 A、维生素 D、维生素 E 过量会致相应病。

**6. 水分** 成年人体重的 2/3 是水，机体一旦缺水，轻者皮肤干燥、失去光泽；重者引起机体的失衡，严重时甚至引起死亡，所以说水是生命之源，是身体健康和皮肤健美的保证。水还是体内的清洗剂，它将体内的有毒物质通过胃肠道随粪便及通过肾脏随尿液排出体外。皮肤通过蒸发和排汗也排出一部分水分。汗腺分泌的汗液是一种低渗溶液，所以在排汗时也排出一些无机盐，水还是廉价的特效美容洗涤剂，能洗去皮肤上的污物，使皮肤能够正常呼吸。在正常情况下，人体水的来源有三个途径，即饮水（包括液体饮料）、食物中的水分及体内生物氧化所产生的水。正常人每日水的摄入量和排出量在 2500ml 左右，水处于平衡状态。每天喝 6 ~ 8 杯水为宜。

**7. 膳食纤维** 膳食纤维包括纤维素、半纤维素、果胶及植物胶质等。膳食纤维可大量吸附水分，促进排便和清除毒素，增强水化功能。膳食纤维还具有降血脂、降血糖、预防肠癌等作用，同时对皮肤的健美也有一定的作用。人体是一个有机的整体，只有五脏六腑的阴阳平衡，气血畅通，容貌才会美。所以真正的美容要从营养上着手，调节生理功能，合理摄取营养，特别注意摄取有益于皮肤健康的营养，使身体各部分组织处于良好状态，才能达到身体健康、容颜焕发、青春常驻的目的。

**（四）环境因素**

影响皮肤健美、加速其老化的另一个重要原因是环境因素，如温度、湿度、阳光、尘埃、气候、季节的变化等。

**1. 温度** 皮肤对体温有调节作用，当温度升高时，汗腺排汗量增加。大量的汗液会带出部分皮脂，使皮肤干燥，这对干性皮肤是不利的。所以，干性皮肤的人在高温环境下应注意及时补充水分。当环境温度降低时，容易造成皮肤毛细血管的收缩，使血液循环不畅，同时皮肤的收缩、皮脂分泌的减少会使皮肤变得干燥、无光泽，因此，在寒冷的环境中应注意保暖。

**2. 湿度**　皮肤表皮细胞中微量的代谢物对皮肤有一定的保湿作用，能防止皮肤过于干燥，保持皮肤的柔软。但是如果长期处于干燥的环境，皮肤表面的水分散失过多且得不到补充时，皮肤的老化就会加速，皱纹会增多，使皮肤干燥无光泽。但环境湿度过大会造成皮肤的角质湿润、膨胀，使皮肤变得粗糙。

**3. 阳光**　阳光可以促进皮肤的新陈代谢；皮肤在阳光下可以合成维生素 D，帮助钙的吸收；阳光中的紫外线可以杀死皮肤表面的细菌。但同时，阳光也对皮肤产生一定的伤害，因为由于紫外线波长短，可以穿透角质层、颗粒层直到生发层的基底细胞上，使其中的黑色素细胞产生黑色素的作用加快。所以，长期暴晒不仅会患日光性皮炎，使皮肤出现发红、脱皮、疼痛等现象，还使色素沉着，形成黄褐斑，甚至使皮肤局部的免疫力下降，严重时会有皮肤的病变。因此，日晒也应适度。

**4. 尘埃**　悬浮于空气中尘埃容易附着在人的脸、手等暴露部位。皮肤有呼吸功能，如果尘埃阻塞了皮肤的毛孔，就会使它无法正常呼吸，影响新陈代谢，发生皮肤病。而且尘埃中含有多种细菌，细菌若侵入毛孔，则会引起痤疮等皮肤疾病。

**5. 季节**　一年四季的变化使皮肤所处的外界环境也随之变化。南方的春天温暖、湿度大，人体皮肤较湿润，北方的春天风较大，气候干燥，应注意给皮肤补充水分和油分；夏季炎热，应多喝水，注意防晒；秋天，皮肤色素会加重，皮肤干涩、有绷紧的感觉，应注意护理，冬天也如此。

### （五）生活因素

生活因素包括生活规律、饮食习惯、居住环境、不良嗜好等，其中以下几方面尤为重要。

**1. 睡眠**　每个人都有自己的生物钟即生物节律，倘若违背了这个节律，就会影响健康。如果长期睡眠不足，就会造成皮肤细胞再生能力衰退，使皮肤变得粗糙，表现为眼周发黑。

**2. 吸烟**　香烟中的尼古丁会造成皮肤微血管的收缩，降低皮肤的血液循环，使皮肤无法吸收足够的营养和氧气，皮肤就会发黄、干燥、无光泽。

**3. 饮酒**　饮酒过量会使血管膨胀。长期酗酒者，微血管壁的弹性会越来越低，最终破裂，会使皮层留下污痕。体内酒精过多，也会使皮肤变干失去光泽。

## 四、具有有助于改善皮肤状况功能的物质

### （一）芦荟

芦荟品种甚多，有 230 余种，但可供药用和食用的仅数种，包括：①康拉索芦荟，这是最主要的品种，仅美国年产和消费有数万吨，它与中国海南岛的野生种中国芦荟在形态和主要成分方面是一致的。②木本芦荟，也称大芦荟，主产于日本，日本民间作为草药和某些功能性食品用。③皂素芦荟，在日本多用作药用，叶汁极苦。此外，国产的有好望角芦荟、上农大夜芦、立木芦荟、珍珠芦荟（适于美容）等。

**1. 主要成分**　较复杂，仅酚性化合物就有 30 余种，主要是蒽醌和色酮类化合物。蒽醌化合物也有护肤、防晒等作用。另含维生素 $B_2$、$B_6$、$B_{12}$ 及必需氨基酸、无机盐等营养物质。

**2. 生理功能**　芦荟具有营养保湿、促进新陈代谢、消炎、杀菌、防晒、美白、防痤疮、祛斑、防青春痘、防皱、改善瘢痕以及护发、防治脱发等。

### （二）珍珠粉

珍珠自古以来是名贵中药材，美容佳品，历代 19 部药物典籍上都明确记载了珍珠的功效。

**1. 主要成分** 珍珠含碳酸钙约 92%，有机物约 5%，包括 18 种氨基酸、类胡萝卜素（指黄色珍珠）、葡萄糖胺、半乳糖按、卟啉等铁胺、角蛋白等，另含锂、锶、钛等元素。

**2. 生理功能** 有美容增白、祛斑功能。

### （三）红花

红花为菊科植物红花的干燥花朵，呈红色（未成熟者呈黄色）。中国新疆是世界最大产地。

**1. 主要成分** 红花黄素，其中包括红花黄素 A、SY－2、SY－3 和 SY－4，以及红花醌苷、红花苷、新红花苷、$\beta$－谷甾醇等，另含油酸、亚油酸、亚麻酸等脂肪酸，也含有多种黄酮类化合物及多糖。

**2. 生理功能** 具有美容祛斑作用。通过活血化瘀、加速血液循环、促进新陈代谢，增加排出黑素细胞所产生的黑色素，促进滞留于体内的黑色素分解，使之不能沉淀形成色斑，或使已沉淀的色素分解而排出体外。

### （四）神经酰胺

**1. 概述** 属糖脂类化合物。其基本结构为神经鞘氨醇，其中的氨基与某些脂肪酸以酰胺键形式相连接，1－位的羟基则与某种糖（主要有半乳糖、葡萄糖）以糖苷酯键的形式相结合。由于所接脂肪酸和糖基的不同，因此有多种多样的结构。

**2. 生理功能** 有美容护肤作用。神经酰胺对皮肤有增白、保湿、缓解过敏性皮炎的作用。神经酰胺基本上蓄积在角质层，为角质细胞间脂质的主要成分（约 50%），在发挥角质层屏障功能中起着重要作用，可抑制水分的蒸发和冻结。神经酰胺可抑制黑色素生成，有使皮肤增白的作用。

### （五）阿魏酸

**1. 概述** 阿魏酸有顺式和反式两种，顺式为黄色油状物，一般系指反式体，有优良的耐热性，但易受光等的影响。对油脂的加水分解型和酮分解型酸败有防止作用。一般与维生素 E 或卵磷脂合用，有相乘的抗氧效果。

**2. 生理功能** 有吸收紫外线（290～330nm）作用，而 305～310nm 的紫外线极易诱发皮肤红斑；抑制黑色素的生成，有很强的抗氧化能力；减少色素沉着和抑制生成黄褐斑的酪氨酸酶作用，以抑制皮肤老化，达到增白效果。

### （六）苹果多酚

**1. 主要成分** 以绿原酸为主的酚羧酸类约占 25%，儿茶素、表儿茶酸、没食子酸等单体约为 15%，根皮苷、根皮素、对香豆酸、二氢查耳酮等约占 10%，原花色素类约占 50%，由上述各组分所构成的多酚类物质。

**2. 生理功能** 由于苹果多酚中所含二聚和三聚的低聚花色素苷含量较高，故有较强抗氧化能力。通过强抗氧化作用以抑制酪氨酸酶的活性来减少黑色素的生成，通过抑制过氧化脂的形成以消除黄褐斑，达到增白美容效果。

## 五、有助于改善皮肤状况功能性食品的应用案例

### （一）产品设计

中医认为，痤疮的病因为肺经风热、脾胃湿热、脾虚痰湿。肺主皮毛，面鼻属肺，肺经风热熏蒸，邪郁肌肤而成；脾主肌肉主运化，饮食辛辣刺激及膏粱厚味之品，酿生显热，或汗出见湿，湿郁化热；或脾胃失调，运化失健，酿成湿热，温聚成痰，凝滞肌肤而成。尤其青春期血热旺盛，夹湿夹毒，壅郁肌肤而成此疾。

本产品配方设计针对痤疮的主要病机及临床特点，依据中医辨证理论，在遵循传统中医药君臣佐使的原则下，结合现代病理学、生理学和药理学研究，通过原料合理配伍，采用有清热解毒、凉血活血等疗效的中药材组方，既符合中医辨证施治理论，又具有现代药理学依据，通过养、调、疗独特的融为一体，经临床试验证明能有效消除痤疮而达到养颜美容的保健功能。

本产品由姜黄、红花、石斛、当归、桔梗、玄参、灵芝、天麻、百合制成。其中，以姜黄、红花、石斛为君，共奏清肺热、祛风热、清热解毒功效；以当归、桔梗为臣，以助君药清热解毒之功；以玄参、灵芝为佐，加以凉血和血；以天麻、百合为使，一滋阴、一补气，使美容效果更佳。

本产品由下列重量配比的原料制成：姜黄 33～45 份、红花 11～15 份、石斛 5～7 份、当归 9～12 份、桔梗 4～5 份、玄参 8～12 份、灵芝 7～10 份、天麻 7～10 份、百合 6～8 份。服用量推荐每日 2～3 次，袋泡茶剂型为 2～5g/次，颗粒剂剂型为 4～10g/次。

### （二）生产工艺

**1. 功效成分提取** 将红花、石斛、当归、桔梗、玄参、灵芝、天麻、百合混合，采用 85～100℃ 的水进行 2 次提取，第 1 次提取加水量为药材重量的 6 倍，提取时间为 3 小时；第 2 次提取加水量为药材重量的 3 倍，提取时间为 2 小时。

**2. 提取液浓缩** 将 2 次提取液合并，采用 200 目筛过滤，再真空浓缩，制成比重为 1.2～1.3g/cm³ 的浓缩液。

**3. 添加姜黄** 将上述所提取的浓缩液与姜黄混合，搅拌浸润 30～60 分钟，让姜黄将浓缩液充分吸收。

**4. 干燥** 采用烘干法或沸腾干燥法，干燥至水分≤8%，制成原药干粉。

**5. 成品** 制成的原药干粉加入等量的糊精和等量的木糖醇，按常规方法制成颗粒剂制品，或包装后制成袋泡茶。

# 第七节　辅助改善记忆功能性食品的应用

学习和记忆是脑的高级功能之一。从生物学角度看，没有一种动物是不能接受教训而改变其行为的。在物种之间，学习能力的差别只是在学习的速度、范围、性质和实现学习的生物学基础方面。动物能够改变行为以适应环境的变化，因为没有一种动物生存的环境是绝对不变的。没有学习、记忆和回忆，既不能有目的地重复过去的成就，也不能有针对性地避免失败。因此，人或动物经过学习可以改变自身的行为，以适应不断变化的外界环境而得以生存，在进化过程中，脑的学习和记忆功能经历了巨大的发展和飞跃。近年来，学习和记忆被人们看成是衰老研究的一项重要指标，也有研究人员通过衰老引起的学习记忆变化来研究学习记忆的机制等。

## 一、学习和记忆的生理学基础

学习和记忆是大脑最重要和基本的功能，经典的生理心理学认为，学习是指神经系统有关部位暂时建立的联系，记忆则是指其痕迹的保持与恢复。从神经生理学的角度来看，学习与记忆是脑的一种功能和属性，是一个多阶段的动态神经过程。因此认为，学习主要是指人或动物通过神经系统接受外界环境信息而影响自身行为的过程，记忆是指获得的信息或经验在脑内存储和提取（再现）的神经活动过程。学习与记忆密切相关，若不通过学习，就谈不上获得信息和再现，也就不存在记忆。因此，学习与记忆是既有区别又不可分割的神经生理活动过程，是人和动物适应环境的重要方式。

作为一项复杂的生理生化过程，记忆可以被看作为建立在条件反射基础上的大脑活动，分为瞬时记忆、短期记忆和长期记忆。从神经学来说，神经突触是实施脑功能的关键部位，具有可塑性，其传递效率的改变被认为是记忆产生的原因。刺激通过传入纤维，引发第二信使的级联激活，提高信息传递效率，这一系列的改变包括原突触连结的改变以及已有蛋白的修饰，最终形成短期记忆。当反复刺激或者进行强直刺激时，会发生晚期的突触长时程增强，细胞内的信号传导途径被更广泛的激活，属于信息巩固过程，从而实现短期记忆向长期记忆的转变。微弱的突触活动还可以引起长时程的突触传导抑制。两种不同的突触可塑性变化可以改变突触连接的强弱，进而贮存大量的信息，构成学习和记忆的基础。

在学习记忆与中枢递质关系的研究中，被研究最多、了解最清楚的是胆碱能系统，其次为单胺类神经递质与神经肽等。

**1. 胆碱能系统**　乙酰胆碱（acetylcholine，ACh）是记忆痕迹形成的必需神经递质，是长时记忆的生理基础，而胆碱与乙酰辅酶 A（CoA）则是 ACh 的直接前体。大脑内胆碱能回路，即隔区 – 海马 – 边缘叶与短时记忆功能密切相关。ACh 通过脑干网状结构上行激活系统，维持大脑觉醒状态，通过摄入胆碱来增加大脑内胆碱浓度，可增进 ACh 的合成，增强树突的形成与神经膜的流动性。可选择性影响 ACh 的化合物，均会影响大脑的学习记忆行为，常见痴呆患者突触前的胆碱能系统活性降低，通过补充 ACh 可促使其正常记忆的形成。人类随着年龄增加，记忆功能减退，与中枢胆碱系统功能的下降相平行。

**2. 单胺类神经递质**　单胺类神经递质包括去甲肾上腺素（norepinephrine，NE）、多巴胺（dopamine，DA）和 5 – 羟色胺（5 – hydroxytryptamine，5 – HT）。已知脑干的蓝斑细胞的减少与记忆缺损有密切关系。蓝斑神经元的老年记忆衰退高度相关。向老年动物的脑室注射 NE 或 DA 可改善记忆反应。脑干的中缝核团是 5 – HT 神经元胞体的集中部位，向海马中注入 5 – HT 可抑制记忆。

**3. 中枢神经系统的神经肽**　中枢神经系统的神经肽不仅影响神经元的兴奋与抑制过程，也参与学习与记忆活动的调节。

## 二、学习和记忆的影响因素

大脑的主要功能之一就是学习和记忆，记忆是人脑对经历过事物的反映，而在日常生活中人们会发生记忆力下降的现象。影响记忆力的因素有很多，如遗传、兴趣、情绪、疲惫程度、心理状态和膳食状况等，其中膳食营养是重要的影响因素之一。记忆力下降可分为两种：器质性与功能性的改变。器质性的记忆力下降是由于身体某一部位器质性病变或外伤引起的；功能性的记忆力下降主要为膳食状况、营养条件、不良嗜好和压力等引起的。

多种营养和功能成分在中枢神经系统的结构与功能中发挥着极其重要的作用，有的参与神经细胞或髓鞘的构成，有的直接作为神经递质及其合成的前体物质，还有的与氧气供应有关（供氧不足也影响大脑的思维活动）。引发学习记忆障碍的机制也较复杂，与记忆有关的理化指标主要包括：①中枢胆碱能神经系统，ACh 转移酶、ACh 酯酶为重要指标；②NE、DA 和 5 – HT 等神经递质；③氨基酸类神经递质，主要包括谷氨酸、$\gamma$ – 氨基丁酸（$\gamma$ – aminobutyric acid，GABA）等；④神经生长因子对中枢胆碱能神经细胞具有选择性营养作用；⑤突触数量、突触结构、突触体膜流动性、突触可塑性的变化；⑥$Ca^{2+}$ 是控制神经可塑性的重要因素。以上既是观察记忆的指标，同样也可作为改善记忆的有效途径。

## 三、营养素与学习和记忆的关系

决定脑功能优劣的因素有很多，如遗传、环境和智力训练等，但 80% 以上仍取决于营养，营养是机体的物质基础，是生命活动的能量来源，营养素对智力的影响日益被重视。脑的正常功能取决于足够数量的脑细胞及其合成和分泌的神经递质。营养素对学习记忆的影响，在于许多营养素是某些神经递质的前体，或是神经系统发育的必需成分，或直接参与生物活性分子的组成。这些营养素缺乏时，人的精神状态、记忆力、思维、判断、感觉、语言和行为表现等都会受到影响，垂体-肾上腺素的生成和释放也有所改变。

### （一）营养素与神经递质

食品营养素的组成直接影响神经递质的合成。富含卵磷脂或鞘磷脂的进餐可迅速升高血中胆碱和神经元内 ACh 水平；而膳食中胆碱持续缺乏，血浆胆碱水平即迅速下降，并使神经元内 ACh 减少。膳食中蛋白质缺乏，可显著减少血浆亮氨酸、异亮氨酸和缬氨酸含量，但不影响色氨酸含量，后者甚至可以升高。血浆色氨酸比例的升高，导致脑内 5-HT 迅速下降。另外，低蛋白膳食还可因血浆酪氨酸的下降而轻度增高脑内酪胺酸的比例，使 NE 的合成和释放有所增加。摄入蛋白质中色氨酸含量过低的高蛋白膳食时，可降低色氨酸比例而使脑内单胺类合成发生变化。

食物营养对神经递质合成的影响有一定的限度，这是因为食物中除含有效的递质前体外，也含有能中和前体效应的物质，其用量不能任意加大。因此，临床上以用递质前体纯品为宜。

### （二）碳水化合物

脑细胞的代谢活动很活跃，但脑组织中几乎没有能源物质储备，每克脑组织中糖原的含量仅 $0.7 \sim 1.5 \mu g$，所以需要不断地从血液中得到氧与葡萄糖的供应。脑功能活动所需的能量供应主要靠血糖氧化来提供。由于血-脑屏障的存在，血液中有多种营养成分是不容易进入脑组织的。脂质是靠扩散作用缓慢进入脑组织的，主要用于维持脑细胞的正常结构和功能。成年人的脑组织很少利用脂肪酸作为能量来源，由氨基酸提供的能量不超过 10%。脑组织中大部分氨基酸用来合成蛋白质及神经递质。尽管脑仅占全身重量的 2% 左右，但其所消耗的葡萄糖量却占全身耗能总量的 20% 以上。正常情况下，食品所含的碳水化合物已足够全身（包括脑）活动的需要，不必再额外摄入，也可以说碳水化合物是不必特意追求的增智健脑成分。但是，大量的研究证实，蔗糖特别是精制糖的过量摄入易使脑功能出现神经过敏或神经衰弱等障碍。

### （三）脂质

组成大脑的成分中有 60% 以上是脂质，而包裹着神经纤维称作髓磷脂鞘的胶质部位所含脂质更多。因此，脂质是大脑的物质基础，磷脂合成的中枢神经传递物质 ACh 是大脑思维、记忆及其他智能活动所必需的物质。人到中年后，脑内与记忆有关的物质 ACh 的合成能力比正常脑组织下降 50%。摄入富含卵磷脂的食物可延缓 ACh 消失速度，脑组织中含有 17%～20% 的卵磷脂。磷脂是构成神经组织和脑脊髓的主要成分之一，摄取磷脂可使脑细胞活化，利于消除疲劳、增强记忆、提高学习和工作注意力，摄入时应保证充分的数量与质量。二十二碳六烯酸（DHA）是大脑及视网膜中脂肪酸的主要成分，在大脑中主要存在于脑细胞膜及突起和连接脑细胞之间网膜的轴突和树突等重要部位，起信息接收、处理、传递及反应的重要作用，对脑神经功能的发育有促进作用。

在所构成的脂质中，不可缺少的是亚油酸、亚麻酸等必需脂肪酸。通常认为，核桃仁的健脑效果很好，原因之一就是其富含必需脂肪酸。红花油和月见草油、胚芽油和鱼油等的必需脂肪酸含量很高，都是很好的增智食品配料用油。

### （四）蛋白质

蛋白质是重要的营养素，是脑细胞的另一主要组成成分，占脑干重的 30%～35%，就重量而言仅次于脂质。蛋白质是复杂脑智力活动的基本物质，在脑神经细胞的兴奋与抑制方面发挥着极其重要的作用，大脑的兴奋和抑制以及记忆、思考、语言表达等都靠蛋白质来完成。蛋白质缺乏时对机体各系统均产生不良影响。脑中的氨基酸平衡有助于脑神经细胞和大脑细胞的新陈代谢，向大脑提供氨基酸比例平衡的优质蛋白质，可使大脑智能活动活跃，因此，它对生长发育期的人群及老年人特别重要。动物实验也表明，出生早期蛋白质供应不足的小鼠脑重减轻，母鼠蛋白质缺乏可使仔鼠神经系统发育不良。

### （五）氨基酸

氨基酸作为神经递质或其前体物质而直接参与神经活动，从而影响学习记忆功能。已被认为是神经递质的氨基酸有谷氨酸、甘氨酸和GABA。一般认为，学习的开端是细胞内谷氨酸的释放，随后经一系列神经活动导致突触直径增加，加速神经传递，有利于行为的获得，因而，谷氨酸直接参与了学习记忆过程。GABA的脑注射对明暗分辨法学习试验证明其有剂量和时间依赖的促进作用。但物质阻断GABA可改善迷宫学习试验，干预脑黑质内的GABA的传递，可损害记忆。作为神经递质前体的氨基酸有：色氨酸、5-羟基色氨酸（5-hydroxytryptophan，5-HTP），是5-HT的前体；苯丙氨酸和酪氨酸，是DA和NE的前体；谷氨酸不仅是神经递质，也是GABA的前体。神经递质的合成量取决于日常食品中的氨基酸供应量。不同的氨基酸对学习记忆功能的影响效果不一样。

### （六）维生素

神经递质的合成与代谢必须有各种维生素的参与。维生素缺乏可引起可逆性痴呆症。维生素A直接参与视神经元的代谢，可增强大脑判断能力，其缺乏可影响包括脑在内的许多器官的发育和蛋白质含量。在胚胎期和哺乳期，脑的生长发育和蛋白质代谢与维生素A获得量呈正相关。维生素D可能是通过钙、磷代谢的调节作用而影响大脑功能的。维生素E在代谢过程中是重要的自由基清除剂，可有效抑制脑中必需脂肪酸的氧化，维护大脑健康旺盛的工作能力。维生素$B_1$、维生素$B_2$、维生素$B_6$、烟酸、泛酸等在体内是以辅酶形式参与糖、脂肪和氨基酸的代谢，可促进糖代谢以保证大脑能量供给，有利于克服倦怠疲劳，使人思维敏捷。维生素$B_{12}$与叶酸参与甲基转移和DNA合成。维生素C在羟化反应中发挥重要作用。这些维生素的缺乏或不足，都能影响脑细胞的功能和代谢。在应激或精神高度紧张的情况下，机体对多种维生素的需要量增加，往往导致维生素的缺乏现象。

### （七）微量元素

微量元素参与生物活性分子的组成，许多生命必需酶的活性与微量元素密切相关，缺乏某些微量元素可妨碍学习记忆功能。充足的钙对保证大脑顽强而紧张地工作功效很大，其中最重要的一点就是抑制脑神经的异常兴奋，使大脑思维敏捷、注意力持久，这样脑神经能自然地接受外界环境的各种刺激。碘缺乏可导致胎儿和婴幼儿中枢神经系统分化和发育障碍、感知障碍、运动障碍等。严重碘缺乏所导致的地方性甲状腺肿患儿常伴有智力发育迟缓，轻中度碘缺乏所导致甲状腺肿儿童的智商亦明显降低。缺铁除可引起贫血外，还可使婴儿精神发育迟缓，降低凝视时间、注意广度和完成任务的能力。锌是DNA复制、修复和转录有关酶所必需的元素，是大脑的记忆元素，缺锌可损害神经元的DNA处理系统，导致儿童生长发育障碍、智力发育不良等。大脑是思维和意识的中枢，也是人体新陈代谢的重要体现。大脑的正常功能离不开营养物质的滋养和补给。营养物质可参与神经细胞或髓鞘的构成，直接作为神经递质及其合成的前体物质，或与氧气的供应有关，如果供氧不足，就会影响大脑的思维活动。因此可以认为，提高人体记忆力有以下途径：补充大脑必需营养物质、补充促进新陈代谢的物质、增加氧气利用率。

## 四、具有辅助改善记忆功能的物质

脑血流的正常供应对维持脑的功能至关重要。脑重占人体重的2%左右，而脑血流占全身血流量的

1/5，脑耗氧量占全身耗氧量的 1/4，人到老年，脑血流减少 20% 以上，首先受影响的是脑功能，其次是智力受到影响，出现学习、记忆障碍。现有的治疗老年痴呆或改善智力的药物多为脑血液循环改善剂，这足以证明脑血流的增加对恢复记忆功能十分重要。脑血液循环改善剂种类繁多，作用机制各异。

### （一）磷脂

磷脂，主要是卵磷脂，在肠道被消化后分解为脂肪酸和溶血磷脂被吸收，运送至相应组织器官，用于重新合成磷脂分子或提供胆碱形成磷脂酰胆碱，磷脂酰胆碱是构成体内神经传递物质 ACh 的前体物质，神经元之间传递信息的一种最主要的"神经递质"。当磷脂酰胆碱经消化吸收后释放出 ACh，并随血液循环进入大脑后，随着大脑中 ACh 含量的增加，大脑神经细胞之间的信息传递速度加强，从而起到促进大脑功能，增强记忆、思维和分析的能力。能延缓脑细胞萎缩和脑力减退，推迟老年性思维迟钝、记忆低下、动作迟缓及老年痴呆症的形成。因此在美国对卵磷脂有"脑的食品"之称。

### （二）二十二碳六烯酸

DHA 是大脑灰质中脂肪酸的主要成分，缺少后会影响智力发育，其功能主要是促进婴幼儿脑部发育和预防老年人脑部萎缩和老化。DHA 是人脑神经系统最基本的成分之一，在大脑神经细胞之间有着传递信号的作用，相关的记忆、思维功能有赖于 DHA 的维持和提高。

### （三）胆碱

胆碱是体内合成 ACh 的前体。蛋黄里含有一种称为磷脂酰胆碱的化合物，是体内胆碱的主要来源。黄豆、包心菜、花生和花椰菜是摄取胆碱的良好来源。研究表明，ACh 与记忆保持密切相关，胆碱营养补品可以延缓记忆的丧失。

### （四）维生素 $B_{12}$

维生素 $B_{12}$ 对神经系统的正常运作是不可缺少的。有研究表明，血液里维生素 $B_{12}$ 含量偏低而身体其他方面的健康状态都颇佳的人，其脑力测验方面的表现无法与血液里维生素 $B_{12}$ 含量较高的人相媲美，不管年龄大小，结果都具一致性。

### （五）芹菜甲素

从芹菜籽中提取的芹菜甲素有改善脑血流、脑功能和能量代谢等多方面的作用。脑血流量的正常供应对维持脑的功能至关重要。芹菜甲素独特的作用机制包括抗脑缺血作用、改善血流量、对血小板聚集功能的影响、对钙通道和细胞内钙含量的影响、改善能量代谢，以及对线粒体损伤具有保护作用等，而且副作用少。

### （六）石松

中国科学院上海药物研究所和军事医学科学院同时从石松分离出的石杉碱甲和石杉碱乙，对记忆恢复和改善都有效。因为石杉碱甲和石杉碱乙被证明是胆碱酯酶抑制剂，可抑制 Ach 的分解，从而起到改善记忆功能的作用。

### （七）银杏叶

从银杏叶中提取出有效成分黄酮苷。其主要成分是山柰酚、槲皮素、葡萄糖鼠李糖苷和特有的萜烯（银杏内酯和白果内酯）。黄酮为自由基清除剂，萜烯特别是银杏内酯 b 是血小板活化因子的强抑制剂。这些有效成分还能刺激儿茶酚胺的释放，增加葡萄糖的利用，增加 M 胆碱受体数量和去甲肾上腺素的更新以及增强胆碱系统等。故其具有广泛的药理作用，如改善脑循环、抗血栓、清除自由基、改善学习和记忆等。动物实验证明，银杏提取物可改善记忆障碍。

### （八）远志

从远志中分离得到的远志皂苷、远志酮、皂苷细叶远志素、树脂等成分，与降低脑内氧化应激损伤、抑制胆碱酯酶活性和增强 Ach 含量有关。

### （九）人参

研究表明，人参对记忆各个阶段记忆再现障碍有显著的改善作用。人参皂苷 $Rg_1$ 和人参皂苷 $Rh_1$ 是人参促智作用的主要成分。已初步阐明人参的促智机制主要是：①加强胆碱系统功能，如促进 Ach 的合成与释放，提高 M 胆碱受体数量。②同位素标记试验表明，人参能增加脑内锌蛋白质的合成。③提高神经可塑性。

## 五、辅助改善记忆功能性食品的应用案例

### （一）产品设计

磷脂是构成人体细胞膜的重要的组成部分，影响了人体的脑部神经信息的传递，如果磷脂含量较少，影响了细胞膜的合成，从而使得人的记忆力的下降，特别是磷脂酰丝氨酸（phosphatidylserine，PS）在改善记忆力方面表现出强大的功能。PS 是细胞膜组分之一，它能影响细胞膜的流动性和通透性，并且能激活多种酶的合成和代谢；PS 作用于神经系统的突触和鞘细胞部分，影响着脑部信息的传递及内分泌的调节，具有改善神经细胞功能、调节神经脉冲传导和增强大脑记忆功能，可增强儿童的认知能力、治疗老年痴呆症等。

据统计估测，目前每日 PS 的摄取量与正常需求量间差距为 70～150mg，素食者尤为缺乏，其差距为 200～250mg，因而使用强化 PS 的食物来减少 PS 不足导致的记忆力下降问题是必要的和有意义的。

原卫生部 2010 年第 15 号《关于批准蔗糖聚酯、玉米低聚肽粉、磷脂酰丝氨酸等 3 种物品为新资源食品的公告》批准 PS 为新资源食品。由于 PS 溶于食用油，最好剂型为软胶囊。软胶囊服用方便、卫生，易为成人消费者接受，因此选择了软胶囊剂型。

本品是以 PS、大豆油、明胶、甘油、纯化水、焦糖色素为主要原料制成的软胶囊功能食品。本产品采用软胶囊剂型，设计为每日 2 粒，0.75g/粒，每 100g 中含 PS 为 22g。折合每人每天摄入 PS 量为 330mg。大量文献表明，成人每天 300mg PS 具有改善记忆功能的效果。因此本产品针对成人进行设计，每天 1.5g，按每 100g 中 PS 22g 计算，折合每人每天摄入 PS 量为 330mg。

### （二）软胶囊生产工艺

**1. 制胶**　先取配方量的焦糖色素与纯化水混合，得色素溶液，备用；加入甘油加热至 70～80℃，投入明胶，搅拌至明胶全溶。抽真空至胶液无气泡，过滤放出胶液，置于贮胶桶中，保持胶液 60℃左右，备用。

**2. 内容物制备**　将 PS 和大豆油加热搅拌混合 30 分钟，过 30 目筛，保温 40～45℃，得物料备用。

**3. 压丸、定型**　将胶囊内容物、胶液在软胶囊机中压成软胶囊，装量为 0.75g/粒。每 15 分钟测一次胶丸内容物装量。将压好的软胶囊置于转笼中，在温度 18～26℃、相对湿度 20%～40% 的条件下定型 1.0～2.5 小时。

**4. 干燥**　将制得的软胶囊置于干燥托盘中，在温度 20～30℃、相对湿度小于 30% 的条件下，干燥 24 小时。

**5. 选丸**　将干燥后的软胶囊在灯检台上检去异形丸、气泡丸、大小丸、漏油丸等不合格的软胶囊。

**6. 包装**　取合格软胶囊，分装、检验、入库。

# 第八节 有助于抗氧化功能性食品的应用

食物中的能量营养素通过有氧氧化的方式释放可供细胞利用的能量物质 ATP，这是集体获得能量的主要途径，该过程有赖于线粒体的电子链传递系统，其中可产生大量化学性质极活泼的含氧化合物，称活性氧类（reactive oxygen species，ROS），包括氧离子、含氧自由基和过氧化物，活性氮自由基也被称为类似的高活性分子。虽然活性氧对生物有氧氧化必不可少，机体免疫细胞也可利用活性氧杀菌抗感染，但过高水平的活性氧会对细胞和基因结构造成破坏，从而促进细胞衰老和引起各类慢性疾病。科学研究的结果表明，自由基几乎和人类大部分常见疾病都有关系，从人类死亡率最高的心脑血管疾病到人类恐惧的癌症，以及近年来对人类造成巨大威胁的艾滋病，无一不和氧自由基有着密切关系。

## 一、自由基的概念

### （一）自由基及其形成

在一个化学反应中，分子中共价键分裂的结果存在两个方面，若共用电子对变为一方所独占则形成离子，若共用电子对分属于两个原子（或基团），则形成自由基（free radical）。自由基是指具有未配对电子的原子、原子团、分子和离子，是人们生命活动中多种生化反应的中间产物。人体新陈代谢过程中会产生活性氧（ROS）和活性氮（reactive nitrogen species，RNS），主要包括超氧自由基（$O_2^-\cdot$）、过氧化氢（$H_2O_2$）、过氧自由基（$ROO\cdot$）、羟自由基（$HO\cdot$）、单线态氧（$^1O_2$）、过氧化氮自由基（$ONOO^-$）和一氧化氮自由基（$NO\cdot$）等。一般情况下，人体内自由基的产生和清除处于动态平衡。人体存在少量的氧自由基，不但对人体没有害处，而且可以促进细胞增殖，刺激白细胞和吞噬细胞杀灭细菌，消除炎症，分解毒物。

### （二）自由基对机体的损害

自由基中含有未成对电子，性质非常活泼。自由基若要稳定，必须向邻近的原子或分子夺取电子，可使被夺去电子的原子或分子成为新的自由基而引发连锁反应，该过程称为氧化。氧化应激（oxidative stress）是指机体在遭受各种有害刺激时，如辐射损伤、紫外线暴露、吸烟、接触污染物、缺血再灌注损伤等，体内高活性分子产生过多，氧化程度超出氧化物的清除能力，氧化系统和抗氧化系统失衡，从而导致组织损伤。

在正常生理条件下，人体的自由基清除体系（也称抗氧化体系）能清除体内过多的自由基，使细胞和组织免受自由基的伤害性攻击。在病理条件下，内源性自由基的产生和清除失去平衡时，常造成自由基过剩。流行病学和临床试验证明，过剩的自由基会诱导氧化应激现象，氧化应激是活性氧在体内产生的一种负面作用，是促进机体衰老和引发疾病的一个重要因素。当自由基产生过多或清除过慢即机体过度氧化时，可与蛋白质、脂肪、核酸等大分子物质反应，破坏细胞内这些生命物质的化学结构，干扰细胞功能，造成机体在分子水平、细胞水平及组织器官水平的各种损伤，加速机体的衰老进程并诱发各种疾病。

## 二、氧化应激与衰老及疾病的关系

### （一）氧化应激与衰老

衰老过程中多种机制共同发挥作用，缺陷的线粒体和膜结构、遗传因子、甘油三酯和自由基都可能对衰老有促进作用。但是，现在发现大多数的衰老模型中氧化还原调节的进程起着主导地位。Harman 提出了衰老的自由基理论，认为衰老的过程归咎于细胞和组织长期处于氧化应激状态，即造成自由基的累积性损伤。活性氧对组织细胞的影响是基于高度化学活性的分子与生物大分子发生反应，从而导致细胞结构和功能异常，最终导致衰老和疾病。

## （二）氧化应激与疾病

活性氧和自由基具有很大的能量，可攻击组织细胞中的脂质、蛋白质、糖类和 DNA 等物质，以夺取一个电子来重新达到平衡，使机体长期处于氧化应激状态，造成脂质和糖类的氧化、蛋白质的变性、酶的失活、DNA 结构的改变或碱基变化，从而导致细胞膜、遗传因子等的损伤，引发各种疾病。

**1. 氧化应激与动脉硬化**　动脉硬化是指动脉内壁上局部的肥厚、硬化、变形，导致动脉功能下降的一种疾病。在动脉硬化的病灶中呈荧光的蜡样物质沉积，这种蜡样物质的形成机制尚未充分了解，但一般认为是由过氧化脂质与蛋白质及氨基酸等含氨基的化合物反应生成的物质。动脉硬化的程度与硬化斑中脂质的过氧化程度呈正相关，因此蜡样物质即为脂质发生过氧化反应的产物。

氧化应激可损伤血管内皮细胞，是引起动脉粥样硬化斑块形成的第一步。低密度脂蛋白（LDL）是负责向身体各组织输送胆固醇的一种血清脂蛋白，血液中 LDL 中不饱和脂肪酸也易遭受氧化形成氧化低密度脂蛋白（ox-LDL），LDL 的氧化变性是动脉硬化初期病变的重要因素。巨噬细胞摄入 ox-LDL 后转变为泡沫细胞，或者 ox-LDL 释放有毒的脂质过氧化物，或者 ox-LDL 具有化学吸引特性，最终沉积于血管壁形成粥样斑块，导致动脉粥样硬化的形成。而且 ox-LDL 可使血管壁产生纤维状斑点，进一步发生坏死和石灰化，从而导致血管狭窄、血管壁内膜损伤，乃至发生动脉瘤和出血。流行病学研究指出，摄入抗氧化物质可保护血管内皮功能，LDL 中主要的抗氧化物质为维生素 E 和番茄红素等脂溶性物质，也为 LDL 免受氧化修饰提供了保护作用。

抗氧化物质的保护作用可分为两个方面：一是对 LDL 的保护作用，即减少 ox-LDL 的生成，降低 ox-LDL 对细胞的毒害，减少黏合单核细胞和泡沫细胞的生成；另一方面是对组织尤其是血管组织的保护作用，抗氧化成分进入血管细胞，使细胞内氧化 LDL 的能力受到抑阻，从而改善血管功能，减少血管疾病的发生。

**2. 氧化应激与肿瘤**　正常细胞在接触致癌物后，都会经过启动、促进和发展三个阶段才会转化为肿瘤细胞。体外研究表明，DNA 氧化损伤会导致 DNA 的单链或双链断裂、DNA 交联及染色体断裂或重排异常。当细胞暴露于氧化应激时，可检测到 DNA 的碱基被修饰，如羟基胸腺嘧啶和羟基鸟嘌呤。DNA 的碱基修饰是致癌第一步，可能导致点突变、缺失或基因扩增。活性氧还能使清除强致癌剂的解毒物的酶失活。

肿瘤始于细胞突变，经大量增殖后，这些有害细胞开始侵入相邻细胞群中，掠夺营养物质。当肿瘤扩散后，浸润各种脏器组织中，使机体失去正常功能。肿瘤的发生大多数与细胞中自由基损伤遗传物质有关。大量证据表明，抗氧化剂能有效地预防肿瘤，与其他医疗方法联用甚至能够治疗肿瘤。抗氧化剂不仅能控制自由基，还能通过活化或抑制基因来调控细胞增殖。只要保持好体内抗氧化剂的水平，就能防止原位肿瘤的发展。

**3. 氧化应激与皮肤病**　光线性皮肤病包括各种光线的过敏症、光老化症等，均与活性氧有一定关系。卟啉症（亦称紫质症）是由于卟啉在体内发生代谢障碍，集聚成为感光物质卟啉体的一种光线过敏症，其最易致病的光线波长为 400nm。卟啉症所产生的紫斑（亦称肝斑）的过氧化脂质总量是正常皮肤的 5 倍。卟啉症在发病过程中会产生 $^1O_2$，故该病自 1970 年起采用 $^1O_2$ 消除剂 $\beta$-胡萝卜素治疗，有明显的效果。

$\beta$-胡萝卜素对光致癌也有同样的预防效果。在临床上，维生素 E、维生素 C、GSH 制剂等也已用于急性紫外线伤害、慢性紫外线伤害的皮肤光老化以及光致癌等方面的预防和治疗。灼伤是局部过度受热的结果，灼伤部位过氧化脂质的增加十分明显，用 SOD 外敷有一定作用。

**4. 氧化应激与神经退行性疾病** 有资料表明，在一些与神经元进行性退行性疾病如帕金森病、阿尔茨海默病的发展过程中，氧化应激可能起一定作用，活性氧能诱导细胞坏死和凋亡；脂质过氧化作用可能导致细胞膜破裂及膜两侧离子浓度梯度紊乱。细胞培养的研究表明，细胞内的抗氧化巯基耗竭后，神经元可能坏死。

**5. 氧化应激与 2 型糖尿病** 在 2 型糖尿病高血糖水平或终末糖基化产物刺激下，可激活 NADPH 氧化酶系统，从而导致氧自由基和氮氧自由基生成增多，该氧化应激与糖尿病多种并发症的发生发展密不可分。如引起血管内皮功能障碍终至动脉硬化，大脑淀粉样蛋白沉积导致老年痴呆等。

## 三、人体氧化防御系统

人体在产生自由基的同时，也在产生抵抗自由基的抗氧化物质，以清除体内过多的自由基，使细胞和组织免受自由基的伤害性攻击，成为内源性抗氧化体系（也称自由基清除体系）。人体内自由基清除体系包括酶促自由基清除体系和非酶促自由基清除体系，前者由超氧化物歧化酶（superoxide dismutase，SOD）、过氧化氢酶（catalase，CAT）、谷胱甘肽过氧化物酶（glutathione peroxidase，GSH-Px）等抗氧化酶组成，主要负责清除 $O_2^-\cdot$、$H_2O_2$ 和部分 $ROO\cdot$；非酶促自由基清除体系主要由体内维生素 C、$\alpha$-生育酚、$\beta$-胡萝卜素、辅酶 Q、尿酸、白蛋白、谷胱甘肽（GSH）、血浆铜蓝蛋白、铁蛋白、雌激素、血管紧张素和褪黑激素等组成，主要清除 $HO\cdot$、$^1O_2$、$ONOO^-$、$NO\cdot$ 和部分 $ROO\cdot$。下面简单介绍酶促自由基清除体系。

### （一）超氧化物歧化酶

SOD 属于金属酶，按照结合金属离子种类的不同，可以分为三种，即含铜与锌超氧化物歧化酶（Cu-Zn SOD）、含锰超氧化物歧化酶（Mn-SOD）和含铁超氧化物歧化酶（Fe-SOD）。三种 SOD 都能催化超氧负离子发生歧化反应，生成过氧化氢和分子氧。过氧化氢可在经过 GSH-Px 或 CAT 的作用，进一步分解为水。SOD 是生物体内重要的抗氧化酶，对氧自由基有强烈清除作用，延缓因自由基损害生命大分子而引起的衰老现象，如延缓皮肤衰老和老年斑的形成等。同时 SOD 还能提高人体对自由基外界诱发因子的抵抗力，增强人体自身的免疫力。

### （二）谷胱甘肽过氧化物酶

GSH-Px 是机体内广泛存在的一种重要的过氧化物分解酶，硒是 GSH-Px 酶系的组成成分，它能催化 GSH 变为 GSSG，使有毒的过氧化物还原成无毒的羟基化合物，使脂质过氧化物还原为脂肪酸和醇类，同时促进 $H_2O_2$ 的分解，从而保护细胞膜的结构及功能不受过氧化物的干扰及损害。

### （三）过氧化氢酶

CAT 存在于细胞的过氧化物体内，特别在肝脏中浓度较高，可以催化 $H_2O_2$ 分解成氧气和水，是生物防御体系的关键酶之一。$H_2O_2$ 浓度越高，分解速度越快。除了能促进 $H_2O_2$ 的分解外，CAT 也能氧化其他一些细胞毒性物质，如甲醛等。

## 四、具有有助于抗氧化功能的物质

自由基作用于人体细胞膜上的多不饱和脂肪酸（PUFA），使之氧化，导致细胞膜受损，最终导致人体器官的衰老。清除自由基的物质有 SOD、GSH－Px、CAT 等酶类内源性抗氧化剂及参与酶组成的微量元素铜、锰、锌、硒，此外还有非酶类抗氧化剂包括多酚类、维生素类、类胡萝卜素类、活性肽类及多种植物提取物等。

### （一）维生素类

**1. 维生素 A** 维生素 A 为脂溶性维生素，其抗氧化作用与其具备多烯烃疏水链有关，其能淬灭氧自由基、羟自由基、脂质过氧化自由基以及其他自由基，结合和稳定过氧化氢结构。当维生素 A 缺乏时，机体的抗氧化屏障缺失，细胞膜上含有丰富的多不饱和脂肪酸，自由基及活性氧使其发生链式反应，氧化生成饱和脂肪酸，造成细胞膜的破坏，使自由基进一步攻击 DNA，造成 DNA 损伤。适量维生素 A 能发挥较好抗氧化作用。

**2. 维生素 C** 维生素 C 又称抗坏血酸，新鲜蔬菜和水果中含量丰富，具有较强还原性，可通过逐级供给电子而转变为半脱氧抗坏血酸和脱氢抗坏血酸的过程清除体内自由基。它作为一种水溶性抗氧化物质，在机体内主要存在于膜外侧的水层，从而在水中的自由基攻击细胞膜之前捕获它们，可见，它可起到一定的保护细胞膜免受自由基损伤的作用。另外，还具有促进胶原合成、促进铁吸收、保护血管损伤等生理功能。

**3. 维生素 E** 维生素 E 是生育酚、生育三烯酚及具有天然维生素活性的生育酚乙酸酯等衍生物的总称，是维持机体正常代谢和功能的必需维生素。维生素 E 是体内重要的脂溶性阻断型抗氧化剂，能保护生物膜及脂溶性蛋白质免受氧化。大部分情况下，维生素 E 的抗氧化作用是与脂氧自由基或脂过氧自由基反应，使脂质过氧化链式反应中断，从而实现抗氧化，它既是自由基清除剂，又是脂质过氧化物的阻断剂。

### （二）类胡萝卜素

类胡萝卜素是一类重要的天然色素的总称，普遍存在于动物、高等植物、真菌、藻类中的黄色、橘色及红色色素中。抗氧化性较强的类胡萝卜素主要有 $\beta$－胡萝卜素、番茄红素、虾青素、叶黄素等。

**1. $\beta$－胡萝卜素** $\beta$－胡萝卜素是自然界中最普遍存在也是最稳定的天然色素，是维生素 A 的前体物质，能有效淬灭活性氧，具有较强的抗氧化性，是维护人体健康不可缺少的营养素。

**2. 番茄红素** 番茄红素又称 $\psi$－胡萝卜素，与 $\beta$－胡萝卜素是同分异构体，是类胡萝卜素的一种。研究发现，番茄红素具有优越的生理功能，它不仅具有抗癌抑癌的功效，而且对于预防动脉硬化等心血管疾病、增强人体免疫功能及延缓衰老等都具有重要意义。番茄红素具有抗氧化、抑制突变、降低核酸损伤、减少心血管疾病及预防肿瘤等多种保健功能。番茄红素抗氧化能力是维生素 E 的 100 倍。

**3. 虾青素** 虾青素是从河螯虾外壳、牡蛎和鲑鱼中发现的一种红色类胡萝卜素，在体内可与蛋白质结合而呈青、蓝色。虾青素被称为超级抗氧化剂，其抗氧化能力比 $\beta$－胡萝卜素高 10 倍，是维生素 E 的 550 倍，是原花青素的 20 倍。

**4. 叶黄素** 叶黄素是 $\alpha$－胡萝卜素的衍生物，自然界中与玉米黄素（zeaxanthin）共同存在。叶黄素可通过物理或化学淬灭作用灭活单线态氧抑制氧自由基的活性，阻止自由基对正常细胞的破坏，从而保护机体免受伤害，增强机体的免疫力。

### (三) 多酚类

多酚类化合物广泛存在于植物体内，是指分子结构中含有多个酚羟基的成分的总称，具有较强的抗氧化作用。依据来源不同，主要包括茶多酚（tea polyphenols）、葡萄多酚（grap polyphenols）、苹果多酚（apple polyphenols）、荞麦多酚（buckwheat polyphenols）等。

**1. 茶多酚**　茶多酚是茶叶中多酚类物质的总称，包括黄烷醇类、花色苷类、黄酮类、黄酮醇类和酚酸类等，是茶叶中主要保健功能成分之一。茶多酚具有较强的抗氧化作用，且随温度的升高，抗氧化作用增强。

**2. 葡萄多酚**　葡萄多酚广泛存在于葡萄籽、葡萄皮和果汁中，在葡萄籽与葡萄皮中含量较高。研究表明，红葡萄的果皮中多酚含量可达 25% ~ 50%，种子中则可达 50% ~ 70%。因此，目前国内外研究使用的葡萄多酚一般从葡萄籽中提取。葡萄多酚能通过抑制 LDL 的氧化而有助于防止冠心病、动脉粥样硬化的发生。这些物质能保护 LDL 与细胞膜结合的特定位点上的氨基酸残基，因此具有较强的抗氧化性。

**3. 苹果多酚**　苹果多酚是苹果中所含多元酚类物质的通称，含量因成熟度而异，未成熟果的多元酚含量为成熟果的 10 倍。苹果多酚清除氧自由基速度较快，其抗氧化能力与葡萄多酚相近。

**4. 荞麦多酚**　荞麦多酚在荞麦壳、籽粒、茎、叶、花的提取物甚至是花蜜中广泛存在，主要为黄酮类衍生物，具有很强的抗氧化作用。

### (四) 原花青素

原花青素（proanthocyanidins，PC）是一种有着特殊分子结构的生物类黄酮，由不同数量的儿茶素或表儿茶素结合而成。最简单的原花青素是儿茶素、表儿茶素或儿茶素与表儿茶素形成的二聚体，此外还有三聚体、四聚体等直至十聚体。按聚合度的大小，通常将二至五聚体称为低聚体（oligomeric proanthocyanidins，OPC），将五聚体以上的称为高聚体（polymer proanthocyanidins，PPC）。原花青素是安全高效的抗氧化剂和自由基清除剂，能有效清除体内多余的自由基，保护人体细胞组织免受自由基的氧化损伤。

### (五) 活性肽类

抗氧化活性肽是一种具有抗氧化性质的多肽类物质，主要是各种天然蛋白酶解物中具有一定抗氧化活性的低分子混合肽，如大豆肽、玉米肽、小麦肽、米糠肽、花生肽等。此外，在黑米、菜籽、灵芝、桂花、枸杞等植物蛋白质原料中也获得了具有抗氧化作用的活性肽。

### (六) 辅酶 Q

辅酶 Q 是生物体内广泛存在的脂溶性醌类化合物，不同来源的辅酶 Q 其侧链异戊烯单位的数目不同，人类和其他哺乳动物是 10 个异戊烯单位，故称辅酶 $Q_{10}$。辅酶 Q 在体内呼吸链中质子移位及电子传递中起重要作用，是细胞呼吸和细胞代谢的激活剂，同时也是重要的抗氧化剂和非特异性免疫增强剂。辅酶 $Q_{10}$ 可以抑制脂质和线粒体的过氧化，保护生物膜结构的完整性。

### (七) 中药提取物类

**1. 生物类黄酮**　生物类黄酮泛指两个苯环（A 环和 B 环）通过中央三碳链相互连接而成的一系列 $C_6 - C_3 - C_6$ 化合物，主要是指以 2 - 苯基色原酮为母核的化合物，如芦丁、橙皮苷、槲皮素、山柰酚等。生物类黄酮羟基位置以及生物类黄酮中的酚羟基在体内可以被自由基氧化，而自由基则被还原失去未成对电子而淬灭，因此是有效的抗氧化剂。而且生物类黄酮能够以羟基来螯合金属离子形成络合物，阻止催化自由基反应的金属离子的活性，并将金属离子排出体外，且与维生素 C 有协同效应，可以使维生素 C 在人体组织中趋于稳定。

**2. 多糖类**　多糖广泛存在于自然界，主要分为植物多糖、动物多糖及微生物多糖三类，大多具有提高抗氧化酶活性、清除自由基、抑制脂质过氧化而保护生物膜等作用，如茯苓多糖、灵芝多糖、枸杞多糖、山药多糖、香菇多糖等。

**3. 生物碱类**　生物碱是一类大多具有复杂含氮环状结构的有机化合物，绝大多数分布在双子叶植物中，具有抗氧化作用的生物碱类主要有四氢小檗碱、去甲乌药碱、苦豆碱、川芎嗪、小檗碱、药根碱、木兰碱、番荔枝碱等。影响生物碱抗氧化功能的结构因素主要是立体结构和电性，杂环中氮原子越"裸露"在外，越有利于充分接近活性氧并与之反应，抗氧化效果就越好；供电子基团或者能使氮原子富有电子的结构因素也可增加其抗氧化活性。

**4. 皂苷类**　皂苷是中药中一类重要的活性物质，根据苷元的化学结构不同分为甾体皂苷和三萜皂苷两类。研究表明，大多数皂苷具有明显的抗氧化功能，如黄芪皂苷，大豆皂苷、绞股蓝皂苷、罗汉果皂苷等。

## 五、有助于抗氧化功能性食品的应用案例

### （一）产品设计

人体内氧自由基的清除主要通过两种系统发挥作用，分别为酶促抗氧化系统和非酶促抗氧化系统。酶促抗氧化系统包括 SOD、CAT、GSH – Px 等酶类；非酶促抗氧化系统包括维生素 E、GSH、硒、原花青素和多酚等，它们发挥作用的方式、部位不同，但却相互协作，共同完成体内的抗氧化作用。因此，开发抗氧化功能食品应该从提高机体抗氧化酶系统和抗氧化物质两方面着手，发挥它们的联合协同效应。

本产品设计拟通过硒、维生素 E、维生素 C 之间的协同增效作用，提高机体抗氧化酶系统的活力和增加抗氧化物质（水溶和脂溶性抗氧化成分）。

硒可通过提高 SOD 酶活力起到重要的抗氧化作用；维生素 E 醋酸酯在肠道中能被胰酶转化为维生素 E 的形式发挥抗氧化功能，保护脂溶性物质，如不饱和脂肪酸、磷脂等；维生素 C 为水溶性物质，抗氧化能力强，保护水溶性体系中的物质，如蛋白质、糖等。配方中维生素 E 和维生素 C 的溶解性不同，保护着机体溶解性质不同的功能性物质，起协同增效的作用，使产品的抗氧化功能达到较好的效果。故选用硒、维生素 E 和维生素 C 作为本产品的功效成分。

产品总配方：有机富硒物（甲基硒代半胱氨酸 – SeMSC）0.15g、50% 维生素 E 醋酸酯粉（DL – α – 生育酚醋酸酯）24g、维生素 C 72g、淀粉 561.7g、糊精 342.15g，制成 1000g 微胶囊。

### （二）微胶囊生产工艺

本产品采用胶囊剂型，剂型对功效成分的稳定性及保健食品效果和生产销售有较大的影响。胶囊剂型保健食品具有食用及携带方便，可掩盖粉末的苦味及其他不良气味，使用者服用的依从性好等优点。另外，胶囊型与片剂、丸剂相比制备时不需要加黏合剂和压力，因此在胃肠道中崩解快，生物利用度高。本产品中维生素 C 见光易分解、氧化，用胶囊可避光，且胶囊能很好地包埋富硒物的不良气味，利于保持产品的稳定性，且胶囊剂在胃肠道中分散快、吸收快，生物利用度高。综上所述，胶囊剂是本产品比较适宜的剂型。

生产工艺采用常规的胶囊剂生产工艺：粉碎、称量、配制、混合→填充→抛光、筛选→内包装→外包装→检验→入库，其中内包装及其以前的工艺都在 30 万级洁净区进行，生产工艺设计和设备条件符合 GMP 要求。

答案解析

## 练 习 题

1. 什么是免疫应答?

2. 简述皮肤的分类及其生理功能。

3. 简述人体的抗氧化防御系统。

4. 具有调节肠道菌群的功能物质有哪些?

5. 如何设计有助于消化的功能性食品?

---

**书网融合⋯⋯**

本章小结

题库

# 第八章

# 抵御外源有害因子功能性食品的应用

PPT

## 学习目标

### 知识目标

1. **掌握** 辐射的概念及分类；排铅原理；缺氧的概念及分类；化学性肝损伤的分类及发生机制。

2. **熟悉** 辐射对机体健康的影响；铅对人体健康的危害；铅污染的来源；缺氧的发生机制及特点；缺氧对健康的影响；肝脏的生理功能。

3. **了解** 常见具有辅助保护电离辐射危害、促进排铅、耐缺氧、辅助保护化学性肝损伤功能的功能因子和原料的种类及其作用原理。

### 能力目标

1. 能查找对电离辐射危害有辅助保护作用、有助于排铅、耐缺氧、对化学性肝损伤有辅助保护作用的功能因子和原料的文献、资料。

2. 能选择合适的开发对电离辐射危害有辅助保护作用、有助于排铅、耐缺氧、对化学性肝损伤有辅助保护作用的相应功能性食品的功能因子或原料。

3. 能进行相应功能性食品食用的指导及科普宣讲。

### 素质目标

通过本章的学习，树立踏实、严谨的职业意识，自觉践行本行业的职业道德规范；正确认识外源有害因子的来源及产生原因，学会辩证思考社会问题，提升社会责任感。

## 第一节 对电离辐射危害有辅助保护作用功能性食品的应用

随着社会的发展，人们在日常生活中受到各种射线辐照的概率越来越大，辐射安全也逐渐成为人们关注的热点。"辐射"容易在普通人群中引起一定程度的不安全感。如果可以通过食用功能性食品以做到防辐射、保护自身健康，应该是很多人愿意尝试的。为避免受虚假广告、产品的影响，免除不必要的恐慌，选择或开发出理想的辐射保护功能性食品，应该先正确认识辐射的相关知识，学习及了解具有辐射保护作用的功能因子及功能原料的相关信息。

### 一、电磁辐射与电离辐射

辐射是指能量以粒子或电磁波的形式在空间传播的过程。太阳光能辐射到地球、火焰热能辐射到四周，这些过程都是辐射。所谓粒子辐射，包括放射性核素发射的 α 粒子、β 粒子、正电子等。而 γ 核素发射的 γ 射线和 X 线管发出的 X 射线则属于高频电磁波，具有波粒二象性，又称为光子。

当粒子或者光子的能量大于 12eV 时，能够引起原子的电离，称为电离辐射；能量低于 12eV 的辐射不能够引起原子的电离，称为非电离辐射，也就是狭义的电磁辐射，例如移动通讯相关的微波辐射，各种用电设备产生的电磁辐射等。

### （一）电磁辐射

电磁辐射是指能量以电磁波的形式从源头出发，传入空间内或者在其中进行传播的现象。电磁波在人们的工作生活环境中几乎是无处不在的。在带电系统中，由于电流或者电荷一直处于动态变化中，随之产生的磁场和电场也随之不断改变，二者同时也可相互转化、影响，他们的变化可以向所存在的空间周围进行传播，不停运动的电磁场就是电磁波。现代社会中，电磁辐射已经成为新型的污染源。不同的电磁辐射之间主要的差异是电磁波的强度和频率，频率的不同会对人体产生不一样的影响。

电磁辐射又称非电离辐射，按其频率又可分为静电磁场、极低频电磁场、射频电磁场、紫外线、红外线及可见光等。其中，极低频磁场是指频率在 $0 \sim 300Hz$ 之间的电磁场，是与人们日常生活关系最为密切的电磁场之一，主要由电力供应设备和各类家用电器产生。射频辐射指频率在 $100k \sim 300GHz$ 电磁辐射，也称无线电波，包括高频电磁场和微波，是电磁辐射中量子能量较小、波长较长的频段。

狭义的电磁辐射按其来源可分天然电磁辐射和人工电磁辐射两种。天然电磁辐射来源包括雷电、太阳黑子活动、大气层的电磁场、火山爆发、地震等自然现象；人工电磁辐射来源包括各种人工制造的电子设备，如电热毯、加热水床、电源线、计算机、微波炉、移动电话、高压线、变电站、移动电话基站、广播发射塔及其他职业性电磁辐射接触等。

### （二）电离辐射

根据辐射的来源可将电离辐射分为天然辐射和人工辐射。

天然辐射包括宇宙射线、宇宙放射性核素和原生放射性核素。宇宙射线的强度随海拔高度的增加而增大，因此高原地区的人群受到的宇宙射线照射剂量比平原地区的人群高。居住在高海拔地区（如拉萨）的居民接受的年剂量是居住在近海平面高度的人的数倍。在飞机飞行的高度，宇宙射线的强度比地面高得多，在洲际航线的巡航高度上，剂量可以达到地面值的 100 倍。陆地土壤、岩石、水及自然环境中存在的铀、钍、镭、氡、钾等元素可放出射线，这些天然射线的照射就是天然本底辐射。世界上有些地区，由于地表层含有高浓度的铀、钍等物质，使地表 $\gamma$ 射线剂量高于一般地区，被称为高本底地区，如印度的克拉拉邦、巴西的大西洋沿岸以及中国广东省阳江市的部分地区。天然辐射源对成年人造成的平均年有效剂量约为 2.4mSv。

人工辐射的主要来源有核设施、核技术应用以及核爆炸产生的辐射，其中医学检查和诊断的辐射是最大的人工辐射来源。医疗照射来源于 X 射线诊断检查、体内引入放射性核素的核医学诊断以及放射治疗过程等。美国接受医疗照射剂量约为 3.0mSv/y，已经超过了天然辐射照射的 2.4mSv/y。目前中国的人均医疗照射剂量约为 0.6mSv/y，该数值并不算高，但是近年增高的趋势明显。

## 二、辐射对机体健康的危害

### （一）电磁辐射对机体健康的危害

**1. 电磁辐射对人体产生危害的机制及影响因素**　电磁辐射对机体健康产生危害的机制主要可概括为以下三种。

（1）热效应　电磁辐射到人体，人体中的水分子在电磁波的作用下相互之间会发生摩擦作用，分子间摩擦产生的热量会使人体体温升高，从而对体内器官正常发挥功能产生影响。温度升高可能会导致：细胞膜的结构改变，使细胞膜离子（$K^+$、$Na^+$、$Cl^-$ 等）通透性增加；影响血液循环；影响细胞分裂和增殖；影响亲水蛋白质分子和 DNA 的构象或状态及其生化反应过程。适量升温可提高其生物功能，加速生化反应过程；而过量升温则损伤其结构，阻抑生化反应过程，甚至发生热凝固。

（2）非热效应　人体内部也存在着较微弱的但有序且稳定存在的电磁场。当有外界的电磁场出现时，就会产生干扰作用，破坏机体内部电磁场原来的平衡状态，内部电磁场的平衡状态一旦受到影响，则机体内部组织、器官及细胞的各部分功能也可能受到一定的影响。电磁波的非热效应是电磁辐射，生物医学研究领域中最关注的热点之一。非热效应的变化主要发生在细胞和分子水平上，进而影响其生物物理和生物化学反应过程，基因、细胞因子、信号转导通路等发生改变，并引起相应的组织器官和整体的损伤效应。

（3）累积效应　当机体受到电磁辐射的上述两种效应影响时，会产生机体的自我修复作用。但如果下一次的电磁辐射发生在机体完成自我修复之前，则这种对器官和组织的损伤作用会产生累加，长此以往，机体就长期处于一种病态，严重时甚至会危及生命安全。虽然当前多数人生活环境中的电磁辐射可能频率较低或者功率很小，但在这类弱电磁辐射环境中工作或生活的时间很长，故这类电磁辐射也可能会对人体产生影响甚至诱发病变，这种情况需要引起警惕。

电磁辐射对机体健康产生危害的影响因素，主要包括以下这些方面：①辐照时间及辐射强度，接触电磁辐射的时间越久、强度越强，则对健康产生的影响也越大；②与电磁辐射的距离，在常规状态下，随着距离的增大，电磁辐射强度有迅速减弱的趋势，而距离越近，产生的辐射越强；③电磁波的频率，电磁波的频段与电磁辐射的影响程度相关，一般情况下，频率升高对机体健康影响加大，但近年来也有研究发现低频也会产生影响；④机体不同器官对电磁辐射的敏感度不同，其中大脑和眼球对电磁辐射是最敏感的；机体对辐射的敏感程度，还与生理状态、性别、年龄、健康状态、营养状态有一定的关系。

**2. 电磁辐射对机体健康的危害**　机体中电磁辐射损伤的靶系统包括中枢神经系统、内分泌系统、心血管系统、生殖系统、造血系统、免疫系统、视觉系统等，其中神经系统损伤尤为突出。

（1）对中枢神经系统的影响　中枢神经系统是微波辐射最敏感的部位。电磁辐射主要引起神经精神的障碍，甚至出现"脑震荡综合征"及帕金森综合征、肌萎缩侧索硬化症等。长期从事通信业的工作者老年性痴呆症的发病率为对照组的 3.22 倍。电磁辐射可使实验动物脑部病变，神经细胞的营养不良性改变和超微结构损伤。

（2）对内分泌、心血管及免疫系统的影响　普通功率电磁波早期即可造成垂体多种激素紊乱和促肾上腺皮质激素、皮质酮、类皮质激素、甲状腺素等升高，后期则呈现下降。垂体、肾上腺、甲状腺细胞均出现营养不良性改变，凋亡增多，并持续较长时间。性激素分泌紊乱，生殖细胞受影响。中高功率电磁波常引起心肌细胞的损伤，轻者会导致细胞退变，重者则细胞坏死和凋亡。血管病变一般较心脏为轻，但严重时可出现血管痉挛、血容量减少，导致皮肤苍白、全身无力或晕厥。免疫系统对电磁波起免疫抑制反应，使功能下降。

（3）对造血系统的影响　中小功率电磁波照射后，早期外周血红细胞、白细胞、血小板不同程度降低，高功率照射后更明显。骨髓组织早期即见充血、出血、水肿，粒系、红系细胞和巨核细胞发生退变，甚至凋亡和坏死，DNA 含量降低，细胞增殖能力下降。

（4）对生殖系统和子代的影响　电磁波照射对生殖的影响主要是使妊娠率降低、着床位点减少、胚胎发育迟缓、畸胎率增加、死胎率升高等。虽然生殖损伤效应受多种因素的影响，但电磁波对性腺、生殖、子代的危害不可忽视。

（5）对眼的损伤　晶状体对电磁波尤为敏感，损伤出现早而且明显。主要表现为晶状体前囊和后囊水肿、凝聚，轻者出现局灶性混浊，重者全晶状体混浊，并见前囊上皮细胞和赤道部细胞变性坏死。

（6）对其他器官系统的影响　对消化腺的影响比消化道明显，主要是肝功能异常、转氨酶活力升高、肝细胞退行性变、超微结构病变更为明显，严重时发生细胞凋亡、脂肪变性，偶有小灶状肝细胞坏死，晚后期有肿瘤发生。泌尿系统中，肾脏较为敏感，肾小管重吸收功能下降，近曲小管和远曲小管上皮变性坏死，肾小球细胞偶有变性。

（7）电磁辐射的致癌作用　在受较高强度电磁波影响后的人群，其致癌率为对照人群的 3~4 倍。最常见的恶性肿瘤为白血病，其次为消化系统癌症和皮肤癌。长期使用手机者，脑部肿瘤有增多趋势。动物实验发现，于高功率电磁波照射后 9~12 个月，可见甲状腺癌，并可见增生性病变（如卵巢脂肪瘤、子宫内膜增生症、乳腺增生症等）。

### （二）电离辐射对机体健康的危害

**1. 电离辐射对机体健康的危害作用机制**　电离辐射对机体造成损伤，主要通过两种途径。一是直接作用。直接作用是指电离辐射直接作用于生物大分子，引起生物大分子的电离和激发，直接由电离辐射造成生物大分子的损伤，包括如造成 DNA 链的断裂、蛋白酶失活或者细胞膜的结构或通透性的破坏，从而影响细胞的正常功能。二是间接作用。间接作用即指电离辐射先作用于水，引起水分子的活化和自由基的生成，如 $\cdot H$、$\cdot OH$、$H_2O_2$、$\cdot HO_2$ 等自由基。这些自由基及活化分子化学性质活泼，很容易与细胞、组织中大分子受体作用，使生物大分子受到间接损伤，主要包括 DNA 的损伤、脂质过氧化与细胞膜的损伤、对蛋白质的影响等，造成蛋白质中巯基和氨基的氧化损伤、蛋白质的直接损伤如肽键断裂及空间结构的改变等。生物分子损伤，可导致细胞代谢失常、功能和结构破坏甚至死亡。细胞的损伤和死亡可引起组织和器官原发损伤，或通过神经和体液的作用引起机体的继发损伤。细胞和器官有时具有一定修复、再生和代偿能力，由于大分子损伤，有些细胞因此可能改变结构，如基因突变、染色体畸变等，远期效应还可导致诱发肿瘤。

**2. 电离辐射对机体健康的危害**　电离辐射对机体造成的健康影响概括为包括以下方面。

（1）引起造血功能障碍　电离辐射使红骨髓造血功能受到损伤。骨髓中的细胞种类繁多，对电离辐射的敏感性各不相同，淋巴细胞最敏感，其次是红细胞、粒细胞、单核细胞、巨核细胞、浆细胞和网状细胞。当骨髓受到辐射损伤后，必然引起末梢血浆中白细胞和血小板的减少，易发生感染和出血，由于红细胞的减少易出现贫血。

（2）电离辐射可引起机体出血　辐射引起出血的原因一是血小板减少，质量变差；二是辐射引起毛细血管壁肿胀、内皮细胞坏死、细胞间隙加大，使毛细血管的通透性增加。而血小板的数量和质量下降又引起毛细血管脆性增加，而引起出血。

（3）电离辐射使消化系统功能发生变化　胃肠道对于辐射的敏感性很强。急性放射损伤时，很快就会出现胃肠道反应，初期表现为恶心、呕吐，随后加重，并伴有腹痛、腹泻、食欲不振甚至完全拒食等情况。随着剂量不同，反应不同。胃肠道的变化以小肠最为突出，其次使大肠和胃部。

（4）免疫功能下降　主要原因可能是由于白细胞数量减少、免疫力下降，机体免疫系统受到抑制而产生，使皮肤、黏膜的屏障功能降低，组织通透性提高；还能使机体网状内皮系统的吞噬、消化、增殖功能受到抑制。高剂量作用后，以上三方面功能均受影响，是发生败血症的重要原因。体液内免疫因子数量的减少、抗体生成及作用能力降低，都加大了微生物的入侵及感染机会。

（5）引发白内障　对晶体的损伤是其直接作用的结果，进而继发腱状体的改变。潜伏期平均为 2~3 年，辐射剂量越大，潜伏期越短。

（6）电离辐射有致癌作用　人类由于放射性引起的肿瘤约占 5%。电离辐射对于所有高等动物在不同程度上都有致癌作用。不同组织对辐射致癌的敏感性不同，造血组织和甲状腺组织属于高敏感性组织，乳腺、肺、唾液腺属于中敏感性组织。白血病、甲状腺癌、乳腺癌和肺癌发病率与辐射剂量呈线性关系。

### 三、具有对电离辐射有辅助保护作用功能的物质

非电离辐射与电离辐射的主要区别在于量子能量水平的不同，非电离辐射量子能量水平低，对机体的影响远不如电离辐射严重。一般能够抗电离辐射的保健食品对非电离辐射一定有作用，而对非电离辐射有抵抗作用的功能性食品对电离辐射不一定有作用，另外非电离辐射损伤的动物模型也不易制造。因此，在研究抗辐射功能性成分及食品时，功能评价试验应选用电离辐射方式作为造成辐照损伤的动物模型，功能性食品所预防或抵抗的对象也是电离辐射为主。

#### （一）多糖

多糖有明显的辐射损伤防护作用，其机制主要与增强机体免疫功能、保护造血系统、清除自由基等作用有关。多糖通过对体液免疫、细胞免疫、单核－巨噬细胞、细胞调节因子的调节，增加机体的免疫功能。多糖能促进造血细胞的增殖与分化，刺激造血系统功能。部分糖类能使辐射所引起的迟发型超敏性反应低下和 SOD 活性下降明显恢复，过氧化水平降低。其作用可能是通过提高内源性 SOD 的活力来对抗辐射所致的氧化损伤，清除辐射产生的自由基，保持线粒体、微粒体膜和细胞膜的完整性，使造血组织得到不同程度的保护。

#### （二）茶多酚

茶多酚是植物提取物，主要成分是儿茶素类，包括表儿茶素、表没食子儿茶素、表儿茶素没食子酸酯和表没食子儿茶素没食子酸酯等 4 类。茶多酚具有明显的抗氧化、抗脂质过氧化、清除自由基等生物活性，对酶的活性、免疫功能、造血功能有显著的保护作用。

#### （三）黄酮类

黄酮类物质具有抗氧化的生物学功能。黄芪总黄酮可以明显延长受致死剂量射线照射的小鼠的存活率，还可以降低辐射对小鼠外周血的损伤程度。鱼腥草总黄酮对辐照小鼠体重的恢复有一定的促进作用。大豆异黄酮具有多种生物活性功能，包括防癌、抗衰老、抗氧化和防骨质疏松，以及调节细胞的基因表达、抑制细胞凋亡等作用，同时可对机体的免疫系统和抗氧化能力起到辐射防护作用。红景天黄酮也具有理想的抗辐射作用。

#### （四）天然营养素

预防辐射可以采取综合措施，如食用天然食物中含有的具有此类功能的营养素或食物成分。这些营养素可以是从天然食物中得到的，也可以是人工合成的。目前，已知的具有防辐射作用的营养素或食物成分有：生物抗氧化剂（如 $\beta$ – 胡萝卜素、维生素 C）、氧化还原酶的辅因子（如硒、镁等）。胡萝卜素能与辐射诱发的自由基结合，减轻自由基产生的损害；维生素 C 能稳定食物中胡萝卜素；硒能提高谷胱甘肽过氧化物酶的活性；镁是细胞某些呼吸反应所必需的，能增加内源性辐射致敏剂（氧）的消耗。

### 四、对电离辐射有辅助保护作用功能性食品的应用案例

#### （一）产品设计

本产品采用人参果提取物、红景天、灵芝、枸杞子为原料，开发具有对辐射危害有辅助保护作用的功能性食品。

人参果为五加科植物人参的成熟果实，人参果的药理作用在许多方面与人参相似，但是在许多功能方面，人参果又具有人参无法比拟的独特作用，它具有降血糖、抗休克、保护心肌、保护肾功能、提高记忆力、增强免疫力、抗疲劳等多种保健作用。人参果提取物中富含人参皂苷、人参多糖成分，它们对

辐射损伤有显著的辅助保护作用。

红景天主要含红景天苷、黄酮类化合物、有机酸类、多糖以及微量元素。红景天苷有防护 X 线辐射对机体组织和细胞膜损伤作用。红景天对大鼠受辐射后外周血、骨髓白细胞有明显保护作用，对大鼠胸腺及脾脏指数有明显增高作用。红景天是一种在辐射防护方面极有价值的抗辐射食用植物，同时其毒性小，无明显蓄积作用。

灵芝、枸杞主要功能活性成分为灵芝多糖、枸杞多糖，研究表明，灵芝多糖、枸杞多糖对辐射损伤动物的免疫系统都具有显著的保护或损伤修复作用。

经验证，本产品各原料及其配伍关系对人体都是安全的。本产品能缓解体力疲劳，对辐射危害有辅助保护功能。

产品总配方：人参果提取物（干粉）175 份，红景天 1000 份，灵芝 750 份，枸杞子 1000 份。另加入适量白砂糖作为辅料，为产品提供甜味。

### （二）生产工艺

#### 1. 原料的提取、浓缩

（1）红景天提取　取配方比例红景天，用多功能提取罐提取，加 8 倍量 70% 乙醇回流提取 3 次，每次 2 小时，滤过，合并滤液，减压回收乙醇（60℃，−0.06Mpa），浓缩液备用。

（2）灵芝和枸杞子提取　取配方比例灵芝、枸杞子，用多功能提取罐提取，加 10 倍量水煎煮 3 次，每次 2 小时，滤过，合并滤液，滤液与红景天醇提浓缩液合并，浓缩（60℃，−0.08Mpa）至相对密度 1.25～1.30（60℃）的稠膏。

#### 2. 混合

（1）粉碎　取白砂糖粉碎，过 80 目筛。

（2）混合　取配方量人参果提取物、稠膏、白砂糖粉投入槽型混合机中混合 15 分钟，再加入 85% 乙醇适量，继续混合 20～30 分钟至制得均匀适宜的软材。

#### 3. 制粒　用摇摆颗粒机制粒，筛网为 14 目，将制得的湿颗粒用沸腾干燥床干燥，干燥温度为 50～60℃。将制得的干颗粒用快速整粒机进行整粒，筛板上层为 10 目，下层为 40 目，收集通过 10 目筛和不能通过 40 目筛的颗粒，混匀，备用。

#### 4. 分装　用全自动颗粒包装机，进行袋分装，每袋装 5g，即得辅助保护辐射危害功能性食品。

# 第二节　有助于排铅功能性食品的应用

铅是现代社会发展带给人类社会的一个不可避免的污染物。铅是人体非必需成分，对人体有害，对机体健康、特别是少年儿童的生长发育具有负面影响。在生活中，应从各方面注意避免污染铅、减少铅进入人体的机会。同时，应寻找合适的方法驱除人体已经污染的铅。寻找合适的具有促进排铅作用的功能因子，结合医学上治疗铅污染、驱铅的方法，研制促进排铅功能食品，可以对铅污染起到预防作用。

## 一、铅污染的来源

铅（Pb），原子序数 82，广泛存在于自然环境中。铅是柔软和延展性强的弱金属，容易提取和加工，在人类社会已经有几千年的应用历史。铅被广泛用于生产、生活的各方面，可用于建筑材料、制造铅蓄电池、放射性防护设备、制作枪弹炮弹、焊接材料、电缆包皮、铅字等，许多铅化合物作为颜料可用于陶瓷、首饰、化妆品、油漆中；四乙基铅还被用作汽油防爆剂，用量很大。

自然环境中铅的本底值比较低，当今人类铅摄入量及铅负荷的升高主要是环境铅污染造成的。铅是一种不可降解的环境污染物，在环境中可长期蓄积，随着经济、社会的发展，环境铅污染程度不断加大。

### （一）人类生活铅污染的来源

**1. 环境**　环境中的铅污染来源，可包括自然来源和非自然来源。自然环境中的铅通过地壳侵蚀、火山爆发、海啸发生和森林山火等自然现象而释放入大气环境中。非自然来源的铅主要是指来自工业和交通等方面的铅排放。如工厂排出的"三废"，就是环境大气铅污染的主要来源，包括有色金属开采、冶炼、钢铁生产、铅的应用工业、燃煤、燃油、燃木材、垃圾焚烧、磷肥生产等。随着汽车拥有量的快速增加，使用含铅汽油致使其尾气中的铅直接污染环境。从全球角度看，汽车尾气是最广泛、最严重的大气铅污染源，也是城市铅污染的主要来源。使用含铅汽油的城市，其大气、土壤中的铅含量，都显著高于郊区和农村。

**2. 生活局部环境**　居家装修可能造成铅污染，油漆涂料也是严重的环境铅污染源，由于含铅油漆的应用越来越广，造成大量铅尘散布于周围环境中。使用油漆装饰墙面的家庭，儿童血铅水平显著高于没有进行墙面装修的家庭。被动吸烟作为儿童铅暴露的危险因素已被多项研究所证实，香烟中高含量的铅可能是被动吸烟造成儿童血铅增加的另一原因。生日蜡烛特别是有香味蜡烛的燃烧，也有可能发生铅中毒，因为这类蜡烛芯是用铅或是含有铅的材料制作而成。

**3. 饮食及饮水**　土壤铅污染严重的地区生产的植物性和动物性食品铅含量均比较高，罐装食品可因焊锡含铅而受污染，食品铅污染及饮用水铅污染也是铅中毒的重要原因。据调查，美国婴幼儿由食品摄入的铅占摄入量的47%。盛装食品的容器如一些陶器的釉质中含铅，可将少量铅带入膳食中，所以含铅釉料必须严格控制使用。另外，含铅水晶玻璃也可释放出铅。某些饮用水系统也可能有铅暴露的危险，其罪魁祸首是腐蚀了的铅管、铜管上的铅焊和黄铜水龙头，还有含铅储水容器等。同时还应加强生活饮用水水源的卫生防护，防止含铅废水、废渣污染水源。

**4. 职业途径**　接触铅最主要的作业场所为冶炼厂、蓄电池厂、印刷厂等。据文献报道，低浓度铅作业女工的血游离原卟啉（free erythrocyte protoporphyrin，FEP，合成血红素的一种前身物质）、血铅、尿铅与照组比较，差异均有统计学意义。除工人自身接触外，他们还会将沾染在衣物、手或头发上的铅尘带回家，使其家人接触铅。接触铅的职业包括油漆工、冶炼、火器训练、汽车维修、黄铜或铜铸造、隧道及高架公路施工、建筑、铸字等职业。

**5. 儿童铅污染**　儿童玩具和用品常涂有油漆。咬手指和吸吮手指是儿童铅中毒的主要途径。儿童多有啃咬、吸吮手指或非食物性物品的行为习惯，这类儿童铅水平可比无异食癖儿童高25%。学习用品和玩具中铅含量多是超标的，因而儿童很容易通过手-口途径将铅摄入体内。

### （二）铅进入人体的途径

铅在自然界中难以降解，可通过食物、土壤、水和空气，经呼吸道、消化道和皮肤三种途径进入人体，随血液循环而被全身各组织迅速吸收，不同程度地导致人体健康伤害。

人类在不同的阶段接触铅的途径也不同。在胎儿期，主要通过胎盘接触。怀孕的母亲血铅可以通过胎盘屏障进入胎儿的循环系统。在婴儿期，哺乳成了主要的铅接触途径。哺乳期妇女骨骼中沉积的铅会释放出来，并进入乳汁。儿童期的铅暴露则主要通过消化道。他们有吮手的习惯，因而很容易通过手-口途径将铅摄入体内。成人的铅中毒与职业因素有关，暴露途径也主要是呼吸道吸入空气中的铅颗粒或铅蒸汽。老年人易发生骨质疏松，此时蓄积在骨骼中的铅释放入血，引起高血压和其他心血管疾病。从铅进入人体途径可以看出，儿童和相关行业工人是铅中毒的高危人群。

## 二、铅对机体健康的危害

铅在人体中无任何生理作用，属于有害金属，理想血铅浓度应为零。铅及其化合物对人体有较大毒性，并可在人体内积累。在2017年世界卫生组织国际癌症研究机构公布的致癌物清单初步整理参考中，铅被归入2B类致癌物。

铅对人体健康的影响是全身性、系统性的，对神经系统、造血及心血管系统、消化系统、泌尿系统、生殖系统、内分泌系统、免疫系统等以及儿童的身体发育均有毒害性作用。

### （一）神经系统

神经系统是铅中毒作用的靶组织，铅具有神经毒性。进入体内的铅，随血流进脑组织。损伤小脑和大脑皮质细胞，干扰代谢活动，导致营养物质和氧气供应不足。由于能量缺乏，脑内小毛细管内皮细胞肿胀，管径变窄，血流淤滞，血管痉挛，造成脑贫血和脑水肿，发展成为高血压脑病。铅中毒还会引起脑组织中的脂质过氧化水平升高。脑组织中脂质过氧化及单胺类递质改变可能是铅的神经毒性的生物学基础之一。铅中毒可引起末梢神经炎，出现运动和感觉异常。严重铅中毒会造成瘫痪。

### （二）造血及心血管系统

血液中95%左右的铅存在于红细胞中，铅对血液系统的作用主要表现在两个方面：一是抑制血红蛋白的合成；二是缩短循环中红细胞的寿命。这些影响最终将导致溶血。贫血为铅中毒的早期症状之一。铅可抑制血红素合成过程中许多酶的活性，其中最敏感的是氨基乙酰丙酸合成酶，阻碍红细胞游离原卟啉（FEP）与铁结合从而引起血中FEP堆积，血红素减少，造成低色素贫血。所以，FEP可以作为血铅（Pb–B）的敏感指标。另外，铅抑制红细胞膜上的三磷腺苷酶，导致红细胞内的钾、钠离子和水分脱失而致中毒性贫血。铅中毒可致血管痉挛，腹绞痛、视网膜小动脉痉挛和高血压都与小动脉痉挛有关，同时会导致细小动脉硬化。

### （三）肾脏及生殖系统

在急性和慢性铅中毒时，肾脏排泄机制受到影响，使肾组织出现进行性变性，伴随肾功能不全。短期大剂量铅摄入导致肾脏中近曲肾小管细胞变性，肾小球萎缩，肾小管间质纤维化，细胞出现不同程度坏死和核包涵体出现，及氨基酸、葡萄糖、磷酸盐吸收减少。

铅接触还可能影响生殖功能，影响精子的合成，接触铅的女工不孕症、流产及死胎发生率增加，铅可通过胎盘进入胎儿体内。

### （四）消化系统

铅与口腔中少量硫化氢作用可形成硫化铅沉积物，成为一种灰蓝色颗粒线条，分布于齿龈、口唇、口盖、口颊和唾液腺出口处，这一线条称为"铅线"。铅中毒时将抑制胰腺功能，可增加唾液腺和胃腺分泌；同时，因铅与肠道中硫化氢结合，使硫化氢失去促进肠蠕动作用，促使胃肠系统无力，呈顽固性便秘。

腹绞痛是慢性铅中毒一个重要方面。其原因可有以下几点：由于某种诱因，使储存库中铅突然大量进入血循环中；对消化道平滑肌直接作用而产生痉挛；引起肠系膜血管痉挛、缺血；损伤交感神经节神经细胞，实验证明，严重铅中毒可见到此种神经细胞皱缩、结构消失、崩毁；神经冲动传导介质紊乱等。

### （五）氧化代谢

高铅负荷会导致机体氧化代谢紊乱。铅会降低GSH–px及SOD活性，引起脂质过氧化，使细胞的自由基损害。

## （六）免疫系统

铅可使白细胞数减少、白细胞的吞噬能力下降，从而减弱机体的免疫能力。

## （七）对儿童健康的影响

血铅是反映人体铅暴露水平及铅对人体健康影响的良好指标。儿童血铅与生活在同一大环境中成年女人或母亲的血铅相比可高出一倍，这可能与环境铅污染日趋严重，以及儿童代谢快、活动量大、铅吸收率高、易感性强、接触途径多及不良卫生习惯等有关。

血铅含量过高，对儿童的健康有极为不利的影响，除前述几点与成人相类似的造成对各系统的危害之外，铅对婴儿、幼儿的健康还有特殊的负面影响。

**1. 生长发育**　有研究发现，3~15月龄婴儿身高的增长速度与同期的血铅水平呈负相关。铅会造成碘摄取率下降。铅中毒儿童生长迟缓、个子矮小、智力受损的症状可能部分是由于铅造成的甲状腺素下降、垂体-肾上腺功能低下所致。

**2. 智力**　儿童大脑处于发育时期，血-脑屏障不及成人健全，铅易进入大脑。而且儿童脑部铅蓄积所引起的毒性比成人敏感。所以儿童铅中毒会影响智力发育，血铅与儿童智力呈显著负相关，与儿童神经心理发育呈高度负相关。曾认为是完全"安全"的铅吸收量也可引起儿童智能行为的障碍，儿童血铅大于$10\mu g/dl$即可对智力发育产生不可逆转的损害。

**3. 免疫功能**　调查研究发现，铅能削弱机体对病菌（如细菌、病毒等）的抵抗力，使易感性增高。

**4. 听力**　儿童听阈与血铅浓度呈正相关。血铅水平对儿童低频和高频听阈影响较大，对儿童期间的听力损失影响深远。

# 三、具有有助于排铅功能的物质

## （一）多糖类及低聚糖类

摄入膳食纤维对无机盐和微量元素吸收利用多有不利影响，其原因主要是膳食纤维丰富游离—OH和—COOH基团，可与许多金属离子发生特异性结合和非特异性吸附作用，从而降低其消化道吸收率。但不同种类、不同来源膳食纤维与金属离子结合能力有较大差异，故对其吸收、利用的影响也各不相同。魔芋精粉主要成分葡甘聚糖，可与铅特异性结合并促使其排出，能减少消化道铅吸收和体内铅储留，且摄入魔芋精粉不影响钙、铁、锌、铜等必需元素吸收。具有氨基和羟基独特分子结构的壳聚糖能有效吸附或螯合体内铅而减少铅储留，具有排铅功能。

功能性低聚糖，如水苏搏、海带多糖、枸杞多糖、当归多糖、木耳多糖等能促进肠道内有益菌——双歧杆菌大量增殖，抑制有害菌，增强机体免疫力，降低铅毒对机体损伤。水苏糖对小鼠血铅有促排作用，效果与传统驱铅剂乙二胺四乙酸（ethylene diamine tetraacetic acid，EDTA）相当。

## （二）低甲氧基果胶系天然高分子物质

低甲氧基果胶与铅（重金属）形成不溶解、不能吸收复合物沉淀，对铅有强大亲和力，它对铅选择性络合亲和力均大于其他元素，而对人体代谢所必需元素作用极小。蓄积在骨和组织中的铅，随着血液循环不断进入肝脏，经胆汁排到肠道，由于肝肠循环，排出铅大部分又被重吸收。但若在肠内与果胶相遇，则可成为不溶物而随粪便排出体外。

## （三）金属硫蛋白

金属硫蛋白（metallothionein，MT）是广泛存在于生物体内一类富含巯基与金属的内源性蛋白，目前经生物诱导合成主要有两种：镉金属硫蛋白（CdMT）和锌金属硫蛋白（ZnMT）。MT 可与铅（重金属）离子配位形成低毒或无毒络合物，起到消除重金属毒害作用。ZnMT 富含微量元素锌和巯基，对细胞具有保护作用，ZnMT 可释放出锌离子、巯基与铅络合，形成低毒物，经肾脏排出体外，对肾脏具有很好的保护作用。

### （四）茶多酚

茶多酚有较强清除自由基、抗脂质过氧化能力。虽然茶多酚能拮抗中毒引起脂质过氧化，但是其无直接驱铅能力。其驱铅能力与茶中含有维生素 C 和 B 族维生素及微量元素有关。

### （五）维生素

维生素 C、B 族维生素能在体内拮抗铅作用或减少铅吸收，有利于降低血铅和其他靶器官如肝、肾、脑等含铅量。B 族维生素有阻止铅蓄积作用，对体内蓄积铅有明显排出作用。机体吸收铅会增加维生素 C 消耗，长期接触，则会导致体内维生素 C 缺乏。适量补充维生素 C，不仅可补足铅造成维生素 C 耗损、减缓铅中毒症状，其结构中含有的一烯二醇基团还可在肠道与铅结合成溶解度较低抗坏血酸铅盐，降低铅的吸收，同时维生素 C 还直接或间接参与解毒过程，促进铅排出。

### （六）EDTA

EDTA 是一种络合剂，因铅作用于全身系统和器官。进入体内的络合剂，主要存在于血浆及软组织细胞外部体液中，当体液中铅离子浓度降低后，细胞及其他组织中难以络合到铅。如骨骼及红细胞中铅，可释放出来并维持某种程度平衡，此时补充络合剂可再度络合并排出，从而释放出与铅结合的蛋白质巯基和细胞器，使其恢复活性，从而达到解毒、排毒作用。

### （七）矿物元素

钙、铁、锌等元素与铅同属二价金属元素，在体内代谢过程中有竞争作用，在小肠中竞争同一转运蛋白，故钙、铁、锌的补给能抑制铅吸收。硒是人体红细胞谷胱甘肽过氧化物酶和磷脂过氧化氢谷胱甘肽过氧化物酶的组成成分，其主要作用是参与酶合成，保护细胞膜结构与功能免遭过度氧化和干扰。

### （八）其他特殊物质

其他很多物质，如碘离子、磷酸根离子、钼酸根离子等无机阴离子或酸根，都能与铅结合，促使其从体内中排出；植酸、磷酸、柠檬酸、苹果酸、琥珀酸和多聚氨基酸也能与铅形成螯合物，可阻止铅吸收、降低铅毒性。

除以上功能成分外，牛奶也是很好的排铅物质。牛奶蛋白质可与铅结合为一种不溶性化合物，从而阻止铅吸收；同时，牛奶中所含钙可促使骨骼上吸附的铅减少，而由尿排出。

大蒜排铅机制：①大蒜本身含有能直接与铅反应物质，如果胶、半胱氨酸等；②某些含硫化合物如硫醚、硫肽等进入人体后，可释放出活性巯基物质，这些巯基物质再与铅反应生成配合物，配合物通过尿液或粪便排出体外，从而达到排铅的目的。

## 四、有助于排铅功能性食品的应用案例

### （一）产品设计

本产品将木耳、核桃、燕麦等日常饮食中具有排铅功能的食物，与选用的药食同源成分相结合，可以补充人体所需营养成分，同时能够有效地将血液中的重金属铅排出体外，从而预防因体内铅含量超标而造成的身体损伤。

本产品选用的药食同源植物包括沙棘叶、棣棠枝叶、海红果，它们均含有丰富的营养成分和功能活

性物质。其中，沙棘叶含有蛋白质、多糖类、有机酸、生物碱、黄酮类、氨基酸、类胡萝卜素、叶绿素及微量元素等，其人体必需氨基酸含量高，特别是精氨酸、组氨酸含量可观，富含矿物质元素 Fe、Mg、Ca、Zn、Mo、K 等，维生素 C、维生素 E、胡萝卜素及类胡萝卜素含量也很高。海红果富含人体所需的多种微量元素，其中钙含量达到 66.59mg/g，被称为"果中钙王"，同时富含维生素 C。棣棠枝叶中也含有大量维生素 C。

产品制备工艺简单、原料易得，适用于工业化生产，制备成的排铅食品香酥可口，而且无需再进行烹调，方便食用。

产品的总配方：木耳 15～20 份，山核桃仁 15～30 份，燕麦 20～60 份，棣棠枝叶提取液 5～20 份，沙棘叶提取液 5～20 份，海红果 2～10 份。

### （二）生产工艺

#### 1. 原料的提取与制备

（1）燕麦、山核桃仁预处理　燕麦、山核桃仁分别粉碎过 40 目筛，备用。

（2）木耳预处理　将天然木耳泡至整体完全发软后去蒂、净洗、除杂，然后置于沸水中漂烫 2～3 分钟，取出后冷却至室温，放入搅碎机绞碎，备用。

（3）沙棘叶提取液制备　取沙棘叶自然晒干后粉碎过 40 目筛，然后加入 3～5 倍粗粉重量的蒸馏水在 85～90℃条件下回流提取 2～4 次，每次 40～60 分钟，合并提取液、弃去滤渣，加热浓缩提取液至原体积的 1/2，即得沙棘叶提取液，室温下放置，备用。

（4）海红果预处理　将海红果鲜果净洗后切片，加入海红果重量 1/3 的食盐，且混合均匀，然后置于标准大气压下，100℃条件下，蒸制 30～45 分钟，取出自然冷却至室温，后将蒸制完成的海红果放入磨泥机，制备成海红果泥状物，备用。

（5）棣棠枝叶提取液制备　取棣棠枝叶干燥后粉碎过 40 目筛，加入棣棠枝叶细粉重量的 10～15 倍温度在 15～20℃的温水混合均匀，在 90～100℃条件下煮制 10～15 分钟，过滤，滤液备用。

**2. 混合**　将上述制备完成的燕麦粗粉、山核桃仁粗粉、木耳碎粒，放入搅拌机，边搅拌边加入沙棘叶提取液、棣棠枝叶提取液，搅拌均匀至黏稠状。

**3. 烘烤**　将混合物的 2/3 倒入烤盘，先于 100～120℃烤制 2～4 分钟，取出后在混合物表面均匀涂抹一层海红果泥状物，再于 120～150℃条件下烤制 1～2 分钟。取出后将混合物剩余 1/3 倒在海红果泥状物表面、并涂抹均匀，最后再于 170～190℃条件下烤制 1～2 分钟，取出自然冷却，然后进行分装，每 30g/袋。

## 第三节　耐缺氧功能性食品的应用

氧是生命活动中不可缺少的物质，当人体的组织细胞得不到代谢活动所需的氧时，便会导致缺氧。人体利用氧气要经过一系列的过程，包括从环境中摄取氧气、通过血液运输氧气和细胞代谢利用氧气等，其中任何一个环节的障碍都将导致缺氧的发生。不同类型的缺氧产生机制有所不同，但都可能使组织的代谢、器官的功能甚至形态结构发生异常，对机体健康产生影响。人们在日常生活中时常会遇到缺氧问题，除了病理因素（如某些疾病原因）、生理因素（如年纪增大导致身体功能下降）外，现代人的生活节奏加快、压力增大、活动范围变大，以及相关因素如大量或剧烈运动、繁重的脑力活动、高原活动、航空、潜水等，也使人们发生缺氧的机率大大增加。而研制开发出具有抗缺氧作用的功能性食品对相关人群的日常保健、对缺氧的防治将具有非常重要的意义。因此，了解和学习缺氧产生的机制及其特点，发现和开发具有耐缺氧功能的物质和功能食品原料，对于耐缺氧功能性食品的开发和应用有很好的现实意义。

# 一、缺氧的概念与类型

## （一）缺氧的概念

缺氧（hypoxia）是指因组织供氧不足或用氧障碍，引起细胞代谢、功能和形态结构异常变化的病理过程。由于各种原因导致氧气不足以供给机体所需，导致肺泡氧分压和血氧饱和度降低，组织细胞不能从血液获得所需的氧进行正常氧化代谢，从而出现一系列症状。一般出现的症状有心率加快、口干、头晕、头痛，进一步可出现恶心、呕吐、食欲下降、腹胀、腹泻、心悸、呼吸短促甚至水肿，以至全身乏力、失眠、昏迷等。缺氧是造成细胞损伤的最常见原因。

临床上常用血氧指标来反映组织供氧和耗氧量的变化。①血氧分压：指溶解于血液的氧所产生的张力。②血氧容量：100ml 血液中血红蛋白为氧充分饱和时的最大带氧量，它反映血液携氧能力，取决于血液中血红蛋白的质和量。③血氧含量：100ml 血液实际的带氧量，包括物理溶解和血红蛋白实际结合的氧量，它反映血液实际供氧水平，取决于氧分压和氧容量。④血氧饱和度：血红蛋白与氧结合达到饱和的程度。

## （二）缺氧的类型

根据缺氧产生的不同来源，缺氧又可分为病理性缺氧、生理性缺氧、运动性缺氧和环境性缺氧。

**1. 病理性缺氧** 病理性缺氧多指呼吸系统疾病、心脑血管疾病的患者，由于从外界摄取氧和通过血液输送氧的能力下降，造成机体缺氧。如冠心病、心肌梗死、急性上呼吸道感染、支气管哮喘、肺部感染、肺性脑病、脑血管痉挛、脑供血不足、脑血栓、脑出血、美尼尔综合征、微循环障碍等心脑血管疾病造成的缺氧。

**2. 生理性缺氧** 随着年龄的增长，中老年人由于身体各器官生理性老化，将直接造成人体摄入氧量减少，利用氧的效率降低，身体处于程度不同的慢性缺氧状态。这也正是老年人容易发生脑、心、肝、肾功能衰退的病理基础。

**3. 运动性缺氧** 紧张的体力和脑力活动会造成机体耗氧量增加，由于体内耗氧量急剧增加，单纯地通过肺呼吸不足以弥补体内的氧耗量，细胞处于缺氧环境中，同时伴随大量乳酸产生，这也是大量体力运动或紧张的脑力劳动后容易腰酸背痛的原因。

**4. 环境性缺氧** 正常情况下，大气中的氧含量是20.9%。如果处在一个氧含量低于18%的环境中，人体摄入的氧气不足，血液中的氧分压过低，血红蛋白处于不饱和状态，各部分组织的细胞就会由于供氧不足出现一定的变化，表现出相应的缺氧症状。一般说来，凡是氧含量低于20.9%的环境都是缺氧环境。即便是轻度缺氧的环境，长期在其中生活、工作，也会对身体健康带来不同程度的损伤。还有一类缺氧环境是由于高原、高空的空气稀薄造成的。尽管在高原、高空大气当中，氧气所占比例仍是20.9%，但是随着海拔高度的增加，空气密度降低，氧气的绝对量也相应减少。

# 二、缺氧的发生机制及特点

机体通过呼吸不断地从外界环境中摄取氧并排出二氧化碳。呼吸包括三个基本过程：外呼吸，即肺通气（肺与外界的气体交换）和肺换气（肺泡与血液之间的气体交换）；气体在血液中的运输；内呼吸，即指血液与组织细胞间的气体交换，以及细胞内生物氧化的过程。呼吸过程体现了机体对氧利用的四大基本环节，即氧的摄入（外呼吸）、携带（血红蛋白结合氧气）、运输（血循环）和利用（细胞内生物氧化）。任一环节的障碍均可引起缺氧，故根据缺氧发生的机制，缺氧状态可分为四种类型，即乏氧性缺氧、血液性缺氧、循环性缺氧、组织性缺氧。其中，前三者属供氧不足造成的缺氧，而组织性缺氧则是由于用氧障碍导致的缺氧。

### （一）乏氧性缺氧

乏氧性缺氧是指各种原因引起的动脉血氧分压下降，以致动脉血氧含量减少的缺氧状态，故乏氧性缺氧又称为低张性低氧血症，属氧的摄入障碍。

**1. 发生机制**　乏氧性缺氧多发生于海拔4000m以上高原地区。肺泡气和动脉血氧分压也随大气氧分压的降低而下降，毛细血管血液与细胞线粒体间氧分压梯度差缩小，从而引起组织缺氧，又称大气性缺氧。机体血氧饱和度低于80%，出现缺氧症状。在通风不良的矿井、坑道以及吸入空气被惰性气体或麻醉剂过度稀释时，可因吸入气中氧分压低而引起缺氧。

人在高原时，首先是由于大气中氧分压低，导致肺泡氧分压与血氧饱和度降低，组织细胞不能从血液中获得充足的氧进行正常有氧代谢。人在高原受缺氧的影响是持续的，因海拔高度和个体对缺氧敏感性等方面的差异，会出现不同程度的低氧反应。在高原进行体力活动，部分人群可出现一系列不适反应。轻者表现为头晕、头痛、失眠、乏力、四肢麻木等；重者可产生高原性肺水肿，表现为呼吸困难、吐粉红色或白色泡沫痰、肺部有湿啰音、皮肤黏膜青紫色等。寒冷、肺部感染、劳累、过量吸烟饮酒、精神紧张等都可能诱发高原肺水肿。高原肺水肿一旦发生，将明显加重机体缺氧。

肺泡通气不良、气体弥散障碍以及肺通气与肺血流的比例失调等可致呼吸衰竭、机体缺氧，此类呼吸障碍引起的缺氧又称呼吸性缺氧。

**2. 乏氧性缺氧的特点**　氧气摄入不足使动脉血氧分压下降是乏氧性缺氧的基本特征。氧分压在8.0KPa（60mmHg）以上时，氧解离曲线近似水平线，氧分压的变化对血氧饱和度影响很小。动脉血氧分压一般要降至8.0kPa（60mmHg）以下才会引起组织缺氧。此时，氧离曲线坡度转向陡直，氧分压只要略有降低，血氧饱和度、血氧含量会显著减少。血氧饱和度降低意味着动脉血氧含量随之下降，细胞因得到氧减少而造成缺氧。

在产生乏氧性缺氧时，血红蛋白无异常变化，故血氧容量可以保持正常。在产生乏氧性缺氧时，机体还会出现发绀现象。这是因为氧结合血红蛋白为鲜红色，脱氧血红蛋白为暗红色。当血氧饱和度下降时，毛细血管中脱氧血红蛋白量迅速增加，其暗红色的程度足以使表皮呈现青紫色，这种现象被称为发绀。血氧饱和度在85%以下即可出现发绀。

### （二）血液性缺氧

血液性缺氧指由于血红蛋白的量减少或血红蛋白的性质发生改变，致使血液携带氧的能力降低，血氧含量减少，导致供氧不足。这类缺氧，由于血液中溶解氧不受血红蛋白的影响，因而动脉血氧分压正常。

**1. 发生机制**

（1）贫血　各种原因引起的贫血，使血红蛋白的量减少，这种缺氧病因十分常见，产生的现象类似乏氧性缺氧。严重贫血时，血红蛋白显著减少，面色苍白，因此贫血患者一般不出现发绀现象。

（2）高铁血红蛋白血症　正常血红蛋白有4个$Fe^{2+}$血红素亚基，可与氧结合而形成氧合血红蛋白。若$Fe^{2+}$被氧化成为$Fe^{3+}$，生成的高铁血红蛋白则失去携氧能力，后者也被称为变性血红蛋白或羟化血红蛋白。高铁血红蛋白血症比贫血造成的缺氧更为严重。高铁血红蛋白量超过血红蛋白总量的10%就可以出现缺氧表现，达到40%左右可出现严重缺氧，表现为全身青紫、意识不清及昏迷症状。

高铁血红蛋白血症主要见于亚硝酸盐等物质中毒。新腌制的酸菜、变质的剩菜中因含有较多的硝酸盐，大量食用后在肠道菌群的作用下将硝酸盐转化为亚硝酸盐，亚硝酸盐可使低铁血红蛋白转化为高铁血红蛋白，从而导致缺氧发生。高铁血红蛋白呈现棕褐色，患者可出现类发绀，亦称为"肠源性发绀"。

（3）一氧化碳中毒 一氧化碳与血红蛋白的亲和力是氧的 210 倍。当吸入一氧化碳后，它就迅速地与血红蛋白结合，形成碳氧血红蛋白（COHb），使血红蛋白与氧结合的量减少，导致机体缺氧。一氧化碳还能抑制红细胞内的糖酵解，不利于氧的释放。所以一氧化碳中毒既妨碍血红蛋白与氧的结合，又妨碍氧的解离，危害极大。当机体血中 COHb 含量达到 10% 时即可出现中毒症状，一氧化碳中毒时，因为血液中的碳氧血红蛋白呈现鲜红色，导致患者的皮肤、黏膜可显红色。

一氧化碳与血红蛋白的结合是可逆的。因此，中毒患者应立即转移至空气流通好的地方或者吸氧。对于严重的中毒患者，最好吸入纯氧，通过氧与一氧化碳竞争性地与血红蛋白结合而明显加速一氧化碳的排出。

**2. 血液性缺氧的特点** 血液性缺氧时，因吸入气中的氧分压和外呼吸功能是正常的，所以动脉血氧分压正常，其血氧饱和度也正常。由于血红蛋白数量减少或者性质的变化，因而血氧容量降低，血氧含量亦随之降低。血氧性缺氧患者的动脉血氧分压虽然正常，但是血液的携氧量减少，因此，向组织释放氧量减少，动静脉血氧含量差亦减小。

### （三）循环性缺氧

循环性缺氧是指由于血液循环发生障碍，导致组织供血量减少而引起的缺氧，又称低动力缺氧。血管狭窄、血栓、心力衰竭、休克等均可引起循环性缺氧。

**1. 发生机制** 循环性缺氧常见于因心力衰竭、休克引起的全身性供血不足；动脉粥样硬化引起的血管狭窄、闭塞；血管痉挛、栓塞等引起的局部性供血不足，导致组织获取的氧量不足。

淤血性缺氧见于静脉回流出现障碍。心力衰竭会造成静脉回流障碍、静脉淤血，使血液循环时间延长、血流缓慢，组织获得的新鲜血液减少，从而造成组织的供氧不足。心衰造成的器官淤血、水肿亦会加重组织缺氧（氧弥散距离加大），左心衰竭更因肺淤血和肺水肿而影响呼吸功能，使动脉血氧分压下降，并存乏氧性缺氧。

**2. 循环性缺氧的特点** 一般情况下，由于氧的摄入和血液携带氧的能力并未受影响，因此，动脉血的氧分压、氧容量、氧含量和血氧饱和度均正常。但由于血流缓慢导致供给组织的血流量减少，组织从单位容积血液内摄取的氧增多，静脉血氧分压、血氧饱和度和血氧含量降低显著，因而动静脉血氧含量差加大。

由于组织从单位容积血液内摄取的氧增多，毛细血管中脱氧血红蛋白量增大，因此，循环性缺氧患者多有明显发绀现象。

### （四）组织性缺氧

组织性缺氧是指由于组织利用氧的能力降低，生物氧化反应不能正常进行而发生的缺氧。

**1. 发生机制**

（1）组织中毒 呼吸链是最终供给各组织氧的主要通路。氧是呼吸链的终末，是一系列电子传递键，不少毒物如氰化物、砷化物、硫化物、汞化物、甲醇等可引起线粒体呼吸链的损伤，阻碍电子传递，致使组织不能利用氧。其中最典型的是氰化物中毒。各种氰化物可通过消化道、呼吸道和皮肤进入人体内，氰离子可迅速与氧化性细胞色素氧化酶的三价铁结合转化为氰化高铁细胞色素氧化酶，使之不能转变为还原型细胞色素氧化酶，不能向氧传递电子，电子传递链中断，造成用氧障碍。

（2）细胞损伤 机体产生过量自由基可以损伤包括线粒体在内的质膜，造成其功能损害。细菌毒素如内毒素亦可造成线粒体损害，导致细胞用氧障碍。

（3）呼吸酶辅酶的严重缺乏 B 族维生素，尤其是维生素 $B_1$、维生素 $B_2$ 和烟酰胺，均为机体呼吸链的递氢体黄素蛋白、NADH、NADPH 的辅因子。这些维生素的重度缺乏，可使呼吸酶功能障碍，组织细胞用氧过程也会发生障碍。而机体在缺氧状态时又会加剧这些维生素的排出，从而形成恶性循环。据报道，在组织缺氧时，大鼠肝、肾等组织中维生素 $B_1$、维生素 $B_2$ 的含量比对照组明显减少。

**2. 组织性缺氧的特点**　组织性缺氧表现为动脉血氧分压、血氧容量、血氧含量和血氧饱和度均正常。由于组织利用氧障碍，故静脉血氧分压及氧含量高于正常，动静脉血氧含量差小于正常，毛细血管中氧含量高于正常，无发绀现象。

## 三、缺氧对机体健康的影响

缺氧对于机体的影响是广泛和非特异的，其影响程度和结果主要取决于缺氧发生的原因、速度、程度、部位、持续时间，以及机体的功能代谢状态等。缺氧时，机体的变化既有代偿性的也有损伤性，两者之间的区别有时仅在于变化程度的不同。低氧环境可以直接影响人体健康，诱发某些疾病或者加重病情；严重缺氧时，组织细胞可发生严重的缺氧性损伤，器官可发生功能障碍甚至功能衰竭。缺氧对机体各方面的功能都有影响，其中主要影响神经系统、循环系统、组织细胞等。

### （一）对神经系统的影响

神经系统对于缺氧最为敏感的是脑。大脑正常功能的维持除与蛋白质、核酸及一些辅助营养物质是否充分供给外，还与氧气供应关系密切。脑是人体器官中对氧依赖性最大的器官之一。

脑对缺氧极为敏感，对缺氧的耐受性更差。脑部在缺氧初期即轻度缺氧时，最先出现的症状是感觉疲倦、注意力不集中、记忆力下降等。中枢神经系统高度依赖有氧代谢提供能量，因此在急性缺氧初期就有脑功能的改变。急性缺氧可引起头痛，情绪激动，思维能力、记忆力、判断力降低或丧失，以及运动不协调。慢性缺氧则有易疲劳、嗜睡、注意力不集中及精神抑郁等症状。严重缺氧可导致烦躁不安、惊厥、昏迷，甚至死亡。缺氧引起脑组织的形态学变化主要是脑细胞肿胀、脑水肿、变形、坏死等。

### （二）对循环系统的影响

心脏也是耗氧量大、代谢率高的器官之一，由于不能储备氧气，对于缺氧也最敏感，容易受到损伤。心脏轻度缺氧时，会导致心律出现紊乱现象，患者会有很难描述的心慌现象。在轻度缺氧时，机体表现为心率加快，心肌收缩力增强，心输出量增加，使心脏对组织的供血量增加，血液重新分配以保证重要脏器的血液供应，心、脑组织的血流量增加；冠状动脉在缺氧时舒张，而皮肤和其他内脏的血管收缩，这种血流量的重新分布具有重要的代偿意义，可优先保证重要器官的血氧供应。肺血管在缺氧时收缩，该反应在一定范围内有利于维持正常的肺泡通气/血流比。因局部肺泡通气不足产生局部氧分压的降低，缺氧使该区域的肺小动脉收缩，供血减少。肺血管平滑肌的钾通道在缺氧时关闭，钾外流减少，细胞兴奋性升高，也可促进血管收缩。

当缺氧加重或持续无改善时，心肌因缺乏氧气，收缩能力开始降低，心率会变得缓慢。在心率减缓之后，血液输出量减少，久之会产生心肌坏死的后果。发生严重的全身性缺氧时，心脏可受到损伤，甚至发生心力衰竭。

### （三）对组织细胞的影响

细胞缺氧的影响，是一连串不利健康的反应。人体缺氧时，各组织细胞能量代谢自然减缓，而在细胞能量代谢过程中起催化作用的生物活性受到抑制，ATP 的产出减少，最终使能量供应不足。在细胞缺乏 ATP 的状态下，用于开启细胞膜通道、供细胞内外钠、钾离子等进出的能量也会受影响，钠、钾离子的平衡就会被改变，细胞内外的电位也随之改变，电场也变得不正常，细胞的活力随之下降。

缺氧对组织的另一个影响是它的氧化过程，细胞的生物合成、生物分解、氧化解毒等过程都受影响，严重时会造成水肿，甚至破坏组织的结构，造成组织坏死。缺氧性细胞损伤主要为细胞膜、线粒体、溶酶体的变化等。

### （四）对血液的影响

急性缺氧时，外周血红细胞数与血红蛋白含量迅速增多。主要因为低氧刺激外周化学感受器，交感神经兴奋，导致血液重新分布，使原来未参与循环的红细胞进入循环血液，以增强血液的携氧能力。高原缺氧时，肾脏释放促红细胞生成素，使骨髓红细胞系统增生，促进红细胞的成熟与释放，从而外周血中红细胞和血红蛋白增多，血容量增加。红细胞与血红蛋白增多，能提高血氧容量与血氧含量，具有代偿意义，但易引起高血红蛋白血症。同时，红细胞增多导致血液黏度增加，血流缓慢，影响气体运输，并有可能形成血栓。长期严重缺氧可抑制骨髓造血功能，使红细胞生成减少。

### （五）对呼吸系统的影响

急性缺氧程度较轻时，由于氧化不完全的酸性代谢产物的蓄积即可刺激颈动脉体和主动脉体化学感受器，反射性地使呼吸中枢兴奋性增强，引起呼吸加快、加深，形成代偿性通气增加。随着缺氧程度的加强，会出现呼吸中枢功能障碍，因为缺氧对呼吸中枢的抑制作用超过它对化学感受器的刺激作用。表现为呼吸减慢、减弱直至停止。人体严重缺氧时，会直接抑制呼吸神经中枢，使得呼吸减弱，严重的会导致呼吸骤停。

### （六）其他影响

缺氧时，消化功能也受到影响，出现胃张力降低、饥饿收缩减少现象。摄食后胃蠕动减弱，幽门括约肌收缩，胃排空时间延长，消化液分泌量减少，影响食欲。

## 四、具有耐缺氧功能的物质

食用具有耐缺氧作用的功能性食品，对预防缺氧带给人体的损伤可以起到很好的防护作用。目前，中国卫生部批准具有耐缺氧功能的部分成分和原料包括：银杏叶，角鲨烯，拟黑多刺蚁，冬虫夏草，螺旋藻，绞股蓝，茶多酚，西洋参，灵芝，山楂，红景天，海藻多糖硫酸酯，珍珠粉，1,6 - 二磷酸果糖，丹参，牛初乳，人参，黄芪等。与此同时，人们仍在不断发现和研究各种不同来源的具有耐缺氧功能的功能性成分和原料。

### （一）鲨烯

在自然界中，鲨烯只存在于生物体中，其中以深海尖鳍鲨鲛肝脏中的含量最多，所以也被称为"角鲨烯"或"鲛鲨烯"；植物中则以橄榄、玉米的量较为丰富。人类体内也含有相同成分的鲨烯。鲨烯在人体各个组织中有着不同比例：在皮肤和脂肪组织中，鲨烯具有类似红细胞蛋白的携氧和释放的能力，其进入人体内可逐步被还原而释放出氧气，并且可增加组织细胞对氧的利用率。角鲨烯不仅存在于保健食品中，还作为药物广泛应用。它是一种较安全的产品，不良反应很少，但对于特异性体质的患者而言，服用角鲨烯会导致过敏性紫癜等不良反应。

### （二）生物提取物

维生素 $B_6$、维生素 $B_{12}$、叶酸、泛酸等能增加血红蛋白的携氧能力，提高血氧饱和度，对耐缺氧有明显的增强作用。抗氧化剂由于能有效清除机体在缺氧环境下产生的自由基，对提高缺氧耐受性有很好的作用。

### （三）人参皂苷

人参皂苷是人参的主要功效成分，几乎可以重现人参粗制剂的全部生理活性，是人参的精华。人参皂苷类是天然耐缺氧功能因子。人参皂苷在抗氧化、改善人的记忆和认知能力方面效果尤为明显。

### （四）冬虫夏草

冬虫夏草是一种常用中藏药，具有益精髓、补虚损、保肺、益肾、止血、化痰等功效，该植物及同属植物含有核苷类、多糖、糖醇和甾醇类、脂肪酸类、氨基酸类、微量元素及维生素类等化合物。冬虫夏草可以明显减轻缺氧再给氧时细胞内脂质过氧化作用，其水提液对心肌缺氧再给氧损伤有减轻作用。

### （五）红景天

红景天属植物中大多数都具有显著的抗疲劳、抗缺氧等作用；其醇提取物对心脑缺氧及组织中毒性缺氧具有明显的保护作用。红景天的抗氧化能力优于人参，全球医药界称其为"黄金植物"，苏联将红景天制剂列为宇航员的必备保健品，目前市场上很多耐缺氧保健品中都有红景天成分。

### （六）沙棘

果实含有多种维生素和微量元素、氨基酸及其他生物活性物质。研究结果表明，沙棘能增加受试小鼠心肌微循环、降低心肌氧耗，并在减压缺氧实验中明显提高小鼠存活率。该植物具有显著的耐缺氧能力。

### （七）蜂产品

蜂花粉中有机酸等物质能改善心肌代谢，增加冠心病患者的运动耐量，有明显的增强心肌耐缺氧、缺血的作用。蜂胶在机体中有抗氧化、清除超氧阴离子和多种自由基等功能，长期服用蜂胶能增强体质，延缓衰老。

### （八）蕨麻

蕨麻具有显著耐缺氧作用。有研究表明，蕨麻能提高小鼠在减压缺氧和窒息性缺氧状态下的存活率，延长存活时间，整体耗氧量测定表明，能显著提高小鼠对氧的利用率并降低耗氧速度。

## 五、耐缺氧功能性食品的应用案例

### （一）产品设计

本产品以传统养生理论为产品设计的基本依据，应用具有生物活性的天然植物绿茶、油橄榄叶为主要原料，开发具有耐缺氧功能的功能性食品。

绿茶的主要生理活性成分为茶多酚，茶多酚是一种传统的药食同源的天然保健因子。茶多酚具有显著的耐缺氧和抗氧化功能，能清除自由基，具有增强机体免疫力、维持健康血脂和血糖水平、抑制动脉粥样硬化等功能。茶多酚是卫生部门批准的天然抗氧化食品添加剂，毒理学实验结果表明，茶多酚是一种新型的安全、无毒、绿色天然抗氧化剂。

油橄榄叶中主要的生理活性成分是油橄榄多酚，具有显著的抗氧化和耐缺氧作用，能有效清除自由基，减轻低密度脂蛋白的氧化程度，预防冠心病、动脉粥样硬化的发生；有增强机体免疫力和抗肿瘤的作用；具有舒缓血管平滑肌、降低血压的能力。油橄榄多酚安全性高、无毒副作用，油橄榄叶多酚提取物在欧美市场已广泛用于化妆品和食品补充剂及药品中。

本产品以绿茶、油橄榄叶为原料，有效成分含量高、安全性好，具有显著的耐缺氧保健功能。所制备的产品剂型为胶囊剂，携带、服用方便，适合相应人群食用。

产品总配方：油橄榄叶 80～150 份，绿茶 100～200 份。

### （二）生产工艺

**1. 提取** 按比例称取原料油橄榄叶 120 份，绿茶 100 份，用 7 倍量 70% 浓度的乙醇回流提取 2 次，每次提取 2 小时，过滤，合并滤液。

**2. 浓缩**　减压回收乙醇后，减压浓缩至60℃、相对密度为1.10～1.15的浸膏，

**3. 干燥**　将浸膏进行喷雾干燥（进风温度为180℃，出风温度为70℃），得到喷雾干燥细粉。

**4. 混合**　加入适量的辅料淀粉（喷雾干燥细粉与淀粉的重量比为0.9），混合40分钟。

**5. 胶囊装填**　将混合好的物料填充胶囊，包装，即得成品。

# 第四节　对化学性肝损伤有辅助保护作用功能性食品的应用

肝脏是人体中最大的实质性消化器官，是机体进行新陈代谢的重要场所，具有包括代谢、解毒、分泌与排泄、免疫等重要生理功能，对于维持生命活动、保持机体健康有关键的作用。然而肝脏及其细胞在生理过程中也容易受到各种因素的影响，发生肝脏损伤。其中化学性肝损伤是与生活过程相关、容易产生而又影响较大的一类肝损伤。了解及掌握化学性肝损伤发生的相关机制，寻找合适的功能性原料，开发出对化学性肝损伤有辅助保护功能的功能性食品，可以预防或改善化学性肝损伤。

## 一、肝脏的结构特点与生理功能

### （一）肝脏的结构

肝脏位于人体的右上腹，在肺及膈的下方，呈楔形，大部分被右肋弓遮盖，富含血管，呈红褐色且质地柔软。肝脏的重量相当于成人体重的1/50，是人体最大的腺体、最大的实质性消化器官。

肝脏在结构上的重要特点是：①具有肝动脉和门静脉的双重血液供应，另外还有丰富的血窦等特殊微细结构，这使得肝细胞与身体各部分可以十分便利地进行物质交换。肝脏的血流量极为丰富，约占心输出量的1/4，每分钟进入肝脏的血流量为1000～1200ml，血液供应充足。各种营养成分可以通过门静脉进入肝脏加以利用，充足的氧气则可通过肝动脉运抵肝脏，而对人体有害的物质也将在肝脏中被处理妥当。②肝细胞是肝脏物质代谢的中心。肝细胞中含有丰富的线粒体、内质网、核蛋白体，还有丰富的溶酶体和大量的过氧化物酶体，因此，肝细胞具有充足的能量供应，以及含有许多参与各种生理生化反应的酶。肝细胞的不足之处在于，极不耐缺氧而容易受损。

### （二）肝脏的生理功能

肝脏对于维持人体生命活动具有不可或缺的作用，是人体新陈代谢最重要的器官，被誉为人体内的巨型"化工厂"。肝脏在人的代谢、胆汁生成、解毒等过程中均起着非常重要的作用。

**1. 代谢功能**　机体内的物质代谢一方面产生各种生命活动需要的能量，另一方面机体通过代谢进行自我更新和繁殖，因此，物质代谢是各种生命活动的基础。肝脏是人体内物质代谢最为活跃的器官，它参与人体中蛋白质、糖、脂类、维生素、酶类、电解质和微量元素等的代谢过程。

**2. 胆汁的分泌与排泄功能**　肝细胞制造、分泌的胆汁，经胆管输送到胆囊，胆囊浓缩后排放入小肠，帮助脂肪的消化和吸收。胆红素的摄取、结合和排泄，胆汁酸的生成和排泄，都由肝脏承担。胆汁中的主要成分是胆汁酸盐、胆色素和胆固醇，还有各种蛋白质、磷脂、脂肪、尿素和无机盐等。胆汁还有抑制肠道内腐败细菌生长的作用，其中除了胆汁酸盐外，其他成分都属于排泄物。不少排泄物可随胆汁进入肠道，并由粪便排出体外。

**3. 解毒功能**　肝脏是人体的主要解毒器官，体内的某些代谢废物或肠道细菌的腐败产物以及服用的药物、外来的毒物、毒素等都可在肝脏中处理，转变成无毒或毒性较小或易于排出体外的物质。肝脏通过氧化解毒或结合解毒两种方式来处理毒性物质。如乙醇在肝内氧化变为$CO_2$和$H_2O$排出，即为氧化解毒；如许多有毒的金属离子与谷胱甘肽结合，含氮的杂环化合物与甲基结合等，均为肝脏结合解毒的

方式。

**4. 免疫功能**　肝脏与机体的免疫功能密切相关。肝脏是人体最大的网状内皮细胞吞噬系统，它通过吞噬、隔离并清除入侵和内生的各种抗原。

**5. 凝血功能**　几乎所有的凝血因子都由肝脏合成，肝脏在人体凝血和抗凝两个系统的动态平衡中起着重要的调节作用。肝功能受损的严重程度常与凝血障碍的程度正相关，临床上常见有肝硬化患者因肝功能衰竭而致出血死亡。

**6. 其他功能**

（1）调节水及电解质　如肝脏受到损害时，可导致对钠、钾、铁、铜、钙、镁、磷、锌等电解质的调节失衡。较多见的为水钠潴留，引起水肿，甚至出现腹水。

（2）肝脏的再生能力　人的许多组织如脑细胞一旦受损就不能再生，而肝脏细胞具有较强的再生能力。若肝脏组织有一部分被切除，则不久它可以恢复到原来相近的大小。

## 二、肝损伤的种类

### （一）急性肝损伤和慢性肝损伤

肝损伤按发病的急缓可分为急性肝损伤和慢性肝损伤。急性和慢性肝损伤之间的区别并不是十分明显，并且急性肝损伤也可发展为慢性损伤。

慢性肝损伤的评判标准主要为肝损伤的疾病状态保持一个月以上，肝脏组织结构发生改变，如肝纤维化甚至肝硬化结节，且常伴有脾大；而急性肝损伤发病急、病情多严重，短期内转氨酶急剧增高，甚至出现肝衰竭、肝性脑病等症状。严重或持续的急性肝损伤若不及时处理治疗，将进行性发展为急性重症或爆发性肝炎，最终导致死亡。据统计，急性肝损伤引发的肝功能衰竭病死率占肝病患者的60%～80%。

诱发急性肝损伤的因素主要有以下几方面：感染性损伤（微生物感染、肝炎病毒感染），药源性损伤，食源性损伤（有毒食物、不卫生食物），酒精性损伤，放射性损伤，自身免疫性损伤，缺血再灌注性损伤。

### （二）机械性肝损伤和非机械性肝损伤

按肝脏损伤类型可以将肝脏受损分为机械性损伤和非机械性损伤，而非机械性肝损伤又可分为病理性肝损伤和化学性肝损伤。功能性食品对化学性肝损伤患者有一定的保健作用。化学性肝损伤是指由化学性肝毒性物质所造成的肝损伤。这类化学物质包括乙醇、某些药物及环境中的化学毒物。

化学性肝损伤中以药物性和酒精性肝损害最为常见，且呈不断上升趋势。在世界范围内，目前已上市的药物中有1100种以上具有潜在的肝毒性，每年10万人中就有13.9～24.0人次发生药物性肝损伤。在西方国家，酒精性肝病是肝硬化的首要病因。我国肝硬化患者中酒精性肝硬化构成比呈上升趋势，男性高于女性，东部地区高于西部地区。

## 三、化学性肝损伤的作用机制

化学性肝损伤是由化学性肝毒性物质所造成的肝损伤。这类化学物质包括乙醇、环境中的化学毒物及某些药物。常见的化学性肝损伤包括酒精性肝损伤、药物性肝损伤和毒物性肝损伤。

### （一）酒精性肝损伤

酒精性肝损伤是由于长期大量饮酒而导致的中毒性肝脏损伤。损伤程度与每日乙醇摄入量和持续饮酒时间密切相关。据报道每日饮酒（乙醇）量在40g以上，持续5年以上或喜好暴饮者极易引起酒精性肝损伤。女性比男性易发生。

乙醇在胃肠道内很快被吸收，仅5%~10%从肺、肾脏、皮肤排出，90%以上的乙醇要在肝脏内代谢，乙醇进入肝细胞后氧化为乙醛。乙醇和乙醛都具有直接刺激、损害肝细胞的毒性作用，能使肝细胞发生变性、坏死。正常人少量饮酒后乙醇和乙醛可以通过肝脏代谢解毒，一般不会引起肝损伤。然而一次性大量饮酒则易有急性乙醇中毒症状，对于长期嗜酒者，乙醇和乙醛的毒性则可影响肝脏对糖、蛋白质、脂肪的正常代谢及解毒功能，导致酒精性肝损伤。根据病情，酒精性肝损伤可以分为三期，即酒精性脂肪肝、酒精性肝炎、酒精性肝硬化。

**1. 酒精性脂肪肝** 是酒精性肝损伤中最先出现、最为常见的病变，其病变程度与饮酒的总量成正比，饮酒是诱发酒精性脂肪肝的主要原因。进入肝细胞的乙醇，在乙醇脱氢酶和微粒体乙醇氧化酶系的作用下转变为乙醛，再转变为乙酸。机体由于氧化型辅酶Ⅰ减少，还原型辅酶Ⅰ增多，使肝脏内脂肪酸代谢发生障碍，氧化减弱，并使中性脂肪堆积于肝细胞中；同时又促进脂肪酸的合成，从而使脂肪在肝细胞中堆积，最终导致脂肪肝的形成。肝蓄积的脂肪约占肝重的5%，甚至30%。肝脏被脂肪浸润后出现弥漫性肝大，其表面光滑，缺乏弹性，色泽变为黄红色或黄白色。在显微镜下观察到肝细胞肿胀，并充满大小不等的脂肪颗粒，将肝细胞核推向一侧，线粒体变大、变性，至破裂并坏死。一定量含有脂肪的肝细胞破裂后聚合形成脂肪囊。如果脂肪囊再破裂，就会引起炎症反应。轻、中度的酒精性脂肪肝可以完全治愈，但重度病变则可发展为肝纤维化乃至肝硬化。

**2. 酒精性肝炎** 是由酒精性脂肪肝发展而来的，其发病机制可能是营养不良、体内免疫反应和自由基增加及重症脂肪肝对肝组织的影响等。由于乙醇摄入量过大，损害胃肠道黏膜，引起对食物的需求减少，可以导致营养成分的缺乏，尤其是B族维生素、维生素A、维生素E和蛋白质的缺乏。其发病机制除与乙醇对肝脏的直接毒性作用有关之外，还与免疫反应有关，被乙醛修饰的蛋白作为新抗原，可引起针对分布于肝细胞表面的乙醛加合物的免疫反应，从而使肝细胞遭受免疫损伤，可引起肝细胞、肝组织的炎症、溶解及坏死。另外，抗原抗体形成的复合物可引起补体活化并吸引多核白细胞释放细胞内酶损害肝细胞。乙醇氧化过程中产生大量自由基攻击膜质，可以导致脂质过氧化进一步产生丙二醛（MDA）等中间产物，与后者交联形成脂褐质，从而影响膜的流动性并伤害肝细胞，导致酒精性肝炎。

酒精性肝炎常见症状有贫血，血清胆红素和转氨酶增高且碱性磷酸酶活性增高，凝血时间延长等。显微镜下可见局部小叶有多形核白细胞浸润（可区别于其他原因肝炎所导致的汇管区单核细胞浸润）。重症酒精性肝炎患者表现与重症肝炎相似。

**3. 酒精性肝硬化** 酒精性肝纤维化是酒精性肝硬化的早期阶段，主要病理特点是胶原蛋白、蛋白多糖及黏蛋白等多种细胞外基质在肝内过度沉积。以往认为乙醇引起高乳酸血症，通过刺激脯氨酸增加，从而使肝内胶原形成增加，加速肝纤维化进程。高乳酸血症和高脯氨酸血症可作为酒精性肝纤维化形成的标志。目前多数学者认为，肝纤维化中贮脂细胞起中心作用，是肝内细胞外基质的主要来源。贮脂细胞在转变生长素和细胞外基质的作用下，变成转化细胞，再进一步成为肌成纤维细胞，肝内沉积的胶原也随之从Ⅲ型为主转变为以Ⅰ型为主。典型的酒精性肝硬化患者，其肝静脉周围纤维化尤为严重。这些纤维组织不断增生，形成肝细胞再生结节，导致酒精性肝硬化的发生。

酒精性肝硬化常见症状有贫血，白细胞和血小板减少，人血清蛋白降低，氨基转移酶增高且碱性磷酸酶活性增高，出现体重减轻、食欲不振、腹腔积液、下肢水肿、蜘蛛痣、肝掌等现象。

### （二）药物性肝损伤

药物性肝损伤简称药肝，指由药物或其代谢产物所引起的肝脏损害。药物性肝损伤在西方国家比较常见。据报道2%住院的黄疸患者是由药物引起，大约有25%的暴发性肝衰竭与药物有关。药肝多表现为肝细胞坏死、胆汁淤积、细胞内微脂滴沉积、慢性肝炎、肝硬化等。

药物主要通过以下两种途径损伤肝脏。

**1. 直接作用于肝细胞** 此种损伤可以预测。药物通过改变肝细胞膜的物理特性（黏滞度）和化学特性（胆固醇磷脂化），抑制细胞膜上的 $Na^+,K^+-ATP$ 酶、干扰肝细胞的摄取过程，破坏细胞骨架功能，在胆汁中形成不可溶性复合物等途径直接导致肝损伤；通常与所用药物剂量直接相关，给药后很快发病，再次应用同一种药物时，临床表现相似。可预测型的药物是该药物本身对肝脏有损害。它们可以无选择地损伤肝细胞的所有成分或某一专一细胞器。甲氨蝶呤为此类药物的代表。

**2. 间接引起肝损伤** 此类肝病一般不可预测。选择性地破坏细胞成分，与关键分子共价结合，干扰特殊代谢途径或过程，间接地引起肝损伤。机体对药物或其中间代谢产物的免疫反应所致，其临床表现与用药之间有一段潜伏期（数天到数周），药物剂量与疾病严重程度之间无明确联系，再次给药时不仅疾病的严重程度增加，而且潜伏期缩短，血清中存在与药物代谢相关酶类的自身抗体。不可预测型的药物则因患者系过敏或特异体质所致，其代表如异烟肼、红霉素等。

目前至少有 600 种药物可以引起药肝，易引起药肝的常见药物包括抗生素类、解热镇痛药、中枢神经系统用药、抗癌药、口服避孕药等。此外，降血糖药、降脂药、抗甲状腺药、抗结核药以及许多中草药物也会造成肝损伤。

### （三）环境毒物性肝损伤

环境毒物性肝损伤系指工业和环境中存在的除药物外的肝毒性物质所导致的急、慢性肝脏损害。工业和环境中存在的有潜在肝毒性的物质种类、数量繁多，在工业生产和生活过程中可经消化道、呼吸道、皮肤黏膜等途径引起中毒。其发生机制多种多样且较为复杂。主要有脂质过氧化、活性氧形成、谷胱甘肽缺乏、干扰蛋白质合成、膜损伤、干扰胆汁分泌、与 DNA 共价结合、与蛋白质共价结合等。

根据其毒性的强弱，肝毒性可分为三类：①剧毒类，包括磷、三硝基甲苯、四氯化碳、氯奈、丙烯醛等；②高毒类，包括砷、汞、锑、苯胺、氯仿、砷化氢、二甲基甲酰胺等；③低毒类，包括二硝基酚、乙醛、有机磷、丙烯腈、铅等。一些亲肝毒物与其他非毒性化学物质结合，可增加毒性，如脂肪醇类（甲醇、乙醇、异丙醇等）能增强卤代烃类（四氯化碳、氯仿等）的毒性。

## 四、具有对化学性肝损伤有辅助保护作用功能的物质

目前应用和研究中的对化学性肝损伤有辅助保护功能的功能因子种类较多，除下述几类外，总黄酮、葛根素、总皂苷、牛磺酸、丹参酮、五味子甲素、原花青素等也常被提及。

### （一）磷脂酰胆碱

磷脂酰胆碱可阻碍脂肪肝的形成，改善化学性肝损伤，抑制肝细胞凋亡，减少肝内纤维沉积。它对肝细胞的保护作用主要包括：保护及修复受损的肝细胞，降低脂质过氧化损伤；减轻肝细胞脂肪变性和坏死；促进肝细胞再生；保持细胞膜的稳定性，抑制炎症浸润和纤维组织的增生；改善血液和肝脏的脂质代谢。

### （二）活性多糖

活性多糖具有较好的保护肝脏的功效。研究证实，灵芝多糖、枸杞多糖、壳聚糖、猪苓多糖、云芝多糖、香菇多糖等都有一定的保肝护肝作用。

### （三）蛋白质、活性肽及氨基酸

补充优质蛋白质，摄入高 F 值低聚肽、还原型谷胱甘肽、S-腺苷甲硫氨酸、半胱氨酸、牛磺酸等特种氨基酸，对预防和治疗各种肝损伤疾病都很有益处。膳食中应优先选用植物蛋白。植物蛋白中含丰富的纤维素，能调节肠道菌群，促进肠蠕动；植物蛋白中的某些氨基酸还有降低氨生成的潜在作用。此

外，一些免疫球蛋白、活性多肽也被作为功能因子。

### （四）维生素

维生素在预防肝损伤，尤其在预防脂肪肝方面起着极为重要的作用。B族维生素有防止肝脂肪变性及保护肝脏的作用。各种谷类、豆类、蛋类制品和鱼、瘦肉中富含B族维生素。维生素C能促进肝糖原合成，防止有毒物质对肝脏的损害，保护肝脏中的酶系统，增强肝细胞的抵抗力，并促进肝细胞再生。新鲜蔬菜和水果中富含维生素C。维生素E可增强肝细胞抵抗力，促进肝细胞再生，改善肝脏代谢功能，增强肝脏解毒能力，防止脂肪肝和肝硬化。富含维生素E的食物有绿叶蔬菜、未精制谷类、花生酱、烤番薯、胡桃、鸡肉、玉米、动物肝脏、鲑鱼、南瓜、萝卜叶、杏仁和芝麻等。维生素$B_{12}$有助于从肝脏中移去脂肪，有防止脂肪肝形成的作用。维生素K对超量对乙酰氨基酚致小鼠肝损伤有一定的保护作用，它可用于急慢性肝炎等肝病的辅助治疗。

### （五）微量元素

硒有"抗肝坏死保护因子"之称，其保肝护肝作用日益引起人们的重视。肝脏中含有硒量丰富，但肝病患者普遍缺硒，并且病情越严重，血硒水平越低。适量补硒可以改善肝病患者的免疫和抗氧化功能。动物实验提示补硒能抑制肝纤维化和肝损伤，动物实验和人体试验均显示补硒可以预防肝癌。

### （六）植物活性成分

**1. 甘草提取物**　其主要功效成分有甘草酸、甘草酸、甘草苷、甘草类黄酮、后幕比檀素、刺芒柄花素、槲皮素等。通过抗炎、抗脂质过氧化、调节免疫和稳定溶酶体等作用，可有效防治各种肝损伤。

**2. 水飞蓟宾**　是从菊科植物水飞蓟果实中提取的水难溶性黄酮类化合物。它对酒精性肝损伤、药物性肝损伤、急慢性肝炎、肝硬化等都有明显的保护作用。

## 五、对化学性肝损伤有辅助保护作用功能性食品的应用案例

### （一）产品设计

本产品以螺旋藻藻粉为主要原料，辅以五味子提取物、枸杞提取物、黄芪提取物、沙棘果干粉，开发一种蛋白质含量高，具有解毒、降酶功能的护肝保健食品。

螺旋藻中蛋白质含量达60%~70%；螺旋藻、五味子具有益肝补气、解毒及促进糖原生成功能，枸杞可以增强机体免疫力、滋阴润燥、促进肝细胞新生，黄芪能疏肝理气、促肝糖原合成，沙棘能补益解毒、增强免疫力。配方中各组分共同作用，达到增强免疫、疏肝理气和解毒保肝的功效。本产品可以抑制谷氨酸氨基转移酶、天门冬氨酸氨基转移酶的升高，提高肝脏中谷胱甘肽和超氧化物歧化酶的水平，改善肝脏病理学的异常改变，对肝损伤有辅助保护作用。

产品总配方：螺旋藻粉（重量比）1%~50%，五味子提取物1%~25%，枸杞子提取物1%~20%，黄芪提取物1%~15%，沙棘果干粉1%~10%。

### （二）生产工艺

**1. 原料提取**

（1）将五味子、枸杞子、黄芪粉碎，分别过20~30目筛。

（2）分别加入3~5倍重量的水煎煮3~5次，每次1~2小时，去渣取汁合并滤液。

（3）将得到的滤液在70~90℃条件下减压浓缩，得到浸膏。

（4）将浸膏喷雾干燥（进风温度为150~180℃，出风温度为70~80℃），得到喷雾干燥细粉。

### 2. 产品制备

（1）原料准备　取螺旋藻藻粉、五味子提取物、枸杞提取物、黄芪提取物和沙棘果干粉作为组方原料，提取物过80目筛。

（2）混匀　按组方比例准确称取螺旋藻藻粉45%、五味子提取物17%、枸杞提取物18%、黄芪提取物12%、沙棘果干粉8%，置于混料机中，充分混匀。

（3）胶囊填充　混合后的配料在胶囊装填机上填充胶囊，即得产品。

答案解析

1. 电磁辐射和电离辐射的特点各是什么？对人体健康有何影响？

2. 你认为在生活中应如何避免或减轻儿童受到铅污染？

3. 结合机体对氧的利用途径，依据缺氧发生的机制，可以将缺氧分为哪些类型？

4. 化学性肝损伤是什么？主要包括哪些类型？

5. 请列出至少5种具有辅助保护化学性肝损伤功能的物质，并简述其作用原理。

书网融合……

本章小结　　　　　题库

**第九章**

# 其他功能性食品的应用

PPT

**学习目标**

**知识目标**

1. **掌握** 肿瘤和痛风的概念；影响生长发育、乳汁分泌的因素。
2. **熟悉** 具有改善生长发育、促进泌乳、抗肿瘤、辅助降尿酸的功能性物质。
3. **了解** 癌症、抑郁症的早期预警；高尿酸血症与痛风的关系；乳房的发育过程。

**能力目标**

1. 掌握具有改善生长发育、促进泌乳、抗肿瘤及辅助降尿酸功能的主要物质。
2. 会运用合适的改善生长发育、促进泌乳、辅助抑制肿瘤、辅助降尿酸功能的原料设计产品配方，开发出相应的功能性食品解决常见问题。

**素质目标**

通过本章学习，树立正确的健康理念，倡导并养成健康科学的饮食习惯与生活方式；正确认识机体健康受到影响的内外因素，具备在功能性食品开发过程中发现问题、解决问题的能力。

## 第一节  改善生长发育功能性食品的应用

### 一、生长发育期与营养需求的特点

生长是指机体各部位及其整体可以衡量的量的增加。如骨重、肌重、血量、身高、体重、胸围、坐高等的增加，有相应的测量值来表示其量的变化。发育指细胞、组织等分化及其功能的成熟完善过程，难以用量来衡量。如免疫功能的建立、思维记忆的完善等。生长侧重物质，发育强调功能。二者紧密相关，生长是发育的物质基础，生长的量的变化可以在一定程度上反映身体器官、系统的成熟状况。

生长发育不是简单的身体由小增大的过程，而是涉及个体细胞的增加分化、器官结构及功能的完善。在生命周期中，身体生长快慢的调节受遗传因素、环境、运动和膳食营养等多种因素的影响。骨骼系统是整个机体的支柱，头、脊柱和下肢骨骼长度的总和构成身长。骨骼的生长和矿化对于体格形成十分重要。

人的生长发育是指从受精卵到成人的成熟过程。根据不同时期的生长特点，可以将生长发育分为：胎儿期（出生前280天）、婴儿期（出生至不满1周岁）、幼儿期（1~3岁）、学龄前期儿童（3~6岁）、学龄儿童（6~17岁）。

#### （一）婴儿期

婴儿期是一生中生长最快的时期，也是感知觉、动作、语言和行为发育最快的时期。这一时期，婴儿完成从母体到外界生活的过渡，视觉、听觉、运动和社交发育得到飞速发展，需要提供充足的营养以满足生长发育需求。

### 1. 婴儿生长发育特点

（1）体重 婴儿的体重是衡量生长发育的重要标志。婴儿期是人生中体重增长最快的时期，其体重增长为非等速增加，随着月龄的增长，婴儿体重增长的速度逐渐减慢。新生儿出生重通常在 2500 ~ 4000g 之间，出生后可能会出现生理性体重下降，出生后 3 ~ 4 天降至体重最低点，至 7 ~ 10 天后可恢复到出生重。通常足月儿在出生后前 3 个月体重月均增加 600 ~ 1000g，3 月龄时体重可达出生重的 2 倍。此后体重增加速度减慢，4 ~ 6 个月月均增加 500 ~ 600g，7 ~ 12 个月月均增加 300g，至 1 周岁时，体重可达到出生重的 3 倍。1 ~ 6 个月体重可用下列公式计算：出生时体重（kg）＋ 月龄×0.6（kg）；出生后 7 ~ 12 个月体重可用下列公式计算：出生时体重（kg）＋ 月龄×0.5（kg）。

（2）身长 婴儿期是身长增长最快的阶段。出生时身长平均为 50cm，出生后前三个月月均增加约 4cm，3 月龄的婴儿身长可达到 60 ~ 62cm。此后身长增加速度减慢，4 ~ 6 个月月均增加 2cm，7 ~ 12 个月月均增加 1cm，至 1 周岁时，身长可达到出生身长的 1.5 倍。

（3）头围和胸围 头围的大小反映脑的体积。头部从胎儿期即开始发育，至出生后前半年发育都较快。新生儿头围平均值为 34cm，约为身高的 1/4。出生后前半年可增加 9cm 左右，后半年约增加 3cm，至 1 周岁时头围平均可达到 46cm 左右。胸围可以反映胸廓肌肉、胸背肌肉、皮下脂肪和肺的发育程度。婴儿期的胸围增长同样迅速。出生时胸围平均值为 32 ~ 33cm，比头围略小 1 ~ 2cm。至 1 周岁时，胸围约等于头围，出现头围和胸围生长曲线交叉。

### 2. 婴儿营养需求特点
婴儿生长发育迅速，需要相对大量的能量和营养素支持。对于婴儿来说，营养最全面的、最佳的食物当属母乳。哺乳是婴儿最佳的喂养方式，不但可以满足婴儿的营养需求，还能促进婴儿认识和行为发育。母乳中营养素齐全，能全面满足婴儿生长发育的需求。6 月龄前应给予纯母乳喂养，随着婴儿长大，为适应其生长发育的需要，从 7 月龄开始，可逐渐添加乳类以外的食物，作为母乳喂养的补充，即婴幼儿辅助食品。婴儿满 6 月龄后，纯母乳喂养已经无法提供足够的能量和铁、锌、维生素 A 等营养素。因此，必须在母乳喂养的基础上引入各种营养丰富的食物。辅食的添加成为这一时期的必然选择。辅食添加的原则为：每次只添加一种新食物，量由少到多，质由稀到稠，由粗到细，循序渐进。如从强化铁的婴儿米粉、肉泥开始，逐渐过渡到半固体或固体的烂面、肉末、碎菜、水果粒等。每引入一种新食物应适应 2 ~ 3 天，观察婴儿是否出现呕吐、腹泻、皮疹等不良反应，在适应一种食物后再添加其他新食物。

### （二）幼儿期

幼儿期体格的生长发育虽不及婴儿期迅猛，但其组织、器官、系统的功能不断发育成熟，特别是感知觉、认知和行为能力不断完善，逐渐认识食物，掌握自主进食技能。此阶段应着重培养幼儿养成良好的饮食习惯，为儿童、青少年期健康打下基础。

### 1. 幼儿生长发育特点
幼儿期生长速度减慢，但仍处于快速生长期。1 ~ 2 岁幼儿全年体重增长 2.5 ~ 3kg，满 2 岁时体重约为出生重 4 倍。2 ~ 3 岁再增长 2kg。1 ~ 2 岁幼儿全年身长增长约 12cm，2 ~ 3 岁约增长 9cm。幼儿头围增长缓慢，1 ~ 2 岁头围只增长约 2cm，2 ~ 3 岁再增长 1.5cm。幼儿 2 岁半至 3 岁时，20 颗乳牙全部萌出，但咀嚼能力仍较差，胃肠道蠕动及调剂能力、消化酶的分泌和活性也远不如成人。

### 2. 幼儿营养需求特点
处于生长发育期的幼儿每天所摄入的能量和营养素不仅要用于补偿代谢损失，还要用于供给生长发育过程中新生组织增加及功能成熟所需的能量。幼儿每增加 1g 新生组织，需要 4.4 ~ 5.7kcal（18.4 ~ 23.8kJ）的能量。幼儿期膳食由高脂含量的母乳向成人多样化膳食过渡，谷类成为主要食物，奶类、畜禽肉类、鱼虾、蛋类、果蔬、豆类和坚果为辅食。由于幼儿消化系统尚不成熟，胃容量仅250ml左右，牙齿也正在生长，故其烹调方式应有别于成人，必须充分考虑幼儿的消化及代谢能力。幼儿膳食应增加餐次，可每日进食4~5餐，除3餐外，可以在上午和下午各加一餐点心。此外，应有基本的进食时间表，有规定的进餐时间，以及相对固定的进餐地点和婴幼儿专用座椅，帮助幼儿形成良好的进食习惯。应尽量提供多样化的营养丰富的健康食物，且与幼儿的进食能力相适应。

### （三）学龄前期儿童

与婴幼儿相比，学龄前期儿童生长发育速率略有下降。学龄前期儿童生长发育状况直接关系到青少年期甚至成人期肥胖和慢性病的发生风险。学龄前期儿童大脑及神经系统发育逐渐趋于成熟，摄入的食物种类和膳食结构已逐渐接近成人，此时是养成健康生活方式和良好饮食习惯的关键时期。

**1. 学龄前期儿童生长发育特点**　学龄前期儿童体格生长和大脑发育逐渐减慢并趋于稳定。此阶段，体重每年约增长2kg，身高每年增长7~8cm。而头围生长速度自2岁后开始减慢，3~18岁只增长5~6cm。该阶段儿童由于生长速度减缓，相应对营养的需求和食欲均有所下降，故学龄前期儿童易出现挑食、偏食等进食行为问题。

**2. 学龄前期儿童营养需求特点**　学龄前期儿童新陈代谢旺盛，且活动量较大，对能量和各种营养素的需求相对高于成人。随着多样化膳食习惯的形成，学龄前期儿童膳食脂肪供能比逐渐降低，碳水化合物供能比逐渐增至50%~65%，成为能量的主要来源。此阶段，缺铁性贫血、维生素A缺乏、锌的缺乏成为突出问题。此阶段儿童进餐时注意力容易分散，进食专注度较弱，容易出现挑食和偏食、不良零食行为、久坐和视屏行为。因此，应根据学龄前期儿童特殊生理特点和营养需求制备合理膳食，及时避免和矫正不良饮食习惯，保障其正常生长发育，为其一生健康奠定坚实的基础。

### （四）学龄儿童

学龄儿童体格发育迅速，学习任务繁重，对能量和营养素的需求也较大。这一阶段是行为习惯和生活方式形成和发展的时期。保障学龄儿童均衡膳食，培养健康饮食行为，对于学龄儿童身心发育至关重要。

**1. 学龄儿童生长发育特点**　学龄儿童身体各部分发育的先后不同，通常表现为四肢先于躯干，下肢先于上肢。身体各系统发育虽不同步，但统一协调。学龄期儿童生长发育缓慢而稳定，除生殖系统外，其他器官系统形态发育已逐渐接近成人水平。此阶段，体重每年增长3~5kg，身高每年增长5~7cm。进入青春期，学龄儿童的体重、身高出现第二次生长突增。女生的突增通常开始于10~12岁；男生通常略晚，开始于12~15岁。此阶段体重增长在高峰时可达每年8~10kg，身高增长在高峰时可达每年10~12cm。生殖器官、第二性征也开始出现明显的性别差异，运动能力和耐力也明显提高。女生16~17岁几乎停止身高增长，男生18~20岁几乎停止身高增长。

**2. 学龄儿童营养需求特点**　均衡膳食以及充足的能量和营养是保证学龄儿童身心发育，乃至人一生健康的物质基础。儿童青少年的能量需要满足基础代谢、身体活动、食物热效应和生长发育。此阶段不健康的饮食行为可能导致能量失衡，如超重、肥胖和消瘦。高脂高糖食物，如油炸食品、含糖饮料、甜食、西式快餐等能量密度高，儿童及青少年应适当减少摄入。同时应减少在外就餐频率，增加新鲜果蔬的摄入，保证充足身体活动。此外，运动、考试具有一定特殊性，更应强调合理营养，提高营养水平，正确认识发育与健康的关系，避免因过分关注体型而限制进食。

## 二、生长发育的物质基础

### （一）能量

人和其他动物一样，每天都需要从食物中摄取一定的能量以供生长、代谢、维持体温以及从事各种体力和脑力活动。碳水化合物、脂肪和蛋白质是三大产能营养素。婴幼儿、儿童、青少年生长发育所需的能量主要用于形成新的组织及新组织的新陈代谢，特别是脑组织的发育与完善。能量供给不足不仅会影响到机体器官的发育，而且还会影响其他营养素效能的发挥，从而影响正常的生长发育。

### （二）蛋白质

蛋白质是人体组织和器官的重要组成部分，参与机体所有代谢活动，具有构成和修补人体组织、调节体液、维持酸碱平衡、合成生理活性物质、增强免疫力、提供能量等生理作用。充足蛋白质的摄入对保障正常生长发育具有至关重要的作用，如果蛋白质供给不足或蛋白质中必需氨基酸的含量较低，则会造成儿童生长缓慢、发育不良、肌肉萎缩和免疫力下降等。

### （三）矿物质

**1. 钙**　钙是构成人体骨骼和牙齿的主要成分，并对骨骼和牙齿起支持和保护作用。而儿童期是骨骼和牙齿生长发育的关键时期，对钙的需求量大，同时对钙的吸收率也高，可达到40%左右。食物中的钙源以乳及乳制品最好，不但含量丰富而且吸收率高。此外，水产品、豆制品和许多蔬菜中的钙含量也很丰富，但谷类及畜肉中含钙量相对较低。

**2. 铁**　铁主要集中在血液和肌肉里，是血红蛋白、肌红蛋白的组成成分，参与呼吸作用和氧化反应。同时，铁还是细胞色素系统和很多酶类的组成成分，在机体新陈代谢、抗氧化和免疫过程中发挥重要作用。儿童生长发育旺盛，造血功能活跃，对铁的需求量相对较高。

**3. 锌**　锌是体内许多酶的组成成分和激活剂，存在于体内的一切组织和器官中，肝、肾、胰、脑等组织中锌的含量较高。锌对机体的生长发育、组织再生、促进食欲、促进维生素A的正常代谢、性器官和性功能的正常发育具有重要作用。锌不同程度的存在于各种动植物食品中，一般情况下能满足人体对锌的基本需求，但在身体迅速生长的时期，由于膳食结构的不合理，也容易造成锌的缺乏，出现生长停滞、性特征发育推迟、味觉减退和食欲不振等症状。

**4. 碘**　碘是甲状腺素的成分，具有促进和调节代谢及生长发育的作用。碘供应不足会造成机体代谢率下降，会影响生长发育并易患缺碘性甲状腺肿大。

**5. 硒**　硒存在于机体的多种功能性蛋白、酶、肌肉细胞中。硒的主要生理功能是通过谷胱甘肽过氧化物酶发挥抗氧化作用，防止氢过氧化物在细胞内堆积及保护细胞膜，能有效提高机体的免疫力。

### （四）维生素

维生素是调节人体代谢不可或缺的营养物质，对人的生长发育具有重要作用。维生素A的作用是参与人体视紫红质的合成，影响细胞生长、分化和调控蛋白质的合成。若缺乏维生素A，可导致骨骼发育不良、发育停滞、对弱光敏感度降低、暗适应能力下降，甚至导致夜盲症。维生素D的作用是促进小肠对钙和磷的吸收，维持骨骼和牙齿健康。维生素C在体内参与多种生化反应，如参与氧化还原过程。在生物氧化和还原作用及细胞呼吸中发挥重要作用。维生素C还具有提高免疫力、缓解疲劳等作用。B族维生素多是辅酶，能够参与体内蛋白质、脂肪及碳水化合物的分解代谢。其中，维生素$B_1$作为脱羧酶的辅酶调节碳水化合物代谢；维生素$B_2$参与人体氧化还原反应；烟酸维持人体皮肤、黏膜和神经的健康，防止癞皮病，维持消化系统正常功能；维生素E是人体内重要的抗氧化物质，能够中断自由基的连锁反应，保护细胞膜的稳定性，防止脂褐素形成，从而延缓机体衰老。

## 三、我国儿童存在的膳食营养问题

儿童在生长发育过程中，需要充足和均衡的营养素。现代社会经济快速发展，为儿童的健康成长创造了有利的条件，但同时也给儿童的生长发育带来了前所未有的新问题。我国儿童的营养问题，既存在营养不良，又存在营养过剩。儿童有明显营养不均衡倾向，需要引起全社会的广泛关注。

### （一）佝偻病

佝偻病是婴幼儿常见的一种营养缺乏病，以3～18个月的婴幼儿最常见，主要是维生素D的缺乏及钙、磷代谢紊乱造成的。维生素D主要与钙、磷的代谢有关，它影响这些矿物质的吸收及它们在骨组织内的沉淀。缺乏维生素D时，人体钙的吸收率降低，骨骼不能正常钙化，血清无机磷酸盐浓度下降，从而造成钙、磷代谢的失调，引起骨骼变软和弯曲变形。佝偻病的发病程度北方较南方严重，可能与婴幼儿日照不足有关。

### （二）缺铁性贫血

缺铁性贫血是由于体内储铁不足和（或）食物缺铁造成的一种营养性贫血，是一种世界性的营养缺乏症。我国的发病率也相当高，多发生于6个月至2岁婴幼儿。发病原因：一是先天性因素，母亲在妊娠期营养不良或早产，造成婴儿体内铁的储备不足；二是膳食因素，婴儿膳食中铁元素缺乏，不能满足生长发育。

### （三）锌缺乏症

锌是人体中重要的微量元素，人的整个生命过程都离不开锌。缺锌时易出现味觉、嗅觉下降、厌食、生长缓慢和智力发育低于正常等表现。锌缺乏症是婴幼儿常见病。母乳不足、未能按时增加辅食、锌吸收率低、偏食均可造成锌缺乏症。

### （四）蛋白质－能量营养不良

蛋白质－能量营养不良是目前发展中国家较严重的营养问题，主要见于5岁以下儿童。发病原因主要是饮食中长期缺乏热能和蛋白质。

### （五）肥胖

近些年来，我国少年儿童的体重超重现象和肥胖症明显增加。肥胖对健康可造成多种危害，增加青少年高脂血症的发病率，使其提早发生动脉粥样硬化。青春期超重的人群中，死于心脏病或卒中者明显增多，而这些疾病的死亡率与成年期体重有关。青春期超重人群中关节炎（特别是膝关节）、糖尿病和骨折等的发病率较正常人高。脂肪和碳水化合物摄取量的增加、运动量的减少、不良的饮食习惯和生活方式是造成儿童肥胖症的主要原因。

## 四、具有改善生长发育功能的物质

### （一）牛磺酸

牛磺酸又称$\beta$－氨基乙磺酸，最早由牛黄中分离而得名。牛磺酸纯品为无色或白色斜状晶体，无臭，化学性质稳定，不溶于乙醚等有机溶剂，是一种含硫的非蛋白氨基酸。牛磺酸在体内以游离状态存在，虽然其不参与体内蛋白的生物合成，但却与胱氨酸、半胱氨酸的代谢密切相关。人体合成牛磺酸的半胱氨酸亚硫酸羧酶活性较低，主要依靠摄取食物中的牛磺酸来满足需要。牛磺酸在脑内含量丰富，分布广泛，能够明显促进神经系统的生长发育和细胞增殖、分化，且呈剂量依赖性。牛磺酸在脑神经细胞发育过程中起着重要作用，是促进婴幼儿脑组织和智力发育的重要物质，同时也是提高神经传导和影响视功能的重要物质，与中枢神经及视网膜等的发育有密切的关系。母乳，特别是初乳中的牛磺酸含量较高。长期单纯的牛奶喂养，易造成牛磺酸的缺乏。如果补充不足，可能造成婴幼儿生长发育缓慢、智力发育迟缓。

### （二）肌醇

肌醇别名环己六醇，结构类似于葡萄糖，是动物及微生物的生长因子。肌醇以磷脂酰肌醇的形式广泛分布于动物和植物体细胞内，能够促进生长发育，是人、动物和微生物生长所必需的物质。肌醇在供给脑细胞营养方面扮演重要的角色，能够促进细胞生长，特别是肝脏和骨髓细胞的生长所必需。此外，肌醇还具有代谢脂肪和胆固醇、促进健康毛发生长等作用。

### （三）藻蓝蛋白

藻蓝蛋白是从螺旋藻中分离出的一种深蓝色粉末。藻蓝蛋白是一种氨基酸配比较好的蛋白质，可以帮助调节、合成人体代谢所需的多种重要的酶，对抑制癌细胞生长和促进人体细胞再生、保养卵巢、促进人体内合成弹力蛋白具有重要的作用。研究发现，藻蓝蛋白在抑制肝脏肿瘤细胞、提高淋巴细胞活性、增强免疫力方面有一定作用。

### （四）牛初乳

牛初乳是母牛产犊后 7 天内所分泌的乳汁，牛初乳所含物质丰富、全面、合理，含多种生长因子，能促进生长发育。富含免疫球蛋白，具有增强机体免疫功能等功效。

### （五）锌

锌是促进人体生长发育的重要物质之一，对儿童的生长发育非常重要。富锌食品主要有肉类、蛋类、牡蛎、肝脏、花生、核桃、杏仁等。

## 五、改善生长发育功能性食品的应用案例

### （一）产品设计

本产品重在刺激骨关节软骨和骨骺软骨生长，促进营养物质的吸收和人体新陈代谢，促进生长激素的分泌，从而促进身高、体重增长。

黄精具有壮筋骨、益精髓、使白发变黑等功效。蛹虫草具有扶正益气、提高免疫、造血和改善记忆力的功效。山楂能增强机体的免疫力，有预防衰老、清除胃肠道有害细菌、帮助消化等功效。核桃富含维生素和矿物质，为生长发育提供营养物质。蛋黄中的矿物质、维生素、磷脂为促进生长发育必需的营养物质。枸杞多糖具有促进免疫、抗衰老、抗肿瘤、抗辐射等作用。灵芝菌具有调节中枢神经系统、内分泌和新陈代谢等功效。

产品总配方：原料为黄精 25 份、山楂 12 份、蛹虫草粉 18 份、核桃 40 份、枸杞 25 份、灵芝菌 25 份和水解蛋黄粉 35 份；辅料为适量麦芽糖精和硬脂酸镁。

### （二）生产工艺

**1. 粉碎**　将黄精、山楂、蛹虫草粉、核桃、枸杞、灵芝菌、水解蛋黄粉分别用粉碎机粉碎，并过 60 目筛备用。

**2. 混合**　称取黄精 25 份、山楂 12 份、蛹虫草粉 18 份、核桃 40 份、枸杞 25 份、灵芝菌 25 份和水解蛋黄粉 35 份，并分别加入三维混合机中，混合均匀。

**3. 制粒**　加水混合均匀后，用 16 目筛制粒；先用冷风吹 3 分钟，再在 56℃下烘干至颗粒内的水分至 5%，用 14 目筛整粒；将颗粒中加入辅料麦芽糖精和硬脂酸镁，制得颗粒剂。

# 第二节 促进泌乳功能性食品的应用

## 一、乳房的结构

人类女性的乳房是一个大的分泌腺，随着年龄的增长逐渐发育成熟。乳房主要由腺体、导管、脂肪组织和纤维组织等构成。乳房腺体由 15～20 个腺叶组成，每一腺叶分成若干个腺小叶，每一腺小叶又由 10～100 个腺泡组成。腺泡紧密地排列在小乳管周围，它的开口与小乳管相连。许多小乳管汇集成小叶间乳管，多个小叶间乳管汇集成一根整个腺叶的乳腺导管，又名输乳管。输乳管共 15～20 根，以乳头为中心呈放射状排列，汇集于乳晕，开口处在乳头，称为输乳孔。输乳管在乳头处较狭窄，后膨大为壶腹，称为输乳管窦，能贮存乳汁。乳房内的脂肪组织呈囊状包于乳腺周围，形成一个半球形的整体。

## 二、乳汁的产生及影响因素

### （一）乳汁的产生

从乳腺的发育到泌乳，体内的激素一直起着重要的调节作用。非妊娠时，乳腺的发育主要受雌激素调节，使乳腺管、乳头及乳晕发育，并与黄体酮协同作用刺激腺泡发育。在妊娠期和哺乳期，由于胎盘分泌大量雌激素和脑垂体分泌催乳素的影响，乳腺明显增生，腺管延长使其逐步具有泌乳的结构和能力。

随着新生儿和胎盘的娩出，雌激素水平的急剧下降及催乳激素急剧上升，加上婴儿的气味、母婴的接触、婴儿的哭声，以及新生儿对乳头的吸吮等刺激，催乳素的分泌和作用加强，使乳汁的分泌逐渐增多。

### （二）影响泌乳量的因素

多数情况下，泌乳量和乳汁成分能够弹性满足婴儿的需求。但在某些特殊情况下，如母体营养素储备不足、摄入不够或者耗竭，则会影响泌乳量及乳汁成分。

**1. 婴儿因素**  催乳素是影响泌乳最重要的激素，主要是通过婴儿对乳头的吮吸反射引起分泌。越早、次数越多地吸吮乳头，乳量就会分泌越多。一旦泌乳启动，其分泌量主要受婴儿需要量调节。婴儿吸吮的强度和频率反映其对乳汁的需要，过早摄入其他食物，如糖水、配方奶等，会使婴儿产生一定程度的饱腹感，吸吮强度和频率降低，使泌乳量逐渐减少。新生儿与母亲尽早进行肌肤接触也是促进泌乳的重要因素。

**2. 母亲因素**  哺乳期妇女的营养状况会影响乳汁营养素的合成及乳汁分泌量。营养状况良好的母亲，产后 6 个月内泌乳量与婴儿的需求相适应。哺乳期妇女的膳食不会明显影响乳汁分泌量，但严重营养不良者会降低乳汁的分泌量，如能量摄入严重不足可导致泌乳量下降至正常值的 40%～50%。营养状况良好的妇女如果在哺乳期为避免发胖而节制饮食，也可使泌乳量迅速减少。而对于营养状况较差的哺乳期妇女，补充营养，特别是增加能量和蛋白质摄入量，可增加泌乳量。维生素 A、维生素 $B_1$、维生素 $B_2$、烟酸、维生素 C 等在乳汁中的含量直接受哺乳期妇女膳食影响。膳食中钙含量不足时，则首先动用母体的钙以维持母乳中钙含量稳定。但哺乳期妇女膳食中长期缺钙，也会导致乳汁中钙含量降低。乳汁中锌、铜、碘的含量与哺乳期妇女膳食密切相关。当水摄入不足时，也可使乳汁分泌量减少。哺乳期妇女年龄、居住地、受教育水平和经济状况等对母乳喂养也有一定影响。此外，妊娠过程和分娩方式也会影响乳汁分泌。研究表明，与自然分娩相比，剖宫产者泌乳的开始时间相对推迟。

**3. 环境、心理因素**  研究表明，精神 – 心理因素对母乳喂养有着重要影响，产妇应激、产后抑郁、焦虑、疲劳、情绪不稳、睡眠不足等均会影响乳汁分泌。家庭经济状况、家庭成员的认知和支持是影响母乳喂养的重要因素，良好的环境、愉快的心情可促进乳汁分泌。

**4. 泌乳量评价**  泌乳量是反映泌乳功能的重要指标。泌乳量是否充分的评价一般依据婴儿体重增长和小便次数来判断。母乳喂养的新生儿体重下降超过 10% 时可能为母乳摄入不足，若后期母乳量充足，婴儿体重应稳步增加。新生儿出生后每天尿 6~7 次，提示母乳量充足；如尿量不足，尿呈深黄色，提示母乳量不足。

## 三、母乳喂养的重大意义

### （一）母乳的成分

人类的乳汁保留了人类生命发展早期所需全部营养成分，这是人类生命延续所必需，是其他任何哺乳类动物的乳汁无法比拟的。母乳是成分相对稳定的生物性液体，通常分为初乳、过渡乳和成熟乳。一般产后 5 天内分泌的黄色乳汁称为初乳，产后 5~10 天的乳汁为过渡乳，10 天以后分泌的乳汁为成熟乳。母乳中的主要成分是水分，占总重量的 87%~88%。目前研究发现母乳中存在 300 种以上的营养成分和活性物质。

#### 1. 母乳中的营养素

（1）蛋白质及氨基酸  蛋白质是母乳中主要的宏量营养素，目前已发现的母乳中蛋白质成分超过 2500 种，不仅可以为婴儿提供生长发育的必需氨基酸，还能提供许多功能性生物活性蛋白和肽。母乳中所含蛋白质为 1~1.5g/100ml，要分泌 850ml 就需要约 10g 蛋白质，且必须是高生物价蛋白。母乳中的蛋白质，可以大致归纳为三大类：乳清蛋白、酪蛋白和乳脂球膜蛋白。人乳的乳清蛋白与酪蛋白之比为 70：30，而牛乳为 18：82。在乳清蛋白中，人乳以 $\alpha$ – 乳清蛋白为主。乳清蛋白易于消化吸收，还可促进乳糖的合成。与牛乳不同的是，人乳在婴儿的胃中被胃酸作用后，能形成柔软絮状的凝块，可被胃酸及肠道蛋白酶充分地分解。

母乳氨基酸的含量和比例是母乳蛋白质营养的基础。母乳中的氨基酸含量与蛋白质含量相似，呈现随泌乳的进展而逐渐降低的趋势，但必需氨基酸与总氨基酸的比值保持恒定。母乳中的牛磺酸的含量较多，为婴儿大脑及视网膜发育所必需。

（2）脂类  母乳中的脂类物质包括甘油三酯、胆固醇、磷脂及其他脂类物质。脂类是母乳中主要的能量物质，所提供的能量占母乳总能量的 50% 以上。母乳中的脂类可以延缓婴幼儿胃肠的排空时间，提供必需脂肪酸，并有助于脂溶性维生素的吸收，对婴儿的体格生长、神经 – 心理发育和远期的健康效应具有重要影响。人乳的脂肪含量和种类都比牛乳多，在能量上也高于牛乳。人乳脂肪酸能够提供亚油酸、$\alpha$ – 亚麻酸及 DHA 等。婴儿从亚麻酸合成 DHA 的能力有限，必须由母乳提供。人乳含有丰富的脂酶，使人乳中的脂肪比牛乳脂肪更易于消化吸收。

母乳中脂肪酸的一个显著特征就是结构脂肪酸优势。母乳含较多的单不饱和脂肪酸，多在甘油分子的第 1 和第 3 位碳原子上，而 70% 的母乳棕榈酸是被酯化在甘油三酯第 2 位碳原子上，即 OPO 结构。该结构消化时不易形成钙皂，不易引起婴儿便秘，更易于脂肪酸和钙的消化吸收。

（3）碳水化合物  母乳中的碳水化合物主要为乳糖和母乳低聚糖（HMO），还含有少量的游离葡萄糖、半乳糖。人乳中的乳糖含量约 7%，高于牛乳。乳糖不仅能给婴儿提供一部分的能量，而且在肠道中被乳酸菌利用后可产生乳酸，乳酸在肠道内可抑制大肠埃希菌的生长，同时可促进钙的吸收。母乳中乳糖的浓度既适应了婴儿对营养和能量的高需求，又避免了过高渗透压对婴儿肠道和营养物质吸收的不利影响，实现婴儿营养需求与肠道耐受之间的良好平衡。

母乳中的低聚糖可以耐受消化道酶的作用到达大肠，可作为肠道益生菌的底物，促进益生菌生长，帮助新生儿建立健康肠道微生态环境，进而发挥促进肠道发育、抗感染、平衡免疫系统发展的作用。母乳中部分 HMO 的末端黏附了高浓度的唾液酸，有利于增强神经突触发生和促进婴儿神经系统发育。

（4）矿物质　母乳中含有各种矿物质，是婴儿生长发育所必需的。如常量元素钠、镁、磷、钾、钙、氯、硫和微量元素铁、锌、铜、硒、钴、铬、氟、碘、锰、钼等。由于婴儿肾脏的排泄和浓缩能力较弱，食物中的矿物质过多或过少都不适于婴儿的肾脏及肠道对渗透压的耐受能力，会导致腹泻或对肾的过高负荷。人乳的渗透压比牛乳低，更符合婴儿的生理需要。

人乳中的钙含量比牛乳低，但钙磷比例恰当，为 2∶1，有利于钙的吸收。铁的含量人乳与牛乳接近，但人乳中铁的吸收率达 50%，而牛乳仅 10%。另外，人乳中的锌、铜含量远高于牛乳，有利于婴儿的生长发育。虽然母乳中各种微量元素含量相对较低，也不易受到母体膳食的影响，但低渗透压更符合婴儿的生理需求。

（5）维生素　母乳中维生素的含量受乳母营养状态的影响，尤以水溶性维生素和脂溶性的维生素 A 影响最大。母乳中的水溶性维生素，只能来自乳母日常膳食和营养素补充剂，通过血液循环转运至乳腺，进而分泌进入乳汁。如果膳食摄入不足，母乳就不可能分泌出充足的维生素。而母乳中维生素 D 和维生素 K 含量低，纯母乳喂养婴儿不能通过母乳喂养满足这两种维生素的需要量。人体自身可以由皮肤在紫外线照射条件下合成维生素 D，包括新生儿也已经具备较强的维生素 D 合成能力，因此，婴儿并不是完全依靠母乳来获得维生素 D。

### 2. 母乳中的免疫活性物质

（1）淋巴细胞和干细胞　母乳中含有母亲血液来源的免疫细胞、造血干细胞和祖细胞。免疫细胞在初乳中含量丰富，在成熟乳汁中含量较少。当母体感染时，乳汁中免疫细胞数量会迅速增加，感染控制后降低到基线水平。

（2）免疫球蛋白　母乳中的免疫球蛋白主要存在于初乳中，以分泌型免疫球蛋白 sIgA 为主，占初乳中免疫球蛋白的 90% 左右。产后 1~2 天的初乳也含有较高水平 IgM，其含量达到甚至超过正常人血清水平，但持续时间较短，至产后 7 天下降至微量。母乳中含有少量的 IgG，其浓度不到血液浓度的 1%，但持续时间较长，能维持到产后 6 个月。

（3）乳铁蛋白　乳铁蛋白是母乳中重要的活性成分之一，可以预防和辅助治疗婴幼儿腹泻、新生儿坏死性小肠结肠炎、呼吸道疾病、败血症，对改善婴幼儿贫血和促进生长发育也有一定作用。初乳中乳铁蛋白含量丰富。

（4）溶菌酶　溶菌酶是人乳中含量相对较高的单链蛋白质，目前已证明，溶菌酶是人体先天免疫系统的重要组成部分。母乳中溶菌酶含量约 400mg/L，是其他哺乳动物乳汁的 1500~3000 倍。分娩后 2 天的初乳中溶菌酶含量极高，是正常人血清含量的 11~19 倍。

（5）补体　补体是存在于脊椎动物体液中的一组具有酶原活性的糖蛋白，具有免疫溶菌、免疫吸附、免疫共凝集和增强吞噬等能力。补体通过特异性抗体促进杀菌作用，在机体防御系统中发挥重要作用。至今已经发现的补体 C1~C9 在人乳中均可检出，其中，C4、C7 和 C9 活性较高。

（6）低聚糖　低聚糖是母乳中一类能抵抗细菌的碳水化合物。低聚糖可与流感和肺炎病原体黏附，促进直肠中乳酸杆菌的生长与乙酸的产生，从而抑制致病性革兰阴性菌的生长。人类母乳中所含低聚糖的量比其他哺乳动物乳汁高 10~100 倍。

（7）其他抗感染物质　初乳中含量较高的纤维结合素能促进吞噬细胞的吞噬作用；双歧因子可助乳酸杆菌在肠道中生长并产生乙酸和乳酸，降低肠道 pH；维生素 $B_{12}$ 和叶酸结合蛋白能控制细菌利用这些维生素；蛋白酶抑制剂能抑制母乳中生物活性蛋白被消化；抗炎因子具有抗炎症反应和抗氧化作用；

母乳中干扰素具有抗病毒作用。此外，母乳中还有乳脂球膜、骨桥蛋白、神经节苷脂、细胞因子和一些酶类，这些成分发挥着不同的生物调节作用。

**3. 母乳中的激素和生长因子** 母乳中含有多种生长因子，可以调节婴儿的生长发育，参与中枢神经系统及其他组织的生长分化。母乳中还含有甲状腺素 $T_3$ 和 $T_4$、促红细胞生成素、降钙素等多种激素，这些激素对于维持、调节和促进婴儿器官的生长、发育与成熟有重要作用。

### （二）母乳喂养的重要意义

母乳喂养是人类最原始的喂养方法，也是最科学、最有效的喂养方法。从进化结局角度看，母乳喂养是人类经过长期进化选择后达到的哺育子代的自然方式。母乳注定是婴儿出生后最优的、不可比拟的食物。母乳喂养不但可以满足婴儿的营养需要，还能促进婴儿认知和行为教育。

**1. 母乳的营养成分最适合婴儿的生长发育** 母乳所含有的各种营养成分最适宜婴儿的消化与吸收，能满足出生后 6 个月内婴儿的营养需要。人乳蛋白质总量虽较少，但品质优良，含乳清蛋白多而酪蛋白少，易于消化吸收。人乳蛋白质氨基酸比例适宜，且含较多的胱氨酸和牛磺酸，是促进婴儿发育的重要氨基酸；人乳含多不饱和脂肪酸较多，包括亚油酸、亚麻酸、花生四烯酸和 DHA，有利于婴儿脑部发育；人乳中乳糖含量高，且以乙型乳糖为主，有利于脂类氧化和糖原在肝脏的储存，可促进肠道乳酸菌生长；人乳钙磷比例适宜（2∶1），有利于钙的吸收；含铁较低，但吸收率高；初乳含锌高，有利于生长发育；人乳中脂肪球较小且有乳脂酶，有利于脂肪消化。尽管从 6 个月起，就要给婴儿及时合理地添加辅助食物，但是到出生后的第二年，母乳仍是多种营养物质的重要来源，并且能帮助孩子抵抗疾病；婴儿吸吮母乳还有助于其颌骨和牙齿的发育。

**2. 母乳喂养可提高免疫力，有利于抵抗各种疾病** 母乳喂养可减少或消除婴儿接触暴露的食物和容器的机会。其次，母乳中含有丰富的免疫物质，如免疫细胞、免疫球蛋白、乳铁蛋白、溶菌酶等，可结合并灭活、吞噬、消化、杀伤病原微生物，从而抵抗感染性疾病，特别是呼吸道及消化道的感染。母乳喂养有利于预防成年期慢性病。

**3. 母乳喂养可增进母婴之间的感情，有助于婴儿的智力发育** 母亲在哺乳过程中，通过每日对婴儿皮肤的接触和爱抚、目光交流、微笑和语言，可增进母婴的感情交流，有助于乳母和婴儿的情绪安定，有益于婴儿的智力发育。哺乳行为也可使母亲心情愉悦。婴儿吸吮乳头可反射性地引起催产素的分泌，促进子宫收缩，有利于产后及早恢复，减少产后并发症的发生。

**4. 母乳喂养经济方便又不易引起过敏** 母乳作为天然的婴儿食物，喂养经济方便，任何时间母亲都能提供温度适宜的乳汁给婴儿。与其他哺乳动物乳汁中的异种蛋白不同，人乳不是异种蛋白，母乳喂养的婴儿极少发生过敏，也不存在过度喂养的问题。母乳喂养可促进婴儿智力发育，母乳喂养时间越久，智力发展优势越明显。从远期效应来说，母乳喂养的儿童很少发生肥胖症，高血压、2 型糖尿病的发生率也比较低。

## 四、具有促进泌乳功能的物质

目前，对母乳的营养成分、产乳量及产乳效率尚无充分了解，还很难为乳母营养需求提出精确的推荐量。已有的推荐量一般为满足每天泌乳 850ml 的乳母的需要。

哺乳期妇女一方面要满足自身需求，另一方面要为婴儿生长发育提供乳汁。为了保证乳汁分泌旺盛、营养全面，乳母在整个哺乳期都应注意膳食中营养素的均衡。

### （一）能量

哺乳期所需能量与乳汁分泌量成正比。一般来说，每分泌 100ml 乳汁约需要能量 380kJ。每天分泌 850ml 乳汁则需要 3230kJ 能量。此外，乳母还要恢复日常活动、照顾婴儿等。因此，在哺乳期，乳母的能量需要应在相应年龄段的基础上增加约 1674kJ/d。

### （二）蛋白质

膳食蛋白质转化为母乳蛋白质的有效率约为70%。膳食中蛋白质数量、质量不足时，母体会利用自身组织蛋白来维持乳汁成分的稳定，因此对乳汁中蛋白质质量影响不大，但乳汁分泌量大为减少。《中国居民膳食指南（2022）》特别强调，哺乳期妇女要增加富含优质蛋白质及维生素A的动物性食物和海产品摄入，包括禽、肉、蛋、奶、水产品、大豆类食物等。《中国居民膳食营养素参考摄入量（2023）》建议乳母应每日增加蛋白质25g，达到每日80g，其中一部分应为优质蛋白质。

### （三）脂肪

与普通成年女性相比，哺乳期女性膳食脂肪摄入量因能量摄入的增加而相应增加。但脂肪供能比与正常成人相同，为总能量的20%～30%。乳母膳食脂肪的含量和脂肪酸组成可以影响乳汁的质量。母乳中所含的脂肪酸多数为中链脂肪酸。母乳中的长链多不饱和脂肪酸主要来自乳母膳食中摄入的脂肪。如二十二碳六烯酸（DHA）对婴幼儿视觉和脑的发育有重要作用。0～6个月的婴儿由于自身合成DHA能力有限，因此DHA为其条件必需脂肪酸。乳汁中适宜的DHA含量对婴儿极其重要，故0～6个月婴儿的膳食来源建议为纯母乳。

### （四）碳水化合物

我国传统的膳食结构以植物性食物为主。乳母膳食碳水化合物建议提供50%～65%的膳食总能量。碳水化合物的摄入要多样化，尽量做到粗细搭配。我国乳母宏量营养素参考摄入量见表9-1。

表 9-1　乳母宏量营养素参考摄入量

| 宏量营养素 | RNI（g/d） | AMDR（%Eᵃ） |
| --- | --- | --- |
| 蛋白质 | 80 | —b |
| 总碳水化合物 | 170（EAR） | 50～65 |
| 膳食纤维 | 29～34（AI） | — |
| 添加糖 | — | <10 |
| 总脂肪 | — | 20～30 |
| 饱和脂肪酸 | — | <10 |
| ω-6 PUFA | — | 2.5～9.0 |
| 亚油酸 | 4.0（AI） | — |
| ω-3 PUFA | — | 0.5～2.0 |
| α-亚麻酸 | 0.60（AI） | — |
| EPA+DHA | 0.25（0.2ᶜ）（AI） | — |

a：%E为占能量的百分比；b：未制定参考值者用"—"表示；c：DHA

### （五）矿物质

**1. 钙**　母乳中钙含量比较恒定，膳食中钙供给不足时，会动用母体中的钙，以保持母乳中钙的稳定含量。《中国居民膳食营养素参考摄入量》建议乳母膳食钙推荐摄入量（RNI）为1000mg/d，可耐受的最高摄入量（UL）为2000mg/d。乳母要注意膳食多样化，增加富含钙的食品。此外，还要注意补充维生素D，以促进钙的吸收与利用。

**2. 铁**　《中国居民膳食营养素参考摄入量》建议乳母膳食铁RNI为24mg/d，UL为42mg/d。由于食物中铁的利用率低，除注意用富铁食物补充铁外，可考虑补充小剂量的铁以纠正和预防缺铁性贫血。

### （六）维生素

维生素供给量的多少，可直接影响乳汁中维生素的多少。维生素A可以通过乳腺进入乳汁，乳母膳食维生素A的摄入量可以影响乳汁中维生素A的含量。维生素D几乎不能通过乳腺，母乳中维生素D

的含量很低。乳汁中维生素 C 与乳母的膳食有密切关系。维生素 $B_1$ 能够改善乳母的食欲和促进乳汁分泌，预防婴儿维生素 $B_1$ 缺乏病，但膳食中维生素 $B_1$ 被转运到乳汁的效率仅为 50%。因此，乳母补充适量的维生素 A、维生素 C 和 B 族维生素等对于保证母乳质量至关重要。我国乳母微量营养素参考摄入量见表 9-2。

**表 9-2　乳母微量营养素参考摄入量**

| 矿物质 | | RNI | RNI | UL | 维生素 | | EAR | RNI | UL |
|---|---|---|---|---|---|---|---|---|---|
| 常量元素 | 钙（mg/d） | 650 | 800 | 2000 | 脂溶性维生素 | 维生素 A（μgRAE/d）$^d$ | 880 | 1260 | 3000 |
| | 磷（mg/d） | 600 | 710 | 3500 | | 维生素 D（μg/d） | 8 | 10 | 50 |
| | 钾（mg/d） | — | 2400（AI） | — | | 维生素 E（mgα-ET/d）$^e$ | — | 17（AI） | 700 |
| | 钠（mg/d） | — | 1500（AI） | — | | 维生素 K（μg/d） | — | 85（AI） | |
| | 镁（mg/d） | 270 | 330 | — | 水溶性维生素 | 维生素 $B_1$（mg/d） | 1.2 | 1.5 | |
| | 氯（mg/d） | — | 2300（AI） | — | | 维生素 $B_2$（mg/d） | 1.2 | 1.7 | |
| | 铁（mg/d） | 18 | 24 | 42 | | 维生素 $B_6$（mg/d） | 1.4 | 1.7 | 60 |
| | 碘（μg/d） | 170 | 240 | 600 | | 维生素 $B_{12}$（μg/d） | 2.6 | 3.2 | |
| | 锌（mg/d） | 11 | 13 | 40 | | 维生素 C（mg/d） | 125 | 150 | 2000 |
| | 硒（μg/d） | 65 | 78 | 400 | | 泛酸（mg/d） | — | 7.0（AI） | — |
| | 铜（mg/d） | 1.1 | 1.5 | 8 | | 叶酸（μgDFE/d）$^g$ | 450 | 550 | 1000$^h$ |
| | 氟（mg/d） | — | 1.1（AI） | 3.5 | | 烟酸（mgNE/d）$^f$ | 13 | 16 | 35/310$^i$ |
| | 铬（μg/d） | — | 35（AI） | — | | 胆碱（mg/d） | — | 500（AI） | 3000 |
| | 锰（mg/d） | — | 4.2（AI） | 11 | | 生物素（μg/d） | — | 50（AI） | — |
| | 钼（μg/d） | 24 | 30 | 900 | | | | | |

d：视黄醇活性当量（RAE，μg）=膳食或补充来源全反式视黄醇（μg）+1/2 补充剂纯品全反式 β-胡萝卜素（μg）+1/12 膳食全反式 β-胡萝卜素（μg）+1/24 其他膳食维生素 A 类胡萝卜素（μg）；e：α-生育酚当量（α-TE），膳食中总 α-TE 当量（mg）=1×α-生育酚（mg）+0.5×β-生育酚（mg）+0.1×γ-生育酚（mg）+0.02×δ-生育酚（mg）+0.3×α-三烯生育酚（mg）；g：叶酸当量（DFE，μg）=天然食物来源叶酸（μg）+1.7×合成叶酸（μg）；f：烟酸当量（NE，mg）=烟酸（mg）+1/60 色氨酸（mg）。h：指合成叶酸摄入量上限，不包括天然食物来源的叶酸量；i：烟酰胺。有些营养素未指定可耐受摄入量，主要是因为研究资料不充分，并不表示过量摄入没有健康风险。

### （七）促进泌乳的功能性食品原料

促进泌乳的功能性食品常用原料包括牡蛎、猪蹄、当归、白芍、乌鸡、熟地黄、葛根、黄芪、阿胶、大枣、党参、益母草等。

**1. 牡蛎**　牡蛎含有丰富的营养功效成分，包括牡蛎多糖、糖蛋白、甾体化合物、肌醇、硫胺素、泛酸、烟酸、生物素、叶酸、胆碱、胡萝卜素、叶黄素等。牡蛎可以使初乳分泌量增多，促进乳汁黏稠，还具有增强免疫力、保肝护肝作用。

**2. 葛根**　葛根含有多种矿物质、维生素、氨基酸及葛根素、大豆黄酮等功效成分。药理学研究表明，葛根具有促进乳腺发育、促进泌乳、免疫调节、抗氧化、抗心律失常、抗肿瘤、降血脂、降血糖、抑制血小板聚集等作用。

## 五、促进泌乳功能性食品的应用案例

### （一）产品设计

本产品采用六种植物成分和两种高蛋白食材，利用现代生物技术对原料进行预处理，使其容易消化吸收，不仅提高了营养价值，而且增加了有效成分的作用。选取药食同源材料进行科学配伍原料，使得产品含有丰富的肽类、多糖类、维生素和矿物质等，可有效促进身体恢复和乳汁分泌，确保母婴健康。

益母草具有消水行血、去瘀生新、调经解毒的功效，利于产后新陈代谢的调节。王不留行具有活血通经、下乳消肿、利尿通淋的功效，用于乳汁不下、乳痈肿痛。海参富含蛋白质、矿物质、维生素等50多种天然珍贵活性物质，为乳汁提供营养成分，并且具有延缓衰老、消除疲劳、提高免疫力的功效。鲫鱼有通乳汁作用。龙眼、大枣和枸杞具有补血功效。

产品总配方：益母草36份、王不留行30份、海参28份、龙眼肉26份、大枣18份、鲫鱼120份、水苏糖8份、枸杞8份、盐1.5份。

### （二）生产工艺

**1. 益母草、王不留行活性物质提取** 称取益母草、王不留行，用超微粉碎机粉碎，加入3倍体积的水，煮沸后小火煮20～30分钟，过滤，取上清液浓缩汁1/3，得中药活性物质提取液，备用。

**2. 配料** 称取海参、龙眼肉、大枣、鲫鱼、水苏糖、枸杞、盐、中药活性物质提取液混合，得混合料。

**3. 装罐、封口** 将上述制得的混合料按每罐200g，装填入包装罐中，真空封口，得半成品。

**4. 杀菌** 半成品送入杀菌釜，在121℃条件下杀菌85分钟。

**5. 成品** 将上述半成品冷却至室温，去除包装罐外表面的污物，贴标签，即得成品。

# 第三节　辅助抑制肿瘤功能性食品的应用

## 一、肿瘤的定义与分类

### （一）肿瘤的定义

肿瘤是机体在各种致瘤因素作用下，局部组织的细胞在基因水平上失去了对其生长的正常调控，导致异常而形成的新生物，这种新生物常形成局部肿块，因而得名。肿瘤分为良性和恶性，恶性肿瘤即俗称癌症。无论肿瘤是良性还是恶性，也不论是上皮来源还是间叶组织来源，本质表现均为细胞失去控制的异常增生，故肿瘤的基本概念也可以描述为：肿瘤是一种以细胞分化异常，并呈现"自律性"过度生长（表现为失控制、相对无限制、不协调），且以遗传性方式产生子代细胞的新生物。

### （二）肿瘤的分类

依据肿瘤对机体危害程度的轻重不同，将肿瘤大体上分为良性肿瘤和恶性肿瘤。良性肿瘤一般对机体影响小，易于治疗，疗效好；恶性肿瘤危害大，治疗措施复杂，疗效不够理想。

**1. 恶性肿瘤命名** 按一般原则有以下3种情况。

（1）癌　上皮组织来源的恶性肿瘤统称为癌。命名方法为：组织来源加"癌"，如来源于鳞状上皮的恶性肿瘤称为鳞状细胞癌或鳞状上皮癌，简称鳞癌；来源于腺上皮的恶性肿瘤称为腺癌。

（2）肉瘤　来源于间叶组织（包括纤维结缔组织、脂肪、肌肉、脉管、滑膜骨和软骨组织等）的恶性肿瘤统称为肉瘤，命名方式是在来源的组织名称之后加"肉瘤"，如纤维肉瘤、横纹肌肉瘤、骨肉瘤等。

（3）癌肉瘤　一个肿瘤中既有癌的成分又有肉瘤的成分，则称为癌肉瘤。研究表明，真正的癌肉瘤罕见，多数为肉瘤样癌。

世界卫生组织（WHO）按神经系统、消化系统、造血和淋巴组织、乳腺和女性生殖器官、头颈部、骨和软组织、内分泌器官、皮肤、泌尿系统和男性生殖器官以及肺等部位不同对肿瘤进行分类。肿瘤分类中每一个类型将尽可能依据形态学、免疫表型、遗传学特征和临床特点予以确定，使肿瘤的每个类型成为一个独立的病种。

**2. 肿瘤的组织学类型**　根据各种组织的特点，可将肿瘤分别归类于下列组织学类型。

（1）上皮组织来源的肿瘤　可来自外胚层（如皮肤）、中胚层（如泌尿生殖道）及内胚层（如胃肠道）。上皮可分为被覆上皮（表皮和被覆空腔管壁黏膜上皮）和腺上皮两种。良性肿瘤如鳞状细胞乳头瘤、腺瘤。恶性肿瘤如鳞状细胞癌、移行细胞癌、腺癌。

（2）间叶组织来源的肿瘤　间叶组织包括软组织（如纤维组织、脂肪组织、平滑肌组织、横纹肌组织、血管、淋巴管）、骨组织和软骨组织。良性肿瘤如纤维瘤、脂肪瘤、平滑肌瘤、血管及淋巴管瘤、骨瘤和软骨瘤等。恶性肿瘤如纤维肉瘤、脂肪肉瘤、横纹肌肉瘤和骨肉瘤等。

（3）淋巴造血组织来源的肿瘤　淋巴造血组织属于中胚层来源，包括淋巴组织、骨髓、脾脏、胸腺、血细胞等。淋巴组织肿瘤和骨髓原始造血组织肿瘤等多属于恶性肿瘤，如霍奇金淋巴瘤、非霍奇金淋巴瘤、多发性骨髓瘤等。

（4）神经组织来源的肿瘤　属于神经外胚层来源的肿瘤，包括神经纤维、神经鞘膜、神经节、成神经细胞（神经母细胞）、神经胶质细胞等。良性肿瘤如中枢神经系统常见的神经胶质瘤以及周围神经常见的神经纤维瘤和神经鞘瘤等。恶性肿瘤如神经母细胞瘤、原始神经外胚层瘤、Ewing 肉瘤。恶性黑色素瘤一般认为也属于神经外胚层来源，起源于与神经组织有关的黑色素细胞。

（5）胚胎残余组织来源的肿瘤　胚胎残余组织来源的肿瘤如脊索瘤、肺母细胞瘤、肝母细胞瘤、肾母细胞瘤等。

（6）其他来源的肿瘤　生殖细胞肿瘤如卵黄囊瘤、神经内分泌肿瘤、混合性肿瘤如畸胎瘤和癌肉瘤以及组织来源尚未完全肯定的肿瘤。

## 二、肿瘤的常见诱因与危害

### （一）肿瘤的致病因素

与肿瘤发病相关的因素依其来源、性质与作用方式的不同，可分为内源性与外源性两类。外源性因素来自外界环境，和自然环境与生活条件密切相关，包括化学因素、物理因素、"致瘤性"病毒、霉菌毒素等；内源性因素则包括机体的免疫状态、遗传性、激素水平及 DNA 损伤修复能力等。

目前认为凡能引起人或动物肿瘤形成的化学物质，称为化学致癌物。根据化学致癌物的作用方式可将其分为致癌物和促癌物两大类。

**1. 致癌物**　致癌物是指一类进入机体后能诱导正常细胞癌变的化学物质。如各种致癌性烷化剂、亚硝酸胺类致癌物、芳香胺类、亚硝胺及黄曲霉毒素等。

**2. 促癌物**　促癌物又称肿瘤促进剂，单独作用于机体内无致癌作用，但能促进其他致癌物诱发肿瘤形成。常见的促癌物有巴豆油（佛波醇二酯）、糖精及苯巴比妥等。

物理因素主要包括电离辐射和紫外线照射。譬如长期接触放射性同位素可引起恶性肿瘤，紫外线照射可导致皮肤癌。

### （二）肿瘤的危害

**1. 肿瘤对人群的危害**　肿瘤不管是良性还是恶性，本质上都表现为细胞失去控制的异常增殖，这种异常生长的能力除了表现为肿瘤本身的持续生长之外，恶性肿瘤还表现为对邻近正常组织的侵犯及经血管、淋巴管和体腔转移到身体其他部位，而这往往是肿瘤致死的原因。

恶性肿瘤是当前全球共同面对的持续性公共卫生挑战。国际癌症研究中心发布的最新一期《世界癌症报告》显示，2020年全球范围内约有两千万例新发癌症病例，是导致患者过早死亡（即30~69岁死亡）的第一或第二大原因。我国2020年癌症的标化发病率为204.8/10万，发病数约占全球癌症发病数的23.7%，其中前5位分别为肺癌、胃癌、乳腺癌、肝癌和食管癌。癌症的标化死亡率为129.4/10万，死亡数约占全球癌症死亡数的30.2%，其中前5位分别为肺癌、肝癌、胃癌、食管癌和结肠癌。癌症严重威胁着我国人民的身体健康，造成巨大的经济负担。

**2. 肿瘤对机体的影响**　肿瘤因其良恶性质的不同，对机体的影响明显不同。

（1）良性肿瘤　良性肿瘤对机体影响较小，但因其发生部位或有相应的继发改变，有时也可引起较为严重的后果。主要表现如下：①局部压迫和阻塞。这是良性肿瘤对机体的主要影响。如消化道良性肿瘤可引起肠梗阻等。②继发性改变。膀胱的乳头状瘤等肿瘤，表面可发生溃疡而引起出血和感染。支气管壁的良性肿瘤，阻塞气道后可引起分泌物潴留，进而引起肺内感染。③对全身的影响。如内分泌系统的良性肿瘤常因能引起某种激素分泌过多而导致相应的内分泌症状，以及神经、肌肉及骨关节和血液等方面的异常症状。

（2）恶性肿瘤　恶性肿瘤由于分化不成熟，生长快，浸润破坏器官的结构和功能，并可发生转移，因此严重影响机体的健康。恶性肿瘤除可引起与上述良性肿瘤相似的局部压迫和阻塞症状外，还可引起更为严重的后果。①并发症：肿瘤可因浸润、坏死而并发出血、穿孔及病理性骨折及感染。恶性肿瘤并发出血是引起医生或患者警觉的重要信号。例如，肺癌的咯血、大肠癌的便血、鼻咽癌的涕血、子宫颈癌的阴道流血、肾癌和膀胱癌的无痛性血尿、胃癌的大便血等。②顽固性疼痛：肿瘤浸润、压迫局部神经可引起顽固性疼痛等症状。③恶质病：恶性肿瘤晚期，机体严重消瘦、无力、贫血和全身衰竭的状态称恶病质，可导致患者死亡。

## 三、肿瘤的早期警示与预防

### （一）癌症的早期预警

由于称为癌症的恶性肿瘤是目前危害人类健康最严重的一类疾病，全国肿瘤防治办公室根据我国的情况，提出了下列"症状"，作为引起人们对癌症警惕的信号。

1. 乳腺、皮肤、舌或身体其他部位有可触及、不消失的硬块。

2. 疣或黑痣发生明显的变化（如颜色加深、迅速增大、瘙痒、脱毛、渗液、溃烂、出血）。

3. 长期消化不良，进行性食欲减退、消瘦，未找出明确原因。

4. 吞咽食物时有哽噎感、疼痛，胸骨后闷胀不适，食管内有异物感或上腹部疼痛。

5. 耳鸣、听力下降、鼻塞、鼻出血、抽吸鼻咽分泌物带血、头痛、颈部肿块。

6. 月经不正常的大出血、月经期以外或绝经后不规则的阴道出血和接触性出血。

7. 持续性声嘶、干咳、痰中带血。

8. 原因不明的大便带血及黏液，或腹泻、便秘交替，原因不明的血尿。

9. 久治不愈的伤口溃疡。

10. 原因不明的较长时间体重减轻。

如出现上述"症状"者，应尽早去医院做检查，确认病因，及时治疗。

### （二）肿瘤的预防

人类约有35%的肿瘤是与膳食因素密切相关的。只要合理调节营养与膳食结构，发挥各种营养素和非营养素自身的预防肿瘤功效，就可有效地控制肿瘤的发生。科学证实，地中海饮食、生酮饮食或抗炎饮食可降低如结直肠癌、前列腺癌、呼吸和消化系统肿瘤、乳腺癌、口咽癌等多种肿瘤的发生率。

世界癌症研究基金会关于预防肿瘤的膳食建议如下。

1. 合理安排膳食，食物要多样化以保证膳食中营养充分。

2. 膳食以植物性食物为主，包括各种蔬菜、水果、豆类以及粗加工谷类等。

3. 一年四季，坚持每天摄入 400~800g 各种蔬菜和水果；每天摄入 600~800g 各种谷类、豆类、植物类根茎，以粗加工为主，限制精制糖的摄入。

4. 牛肉、羊肉和猪肉等红肉及其加工类食品的摄入量应低于 90g/d。选择鱼肉和禽肉等白肉比红肉更有益健康。

5. 限制高脂食物，尤其是动物性脂肪的摄入，可摄入植物油，应控制用量。限制腌制食品的摄入，控制烹调盐和调料盐的摄入，成人食盐摄入量应低于 6g/d。

6. 不要摄入常温下贮存时间过长、可能受到病原微生物污染的食物；采用冷藏或其他合适方法保存易腐烂食物。

7. 食物中的添加剂、污染物或其他残留物若低于国家规定限量，在食用后一般无不良后果，但乱用或使用不当可能影响健康。

8. 不摄入烧焦的食物，以及少量摄入直接在火上烧烤的肉、鱼、腌肉或熏肉。

9. 因营养素补充剂对抗肿瘤可能没有协助作用，一般不必摄入。

10. 坚持体育锻炼，合理控制体重，反对过量饮酒。

## 四、具有辅助抑制肿瘤功能的物质

### （一）大蒜

大蒜中的蒜氨酸在蒜氨酸酶与磷酸吡哆醛辅酶参与下，首先生成一种复合物，再分解成具有强烈辛辣味的挥发性物质——大蒜素。大蒜素具有辅助抑制肿瘤、增强吞噬细胞的吞噬能力和提高淋巴细胞转化率等免疫调节作用，还具有降低胃内亚硝酸盐含量和促进肠胃消化液的分泌而杀灭微生物等作用。

### （二）鲨鱼软骨粉

鲨鱼软骨粉是由鲨鱼软骨制成的一种硫酸软骨素和蛋白质的复合体，又称为食用软骨素。它能抑制肿瘤周围血管的生长，使肿瘤细胞因缺乏营养而萎缩、脱落。

### （三）琼脂低聚糖

琼脂低聚糖由红藻类石花菜、江蓠等海藻经碱、酸等处理后一般供食用或配制培养基等用的琼脂，具有抗肿瘤和抗氧化作用。

### （四）番茄红素

番茄红素属类胡萝卜素，但不能在人体内转化为维生素 A，具有辅助抑制肿瘤和防止皮肤受紫外线损伤等作用。

### （五）冬凌草

冬凌草（Robbosia rubescens）主要含有冬凌草甲素、冬凌草乙素、冬凌草素、卢氏冬凌草甲素，以及单萜、倍半萜、二萜、三萜等一系列萜类等组分。冬凌草对移植性动物肿瘤，如艾氏腹水癌、食管癌、乳腺癌、肉瘤、肝癌、骨网状细胞肉瘤等均有明显抑制作用。

### （六）虾青素

虾青素为红褐色至褐色粉末或液体，耐热性强，耐光性差，具有抗氧化、增强免疫和辅助抗肿瘤作用。

### （七）硒及含硒制品

硒是红细胞中谷胱甘肽过氧化物酶等的必要成分，并以此形式与生育酚相互协同发挥抗氧化作用，即防止不饱和脂肪酸中双键的氧化，使细胞膜避免过氧化物损害。近年来经进一步研究发现，硒与肿瘤、免疫等有密切关系。

### （八）十字花科蔬菜

十字花科蔬菜是一类因有十字花而得名的蔬菜，包括卷心菜、花茎甘蓝、花菜、白菜、萝卜及其他的芸苔科和芸苔属蔬菜。有研究报告证明，十字花科蔬菜及其某些成分可能具有防癌作用。异硫氰酸酯是天然存在于各种十字花科蔬菜中的葡糖异硫氰酸酯的降解产物，是研究最多的十字花科蔬菜的成分。

## 五、辅助抑制肿瘤功能性食品的应用案例

### （一）产品设计

本产品以灵芝孢子油作为主要原料，能够辅助其他药物共同抑制肿瘤的增生，同时，灵芝孢子油还可预防肿瘤细胞生成，并能改善服用人群的身体状况，以此同步达到滋补身体的效果。以余甘子、虎杖、山慈菇及补骨脂作为辅助原料，不仅能够进一步达到辅助抑制肿瘤分裂增殖的作用，还能够促进淋巴细胞增殖，提高巨噬细胞含量，以此提升灵芝组合物的作用效果。此外，本产品对心脑血管及肝脏的保护效果较好，适合同时患有心脑血管疾病或肝脏疾病的人群服用。同时，本产品抗炎抑菌效果较好，可适合具有炎症的患者服用。

灵芝孢子油主要化学成分为蛋白质、氨基酸、糖肽、维生素、甾醇、三萜、生物碱、脂肪酸、内脂以及无机离子等，其中氨基酸包括异亮氨酸、缬氨酸、蛋氨酸以及苯丙氨酸等机体必需氨基酸，而维生素、多糖、寡糖、生物碱及无机元素均与人类的健康以及疾病的防治具有紧密关联。可见，灵芝孢子油是一种对身体具有裨益的材料。灵芝孢子油中的三萜类化学物质，包括灵芝酸、孢子酸、赤芝孢子内脂等，能够直接通过杀细胞作用而抑制肿瘤生长，即通过有效破坏肿瘤细胞的端粒酶，以此达到辅助抑制肿瘤的效果。而且，灵芝三萜类活性物质还可有效提升患者的免疫力，以此达到抗肿瘤，并维持机体生理平衡和稳定的保护作用。

余甘子又名喉甘子、庵罗果或牛甘果等，味甘、酸、涩，性凉，归肺、胃经，具有清热凉血、消食健胃、生津止咳等功效，主治血热血瘀、消化不良、腹胀、喉痛以及口干等。余甘子属清热解毒类中药，具有抗肿瘤、抗衰老、抗疲劳、抗氧化、提高免疫力、保护心脑血管及肝脏健康的功效。鉴于余甘子中富含多酚、蛋白质、维生素、多糖、还原糖、有机酸、黄酮以及微量元素，余甘子对肿瘤细胞（包括体内以及离体）具有显著的抑制效果。据研究表明，余甘子能够阻断强致癌物质 $N$ – 亚硝基化合物的合成，以此达到辅助抑制肿瘤细胞生长繁殖的效果。

虎杖味微苦，性微寒，归肝、胆、肺经，具有利湿退黄、清热解毒、散瘀止痛、止咳化痰等功效，主治湿热黄疸、淋浊、带下、风湿痹痛、痈肿疮毒、水火烫伤、跌打损伤以及肺热咳嗽等。虎杖主要含有槲皮苷、槲皮素、虎杖苷以及白藜芦醇等，其中，槲皮素具有较强的自由基清除能力，以此降低机体内器官或组织的氧化损伤，同时，由于含有槲皮苷以及槲皮素，虎杖的抑菌抗炎效果较好。

山慈菇味甘、微辛，性凉，归肝、脾经，具有清热解毒、化痰散结的功效，主治痈肿疔毒、瘰疬痰核、蛇虫咬伤及癥瘕痞块等。山慈菇能够通过影响细胞的增殖与凋亡、干扰侵袭及迁移、抑制新血管生成等作用达到抑制肿瘤的效果。因此，山慈菇作为灵芝组合物的原料之一时，能够进一步达到辅助抑制肿瘤的效果。

补骨脂味苦、辛，性温，归肾、脾经，具有补肾壮阳、固精缩尿、肾虚腰痛、小便频数、小儿遗尿、肾漏、温脾止泻、纳气平喘等功效，主治肾虚阳痿、腰膝酸软冷痛、肾虚遗精、遗尿及尿频等。补骨脂的化学成分主要为含香豆素类、苯并呋喃类、黄酮及单萜酚类等，其能抑制肿瘤细胞增生，升高白细胞含量，增加红细胞数量，从而提高机体免疫功能。

本产品按重量份数计包括以下原料：灵芝孢子油 8 ~ 12 份、余甘子 7 ~ 8 份、虎杖 2 ~ 4 份、山慈菇 2 ~ 3 份、补骨脂 3 ~ 5 份。

### （二）生产工艺

**1. 捣碎**　将余甘子及补骨脂与碳酸钠溶液以料液比 1 ∶ 5 混合后，进行捣碎，捣碎过程中进行负压超声，超声的频率为 18kHz，压力为 0.04MPa，在 750 目的条件下进行过滤后，制得浆液。

**2. 煎煮**　将虎杖和山慈菇粉碎至粒径 0.8mm 后，在水中浸泡 3 小时，再进行煎煮 6 分钟，经 750 目过滤介质过滤后得到煎煮液。

**3. 添加灵芝孢子油**　将浓缩 18 倍的煎煮液、浆液以及灵芝孢子油在搅拌速度为 900r/min 的条件下进行混合 9 分钟，制得灵芝组合物。

# 第四节　辅助降尿酸功能性食品的应用

## 一、高尿酸血症的定义与分类

高尿酸血症（hyperuricemia）是指在正常嘌呤饮食状态下，非同日两次测量空腹血尿酸水平男性高于 420μmol/L，女性高于 360μmol/L。高尿酸血症可分为原发性高尿酸血症和继发性高尿酸血症。

### （一）原发性高尿酸血症

原发性高尿酸血症是指由原因未明的分子缺陷或先天性嘌呤代谢障碍所引起的高尿酸血症，其发病机制主要涉及四个方面。①5 – 磷酸核苷酸 – 1 – 焦磷酸合成酶活性增加引起其合成增多，尿酸产生过多，遗传特征为 X 连锁。②次黄嘌呤 – 鸟嘌呤磷酸糖转移酶部分缺少引起 5 – 磷酸核苷酸 – 1 – 焦磷酸合成酶浓度增加，尿酸产生过多，遗传特征为 X 连锁。③次黄嘌呤 – 鸟嘌呤磷酸糖转移酶完全缺乏，嘌呤合成增多所致的尿酸产生过多，见于 Lesch – Nyhan 综合征（又称自毁综合征），遗传特征也为 X 连锁。④葡萄糖 – 6 – 磷酸酶缺乏，嘌呤合成增多导致尿酸产生过多和肾清除尿酸减少，见于糖原积累病 I 型，遗传特征为常染色体隐性遗传。

### （二）继发性高尿酸血症

继发性高尿酸血症是指由多种急慢性疾病如血液病或恶性肿瘤、慢性中毒、药物或高嘌呤饮食所致的血尿酸产生增高或尿酸排泄障碍而引起的高尿酸血症。

## 二、高尿酸血症的病因与临床表现

### （一）高尿酸血症的病因

高尿酸血症的病因是机体内的嘌呤物质代谢途径出了异常。尿酸是嘌呤代谢过程中的产物，尿酸生成过多和（或）排泄过少都会导致血液中的尿酸水平升高，即形成高尿酸血症。人体内大约 80% 的尿酸来源于机体内嘌呤类化合物的代谢，而其余 20% 左右来源于每日摄入的含有嘌呤或者核酸蛋白的食物。造成人体内尿酸代谢异常的原因有：与某些全身性疾病或药物有关，比如服用了一些影响尿酸代谢的药物，如噻嗪类利尿药或者吡嗪酰胺、乙胺丁醇等抗结核药；或者见于急慢性肾病患者等；还可能发生在血液病或者恶性肿瘤化疗过程中。这一类能找到明确原因的高尿酸血症叫作继发性高尿酸血症，而其他尚不能明确原因的则被称为原发性高尿酸血症。

**1. 原发性高尿酸血症的病因**

（1）尿酸排泄减少　90%原发性痛风患者出现高尿酸血症的原因与尿酸排泄减少有关，其可能机制有：①肾小球滤过减少；②肾小管重吸收增加；③肾小管分泌减少。

（2）尿酸生成过多　内源性尿酸产生过多的定义是：在低嘌呤饮食（<17.9μmol/d），超过5天后，尿中尿酸排出量仍大于3.58mmol。10%原发性痛风患者出现高尿酸血症的原因与尿酸生成过多有关。其机制可能是内源性尿酸生成过多。具体来说，与促进尿酸生成过程中一些酶的数量与活性增加和（或）抑制尿酸生成的一些酶的数量和活性降低有关，而这些酶的功能缺陷与基因变异有关，可为多基因改变，也可为单基因改变。遗传方式包括常染色体隐性、常染色显性遗传和性连锁遗传。

**2. 继发性高尿酸血症的病因**

（1）肾尿酸排泄减少　①肾病变：如肾小球病变导致尿酸滤过减少或（和）肾小管病变导致尿酸分泌减少；②药物影响：如阿司匹林、吡嗪酰胺、左旋多巴、乙胺丁醇、乙醇等，特别是噻嗪类利尿剂可增加肾小管对尿酸的重吸收；③体内有机酸增加：如酮酸、乳酸可竞争性抑制肾小管尿酸分泌。

（2）尿酸产生过多　常见于骨髓和淋巴增生性疾病。在白血病、淋巴瘤的化疗、放疗过程中，由于大量的细胞破坏，可导致核酸代谢加速，进而导致继发性高尿酸血症。

### （二）高尿酸血症的临床表现

无症状高尿酸血症指患者仅有高尿酸血症（男性和女性血尿酸分别为>420μmol/L和>360μmol/L），而无关节炎、痛风石、尿酸结石等临床症状。其发病率在成年男性中占到了5%～7%。患者不曾有过痛风关节炎发作，只是查体时偶然发现血中尿酸值偏高。而有症状的高尿酸血症患者的临床表现如下。

**1. 高尿酸血症与痛风**　高尿酸血症是痛风的发病基础，但不足以导致痛风，只有尿酸盐在机体组织中沉积下来造成损害才出现痛风。血尿酸水平越高，未来5年发生痛风的可能性越大。急性痛风关节炎发作时血尿酸水平不一定都高。

**2. 高尿酸血症与高血压**　流行病学研究证实，血尿酸是高血压发病的独立危险因素，血尿酸水平每增高59.5μmol/L，高血压发病相对危险增高25%。临床研究发现，原发性高血压患者90%合并高尿酸血症，而继发性高血压患者只有30%合并高尿酸血症，提示高尿酸血症与原发性高血压有因果关系。

**3. 高尿酸血症与糖尿病**　长期高尿酸血症可破坏胰腺B细胞功能而诱发糖尿病，长期高尿酸血症与糖尿病发病具有因果关系。已有研究发现，随着血尿酸（SUA）水平增高，糖尿病和糖调节受损（IGR）患病率呈上升趋势。糖尿病、糖调节受损是血尿酸的独立危险因素，控制血尿酸有助于延缓糖尿病的发生发展。

**4. 高尿酸血症与高甘油三酯血症**　国内外的流行病学资料一致显示，血尿酸浓度和甘油三酯水平具有相关性。已有研究发现，长寿地区老年人群血尿酸水平和甘油三酯呈正相关，且与高甘油三酯血症的患病相关，并独立于年龄、肥胖、高血压和糖尿病等因素。

**5. 高尿酸血症与代谢综合征**　代谢综合征的病理生理基础是高胰岛素血症和胰岛素抵抗。胰岛素抵抗使糖酵解过程及游离脂肪酸代谢过程中血尿酸生成增加，同时通过增加肾脏对尿酸的重吸收直接导致高尿酸血症。代谢综合征患者中70%同时合并高尿酸血症。

**6. 高尿酸血症与冠心病**　高尿酸血症与冠心病的发生发展密切相关。研究表明，血尿酸>357μmol/L是普通人群患冠心病死亡的独立危险因素。血尿酸浓度每升高1mg/dl，死亡危险性在男性冠心病患者中增高48%，在女性患者增高12.6%。

**7. 高尿酸血症与肾脏损害**　尿酸与肾脏疾病关系密切。除尿酸结晶沉积导致肾小动脉和慢性间质炎症使肾损害加重以外，许多流行病学调查和动物研究显示，尿酸可直接使肾小球入球小动脉发生微血管病变，导致慢性肾脏疾病。

## 三、高尿酸血症及痛风的危害与防治

### （一）高尿酸血症的危害

首先，尿酸在血液中的最高溶解度为 $420\mu mol/L$，一旦血液中的尿酸超过这个数值，尿酸盐即易析出结晶沉积在关节、肾脏或皮下组织中，这种结晶如同异物一样，会刺激机体从而引起炎性反应。当尿酸盐结晶沉积在关节中引起比较剧烈的反应时即为急性痛风发作。若结晶沉积在肾小管、肾间质，容易导致肾脏的炎症性损伤。而尿酸盐结晶沉积在肾脏中，则易发展成肾脏里的尿酸结石，甚至可能逐渐刺激肾脏引起肾功能恶化，最终发展成尿毒症。非结晶尿酸可引起肾脏小血管收缩、肾脏缺血，最终导致肾功能的损害。

其次，血液中持续的高尿酸水平，还可刺激血管壁，加重动脉粥样硬化，从而显著增加患冠心病和高血压的风险，也会让心血管患者的病情进一步加重。目前医学界已经达成共识，高尿酸是冠心病高发或导致已有冠心病患者出现死亡的独立危险因素，高尿酸血症所带来的冠心病死亡风险可以增加50%以上。

最后，持续的高尿酸水平可能对胰腺细胞造成损伤，诱发或加重糖尿病。值得注意的是，虽然多数体检中无意发现的高尿酸血症患者可能长期没有任何临床不适症状，但持续的高尿酸和高血压一样，是个"沉默"的破坏者，每天做着挖健康机体"墙角"的工作。所以，现在高尿酸血症也被认为是老三高"高血压、高血脂、高血糖"之外的第四高，成为代谢综合征的一个重要组成疾病。

### （二）高尿酸血症与痛风的关系

高尿酸血症是由于机体内嘌呤代谢障碍引起尿酸生成过多和排泄过少导致的。而高尿酸血症患者中大约10%可能在血尿酸浓度过高的情况下，尿酸析出结晶沉积于关节、肾和皮下组织中，导致出现痛风性关节炎、痛风性肾病和痛风石形成等痛风临床相关表现，因此，痛风被视为严重的高尿酸血症。也可以理解为，当高尿酸血症开始对机体造成明显易识别的伤害时，即形成痛风。

### （三）痛风的危害

若痛风反复发作而不进行规范的治疗，则病情可能进一步进展，导致相关并发症的发生。痛风患者体内糖和脂肪的代谢功能一般会明显降低，因此易并发各种严重疾病，如糖尿病、高血压、高脂血症、心肌梗死和脑血管障碍等。其发展过程为：痛风→痛风性关节炎→痛风性肾炎→各种并发症。痛风的四大危险并发症如下。

**1. 糖尿病**　糖尿病与痛风都是因为体内代谢异常所引起的疾病，很容易并发于同一患者身上，而尿酸值与血糖值之间大有相关，通常尿酸值高者，血糖值也会比较高。平时应多饮水，加速尿酸排泄。

**2. 高血压和高脂血症**　痛风患者大多是肥胖体型，体内蓄积过多的脂肪容易使动脉发生粥样硬化而引起高血压。由于痛风患者日常饮食偏向摄取高脂、高热量食物，因此，体内的中性脂肪含量一般较高，胆固醇值通常也都超过正常值，是高脂血症的好发族群之一。肥胖患者应控制饮食，同时进行适当运动。

**3. 心肌梗死**　痛风患者的心血管容易发生动脉粥样硬化，导致血液无法充分供应心脏，血液循环功能不良，引起狭心症或心肌梗死的机率明显升高，尤其容易导致原本患有高脂血症的痛风患者发生心脏疾病。

**4. 脑血管功能障碍** 痛风患者的动脉粥样硬化若发生在脑血管处，则易导致脑功能损害而出现相应症状；包括头痛、头晕眼花、手脚发麻、麻痹等，严重者可有意识丧失，甚至死亡。

### （四）高尿酸血症的防治

高尿酸血症防治的总体原则是接受科学的指导，早防早治。对于大部分无症状高尿酸血症患者而言，调整生活方式是重要的防治措施，而不能随便应用偏方或所谓"特效药"。目前对控制尿酸水平有益的非药物治疗原则包括以下七个方面。

**1. 限酒** 酒精是导致痛风发作的重要风险因素之一，尤其是啤酒和白酒。虽然红酒的风险还不确定，但同样不建议大量饮用。

**2. 减少高嘌呤食物的摄入** 大量食用海鲜、动物内脏、贝类及肉类食物是导致痛风发病的危险因素。当然并非所有海产品均为高嘌呤饮食，比如海参、海蜇皮和海藻里的嘌呤均不高，而以往所说的含有高嘌呤的蔬菜，如菠菜、扁豆、香菇及紫菜，已经证实并不增加患痛风风险。常见食物中嘌呤的含量见表9-3。

表9-3 100g食物中嘌呤的含量

| 种类 | 食物 |
| --- | --- |
| 甲类（0~15mg） | 除乙类以外的各种谷类和蔬菜、糖类、果汁类、乳类、蛋类、乳酪、茶、咖啡、巧克力、干果、红酒 |
| 乙类（50~150mg） | 肉类、熏火腿、肉汁、鱼类、麦片、面包、粗粮、贝类、麦片、面包、青豆、豌豆、菜豆、黄豆及豆制品 |
| 丙类（150~1000mg） | 动物内脏、浓肉汁、凤尾鱼、沙丁鱼、啤酒 |

**3. 减少富含果糖饮料的摄入** 大多数饮料，除非标注无糖，一般都是含有果糖的，这些饮料和酒类一样，会增加患痛风的风险，故应该减少富含果糖饮料的摄入。

**4. 大量饮水** 每日饮水量大于2000ml，以保证尿量，促进尿酸排出。痛风患者充分补充水分以降低血液和尿液的浓度，通过产生的大量尿液，促进尿酸排出体外，还可避免痛风引起的肾结石。

**5. 控制体重** 科学研究已经充分证实，身体质量指数越高，患痛风的风险越大。

**6. 规律饮食、作息和运动** 规律的饮食、作息和运动不仅可以起到预防高尿酸血症的作用，对高血压、糖尿病、肥胖和高脂血症等其他代谢综合征也有明确益处。

**7. 禁烟** 无论一手烟还是二手烟都可以显著增加患高尿酸血症甚至痛风的风险。

对于合并有高血压、糖尿病、高脂血症等其他代谢综合征的患者，做好这些慢病的治疗和管理，均对高尿酸血症的控制有益。所以，发现高尿酸血症无须过度担心，也不能长期忽视。客观认识危害，接受正规指导，重视健康的生活方式，从而预防和治疗高尿酸血症及其并发症。

## 四、具有辅助降尿酸功能的物质

### （一）碱性食物

**1. 青菜** 青菜中膳食纤维含量比较丰富，能够起到润肠通便的效果，而且大部分青菜属于碱性食物，能够有效降低尿酸的浓度。

**2. 南瓜** 南瓜中含有大量的碱性物质，有助于嘌呤代谢物的代谢，降低尿酸浓度。而且南瓜属于低热量物质，碱性成分充足，也适用于肥胖型痛风患者的辅助治疗。

**3. 茄子** 茄子是日常生活中含有碱性成分较多的食物之一，对于痛风患者而言，可以起到活血消肿、祛风通络、清热止痛的作用。茄子不仅能降低尿酸水平，还具有保护血管、调节血脂和抗氧化的功效。

### （二）富含活性酶的食物

**1. 菊苣** 菊苣可以入药，近年来在降尿酸、治痛风方面得到了医学界越来越多的认可。菊苣的主要成分是莴苣苦素、山莴苣苦素、马栗树皮素、菊苣酸、菊糖等，具有清热解毒、利尿消肿、健胃等功效。研究发现，菊苣中的绿原酸、菊苣酸等对降尿酸的贡献度较大。

**2. 葛根** 葛根内含 12% 的黄酮类化合物，如葛根素、大豆黄酮苷等成分，还有蛋白质、氨基酸、糖和人体必需的铁、钙、铜、硒等矿物质，能显著改善微循环，增加血管的血流量，还具有降血压、降血脂、降血糖、抗菌和抗病毒的功效，对于高尿酸血症具有辅助治疗效果。

**3. 百合** 百合含有丰富的秋水仙碱成分，可用于痛风急性发作期，能迅速减轻炎症、有效止痛，对痛风发作所致的急性关节炎有辅助治疗作用。

**4. 小蓟** 小蓟的营养价值很高，含有大量的蛋白质和多种纤维、维生素，还含有多种矿物质微量元素。小蓟可以消肿散结、利尿消肿，清除体内毒素和多余的水分，促进血液和水分新陈代谢，具有增加尿酸排出的作用。

**5. 普洱茶** 普洱茶有降脂、降压、抗动脉粥样硬化、防癌抗癌、健齿护牙、抗炎杀菌、抗衰老等多种功效，茶多酚是其主要功能性物质。

**6. 其他** 研究发现，蛹虫草、荷叶、山楂、诃子、葛根、三七的水提物都具有辅助降尿酸作用；绿原酸、香豆酸、阿魏酸均具有一定的体外降尿酸活性，且阿魏酸、香豆酸的降尿酸活性约是绿原酸的 100 倍；薏仁麸皮多酚提取物对氧嗪酸钾诱导的高尿酸血症大鼠产生明显的降尿酸作用，可有效缓解或治疗大鼠的高尿酸血症。

## 五、辅助降尿酸功能性食品的应用案例

### （一）产品设计

本产品一种治疗痛风的组合物，其活性成分包括酸樱桃提取物、肉桂提取物、人参提取物、党参提取物、菟丝子提取物、肉苁蓉提取物、干姜提取物、葵花盘提取物、鼠曲草提取物、西芹籽提取物、车前子提取物、木瓜提取物、桑枝提取物、杜仲提取物、鹅肌肽。适用于痛风患者，有降低尿酸、缓解痛风症状的功效，制成膳食轻饮后，口感怡人，易于被患者所接受。

本产品活性成分包括酸樱桃提取物 5~15 份、肉桂提取物 0.1~2 份、人参提取物 1~5 份、党参提取物 5~10 份、菟丝子提取物 1~2 份、肉苁蓉提取物 1~3 份、干姜提取物 1~10 份、葵花盘提取物 1~5 份、鼠曲草提取物 1~2 份、西芹籽提取物 5~10 份、车前子提取物 5~10 份、木瓜提取物 1~5 份、桑枝提取物 5~15 份、杜仲提取物 1~5 份、鹅肌肽 5~15 份。

### （二）生产工艺

**1. 粉碎** 将组合物各组分混合均匀后，粉碎细度在 20~100 目。

**2. 浸泡** 粉料加入 10~40 倍重量的水浸泡，添加葡萄糖和无机盐，调节 pH 至 6.5~7.5，灭菌，得到发酵底物。

**3. 发酵** 往发酵底物中接种体积百分比为 0.5% 的乳酸杆菌，30~35℃ 发酵 20~24 小时；当 pH 降至 4.2 时，降低发酵液温度至 25℃，继续发酵 20~24 小时；当发酵液 pH 降至 3.5 时，结束发酵。

**4. 调配** 离心或过滤，除去残渣，添加低聚糖和可溶性膳食纤维，调配、灭菌，即得治疗痛风的膳食轻饮。

**5. 成品** 可加入食用辅料，进一步制备成水剂、片剂、胶囊、粉剂、丸剂或颗粒剂。

答案解析

━━ 练 习 题 ━━

1. 简述生长发育期的营养需求特点。

2. 列出十个癌症的早期预警信号。

3. 引起肿瘤发生的因素有哪些?

4. 简述母乳喂养的重大意义。

5. 高尿酸血症与痛风有什么关系?

**书网融合……**

本章小结　　　　　题库

# 第十章

# 营养补充剂和特殊医学用途配方食品

PPT

学习目标

〈**知识目标**〉

1. **掌握** 营养补充剂的分类和用量。
2. **熟悉** 特殊医学用途配方食品的含义。
3. **了解** 营养补充剂的含义。

〈**能力目标**〉

1. 熟练掌握营养补充剂的原料。
2. 会运用营养补充剂原料开发相应的功能性食品。

〈**素质目标**〉

通过本章学习，树立营养素补充剂在日常生活中的重要性意识，树立在功能性食品开发过程中的敬业、负责、团结协作等职业素质和创新精神，具备获取信息、分析问题和解决问题、科技写作和语言表达能力。

随着生活水平的提高，全面小康社会的日渐接近，人民对美好生活的追求越来明显，对生活质量越来越讲究，这就催生了一系列控糖控油的营养补充剂。

# 第一节 营养补充剂

## 一、营养补充剂概述

营养补充剂是以维生素、矿物质及构效关系相对明确的提取物为主要原料，通过口服补充人体必需的营养素和生物活性物质，达到提高机体健康水平和降低疾病风险目的的成分。营养补充剂的营养成分简单明确，与功能性食品有一定的关联。开发这些产品的目的都是提供给消费者健康、安全的产品，有利于消费者的身体健康。

### （一）营养补充剂的定义及要求

维生素和矿物元素对人体具有重要的生理作用，以一种或数种天然或化学合成的营养素为主要原料制造而成的食品，称为营养补充剂（dietary supplements）。营养补充剂是指以补充维生素、矿物质，但不以提供能量为目的的产品，其作用是补充膳食供给的不足、预防营养缺乏和降低发生某些慢性退行性疾病的危险性。

在我国，营养补充剂属于保健食品范畴。需在市场监督管理部门备案管理并遵循《中华人民共和国食品安全法》《保健食品注册与备案管理办法》等相关法规条例。

营养补充剂必须符合以下要求。

1. 仅限于补充维生素和矿物质。维生素和矿物质的种类应当符合《维生素、矿物质种类和用量》的规定。

2. 《维生素、矿物质化合物名单》中的物品可作为营养补充剂的原料来源；从食物的可食部分提取的维生素和矿物质，不得含有达到作用剂量的其他生物活性物质。

3. 辅料应当仅以满足产品工艺需要或改善产品色、香、味为目的，并且应符合相应的国家标准。

4. 营养补充剂标示值以及产品质量标准中营养素含量范围值：适宜人群为成人的，其维生素、矿物质的每日推荐摄入量应当符合《维生素、矿物质种类和用量》的规定；适宜人群为孕妇、乳母以及18岁以下人群的，其维生素、矿物质每日推荐摄入量应控制在我国该人群该种营养素推荐摄入量（RNIs 或 AIs）的 1/3～2/3 水平。

5. 产品每日推荐摄入的总量应当较小，其主要形式为片剂、胶囊、颗粒剂或口服液。颗粒剂每日食用量不得超过 20g，口服液每日食用量不超过 30ml。

### （二）营养补充剂补充目的

1. 补充膳食供给不足。
2. 降低发生某些慢性退行性疾病的危险性。
3. 补充特定维生素和矿物质。
4. 不提供能量。

### （三）营养补充剂原料

膳食营养补充剂原料种类很多，包含维生素类、矿物质类、氨基酸类、提取物类（植物类、动物类）、益生菌类等。其中，我国在维生素、氨基酸、植物提取物等膳食补充剂原料的生产及出口方面具有较大的优势。

1. 以《营养补充剂申报与审评规定（试行）》中"维生素、矿物质化合物名单"范围内的物品为原料的，该物品的质量标准、生产工艺及生产该物品的原料应符合国家标准的规定，无国家标准的，申请人应提供该物品的来源、生产工艺、企业标准及生产该物品的原料来源和质量要求。

2. 以《营养补充剂申报与审评规定（试行）》中"维生素、矿物质化合物名单"范围外的物品为原料的，除按以《营养补充剂申报与审评规定（试行）》第四条要求提供相关资料外，还需提供该物品的质量标准、确定的检验机构出具的营养素含量检测报告及生产该物品原料的来源、生产工艺和质量标准等资料。

3. 从食物的可食部分提取的营养素（维生素和矿物质）作为生产营养补充剂原料的，需提供以下资料：①提取的营养素的质量标准；②营养素含量（纯度）及达到该纯度的科学依据；③确定的检验机构出具的该营养素含量（纯度）的检测报告；④该食物可食部分的来源、质量要求；⑤该食物可食部分组成成分的科学文献资料。如含有其他生物活性物质，还应提供该生物活性物质含量达不到功能作用剂量的依据和文献资料。

4. 生产营养素原料的企业必须为食品或药品生产企业，生产条件应符合相应的要求。

### （四）营养补充剂的种类和用量

应满足上文"（一）营养补充剂的定义及要求"中的第 4 点要求及《维生素、矿物质种类和用量》的规定。

## 二、营养补充剂的现状与前景

### （一）营养补充剂现状

2019 年我国膳食营养补充剂行业历经寒冬，一方面是电子商务法、食品安全法实施条例、跨境电商零售进口监管新规、广告审查管理办法等一批重要法规的实施，从各个层面对行业进行了规范；另一方面是国家相关部门联合对"保健"行业乱象和违法违规行为开展整治，如"百日行动"、药店渠道改革规范等，均对企业生产经营行为产生较大影响，行业总体增速放缓。与此同时，越来越多的海外品牌借助会展等国际交流平台，不断加大对我国市场的投入，借助跨境电商零售进口、社群电商、直播等新模式，深耕中国市场，推动着中国膳食营养补充剂产业砥砺前行。

随着社会结构的变化及消费模式的改变，中国膳食营养补充剂的市场格局也发生变化，主要体现在销售渠道丰富化、消费结构年轻化、市场品种多样化、监管政策严格化，市场的表现更有活力。对于消费者来说，消费意识不断提升，对产品的品牌、质量及设计更加关注；对企业来说，产品的研发及投入对企业的发展起着越来越重要的作用。

膳食营养补充剂的行业发展具有以下几个特点。

**1. 线上渠道增长强劲** 从销售渠道看，近几年来，直销是中国膳食营养补充剂的主要销售模式，占比在 50% 以上，直播带货及微商、社群营销的模式也在不断地发展。

**2. 注册批准的保健食品功能集中** 目前经注册批准的保健食品功能分布不均衡，部分功能过于集中。产品中增强免疫力功能最多，占 32.13%；其次是缓解体力疲劳，占 12.66%；排名前 10 位的保健功能依次是辅助降血脂（9.36%）、抗氧化（5.43%）、改善睡眠（3.67%）、辅助降血糖（3.66%）、通便（3.42%）、对化学性肝损伤有辅助保护功能（3.22%）、促进消化（2.75%）及减肥（2.36%）。

**3. 营养补充剂保健食品近况** 据国家市场监督管理总局数据显示，目前批准的国产保健食品有近 2 万个，进口保健食品有 780 个。在进口的保健食品中营养补充剂类的保健食品所占的比例不多。事实上，国产的营养补充剂类保健食品确实占有优势，这与国产营养素补充价格低廉是分不开的。但我国的营养补充剂种类还主要集中在传统的补钙、补铁、补锌、补硒、补充维生素 A、补充维生素 D、补充维生素 E 和补充维生素 C 等方面。在国外已经开始从动植物的可食部分提取维生素和矿物质作为新一代营养补充剂，在市场取得领先地位。

在营养补充剂的剂型方面，与其他保健食品一样，受传统饮茶文化影响，营养补充剂剂型主要为茶剂、软胶囊剂、口服液、咀嚼片等几种。因为咀嚼片较口服片剂服用方便，软胶囊剂较硬胶囊剂更为消费者所接受，故口服片剂和硬胶囊剂在我国较少出现。

### （二）营养补充剂产业前景

我国是仅次于美国的全球第二大保健食品消费市场。数据显示，2021 年我国保健品行业市场规模为 2708 亿元，同比增长 8.19%，行业整体保持稳定增长势态。同时受"大健康"理念兴起、居民人均可支配收入的增加、消费升级等因素影响，市场销售额不断增长，2021 年我国保健食品销售额为 627 亿元，其中，本土品牌销售规模为 326 亿元，进口品牌销售额为 301 亿元。随着保健品不断发展的同时，膳食补充剂也逐渐发展成为日常生活中的普通消费品。目前，膳食补充剂是保健食品中最重要的细分市场，长期占据保健食品 90% 以上的市场份额。2021 年我国膳食补充剂消费规模约为 234.78 亿美元，同比增长 5.3%。2022 年我国膳食补充剂行业的消费规模约为 246.51 亿美元。

消费结构升级和政策红利将是推动我国营养补充剂行业迅速增长的主要驱动力。目前中国人口老龄化的趋势明显，由此预计，随着老年人的保健意识及需求强烈，随着人口基数不断增长，将为保健食品及功能性食品的需求提供持续动力。人均医疗保健支出逐年攀升，且支出增速高于其他类目，说明了居民对医疗保健的重视和消费意愿的提高，我国的改革又处于深水区，产业结构、消费结构都在转型升级，随着更多配套政策的实施，在多重因素驱动下，预计未来我国的营养补充剂行业将有所突破。

以富硒产品研发为例，硒含量高的食物包括海产品、动物肝脏肾、蘑菇、大蒜、洋葱、蛋黄等，其中动物内脏中硒含量最高。硒缺乏者可以经常食用上述富硒食品，需要指出的是，食品中硒含量高，并不等于人对其吸收率高。人们补硒主要依靠食补，对于患有硒缺乏病的患者来说，国内市场上有富硒粮食、富硒茶、富硒功能食品可以选择。

我国富硒功能食品分两类，一类是无机的，一类是有机的。无机硒化合物的制品主要有亚硒酸钠、硒酸钠、硫化硒、二硫化硒等，有机硒化合物制品主要有硒蛋白、富硒酵母、硒化卡拉胶等，同时在研发产品时要注意含硒类食品添加剂中硒的最大允许使用量标准（表 10 – 1）。

表 10 – 1　含硒类食品添加剂中硒的最大允许使用量标准

| 添加剂名称 | 允许使用食品名称 | 功能 | 最大允许使用量 |
| --- | --- | --- | --- |
| L – 硒 – 甲基硒代半胱氨酸 | 中老年奶粉 | 营养强化剂 | 140 ~ 280μg/kg（以元素硒计） |
| 富硒酵母 | 饮液 | 营养强化剂 | 30μg/10ml（见硒标准） |
| 富硒酵母 | 片、粒、胶囊 | 营养强化剂 | 20μg/片、粒胶囊（见硒标准） |
| 硒 | 运动营养食品 | 营养强化剂 | 7.5 ~ 150μg/kg |
| 硒：亚硒酸钠 | 食盐 | 营养强化剂 | 7 ~ 11mg/kg（见硒标准） |
| 硒：亚硒酸钠 | 饮液及乳饮料 | 营养强化剂 | 110 ~ 440μg/kg（见硒标准） |
| 硒：亚硒酸钠 | 乳制品、谷类及其制品 | 营养强化剂 | 300 ~ 600μg/kg（见硒标准） |
| 硒化卡拉胶 | 饮液 | 营养强化剂 | 30μg/10ml（见硒标准） |
| 硒化卡拉胶 | 片、粒、胶囊 | 营养强化剂 | 20μg/片、粒胶囊（见硒标准） |
| 亚硒酸钠 | 儿童配方粉 | 营养强化剂 | 6 ~ 13μg/ 100g |
| 亚硒酸钠 | 婴儿配方食品，较大婴儿和幼儿配方食品 | 营养强化剂 | 0.006 ~ 0.017mg/100g |

注　硒标准：1. 以元素硒计强化量，乳制品、谷类及其制品为 140 ~ 280μg/kg，饮液及乳饮料为 50 ~ 200μg/kg，食盐为 3 ~ 5mg/kg。2. 用硒源作为营养强化剂必须在省级卫生健康主管部门指导下使用。3. 亚硒酸钠中硒含量为 45.7%，硒酸钠为 41.8%。

# 第二节　特殊医学用途配方食品

## 一、特殊医学用途配方食品概述

我国《特殊医学用途配方食品通则》（GB 29922—2013）将特殊医学用途配方食品（以下简称特医食品）定义为，为了满足进食受限、消化吸收障碍、代谢紊乱或特定疾病状态人群对营养素或膳食的特殊需要，专门加工配制而成的配方食品。并规定此类食品必须在医生或临床营养师指导下，单独食用或与其他食品配合食用。

我国的特医食品包括两大类，即适用于 0 ~ 12 月龄的特殊医学用途婴儿配方食品和适用于 1 岁以上人群的特殊医学用途配方食品。特殊医学用途婴儿配方食品又包括无乳糖配方食品或低乳糖配方食品、乳蛋白部分水解配方食品、乳蛋白深度水解配方食品或氨基酸配方食品、早产或者低出生体重婴儿配方食品、氨基酸代谢障碍配方食品和母乳营养补充剂等。适用于 1 岁以上人群的特殊医学用途配方食品则根据不同的临床需求和适用人群，分为全营养配方食品、特定全营养配方食品和非全营养配方食品三大类。

### （一）全营养配方食品

全营养配方食品是指可作为单一营养来源满足目标人群营养需求的特医食品。适用于需要加强营养补充和营养支持的人群，这类人群对特定营养素的需求没有特殊要求，如体弱、长期营养不良、偏食、长期卧床患者，以及老年人等长期营养素摄入不足的人群。根据氮的来源可分为氨基酸－短肽型和整蛋白型全营养配方食品。

**1. 氨基酸－短肽型**　氨基酸－短肽型全营养配方食品氮的来源是氨基酸和多肽类，味道、口感不佳，但是此类制剂因不含残渣或残渣非常少，稍加消化即可完全吸收。一般含有营养素 21～34 种，其营养素种类及含量范围如表 10－2 所示。

表 10－2　氨基酸－短肽型营养素种类及含量范围（每100mg）

| 项目 | 含量范围 | 项目 | 含量范围 |
|---|---|---|---|
| 能量（kJ） | 1589～1730 | 磷（mg） | 160～267 |
| 蛋白质（g） | 14.7～18.5 | 碘（μg） | 26.8～54.0 |
| L－谷氨酰胺（g） | 3.0 | 硒（μg） | 13～23 |
| 脂肪（g） | 1.8～6.7 | 维生素 A（μg RE） | 220～500 |
| 亚油酸（mg） | 888～990 | 维生素 D（μg） | 1.3～3.2 |
| $\alpha$－亚麻酸（mg） | 222～230 | 维生素 E（mg $\alpha$－TE） | 5.0～11.0 |
| 碳水化合物（g） | 72.3～76.0 | 维生素 $K_1$（μg） | 17.7～21 |
| 膳食纤维（g） | 3.0～5.0 | 维生素 $B_1$（mg） | 0.6～1.6 |
| 钠（mg） | 220～550 | 维生素 $B_2$（mg） | 0.6～1.62 |
| 钾（mg） | 370～400 | 维生素 $B_6$（mg） | 0.68～1.5 |
| 铜（μg） | 217～720 | 维生素 $B_{12}$（μg） | 0.84～4.5 |
| 镁（mg） | 75～145 | 烟酸（mg） | 1.6～11 |
| 铁（mg） | 3.5～10.5 | 叶酸（μg） | 87～120 |
| 锌（mg） | 1.88～7.0 | 泛酸（mg） | 1.3～6.0 |
| 猛（μg） | 100～720 | 维生素 C（mg） | 30～100 |
| 钙（mg） | 220～322 | 生物素（μg） | 10.0～25 |
| 氯（mg） | 301～503 | 胆碱（mg） | 90～120 |
| 牛磺酸（mg） | 40～120 | | |

氨基酸－短肽型全营养配方食品适用于肠功能严重障碍、不能耐受整蛋白制剂的患者，如胰腺炎、炎性肠道疾病、肠瘘及短肠综合征、胆囊纤维化、艾滋病、大面积烧伤、脓毒血症、严重创伤、大手术后的恢复期及营养不良患者的术前准备或肠道准备等。

**2. 整蛋白型**　整蛋白型全营养配方食品氮的来源是整蛋白或蛋白质游离物，是临床上应用最广泛的全营养配方食品，口感较好，可用于有一定胃肠功能或胃肠功能较好，但不能自主进食或意识不清的患者。整蛋白型配方食品一般含营养素 22～34 种，其营养素种类及含量范围如表 10－3 所示。

表10-3　整蛋白型配方食品中营养素种类及含量范围（每100mg）

| 项目 | 含量范围 | 项目 | 含量范围 |
|---|---|---|---|
| 能量（kJ） | 1680～1910 | 维生素 $B_1$（mg） | 0.4～1.1 |
| 蛋白质（g） | 15～20 | 维生素 $B_2$（mg） | 0.4～1.1 |
| 脂肪（g） | 11～18 | 维生素 $B_6$（mg） | 0.4～1.85 |
| 碳水化合物（g） | 53～62 | 维生素 $B_{12}$（μg） | 0.9～3.1 |
| 膳食纤维（g） | 0～5.5 | 烟酸（mg） | 0.8～10 |
| 钠（mg） | 200～467 | 叶酸（μg） | 97～425 |
| 钾（mg） | 180～770 | 泛酸（mg） | 1.3～6.5 |
| 铜（μg） | 200～830 | 维生素C（mg） | 30～100 |
| 镁（mg） | 80～110 | 生物素（μg） | 11～25 |
| 铁（mg） | 4～9.5 | 胆碱（mg） | 110～210 |
| 锌（mg） | 1～12 | 碘（μg） | 30～60 |
| 猛（μg） | 1.2～140 | 氯（mg） | 30～700 |
| 钙（mg） | 200～430 | 硒（μg） | 18～33 |
| 磷（mg） | 170～333 | 铬（μg） | 7～31 |
| 维生素A（μg RE） | 220～1170 | 钼（μg） | 30～46.5 |
| 维生素D（μg） | 3.5～6.5 | 牛磺酸（mg） | 0～120 |
| 维生素E（mg α-TE） | 3.5～10.7 | 左旋肉碱（mg） | 0～35 |
| 维生素 $K_1$（μg） | 6.5～37 | | |

### （二）特定全营养配方食品

特定全营养配方食品是指可作为单一营养来源满足目标人群在特定疾病或者医学状况下营养需求的特殊医学用途配方食品。常见的特定全营养配方食品包括糖尿病全营养配方食品，呼吸系统疾病全营养配方食品，肾病全营养配方食品，肿瘤全营养配方食品，肝病全营养配方食品，难治性癫痫全营养配方食品，创伤、感染、手术及其他应激状态全营养配方食品，炎性肠病全营养配方食品，食物蛋白过敏全营养配方食品等。

**1. 糖尿病全营养配方食品**　糖尿病由遗传因素、内分泌功能紊乱等各种致病因子作用，导致胰岛功能减退、胰岛素抵抗等而引发的糖、蛋白质、脂肪、水和电解质等一系列代谢紊乱综合征。临床上以高血糖为主要特点。分为1型糖尿病、2型糖尿病、妊娠期糖尿病及其他特殊类型糖尿病四种类型。

糖尿病全营养配方食品是作为单一营养来源，能够满足糖尿病或高血糖相关疾病患者在特定疾病或医学状况下营养需求的特殊医学用途配方食品。该类产品配方应以医学和（或）营养学的研究结果为依据，其安全性及临床应用（效果）均需要经过科学证实，必须在医生或临床营养师指导下，单独食用或与其他食品配合食用。

糖尿病全营养配方食品每100ml（液态产品或可冲调为液体的产品在即食状态下）或每100g（直接食用的固体非液态产品）所含有的能量应不低于295kJ（70kcal）；蛋白质供能比在10%～20%，含量应不低于0.90g/100kJ（3.75g/100kcal），其中优质蛋白质所占比例不低于50%。糖尿病肾病临床肾病期患者应限制>10%蛋白质供能比的配方。根据使用人群的特殊营养需求，可在特殊医学用途食品中选择添加一种或多种氨基酸；脂肪供能比应在20%～35%，含量应不高于1.33g/100kJ（5.56g/100kcal）。饱和脂肪酸供能比应不超过10%，反式脂肪酸应不超过1%。可适当提高多不饱和脂肪酸摄入量，但供能比不宜超过10%。可适量增加 ω-3 多不饱和脂肪酸摄入；碳水化合物（可吸收利用）供能比在30%～60%，含量应不低于1.79g/100kJ（7.5g/100kcal），多选择低血糖生成指数（glycemic index，GI）成分，配方总体 GI 值应≤55。增加膳食纤维摄入，含量应不低于 0.3g/100kJ（1.4g/100kcal）。膳食纤维来源应为可溶性纤维与不溶性纤维来源。

糖尿病全营养配方食品的主要特点是能有效控制升糖指数，使用全优质蛋白为蛋白来源，主要成分来源如下。①蛋白质来源：酪蛋白酸钙肽、全脂奶粉、大豆蛋白粉、大豆分离蛋白、浓缩乳清蛋白粉。②脂肪来源：高油酸葵花籽油、大豆油、植物脂肪粉、植物油、芥花油粉、辛癸酸甘油酯。③碳水化合物来源：麦芽糊精、果糖、麦芽糖醇、大豆多糖、果糖低聚糖、大米粉、抗性糊精、菊粉、聚葡萄糖、物理变性淀粉、难消化性麦芽糊精。

**2. 肾病全营养配方食品**　肾病全营养配方食品是为满足肾病患者对营养素或膳食的特殊需要，专门加工配制而成的食品。产品配方特点是在相应年龄段全营养配方食品基础上，依据肾病病理生理特点，对营养素的特殊需要适当调整，可以作为单一营养来源满足肾病患者的营养需求。

肾病全营养配方食品三大营养素功能比分别为，蛋白质供能比为 4.4%～14%。

脂肪供能比为 13.1%～30.1%，碳水化合物供能比为 58.2%～79.5%，含氮量基本为（0.8～2.2g）/100g。具有低蛋白、低钠配方，优质动物蛋白为蛋白质唯一来源等特点。肾病全营养配方食品原料来源如下。①蛋白质来源：水解乳清蛋白、浓缩乳清蛋白粉、L－谷氨酰胺、乳清蛋白、小麦低聚肽、全脂奶粉、深海鱼胶原蛋白粉等。②脂肪来源：植物脂肪粉、玉米油、中链甘油三酯、植脂末、精炼玉米油等。③碳水化合物来源：麦芽糊精、低聚麦芽糊精、果糖、低聚麦芽糖、聚葡萄糖、抗性糊精、低聚果糖、酶解米粉、菊植脂末粉、物理变性淀粉、难消化性麦芽糖糊精等。④维生素来源：醋酸视黄酯、胆钙化醇、DL－α 醋酸生育酚、抗坏血酸、植物甲萘醌、盐酸硫胺素、核黄素、盐酸吡哆醇、氰钴胺素、烟酸、叶酸、D－泛酸钙、生物素。⑤电解质来源：氯化钠、氯化钾、葡萄糖酸钙、碳酸钙、磷酸三钙、磷酸二氢钾、磷酸二氢钠、磷酸三钾、氯化镁、碳酸镁、硫酸亚铁、葡萄糖酸锌、硫酸锌、硫酸锰、硫酸铜、碘化钾、亚硒酸钠、氯化铬、钼酸钠。常见特殊添加成分：焦磷酸钠、食用香料、黄胶原、阿斯巴甜、柠檬酸钾、食用香精、三氯蔗糖、柠檬酸钠、酪蛋白酸钠、氯化胆碱。

肾病全营养配方食品适应于肾脏功能受损患者的饮食替代或营养补充；适用于 10 岁以上肾脏结构和功能障碍的人群作为单一营养来源或营养补充，如急、慢性肾炎及肾衰竭患者等；适用于需要控制蛋白质摄入人群的营养补充；慢性肾病非透析患者；急性肾衰竭患者。

**3. 肝病全营养配方食品**　肝脏是人体代谢的中心器官，它与多种激素代谢有关，包括胰岛素、性激素、类胰岛素生长因子、胰高血糖素等，对碳水化合物、脂肪、蛋白质的代谢产生不同的作用。肝功能不全时可出现不同程度营养不良，尤在手术和创伤等应激情况下表现得更为突出。

肝病全营养配方食品三大营养素功能比分别为：蛋白质供能比为 11%～24%，脂肪供能比为 7%～24%，碳水化合物供能比为 57%～77%，含氮量基本为（2.2～3.9g）/100g。肝病全营养配方食品的特点是低脂肪，碳水化合物适中，富含支链氨基酸，有利于改善氨基酸代谢失衡，缓解肝性脑病；富含中长链甘油三酯，易于吸收，不沉积于肝脏减轻肝脏负担。动物蛋白为蛋白质组件主要组成原料，生物价高、消化率高。肝病全营养配方食品的原料来源如下。①蛋白质来源：小麦低聚肽、水解乳清蛋白、乳清蛋白、深海鱼胶原蛋白粉、复合氨基酸、全脂奶粉、胶原蛋白肽、精氨酸、水解胶原蛋白、支链氨基酸、L－谷氨酰胺、L－苏氨酸、L－缬氨酸、L－蛋氨酸、L－异亮氨酸、L－苯丙氨酸、L－天冬氨酸、L－赖氨酸盐酸盐、L－组氨酸、L－色氨酸、L－脯氨酸、甘氨酸。②脂肪来源：植物脂肪粉、玉米油、中链甘油三酯、辛－癸酸甘油酯、大豆油、植物油、植脂末、ω－3 脂肪酸。③碳水化合物来源：麦芽糊精、菊粉、低聚异麦芽糖、酶解米粉、聚葡萄糖、抗性糊精、低聚果糖、酶解燕麦粉。④维生素来源：醋酸视黄酯、胆钙化醇、DL－α 醋酸生育酚、抗坏血酸、植物甲萘醌、盐酸硫胺素、核黄素、盐酸吡哆醇、氰钴胺素、烟酸、叶酸、D－泛酸钙、生物素。⑤电解质来源：氯化钠、氯化钾、葡萄糖酸钙、碳酸钙、磷酸三钙、磷酸二氢钾、磷酸二氢钠、磷酸三钾、氯化镁、碳酸镁、硫酸亚铁、葡萄糖酸锌、硫酸锌、硫酸锰、硫酸铜、碘化钾、亚硒酸钠、氯化铬、钼酸钠。特殊成分：牛磺酸、左旋肉碱。食品添加剂：焦磷酸钠、食用香料、黄胶原、阿斯巴甜、柠檬酸钾、食用香精、三氯蔗糖、柠檬酸钠、酪蛋白酸钠、氯化胆碱。

**4. 肿瘤疾病全营养配方食品** 肿瘤疾病全营养配方食品可作为单一营养来源、能够满足肿瘤患者营养需求，且适合肿瘤患者代谢特点的特殊医学用途配方食品。肿瘤疾病全营养配方食品三大营养素功能比分别为：蛋白质供能比为 17% ~ 30%，脂肪供能比为 7.2% ~ 33%，碳水化合物供能比为 17% ~ 57%，含氮量基本为（2.9 ~ 4.8g）/100g。肿瘤疾病全营养配方食品的特点是添加了精氨酸、谷氨酰胺、核苷酸作为免疫营养素，能增加机体免疫力提高抗氧化能力；配方中脂肪含量较高，更适合肿瘤患者的能量需求；碳水化合物含量较低，抑制肿瘤细胞功能；高蛋白质更符合肿瘤患者对营养的需求，较高的 ω－3 脂肪酸含量。肿瘤疾病全营养配方食品的食品原料来源如下。①蛋白质来源：大豆低聚肽、水解乳清蛋白、浓缩乳清蛋白粉、深海鱼胶原蛋白粉、大豆分离蛋白、胶原蛋白肽、精氨酸、L－精氨酸、乳清蛋白粉、乳粉。②脂肪来源：植物脂肪粉、玉米油、中链甘油三酯、辛－癸酸甘油酯、大豆油、植物油、椰子粉、磷脂、鱼油、辛癸甘油酯、DNHA、ω－3 脂肪酸。③碳水化合物来源：麦芽糊精、β－环状糊精、低聚异麦芽糖、蔗糖、聚葡萄糖、抗性糊精、低聚果糖、酶解燕麦粉、酶解米粉。④维生素来源：醋酸视黄酯、胆钙化醇、DL－α 醋酸生育酚、抗坏血酸、植物甲萘醌、盐酸硫胺素、核黄素、盐酸吡哆醇、氰钴胺素、烟酸、叶酸、D－泛酸钙、生物素。⑤电解质来源：氯化钠、氯化钾、葡萄糖酸钙、碳酸钙、磷酸三钙、磷酸二氢钾、磷酸二氢钠、磷酸三钾、氯化镁、碳酸镁、硫酸亚铁、葡萄糖酸锌、硫酸锌、硫酸锰、硫酸铜、碘化钾、亚硒酸钠、氯化铬、钼酸钠。特殊添加成分：核苷酸、软磷脂、精氨酸、谷氨酰胺等免疫制剂。食品添加剂：焦磷酸钠、食用香料、黄胶原、阿斯巴甜、柠檬酸钾、食用香精、三氯蔗糖、柠檬酸钠、酪蛋白酸钠、氯化胆碱。

### （三）非全营养配方食品

非全营养配方食品是指可满足目标人群部分营养需求的特医食品，包括营养素组件（蛋白质组件、脂肪组件、碳水化合物组件）、电解质配方、增稠组件、流质配方和氨基酸代谢障碍配方等。

**1. 蛋白质组件** 适用于 3 岁以上需要补充优质蛋白质的人群和 10 岁以上需要强化补充蛋白质的人群，同时适用于需补充或增加蛋白质的人群，如术前、术后、创伤及外科、内科、消化科、肿瘤科等营养不良或丢失蛋白严重的人群，以及体弱者、孕产期妇女、发育期青少年、中老年人、素食者等。蛋白质组件配方食品原料来源如下。①优质蛋白质：整蛋白、短肽、氨基酸、支链氨基酸、谷氨酰胺等。②碳水化合物：葡萄糖、菊粉、麦芽糖糊精、异麦芽糖、膳食纤维等。③脂肪：可可粉、大豆磷脂等。④食品添加剂：焦磷酸钠、食用香料、黄胶原、阿斯巴甜、柠檬酸钾、食用香精、三氯蔗糖、柠檬酸钠、酪蛋白酸钠、氯化胆碱。

**2. 脂肪组件** 脂肪组件适用于体内脂肪酸或胆汁盐缺乏，黏膜脂肪吸收不全，淋巴脂肪运输不全的住院人群，同时适用于肠内营养支持中需要额外添加多不饱和脂肪酸的住院人群。脂肪组件来源于癸甘油酯粉、DHA，脂肪组件特点是中链甘油三酯具有特殊脂肪代谢功能，较普通长链甘油三酯更易消化吸收；中链甘油三酯（MCT）不需要胆盐和脂肪酶消化，直接通过肝静脉吸收，不依赖肉毒碱进入线粒体氧化，能够快速供能、减轻肝脏负担，抗氧化稳定性好，在冷水中分散性强。DHA 是神经系统细胞生长及维持的一种重要元素，是大脑和视网膜的重要构成成分；能降低甘油三酯和减缓动脉粥样硬化的形成速度；具有预防心脑血管疾病、延缓脑衰老的作用；作为免疫营养支持的营养底物，具有抗炎、减少器官创伤炎症应激以及免疫调节作用。

**3. 膳食纤维组件** 膳食纤维组件适用于膳食纤维摄入不足者，可以改善肠道功能，也适用于高血糖、便秘、肥胖、高血压、高脂血症等人群。膳食纤维能量低，血糖生成指数低。具有良好的人体耐受性、改善人体肠道内有益菌群、防止便秘、降低血脂、改善糖尿病症状等功能。因膳食纤维具有持水性，所以能维持良好的生理功能，改善结肠蠕动功能，抑制肠道吸收有害物质。组件来源于抗性糊精、菊粉、聚葡萄糖、水溶性膳食纤维、低聚果糖、低聚木糖。

**4. 糖类组件**　糖类组件适用于围术期患者、肝病患者、胃肠道功能紊乱患者、消化不良者、营养支持胃肠并发症患者，也适用于肠内营养支持中需要额外添加碳水化合物的住院人群。组件来源是麦芽糊精、结晶果糖、酶解米粉等。糖类组件可以缓解患者术前饥饿、口渴、焦虑。不增加术后麻醉反流、勿吸风险。降低术后胰岛素抵抗，减少术后氮和蛋白质的损失，维持肌力，减轻术后寒战，防止低体温，缩短住院时间，促进伤口修复，加速患者康复，可作为肠内营养碳水化合物补充。

**5. 电解质及维生素组件**　电解质组件配方食品适用于额外补充微量元素的住院人群。维生素组件配方食品适用于需补充或添加脂溶性维生素和水溶性维生素的住院患者。

**6. 益生菌组件**　益生菌组件适用于 3 岁以上肠道菌群失调的人群，如消化不良、腹泻等。急、慢性腹泻或便秘人群，吸收功能障碍引起的营养不良人群，胃肠道功能较差人群，使用抗生素人群，需要提高人体免疫力人群，处于高代谢状态的人群。益生菌来源于酵母提取物、益生菌、乳酸菌（嗜酸乳杆菌、长双歧杆菌、副干酪乳杆菌、鼠李糖乳杆菌、发酵乳杆菌、瑞士乳杆菌、嗜热链球菌）等。碳水化合物辅料来源是麦芽糊精、玉米淀粉、菊粉、低聚果糖、第九异麦芽糖。蛋白质辅料来源于全脂奶粉、脱脂奶粉等。食品添加剂为柠檬酸、食用香料等。

## 二、特殊医学用途配方食品现状与前景

### （一）特殊医学用途配方食品的现状

特医食品作为一种为疾病或特殊医学状况人群提供营养支持的食品，早在 20 世纪 80 年代就被许多发达国家广泛使用，并取得了很好的临床效果。许多国家和地区都制定了相应的管理措施、标准和法规，国际食品法典委员会（CAC）主要对特医食品的定义和标签标识进行了详细规定。欧盟在 1999 年正式颁布了特医食品标准，在 2001 年又颁布了"可用于特殊营养目的食品中的可添加物质名单"，明确规定了可使用在特医食品中的营养物质。美国食品和药物管理局（FDA）1988 年出台了特殊医学用途配方食品生产和监管的指导原则，包括生产、抽样、检验和判定等多项规定。澳大利亚、新西兰食品法规委员会于 2012 年 5 月颁布了特殊医学用途配方食品标准，并于 2014 年 6 月实施。该标准主要规定了特殊医学用途配方食品的定义、销售、营养素含量、标签标识四部分内容。日本健康增进法第 26 条确定了特殊医学用途配方食品的法律地位。

在我国，临床上采用的特殊医学用途配方食品是肠内营养（EN）制剂，其一直被作为药品管理。目前国内上市的 EN 产品主要以外国品牌为主，包括纽迪希亚、雀巢等。国内产品相对较少，随着对肠内营养作用认识不断提高，使用量不断的上升，临床需求在逐年的升高。为了解决特殊医学用途配方食品不足的情况，满足临床需求，我国关于特殊医学用途配方食品的法律法规陆续出台。2010 年 12 月颁布《食品安全国家标准特殊医学用途婴儿配方食品通则》，2012 年 1 月正式实施。2013 年 12 月颁布《食品安全国家标准特殊医学用途配方食品通则》，2014 年 7 月 1 日正式实施。2013 年 12 月颁布《食品安全国家标准特殊医学用途配方食品良好生产规范》，2015 年 1 月 1 日正式实施。2016 年 3 月颁布《特殊医学用途配方食品注册管理办法》，2016 年 7 月正式实施。2016 年 11 月颁布《特殊医学用途配方食品临床试验质量规范（试行）》。2023 年 1 月，国家市场监督管理总局根据《中华人民共和国食品安全法》《特殊医学用途配方食品注册管理办法》等法律法规制定了《特殊医学用途配方食品标识指南》（简称《指南》），该指南对特医食品标签和说明书标注的产品名称、产品类别、配料表、营养成分表等

13 项内容及主要展示版面内容等进行了细化明确。还对特医食品标签和说明书的"禁止性要求"也做出了明确，包括"特效""全效"等涉及虚假、夸大、违反科学原则的词语，以及"预防""治疗"等涉及预防、治疗疾病的词语等共 7 项内容。《指南》还对企业在产品宣传上的行为进行了约束，尽量避免误导消费者行为的出现。值得注意的是，此次发布的《指南》还明确了特医食品专属标志"小蓝花"，提出特医食品的标签应设置专属标志区域，位于最小销售包装标签主要展示版面左上角或右上角。

### （二）特殊医学用途配方食品的前景

随着特医食品在临床上的应用越来越受到重视，特医食品产业有望成为待开发的一片"蓝海"。但我国对其设立了较高的准入门槛，企业需要理性投资。此外，还需要医保报销等方面对特医食品的应用加以认可。虽然近年来有了快速的发展，平均年增长速度超过 37%，但 90% 以上市场份额为几家跨国公司垄断，而且产品品种数量少，而国外每个生产特殊医学用途配方食品的公司上市产品总数均在 100 个以上。受国内机制所限，不少病种在中国无法购买到相应的产品，不能满足我国临床营养需求，行业整体发展尚未成熟。我国特医食品行业起步较晚，但近几年发展速度较快。中国特医食品行业市场规模从 25.9 亿元增至 77.2 亿元，扩大了约 3 倍，特医食品行业增至 100.10 亿元。

目前中国只有 1.6% 的营养不良患者在食用特医食品，与美国 65% 相比仍有较大的差距。未来在人口老龄化、下游需求不断加大及医院营养科建设发展等因素驱动下，特医食品凭借在临床营养支持中不可替代的作用，其市场规模将持续保持增长。中国慢性病患者基数仍将不断扩大，因慢性病死亡的比例也会持续增加，防控工作仍面临巨大的挑战。特医食品作为慢性病患者的主要临床营养支持产品，将更加受到重视。中国特医食品行业市场规模持续扩大，特别是近年来提高免疫力的食品和功能性食品不断受到市场欢迎，使特医食品市场规模增速明显上扬。

答案解析

1. 营养素补充剂的种类有哪些？
2. 作为营养素补充剂的原料来源应符合哪些要求？
3. 简述营养补充剂的发展现状。
3. 特殊医学用途配方食品的类型有哪些？
4. 简述特殊医学用途配方食品的应用前景。

书网融合……

本章小结　　　　题库

# 参考文献

[1] 张艺, 贡济宇. 保健食品研发与应用 [M]. 北京: 人民卫生出版社, 2016.

[2] 周才琼, 唐春红. 功能性食品学 [M]. 北京: 化学工业出版社, 2015.

[7] 张小莺. 功能性食品学 [M]. 2版. 北京: 科学出版社, 2017.

[4] 邓泽元. 功能食品学 [M]. 北京: 科学出版社, 2017.

[5] 郑建仙. 功能性食品学 [M]. 2版. 北京: 中国轻工业出版社, 2017.

[6] 孟宪军, 迟玉杰. 功能食品 [M]. 2版. 北京: 中国农业大学出版社, 2017.

[7] 常锋, 顾宗珠. 功能食品 [M]. 北京: 化学工业出版社, 2009.

[8] 钟耀广. 功能性食品 [M]. 北京: 化学工业出版社, 2010.

[9] 霍贵成, 刘宁, 王利华. 功能性食品与健康 [M]. 哈尔滨: 黑龙江科学技术出版社, 2002.

[10] 凌关庭. 保健食品原料手册 [M]. 北京: 化学工业出版社, 2002.

[11] 吴谋成. 功能食品研究与应用 [M]. 北京: 化学工业出版社, 2004.

[12] 温辉梁. 保健食品加工技术与配方 [M]. 南昌: 江西科学技术出版社, 2002.

[13] 迟玉杰. 保健食品学 [M]. 北京: 中国轻工业出版社, 2016.

[14] 范青生. 保健食品配方原理与依据 [M]. 北京: 中国医药科技出版社, 2007.

[15] 孔祥臣. 保健食品 [M]. 武汉: 武汉理工大学出版社, 2017.

[16] 白新鹏. 功能性食品设计与评价 [M]. 北京: 中国计量出版社, 2009.

[17] 梁艺英. 保健食品研发与审评 [M]. 北京: 中国医药科技出版社, 2012.

[18] 赵余庆. 保健食品研制思路与方法 [M]. 北京: 人民卫生出版社, 2010.

[19] 李朝霞. 保健食品研发原理与应用 [M]. 南京: 东南大学出版社, 2010.

[20] 张全军. 功能性食品技术 [M]. 北京: 对外经济贸易大学出版社, 2013.

[21] 于新. 功能性食品与疾病预防 [M]. 北京: 化学工业出版社, 2015.

[22] 曾益新. 肿瘤学 [M]. 4版. 北京: 人民卫生出版社, 2014.

[23] 吴坤. 营养与食品卫生学 [M]. 5版. 北京: 人民卫生出版社, 2006.

[24] 陈灏珠, 林果为, 王吉耀. 实用内科学 [M]. 14版. 北京: 人民卫生出版社, 2013.

[25] 贾清华. 骨质疏松防治与调养 [M]. 北京: 中国医药科技出版社, 2014.

[26] 赵瑞清, 尹彩霞, 张晓慧. 慢性胃炎 [M]. 北京: 中国医药出版社, 2015.

[27] 牛德胜, 刘凯. 慢性咽炎 [M]. 北京: 中国医药科技出版社, 2015.

[28] 姜叙诚, 袁耀成. 消化系统 [M]. 上海: 上海交通大学出版社, 2010.

[29] 顾同进. 便秘 [M]. 上海: 上海科技教育出版社, 2003.